大飞机出版工程　总主编／顾诵芬

民机先进航电系统及应用系列

主编／冯培德　执行主编／金德琨

航空
电子软件
开发与适航

Developing Airworthiness-Compliant
Avionics Software

缪万胜　王金岩　王云明　沈备军　康介祥／编著
金德琨　叶宏／审校

上海交通大学出版社
SHANGHAI JIAO TONG UNIVERSITY PRESS

内容提要

　　航空电子软件属于安全关键软件,其质量和安全性受到格外关注。软件工程是保证软件质量和安全性的最有效方法,软件工程的核心要素包括过程、方法与工具。本书围绕航空电子软件的安全性和适航性,基于 DO-178C 定义的软件生命周期过程展开了软件工程过程及其直接相关的管理活动的阐述,并重点关注安全性、适航性、综合模块化航空电子(IMA)系统和基于模型的软件开发方法。

　　本书适用于从事民用飞机航空电子软件的开发、验证、配置管理、质量保证或审定联络人员,对从事其他软件工程的相关技术人员均有很好的参考价值。

图书在版编目(CIP)数据

航空电子软件开发与适航/缪万胜等编著. —上海:上海交通大学出版社,2019
(2020 重印)
大飞机出版工程
ISBN 978-7-313-22771-3

Ⅰ.①航…　Ⅱ.①缪…　Ⅲ.①航空设备—电子设备—软件开发—研究②航空设备—电子设备—适航性—研究　Ⅳ.①V243②TP311.52

中国版本图书馆 CIP 数据核字(2020)第 002467 号

航空电子软件开发与适航
HANGKONG DIANZI RUANJIAN KAIFA YU SHIHANG

编　著　者:	缪万胜　王金岩　王云明　沈备军　康介祥			
出版发行:	上海交通大学出版社	地　　址:	上海市番禺路 951 号	
邮政编码:	200030	电　　话:	021-64071208	
印　　制:	上海盛通时代印刷有限公司	经　　销:	全国新华书店	
开　　本:	710mm×1000mm　1/16	印　　张:	34.25	
字　　数:	466 千字			
版　　次:	2019 年 12 月第 1 版	印　　次:	2020 年 5 月第 2 次印刷	
书　　号:	ISBN 978-7-313-22771-3			
定　　价:	345.00 元			

总　序

国务院在 2007 年 2 月底批准了大型飞机研制重大科技专项正式立项,得到全国上下各方面的关注。"大型飞机"工程项目作为创新型国家的标志工程重新燃起我们国家和人民共同承载着"航空报国梦"的巨大热情。对于所有从事航空事业的工作者,这是历史赋予的使命和挑战。

1903 年 12 月 17 日,美国莱特兄弟制作的世界第一架有动力、可操纵、重于空气的载人飞行器试飞成功,标志着人类飞行的梦想变成了现实。飞机作为 20 世纪最重大的科技成果之一,是人类科技创新能力与工业化生产形式相结合的产物,也是现代科学技术的集大成者。军事和民生对飞机的需求促进了飞机迅速而不间断的发展,体现和应用了当代科学技术的最新成果;而航空领域的持续探索和不断创新为诸多学科的发展和相关技术的突破提供了强劲动力。航空工业已经成为知识密集、技术密集、高附加值、低消耗的产业。从大型飞机工程项目开始论证到确定为《国家中长期科学和技术发展规划纲要》的十六个重大专项之一,直至立项通过,不仅使全国上下重视起我国自主航空事业,而且使我们的人民、政府理解了我国航空事业半个世纪发展的艰辛和成绩。大型飞机重大专项正式立项和启动使我们的民用航空进入新纪元。经过 50 多年的风雨历程,当今中国的航空工业已经步入了科学、理性的发展轨道。大型客机项目其产业链长、辐射面宽、对国家综合实力带动性强,在国民经济发展和科学技术进步中发挥着重要作用,我国的航空工业迎来了新的发展机遇。

大型飞机的研制承载着中国几代航空人的梦想,在 2016 年造出与波音 737 和空客 A320 改进型一样先进的"国产大飞机"已经成为每个航空人心中奋斗的目标。然而,大型飞机覆盖了机械、电子、材料、冶金、仪器仪表、化工等几乎所有工业门类,集成了数学、空气动力学、材料学、人机工程学、自动控制学等多种学科，是一个复杂的科技创新系统。为了迎接新形势下理论、技术和工程等方面的严峻挑战，迫切需要引入、借鉴国外的优秀出版物和数据资料，总结和巩固我们的经验和成果，编著一套以"大飞机"为主题的丛书，借以推动服务"大型飞机"作为推动服务整个航空科学的切入点，同时对于促进我国航空事业的发展和加快航空紧缺人才的培养，具有十分重要的现实意义和深远的历史意义。

2008年5月，中国商用飞机有限责任公司成立之初，上海交通大学出版社就开始酝酿"大飞机出版工程"，这是一项非常适合"大飞机"研制工作时宜的事业。新中国第一位飞机设计宗师——徐舜寿同志在领导我们研制中国第一架喷气式歼击教练机——歼教1时，亲自撰写了《飞机性能捷算法》，及时编译了第一部《英汉航空工程名词字典》，翻译出版了《飞机构造学》和《飞机强度学》，从理论上保证了我们的飞机研制工作。我本人作为航空事业发展50年的见证人，欣然接受了上海交通大学出版社的邀请担任该丛书的主编，希望为我国的"大型飞机"研制发展出一份力。出版社同时也邀请了王礼恒院士、金德琨研究员、吴光辉总设计师、陈迎春总设计师等航空领域专家撰写专著、精选书目，承担翻译、审校等工作，以确保这套"大飞机"丛书具有高品质和重大的社会价值，为我国的大飞机研制以及学科发展提供参考和智力支持。

编著这套丛书，一是总结整理50多年来航空科学技术的重要成果及宝贵经验；二是优化航空专业技术教材体系，为飞机设计技术人员培养提供一套系统、全面的教科书，满足人才培养对教材的迫切需求；三是为大飞机研制提供有力的技术保障；四是将许多专家、教授、学者广博的学识见解和丰富的实践经验总结继承下来，旨在从系统性、完整性和实用性角度出发,把丰富的实践经验进一步理论化、科学化,形成具有我国特色的"大飞机"理论与实践相结合的知识体系。

"大飞机"丛书主要涵盖了总体气动、航空发动机、结构强度、航电、制造等专业方向,知识领域覆盖我国国产大飞机的关键技术。图书类别分为译著、专著、教材、工具书等几个模块;其内容既包括领域内专家最先进的理论方法和技术成果,也包括来自飞机设计第一线的理论和实践成果。如:2009 年出版的荷兰原福克飞机公司总师撰写的 Aerodynamic Design of Transport Aircraft(《运输类飞机的空气动力设计》),由美国堪萨斯大学 2008 年出版的 Aircraft Propulsion(《飞机推进》)等国外最新科技的结晶;国内《民用飞机总体设计》等总体阐述之作和《涡量动力学》《民用飞机气动设计》等专业细分的著作;也有《民机设计 1000 问》《英汉航空双向词典》等工具类图书。

该套图书得到国家出版基金资助,体现了国家对"大型飞机项目"以及"大飞机出版工程"这套丛书的高度重视。这套丛书承担着记载与弘扬科技成就、积累和传播科技知识的使命,凝结了国内外航空领域专业人士的智慧和成果,具有较强的系统性、完整性、实用性和技术前瞻性,既可作为实际工作指导用书,亦可作为相关专业人员的学习参考用书。期望这套丛书能够有益于航空领域里人才的培养,有益于航空工业的发展,有益于大飞机的成功研制。同时,希望能为大飞机工程吸引更多的读者来关心航空、支持航空和热爱航空,并投身于中国航空事业做出一点贡献。

2009 年 12 月 15 日

系列序

20世纪后半叶特别是21世纪初,信息技术的高速发展带动了其他学科的发展,航空信息化、智能化加速了航空的发展。航空电子已成为现代飞机控制和运行的基础,越来越多的重要功能有赖于先进的航空电子系统来实现。先进的航空电子系统已成为飞机先进性的重要标志之一。

如果将发动机比作飞机的"心脏",航空电子系统则称得上是飞机的"大脑"和"中枢神经系统",其性能直接影响飞机的自动化和智能化水平,对飞机的安全性、经济性、舒适性、可用性等有重要的作用。由于航空电子系统地位特殊,因此当今主流飞机制造商都将航空电子系统集成与验证的相关技术列为关键技术,这也是我国亟待突破的大飞机研制关键技术。目前,国家正筹备航电专项以提升航空电子系统的自主研发和系统集成能力。

随着国家对航空产业的重视,在"十二五""十三五"民机科研项目的支持下,在国产大飞机研制的实践中,我国航空电子系统在综合化、模块化方面取得了很大的进步。本系列图书旨在将我国广大工程技术人员在航空电子技术方面多年研究成果和实践加以梳理、总结,为我国自主研制大型民用飞机助一臂之力。

本系列图书以"民机先进航电系统及应用"为主题,内容主要涵盖航空电子系统综合技术、飞行管理系统、显示与控制系统、机载总线与网络、飞机环境综合监视、通信导航监视、航空电子系统软件/硬件开发及适航审定、客舱与机载信息系统、民机健康管理系统、飞行记录系统、驾驶舱集成设计与适航验证、系统安全性设计与分析和航空电子适航性管理等关键性技术,既有理论又有设计方法;既有正在运营的各种大型飞机航空电子系统的介绍,也有航空电子发展趋势的展望,具有明显的工程实用性,对大飞机在研型号的优化和新机研制具有参考和借鉴价值。本系列图书适用于民用飞机航空电子研究、开发、生产及管理人员和高等学校相关专业师生，也可供从事军用航空电子工作的相关人员参考。

本系列图书的作者主要来自航空工业无线电电子研究所、航空工业西安航空计算技术研究所、航空工业雷华电子技术研究所、航空工业综合技术研究所、中国电子科技集团航空电子公司、航空工业陕西千山航空电子有限责任公司、上海交通大学以及大飞机研制的主体单位——中国商用飞机有限责任公司等专业的研究所、高校以及公司。他们都是从事大飞机航空电子系统研制的专家和学者，在航空电子领域有着突出的贡献、渊博的知识和丰富的实践经验。

大型民用飞机的研制承载着中国几代航空人的梦想，制造出先进的国产大飞机已经成为每个航空人奋斗的目标。本系列图书得到2019年国家出版基金的资助，充分体现了国家对"大飞机工程"的高度重视，希望该套图书的出版能够为国产大飞机的研制服务。衷心感谢每一位参与编著本系列图书的人员，以及所有直接或间接参与本丛书审校工作的专家学者和上海交通大学出版社的"大飞机出版工程"项目组，在大家的共同努力下，这套丛书终于面世。衷心希望本系列图书能切实有利于我国航空电子系统研发能力的提升，为国产大飞机的研制尽一份绵薄之力。

由于本系列图书是国内第一套航空电子系列图书，规模大、专业面广，作者的水平和实践经验有限，不妥之处在所难免，敬请读者批评指正！

民机先进航电系统及应用系列编委会

前言

　　航空电子软件运行情况会影响飞机与乘员的安危,其质量和安全性受到格外重视。如何提供高质量且被适航审定机构认可的安全软件是关键所在。

　　在软件开发过程中,客户不满意、可靠性差、进度超期、成本超预算等现象经常发生,这种现象称为"软件危机"。软件是抽象、无形的,且难以通过物理和化学的方式测量和控制。多年实践证明,软件工程是保证软件质量和安全性、克服软件危机最有效的途径。

　　软件工程是指用工程和科学的原则,开发、维护计算机软件的有关技术和管理方法。比较典型的有《能力成熟度模型集成》(CMMI)和《机载系统和设备合格审定中的软件考虑》(DO‐178C)。CMMI 可用于评估一个组织的能力,涵盖工程技术、项目管理、过程管理与支持等四类过程域,过程域= 目标+ 实践,实践是实现目标的重要活动的总结,是可替代的,并且实践描述较为抽象,不容易理解和落地。DO‐178C 可用于评估一个安全关键软件的符合性,聚焦于工程及其直接相关的管理活动,相对规定比较具体,过程= 目标+ 活动+ 数据,对过程活动及输出(数据)的要求相对具体,同时也是适航规章明确指定的符合性文件,因此本书主要围绕 DO‐178C 展开。

　　"高质量的过程产生高质量的产品"这一理念被工程师普遍接受,软件工程的核心要素包括过程、方法与工具,高质量的过程不是简单的流程,而是要将三者紧密结合在一起。尽管相对具体,但 DO‐178C 的过程描述的仍是做什么(WHAT),而不是怎么做(HOW)。过程要可操作,一定要与方法、工具相结合,本书依据某民用飞机航空电子分系统软件项目实践,结合项目过程中使用的软件开发方法和软件工具,侧重于安全性、适航性、综合模块化航空电子(IMA)系统和基于模型的软件开发方法,系统地阐述了软件开发的全过程,并对适航审定要求和安全关键软件经常涉及的关键技术进行了阐述。

　　本书主要描述了软件工程过程及其直接相关的管理活动,但这不是软件研发体系的全部,其他如培训过程、供应商管理、项目监控等虽然未描述,但也是极其重要的。本书描述过程的顺序和逻辑不代表软件生命周期的顺序,事实上项目实践主要采用基于敏捷的项目管理和基于模型的软件开发方法。此外,本书将需求验证部分内容放在了软件需求章节、设计验证部分内容放在了软件设计章节,从过程分类角度进行需求验证和设计验证必然属于软件验证过程,看似与软件验证过程的描述有些重复,但实际是出于知识连贯性和可理解性考虑,同时也鼓励软件项目尽可能早地开展验证工作,以降低后期软件更改付出的代价。考虑到各单位使用的软件方法、工具和组织架构不同,因此本书的开发过程不能被其他单位简单照搬,需要与本单位现状相结合。虽然这一点有些遗憾,但相信这对一个能力成熟度等级较高的单位不是难事。

本书的编写结合了某民机软件项目实践,而编写者大多参与了该民机软件项目的技术与管理工作,因此在编写过程中融合了编写者的工作实践和体会。中国航空无线电电子研究所饶俊文、周磊、马晋、王念伟、肖前远、张新、张冬梅、崔杰、洪沛、王震、尹伟、李磊、陶洋、王辉、吕岸、王英华、张晓璐、王永翔、张鹏程、程春姬、蔡俊、费玮莹、池程芝、张祺、沈良霞、周元辉、庚江等积极参与了本书的编写工作,本书集聚众人智慧,融合了产、学、研的经验,在此一并表示感谢!

目录

7　软件配置管理 / 301

8　软件质量保证 / 325

9　软件合格审定 / 341

1

绪论

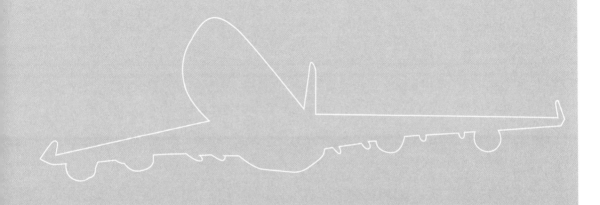

1.1.1 航空电子系统

航空电子(avionics)是航空(aviation)和电子(electronics)的合成词。在《中国大百科全书 航空航天》中已有明确释文:"它是研究电子技术在航空工程中应用的学科,是在航空技术和电子技术发展过程中逐步形成的。"

航空电子系统是保证飞机完成预定任务、达到各项规定性能的飞机上所有电子设备的总称。航空电子系统又按照其承担的特定功能划分为不同的功能系统。典型的航空电子分系统有显示管理、飞行管理、中央维护、通信、导航和防撞等。每个航空电子分系统又由一个或多个航空电子设备组成。

1.1.2 航空电子软件

关于软件的定义,目前被普遍认可的是:软件是计算机系统中与硬件相互依存的另一部分,由程序、相关数据及其说明文档组成。航空电子软件指的是驻留在航空电子设备中的软件。

随着数字化和电子技术的发展,航空电子系统成为飞机的重要组成部分,民用飞机航空电子系统研发占到飞机总成本的 40% 以上,同时越来越多的功能依赖于软件实现,软件规模已达上百万甚至上千万行,因此软件变得越来越复杂,航空电子软件开发也成为航空电子系统研发极为重要和复杂的一环。

1.2 航空电子软件的特点

与一般软件相比,航空电子软件具有嵌入式实时、安全性和适航性等特点。

1.2.1 嵌入式实时

航空电子设备是为特定应用而设计的定制计算机系统,通常将航空电子软件嵌入在可编程只读存储器(read-only memory,ROM)或 FLASH 存储器中,而不是存储在磁盘等载体中,因此航空电子系统属于嵌入式系统,航空电子软件属于嵌入式软件。

航空电子软件的运行比较依赖于所运行的硬件环境,软件/硬件设计需要协同考虑,与硬件相关部分的软件需要结合硬件特性进行设计,如板级初始化、检测程序、定时器设置、设备驱动等。

用户对功能和响应速度的要求越来越高,而航空电子系统硬件资源有限(从技术和经济可承受性方面考虑),且更多依赖于软件实现,因而航空电子软件功能越来越复杂,规模越来越大,对于软件的实时性和可靠性提出了更高的要求。

不同于一般软件,航空电子软件开发是在交叉开发环境下进行的,即用于开发、编译、链接、调试软件的环境(宿主机)与运行软件的环境(目标机)是在不同设备上的。

航空电子软件通常是程序(执行软件)一体化的,即执行软件是应用软件和操作系统整合在一起的,以利于固化在存储器中,快速启动,立即运行,因此航空电子软件的操作系统不同于通用计算机桌面系统,对于操作系统首先要求的是实时性和确定性,其次要可裁剪,最后要能够支撑适航。

此外,综合模块化航空电子(integrated modular avionics,IMA)系统正成为新一代飞机的主要发展方向,在 IMA 架构下,对于软件体系结构的开放性、软件可重用和操作系统的分区支持等提出了新的要求。

1.2.2 安全性

安全性定义为"避免那些可能引起人员死亡、伤害、疾病;设备、财产的破坏或损失;环境危害的条件。"严格来说,安全性属于一种系统属性,软件自身从本质上无从谈起是安全还是不安全。然而，当软件作为一个安全关键系统的一部分时，它可能会引起或助长不安全的因素，从而影响整个系统的安全性。从这点看来，软件安全性可定义为"软件运行不引起系统事故的能力"。

美国国家航空航天局（National Aeronautics and Space Administration，NASA）发布的软件安全性手册 NASA 8719.13 对软件安全性的定义为："在软件生命周期内，应用安全性工程技术，确保软件采取积极的措施提高系统安全性，确保降低系统安全性的错误已经减少到或控制在一个风险可接受的水平内。"对于软件安全性更合适的理解是安全性的软件考虑。

美国电气和电子工程协会（Institute of Electrical and Electronics Engineers，IEEE）对安全关键软件的定义为"用于一个系统中，可能导致不可接受的风险的软件"。航空电子系统的功能实现越来越依赖于航空电子软件，航空电子软件的运行关系到飞机的安全性，因此，航空电子软件属于安全关键软件，安全性是航空电子软件最关注的目标。

1.2.3　适航性

适航性简称适航，是航空器包括其部件及其子系统整体性能和操作特性在预期运行环境和使用限制下的安全性和物理完整性的一种品质。这种品质要求航空器必须始终满足其型号设计的要求并始终处于安全运行的状态。适航管理是以保障民用航空器的安全性为目标的技术管理。适航管理由权威的、独立的机构负责，我国政府明确规定：民用航空器的适航管理由中国民用航空局负责。

从适航管理机构（简称局方）的视角看，适航工作是审查安全符合性，是适航审定；从软件供应商的视角看，适航工作是证明安全符合性和通过适航审定。适航规章 FAA/CS－25.1309 条款是整个飞机和系统安全性的基础，提出了开发保证和安全性评估相结合的安全性保证方法，其含义是不仅仅依赖于安全性定量的概率分析，还必须结合开发保证的手段来符合适航规章的要求。

相对于硬件的适航来说，软件的适航和安全保证有着明显的特殊性。对于高度复杂的航空电子软件，通过测试输入与输出的全部组合赋予一个失效概率的方法是不可行的，这个限制加之软件不会像物理部件那样变质或随时间推移而失效，导致了软件的适航更多依赖于开发保证。开发保证用于在软件开发过程中确保信任（置信度），根据软件对安全性的不同影响程度，对软件进行分类和区别对待，即对安全关键软件分配不同的开发保证级别，对级别越高的功能要求执行越多的开发和验证活动，要求越多的依赖性证据，要求识别和去除越多的错误。对于不同的软件开发保证级别，其软件研发成本也不同，甚至相差极大，因此开发保证级别的分配对于一个组织来说也不是越高越好，越高的开发保证级别代表了越高的成本。合理的功能分配和体系结构设计可以改善软件开发保证级别的分配，从而降低软件研发成本和风险。

对于在软件层级使用安全性建模，目前尚未形成公认的做法，安全性建模作为一种尝试，可以作为辅助手段，但安全性建模的方法要获得适航审定当局的认可却很难。通过满足开发保证等级的要求，表明软件达到了相应安全性等级要求。例如，在保密认证中，我们常常通过展示技防、人防的手段证明我们达到了相应保密等级的保密要求，从而证明本单位保密管理能力达到了相应的等级。

美国联邦航空管理局（Federal Aviation Administration，FAA）对机载航空电子软件的审定有着比其他专业的审定明显详细得多的指令（Order 8110.49）和辅助工具（job aid），而国际局方合格审定机构软件组（Certification Authorities Software Team，CAST）开展定期会议对软件相关的重要专题内容进行讨论并及时颁布新的局方立场文件（position paper），由此也说明了各国局方对机载航空电子软件的研发和审定给予了特别的重视。可以说，软件适航审定不仅是整个审定工作中最难的专业之一，而且是最重要的专业之一。自20世纪70年代开始，中国开始参照FAA的适航管理模式对民用飞机进行适航管理，因为起步较晚，所以在标准制定和应用方面还存在差距。

1.3　航空电子软件的发展

1.3.1　航空电子系统的发展历程

航空电子系统经历了如下几个主要阶段的演化。

1）分立式航空电子系统（40—50 年代）

20 世纪 40—50 年代，计算机技术逐步应用于部分航空电子分系统，每个分系统都有各自的传感器、控制器、显示器以及自己专用的计算机，采用"点对点"的连接方式。信号采集、信号处理、显示和控制都自成独立系统，这种结构设备专用性强，复用性极差，既增加了飞机设备和仪表的数量，又加重了驾驶员的负担。

2）联合式航空电子系统（60—70 年代）

20 世纪 60—70 年代，随着多路数据通信和计算机技术的不断发展，各个航空电子分系统设备前端和处理部分相对独立，显示部分逐步综合，分系统之间通过多路数据总线互连，实现信息资源的共享。这种结构既保存了分系统的相对独立性，又部分实现了资源共享，同时具有统一管理和调度的能力。

3）综合式航空电子系统（80—90 年代）

20 世纪 80—90 年代，航空电子系统具有更大范围的信号处理、控制和显示综合功能，典型特征是系统结构层次化、数据总线高速化和功能模块标准化，通过少量的模块完成几乎全部的信号和数据处理，并对数据进行融合。

4）IMA 系统

2000 年以后，航空电子系统进一步将模块化推进到设备前端，信号进一步数字化，采用综合处理计算机改进互连网络设计，使用综合的座舱/驾驶员与飞机的接口，进一步减轻驾驶员负担。

从 A380、波音 787 到 C919 飞机，无不将提高计算、网络和信息资源集成度作为航空电子系统研发的主要方向,通过各分系统间的深度耦合和协同优化,对信息处理平台、互连网络、传感器及前端系统等进行综合设计,建立的全互连和模块化的航空电子系统体系结构称为 IMA 系统。

IMA 系统支持高性能计算平台,这种平台能够在单个处理器上或在用通信系统连接分布的多个处理器上驻留多个应用软件。这将导致各种传统功能系统之间的界限逐渐淡化,并能够更为有效地满足迅速发展变化的技术以及系统升级的需求,从而提升飞机经济可承受性。

未来的航空电子系统将向更加综合化、模块化、信息化和智能化的方向发展。

1.3.2　航空电子软件的发展历程

伴随着软件工程和航空电子系统的发展,航空电子软件发展主要经历了如下几个阶段。

1）程序设计阶段

1946—1955 年,航空电子软件规模不大,功能和结构相对简单,开发工作主要围绕硬件进行,工具简单且无明确分工,为追求节省空间和编程技巧,通常没有单独的软件文档,软件概念也不明显。

2）软件设计阶段

1956—1970 年,航空电子软件规模达到几万甚至几十万行,建立了"软件"的概念,高级编程语言层出不穷,出现了"软件作坊式"的开发组织形式并有了分工,但软件开发技术却没有重大突破,软件产品的质量不高,生产效率低下,从而导致了客户不满意、可靠性差、进度超期、成本超预算等软件危机的产生。

3）软件工程阶段

自 1970 年起,在航空电子系统向综合化方向发展和软件危机产生的背景下,人们不得不开始研究、改变软件开发的技术手段和管理方法,在规范、约束软件项目研制过程中,通过采取一定的积极措施保障软件产品的质量及安全性。从此软件开发进入了软件工程时代。

（1）航空电子软件实现的功能占比越来越高，软件也越来越复杂，航空电子软件规模快速增长，总规模达到几百万行甚至上千万行。传统的软件开发方式越来越难适应航空电子软件的开发。

（2）软件工程包括两方面内容：软件开发技术和软件项目管理。软件工程化的基本原理如下：①用分阶段的生命周期计划严格管理；②坚持进行阶段评审；③实行严格的产品控制；④采用现代程序设计技术；⑤结果应能清楚地审查；⑥开发小组的人员应该少而精；⑦承认不断改进软件工程实践的必要性。

（3）为了保证产品质量、改进组织生产率、节约项目成本、提高相关方满意度等，美国卡内基·梅隆大学软件工程研究所于 1991 年研究并发布了最早的软件能力成熟度模型 SW - CMM 1.0 版。该所于 2001 年 12 月正式发布了能力成熟度模型集成（capability maturity model integration，CMMI）1.1 版本。当前版本是 CMMI 2.0。

（4）为了保证航空电子软件的安全性，适航管理机构对于软件研制提出了专门的适航要求，1982 年，航空无线电技术委员会（Radio Technical Commission for Aeronautics，RTCA）正式发布了 DO - 178 版本，并随着软件技术的发展对其进行不断更新和升级，当前最新版本是 DO - 178C。

1.3.3　航空电子软件的发展趋势

航空电子系统发生的变化很大程度上影响着航空电子软件的体系结构、功能分配乃至研制过程和方法；此外，软件技术的发展，特别是新的软件开发与验证技术的发展也影响着航空电子软件的研制过程和方法。

（1）近年来新研发的民用飞机通常采用 IMA 系统架构。在 IMA 系统架构下，机载软件研制过程往往与其所驻留的硬件的研制过程分开，即可由一家供应商提供全部驻留资源并由另外的供应商提供驻留的应用程序。在这种情况下，航空电子软件的架构或多或少受到 IMA 系统架构变化的影响，特别是 DO - 178C 所要求的软件/硬件集成过程的相关活动也必须进行调整。

（2）高度集成的航空电子网络。由于不同的应用均通过统一网络总线传输数据，打破了以往民用飞机中各系统间的独立性，因此给民用飞机带来了安保性的问题。需要注意安保性与安全性的区别。安全性分析和保证活动主要针对功能和设计是否正确可靠和是否引入错误等。然而，安保性面对的却是在某种技术条件下故意攻击或者误导系统行为带来的风险，因此，安保性的分析方法与安全性分析有所不同。

（3）计算机行业内广泛使用的多核处理技术在机载系统中也呈现出相应的使用趋势。多核处理技术的使用改变了传统机载软件实现隔离的方法，并影响着软件验证环境所依赖的目标机环境。

（4）触屏控制技术和大数据技术正越来越多地应用在航空电子系统中，给软件安全性保证带来了新的挑战。

（5）在航空电子软件开发过程中，面向对象、形式化、基于模型的开发和验证技术的使用越来越多，这改变了传统软件需求、设计的编写方式，并最终影响软件验证和符合性评价。

1.4 航空电子软件开发相关要求

1.4.1 ARP 4754A《航空器与系统开发指南》

2010 年 12 月，国际自动机工程师学会（Society of Automotive Engineers，SAE）发布了 ARP 4754A《航空器与系统开发指南》，推荐航空器开发者与系统开发者使用。欧洲民用航空设备组织（European Organization for Civil Aviation Equipment，EUROCAE）也发布了一个与之相当的文件：ED-79A。2011 年 9 月 30 日，FAA 发布了标题为《航空器系统开发》的咨询通告（advisory circular，AC）AC 20-174，认可了 ARP 4754A 作为一种民用航空器与系统开发过程保证的可接受符合性方法。

1）航空器与系统开发过程

ARP 4754A 提供了一个典型的民用航空器与系统开发过程模型，ARP 4754A 将系统开发过程划分为 3 类过程：计划过程、航空器/系统开发过程、综合过程，如图 1-1 所示。其中航空器/系统开发过程包括航空器功能开发、将航空器功能分配到系统、系统体系结构开发、将系统需求分配到（软件/硬件）项、系统实现。综合过程包括安全性评估、开发保证等级分配、需求捕获、需求确认、实现验证、构型管理、过程保证以及合格审定联络。

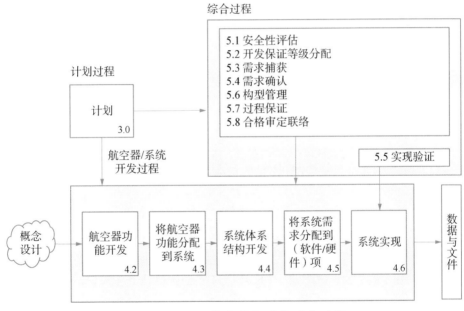

图 1-1　民用航空器与系统开发过程

2）系统与软件/硬件过程信息流

民用航空电子系统的研制是一个复杂的系统工程，多数实际系统的研制过程包含了许多迭代周期，从飞机级到系统级再到底层的软件/硬件产品研制是一个交互的过程。软件并非单纯地从系统或硬件部分获取需求，它同样会给予反馈。ARP 4754A 指定 ARP 4761 作为安全性评估过程的指南和方法，指定 DO-297 作为综合模块化航空电子设备指南，指定 DO-178C 作为软件开发过程的指导,指定 DO-254 作为硬件开发过程的指导,如图 1-2 所示。

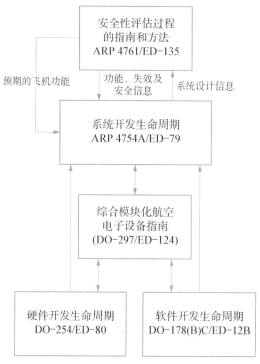

图 1-2 系统与软件/硬件过程信息流

(1) 从系统过程到软件/硬件过程的信息流主要体现在系统分配至软件/硬件的需求和相关安全性要求上,这些信息流具体包括分配至硬件的需求;分配至软件的需求;软件/硬件的研制保证等级;失效状态描述(如适用);硬件失效的失效率和失效暴露时间;系统描述;设计约束,包括功能隔离、其他外部接口数据或模块、分区需求、研制独立性需求等;由硬件级或软件级承担的系统验证活动(如适用)。

(2) 从软件/硬件过程到系统过程的信息流,大部分都体现在软件/硬件开发过程的输出文档中,其余部分是软件/硬件在实现过程中向其他过程反馈的特殊要求或信息。这些信息流具体包括如下几个方面:

a. 待评估的软件/硬件的派生需求,该派生需求需要反馈到系统层面进行评估。

b. 软件/硬件体系结构中的相关描述,这些描述足以说明软件/硬件实现的独立性和故障隔离能力,如硬件隔离、软件分区方面的描述。

c. 在硬件级或软件级执行的系统验证活动的证据(如适用)。

d. 硬件失效概率、故障检测、潜伏时间等信息,将作为系统安全性评估(system safety assessment,SSA)的输入。

e. 可能影响系统需求或软件/硬件派生需求的问题或变更,这些问题或变更需要针对系统需求或安全评估进行评估。

f. 任何使用限制,构型标识,构型状态约束,性能、时间、精度特性。

g. 用于进行软件/硬件集成的数据(如安装图纸、原理图和零件清单等)。

h. 被提议移交至系统级进行验证的硬件级、软件级验证活动的信息。

(3) 硬件生命周期与软件生命周期之间也有信息流,这些信息流也需要通过系统过程传递。以下是硬件生命周期与软件生命周期之间的信息流:

a. 软件/硬件集成时所需的派生需求,如硬件和软件之间的协议定义、时间约束、寻址方案等。

b. 软件/硬件验证活动中需要协调的相关信息。

c. 已识别的软硬件之间的不兼容性,它可以是某个报告和纠正活动过程的一部分。

1.4.2　ARP 4761《民用机载系统与设备的安全性评估过程指南与方法》

1) 概述

ARP 4761《民用机载系统与设备的安全性评估过程指南与方法》为民用飞机机载系统和设备在开发过程中进行安全性评估提供了指南和方法,主要用于表明对 FAR - 25.1309 等适航条款的符合性。ARP 4761 描述了安全性评估过程,主要包括功能危害评估(functional hazard assessment,FHA)、初步系统安全性评估(preliminary system safety assessment,PSSA)和系统安全性评估(SSA);还描述了安全性评估分析方法,主要包括故障树分析(fault tree analysis，FTA)、相关图、马尔可夫分析、失效模式与影响分析(failure mode and effect analysis，FMEA)、失效模式与影响摘要(failure mode and effect summary，FMES)和共因分析(common cause analysis，CCA)。共因分析包含区域安全性分析(zonal safety analysis，ZSA)、特定风险分析(particular risk analysis，PRA)和共模分析(common mode analysis，CMA)。通常,安全性评估与航空器和系统开发并行进行,如图 1-3 所示。

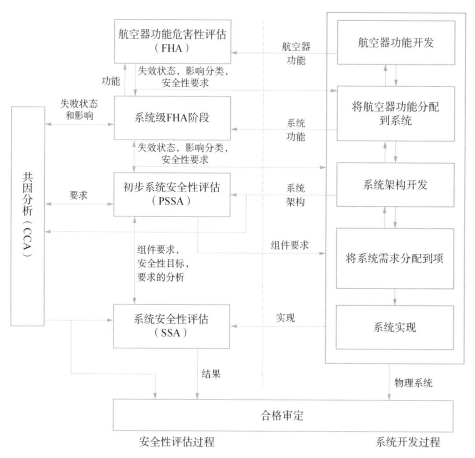

图 1-3　系统开发与安全性评估过程

(1) 功能危害性评估(FHA):分析飞机和系统应具备的功能,识别可能的功能失效,并对具体失效状态的危害进行分类。

（2）初步系统安全性评估（PSSA）：确定具体系统和组件的安全性要求，并提供预期的系统体系结构，满足该安全性要求的初步指标。PSSA用来确保从FHA得到的失效清单完整并符合安全性要求；同时用来证明对于所识别出的各种不同的危害，系统将如何满足其定性和定量的要求；在PSSA过程中还将确定派生的系统安全性要求，从而可确定对其他保护性对策的需要。

（3）系统安全性评估（SSA）：汇集各种不同分析的结果，通过分析和提供文件以证明系统具体实施的设计是否满足由FHA和PSSA确定的系统安全性要求。

（4）共因分析（CCA）：确定和认可系统之间物理上和功能上的分开和隔离要求以及验证这些要求是否被满足。

2）失效分类

不同的航空器失效类型所要求的安全性目标是不同的，例如运输类飞机适用第25部、小飞机适用第23部、小旋翼机适用第27部、运输类旋翼机适用第29部、发动机适用第33部、螺旋桨适用第35部。大型运输类航空器的要求最为严格，因为它关乎人的性命。相较之下，小型航空器的要求则没有那么严格，这取决于航空器的尺寸和它的运行区域。表1-1展示了失效的严重性分类，给出了失效影响以及对于一个大型运输类航空器所要求的风险发生概率。

表1-1　失效的严重性分类

严重性分类	失效影响	失效发生的可能性	每飞行小时暴露值（第25部）
灾难性的	该失效将导致多个灾害，通常会造成损失飞机	极其不可能	1×10^{-9}
危险的/极其重要的	该失效将降低飞机的能力或者飞行机组成员应对不利操作条件的能力，达到的程度如下： （1）安全余量或功能能力大幅降低 （2）飞行机组成员身体不适或过度负荷，使得不能依赖机组成员准确或完整地执行其任务 （3）对相对小数量的乘客而不是飞行机组成员的严重或致命的伤害	极其渺茫	1×10^{-7}

严重性分类	失效影响	失效发生的可能性	每飞行小时暴露值（第 25 部）
重要的	该失效将降低飞机的能力或者飞行机组成员应对不利操作条件的能力，达到的程度是显著降低安全余量或功能能力，机组负荷的显著增加或者损害机组效率，令飞行机组成员不适，或者令乘客、客舱机组成员的身体痛苦，并可能造成伤害	渺茫	1×10^{-5}
次要的	该失效将不会显著降低飞机的安全性，引起的机组成员的行为完全在其能力之内。次要的失效可能包括安全余量或功能能力的轻微降低；机组负荷的轻微增加，如例行飞行计划变更；或者令乘客和客舱机组成员的身体感到不适	有可能	1×10^{-3}
无安全影响的	该失效可能对安全性没有影响，如可能不影响飞机操作能力或增加机组负荷的失效	很可能	1×10^{-1}

3）开发保证级别

开发保证用于确保开发系统及其软件/硬件的过程是可以信任的，它通过假设一个严格的过程使产品在交付之前识别和去除错误。所谓开发保证，是在某一个适当的信任级别识别和纠正开发过程中的错误，使系统满足适用的合格审定基本条件的、有计划的和系统化的行动。

开发保证级别基于潜在的安全性影响，由安全性评估过程建立。有两种类型的开发保证级别：功能开发保证级别（functional development assurance level，FDAL）是在功能层面，依据系统对安全性的潜在影响确定的保证级别；软件/硬件项开发保证级别（item development assurance level，IDAL）是对软件和硬件确定的开发保证级别。ARP 4754A 解释了 FDAL 和 IDAL 的分配方法。FDAL 决定 ARP 4754A 的什么目标应用于系统层；同样，IDAL 决定 DO-178C 的什么目标应用于软件，DO-254 的什么目标应用于硬件。

需要指出的是，FDAL 和 IDAL 是在系统层上进行分配的，是安全评估过程的结果。初始的 IDAL 分配应该在 DO-178C 或 DO-254 的策划活动正式评审之前完成。开发保证级别如表 1 - 2 所示。

表 1 - 2　开发保证级别

级别	失效状态
A 级	灾难性的
B 级	危险的/极其重要的
C 级	重要的
D 级	次要的
E 级	无安全影响的

1.4.3　DO - 297《综合模块化航空电子系统研制与审定指南》

IMA 通过在一系列标准化通用功能模块(common functional module,CFM)上加载与硬件无关的软件,结合机载高速互连网络共同完成航空电子系统的各种功能。IMA 系统的出现为航空电子系统的研制、集成及适航审定都带来了挑战。

为适应机载电子技术的发展,FAA 于 2002 年 5 月发布了 TSO - C153《综合模块化航空电子硬件单元》,为 IMA 硬件提出了最低性能标准;于 2003 年发布了 AC 20 - 145《使用 TSO - C153 审定硬件单元的综合模块化航空电子指南》,为使用 TSO - C153 审定硬件的 IMA 提供了装机批准依据。RTCA 于 2005 年发布了 RTCA/DO - 297《综合模块化航空电子系统研制与审定指南》。FAA 于 2010 年 10 月发布了 AC 20 - 170 基于 RTCA/DO - 297 和 TSO - C153 的综合模块化航空电子研制、验证、集成和批准指南,正式认可 RTCA/DO - 297,合并 AC 20 - 145,并补充其他相关信息。

IMA 是一组灵活的、可重用的、可互操作的共享硬件和软件资源,当把这些资源综合在一起时,可以构建一个平台,该平台能够驻留种类繁多、不同功能、不同安全等级的应用以提供各种服务执行飞机功能,而这些服务将按一组确定的安全性和性能需求进行设计和验证。IMA 架构如图 1 - 4 所示。

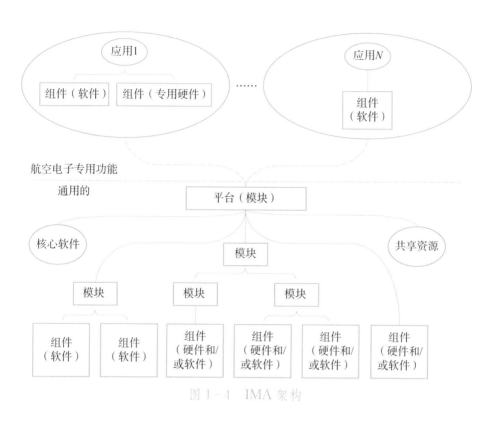

图 1-1 IMA 架构

1）开发考虑

IMA 系统研制基于通用的、并能被驻留应用共享的 IMA 平台。图 1-5

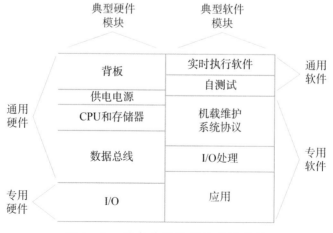

图 1-5 潜在共享资源的典型设计

展示了潜在共享资源的典型设计,阴影部分为可共享的模块。

IMA 研制过程应确保以下内容:

(1) 分配给指定 IMA 系统的飞机功能与系统设计一致。

(2) 确定分配给指定 IMA 系统的飞机安全和保障需求,并通过 IMA 系统设计满足这些需求。需求应包括系统研制保证、硬件设计保证和软件等级分配。这些等级通过飞机级安全性评估过程来确定,在支持驻留应用实现的飞机功能的同时,支持可用性和完整性以及任何工具评估和鉴定的需求。

(3) 任何驻留应用的行为都应避免受到 IMA 平台设计中其他应用或功能行为的危害影响。平台具有鲁棒分区、资源管理和其他适用于飞机功能和驻留应用的保护方式。

(4) 为平台提供健康监控、失效报告处理和故障管理功能,以满足驻留应用和 IMA 系统的具体需求。

(5) 建立并维护 IMA 平台、应用、集成商或审定申请人的构型管理。

(6) 实施并验证 IMA 系统的派生需求。

(7) 实施并验证关于 IMA 系统的人为因素需求。

2) 审定任务

通常,IMA 系统的审定过程分为 6 个任务,审定任务描述如表 1-3 所示,每个任务都确定相应的增量认可活动,并且都基于之前的任务,即局方在认可底层任务之前,不会认可基于这些底层任务的更高层任务。例如,为获取 IMA 应用的任务,应该首先认可所有支持该应用的模块的任务。同理,在认可系统之前,应认可所有构成 IMA 系统的应用。

表 1-3　审定任务描述

任务	获得认可的方法举例
任务 1: 模块认可	认可信件[①]或盖了章的数据单、盖过章或批准过的模块认可数据包、RSC 的认可信件(仅针对 AC 20-148 定义过的软件)、TSO-C153 认可信件(针对 TSO-C153 所定义的硬件)

（续表）

任务	获得认可的方法举例
任务 2：应用认可	认可信件或盖了章的数据单、RSC 的认可信件（仅针对 AC 20‐148 定义过的软件）、盖过章或批准过的 IMA 平台-宿主应用的符合性数据包
任务 3：IMA 系统认可	已认可或批准的符合性数据包
任务 4：IMA 系统在飞机上的综合，包括 V&V	TC、STC、ATC、ASTC
任务 5：模块或应用的更改	若模块有更改，则与任务 1 相同；若应用有更改，则与任务 2 相同（两种情况均取决于更改的具体程度，可能也需要开展任务 3 和任务 4 的某些活动）
任务 6：模块或应用的重用	若要重用模块，则与任务 1 相同；若要重用应用，则与任务 2 相同（两种情况均取决于重用环境的相似性，可能也需要开展任务 3 和任务 4 的某些活动）

① 认可信件的内容可以类似于 AC 20‐148 所描述的 RSC 的认可信件，即它应该描述认可任务的全部内容与限制。

1.4.4　DO‐178C《机载系统和设备合格审定中的软件考虑》

RTCA 和 EUROCAE 于 2004 年 12 月成立了 RTCA 205 号特别委员会（RTCA Special Committee 205）和欧洲民航电子设备组织 71 号工作组（EUROCAE Work Group 71），进行 DO‐178C 系列文档的编写，并于 2011 年 11 月正式颁布了该系列文档。其中，DO‐178C《机载系统和设备合格审定中的软件考虑》是机载软件现行的适航标准。

1.4.4.1　DO‐178C

DO‐178C 标准构建了一套基于目标、面向过程的体系。首先 DO‐178C 标准把软件生命周期分为软件计划过程、软件开发过程和软件综合过程，其中软件开发过程和软件综合过程又分别细分成四个子过程，如表 1‐4 所示。

表 1-4　DO-178C 中的软件生命周期

软件生命周期	包含的子过程	对应 DO-178C 章节
软件计划过程		第 4 章
软件开发过程	软件需求过程	第 5 章
	软件设计过程	
	软件编码过程	
	集成过程	
软件综合过程	软件验证过程	第 6 章
	软件配置管理过程	第 7 章
	软件质量保证过程	第 8 章
	合格审定联络过程	第 9 章

上述过程和子过程概述如下所示。

（1）软件计划过程：它规划和协调软件生命周期的所有活动,预测软件生命周期的过程和数据是否符合适航要求,制定一系列的软件计划和软件标准,用以指导软件开发过程和软件综合过程活动。软件计划过程的目标列在 DO-178C 附件 A 的表 A-1 中。

（2）软件开发过程：它包含了生产软件产品的所有活动。整个过程所有活动的共同目标就是实现软件产品自顶向下、由粗及细、从无到有的生产。软件开发过程的目标参见 DO-178C 附件 A 的表 A-2。软件开发过程又包括 4 个子过程。

a. 软件需求过程：根据系统生命周期的输出,开发软件高层需求。

b. 软件设计过程：对高层需求进行细化,开发软件体系结构和低层需求。

c. 软件编码过程：根据软件体系结构和低层需求,编写源代码。

d. 集成过程：对源代码、目标码进行编译、链接并加载到目标机,形成机载系统或设备。

（3）软件综合过程：它包含验证软件产品、管理软件产品和监控软件产品,以保证软件产品及其生产过程的正确、受控和可信。软件综合过程包含 4

个子过程。

　　a. 软件验证过程：对软件产品和软件验证结果进行技术评估，以保证其正确性、合理性、完好性、一致性和无歧义性等特性。软件验证是一项十分复杂的活动，DO‒178C 中根据验证活动的分类，分别在附件 A 的表 A‒3、A‒4、A‒5、A‒6、A‒7 列出了这些验证活动应该实现的目标。

　　b. 软件配置管理过程：对数据进行配置标识、基线建立、变更控制和软件产品归档等一系列活动。这个过程的目标是实现软件生命周期数据的配置管理，具体目标参见 DO‒178C 附件 A 的表 A‒8。

　　c. 软件质量保证过程：对数据和过程进行质量审核。这个过程的目标是评价软件生命周期过程及其输出，保证过程的目标得以实现，缺陷得以检测，软件产品和软件生命周期数据与合格审定要求相一致。具体目标参见 DO‒178C 附件 A 的表 A‒9。

　　d. 合格审定联络过程：软件研制单位与合格审定机构之间建立交流和沟通的活动，这些活动的目标参见 DO‒178C 附件 A 的表 A‒10。

　　在明确各个过程的基础上，DO‒178C 定义了各个过程需要实现的目标、为了达到这些目标所需的活动和设计考虑，以及能够证明这些目标已经达到的证据。

　　1.4.4.2　DO‒178C 与 DO‒178B 的差异

　　DO‒178C 是基于 DO‒178B 发展而来的。它与 DO‒178B 一样，都以面向过程和面向目标为核心构建而成。因此，SC‒205/WG‒71 在修订 DO‒178C 时的工作原则是最大限度地尊重和继承 DO‒178B 的思想和内容，没有对 DO‒178B 中的内容做出颠覆性的改变，只是进行了若干修订，包括改正了一些错误、澄清了一些内容、编制了一套补充文档，该修订更强调文档的完整性、追求更严格的措辞。

　　(1) 更严格的措辞。DO‒178B 标准的措辞已经非常严格，在此基础上 DO‒178C 标准强调了更严格的措辞。例如 DO‒178C 严格区分了 guideline

和 guidance 两个不同的概念。在这一区分下,DO-178C 是 guidance 而不是 guideline。因此,在 DO-178C 的正文中,已经不再出现 guideline 一词。

(2) 更强调文档的完整性。本书的 9.3.2.5 节在提到 DO-178C 的目标、过程和数据这三个基本元素的和谐统一时,很好地说明了它们的整体特性。DO-178C 比 DO-178B 更加强调了标准的完整性,认为只有综合理解整个文档的所有内容才能真正理解这个标准。DO-178B 附件 A 中的表格主要包含了对目标和数据的适航要求,但很遗憾地缺少了对过程和活动的要求,因此DO-178C 中附件 A 对表格进行了补充。

(3) 一套补充文档。DO-178C 针对基于模型的开发和验证、面向对象技术、形式化方法等新的软件开发技术或开发方法分别编写了补充文档。这些补充文档不能脱离 DO-178C 单独使用。当使用了某项新技术时,应将 DO-178C 和相应的补充文档配合使用才能构成完整的指南。

DO-178C 相对于 DO-178B 所做的实质性改动并不多,主要可以概括为以下几点。

1) 工具鉴定级别

DO-178B 把工具分成了两类,即开发工具和验证工具。然后分别就这两类工具简要地给出了工具鉴定的指南。它主要强调的宗旨是工具鉴定应能够提供使用工具后省略的或自动化的过程同样高的置信度。

可以说,DO-178C 对工具鉴定指南的变动是最大的,但这个变动并不违背原来 DO-178B 所述的内容。它采用工具鉴定级别(tool qualification level,TQL)的方式把工具鉴定的级别分成五级,即 TQL-1~TQL-5。TQL-1 是对工具鉴定要求最高的级别,相当于 DO-178B 中所述的用于 A 级软件的开发工具的鉴定。而 TQL-5 则是鉴定要求最低的级别,相当于用于 C 级或 D 级软件的验证工具的鉴定。真正的差异在于,当一个验证工具用于 A 级或 B 级软件时,如果该验证工具出错带来的危害可能比较严重的时候,则需要提高对验证工具的鉴定要求,达到 TQL-4。DO-178C 标准所定义的工具鉴定级别与 DO‑178B 标准所定义的用于不同软件级别的开发工具或验证工具的对应关系如表 1‑5 所示。

表 1‑5　DO‑178C 标准所定义的工具鉴定级别与 DO‑178B 标准所定义的用于不同软件级别的开发工具或验证工具的对应关系

DO‑178B		DO‑178C	备　　注
工具类别	软件级别	工具鉴定级别	
开发工具	A	TQL‑1	
	B	TQL‑2	
	C	TQL‑3	
	D	TQL‑4	
验证工具	A	TQL‑4 或 TQL‑5	视验证工具失效的严重程度而定
	B	TQL‑4 或 TQL‑5	视验证工具失效的严重程度而定
	C	TQL‑5	
	D	TQL‑5	

(注：该验证工具不仅省略了或者自动化了某项验证活动，而且省略了其他的活动。)

DO‑178C 把工具鉴定级别定义为 TQL‑1～TQL‑5 以后，对不同鉴定级别的工具鉴定要求可以参见 DO‑330。

2）隐藏的目标显式化

SC‑205/WG‑71 的专家们认为，DO‑178B 附件 A 所列举的航空电子软件研制的 66 个目标并不是适航要求的穷举，除了这 66 个目标以外，还有一些所谓的"隐藏的目标"。在 DO‑178C 中，这些隐藏目标也添加到了附件 A 里。例如，对于 A 级软件来说，我们还需要进行目标代码与源代码追踪和分析；软件质量保证应该在软件计划过程中保证软件计划和软件标准已经编写完成并对它们进行一致性的检查。

3）改进条件/判定覆盖的定义

对于 A 级软件来说，DO‑178B 要求达到源代码的改进条件/判定覆盖（modified condition/decision coverage，MC/DC）结构覆盖，这里所说的 MC/DC 是指唯一原因（unique‑cause）MC/DC。DO‑178C 对这些进行了修改，除了唯一原因（unique-cause）MC/DC，还接受屏蔽（masking）MC/DC 和短路（short circuit）。

4）派生需求的反馈

DO-178B 要求把软件生命周期中产生的派生需求（不管是派生的高层需求还是派生的低层需求）都反馈至系统安全评估过程，以分析这些派生需求给系统安全带来的影响。DO-178C 对这点做了纠正，它要求这些派生需求反馈至系统生命周期（的各个过程），当然，这其中包括系统安全评估过程。

5）软件与系统的关系

DO-178B 的第 2 章阐述了在软件研制过程中与系统相关的一些话题，特别是涉及软件生命周期与系统生命周期之间的信息交流、失效状态与软件级别的关系、系统体系结构与软件级别的关系（如多版本非相似软件和软件分区等）、各类不同软件对系统的影响（如现场可加载软件、用户可更改软件和商业成品软件等）、系统层与软件层的相互验证，这些内容在 DO-178C 里有了一些改动，以便更好地反映目前航空工业的一些现实做法。

这些改动主要基于与 ARP 4654 标准的专家组的沟通和协调。在修订DO-178B 的同时也在修订 ARP 4754，因此双方之间通过协调与沟通达成一致是很有必要的。

6）软件生命周期数据

DO-178B 中已经讲到多个方面的数据追踪。数据的追踪信息本身也是数据，但追踪数据没有在 DO-178B 中提到。DO-178C 解决了这个问题，它在 11.21 节明确讲到了要求双向维护以下几类追踪数据：

（1）分配到软件的系统需求与高层需求的追踪。

（2）高层需求与低层需求的追踪。

（3）低层需求与源代码的追踪。

（4）需求（包括高层需求和低层需求）与测试用例的追踪。

（5）测试用例与测试规程的追踪。

（6）测试规程与测试结果的追踪。

（7）对于 A 级软件来说，我们还需要做目标代码与源代码的追踪与分析。

除了追踪数据，DO－178C 还明确地提出了参数数据项，其数据要求列在 11.22 节，其目标要求列在附件 A 的表 A5－8 和表 A5－9 中。

7）供应商管理

DO－178C 还明确提到了一些有关供应商管理的内容，例如在 1.4.C 中提到如果申请人采用了 DO－178C 作为符合性方法，那么其所有供应商也应同样采用 DO－178C 作为符合性方法。

1.4.4.3　DO－178C 系列文件

为了应对新技术或者新方法造成 DO－178C 标准某些目标不再适用的情况，也为了避免不同国家的工业界和局方对这些新技术和新方法所带来的适航审定信用理解和认识不一的现象，SC－205/WG－71 为 DO－178C 配备了一套补充文档。补充文档的主要作用是针对基于模型的开发和验证、形式化方法、面向对象及相关技术等新技术，修改和替换不适用的目标或者补充一些新的目标。

在这样的指导原则下，与 DO－178C 标准同时颁布的还有一系列的配套文档，如表 1－6 所示。

表 1－6　DO－178C 系列配套文档

RTCA 文档编号	EUROCAE 文档编号	文 档 名 称
DO－178C	ED－12C	Software considerations in airborne systems and equipment certification
DO－278A	ED－109A	Guidelines for communications, navigation, surveillance, and air traffic management （CNS/ATM） systems software integrity assurance
DO－248C	ED－94C	Supporting information for DO－178C and DO－278A
DO－330	ED－215	Software tool qualification considerations
DO－331	ED－216	Model-based development and verification supplement to DO－178C and DO－278A

(续表)

RTCA 文档编号	EUROCAE 文档编号	文 档 名 称
DO-332	ED-217	Object-oriented technology and related techniques supplement to DO-178C and DO-278A
DO-333	ED-218	Formal methods supplement to DO-178C and DO-278A

这套系列配套文档并不是各自独立的,而是密切相关的。其中 DO-178C 是航空电子软件研制和审定的指南;DO-278A 是地面软件(通信、导航、监控和空管等)的指南;DO-330 则是对软件工具鉴定的指南(详见第10章);DO-248C 除了对 DO-178C 中的问题进行澄清和解释外,还提供了对 DO-278A 的支持信息。DO-331、DO-332、DO-333 是针对新技术和新方法的补充文件(详见第2章)。这套文档之间的关系如图1-6所示。

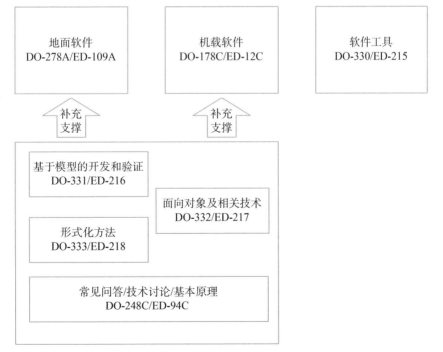

图 1-6 DO-178C 系列文档之间的关系

DO-278A 关注安装于地面系统的通信导航监视/空中交通管理（communication, navigation, surveillance/air traffic management, CNS/ATM)软件,这些软件同样会对飞机的安全产生直接影响。DO-278A 提供了研制非机载 CNS/ATM 软件的指南,对于机载 CNS/ATM 软件的指南,需要参考 DO-178B/C。在 DO-278A 中,规定了软件生命周期过程的目标,满足这些目标所需的活动,证明目标得到满足的证据,按照不同的保证等级其目标、独立性、数据、控制类别的变化,适用于特定应用的额外考虑,以及术语定义等内容。虽然总体上来说,DO-278A 与 DO-178C 保持了很高的相似性,但是由于适用的对象不同,在细节上 DO-278A 又有其独特之处。例如,不再使用"certification(审定)",而使用"approval(批准)";不再使用"software level(软件等级)",而使用"assurance level(保证等级)";将软件合格审定计划(plan for software aspects of certification, PSAC)修改为软件批准计划（plan for software aspects of approval, PSAA)等。

1.4.5 能力成熟度模型集成(CMMI)

能力成熟度模型是美国国防部的一个设想,于 1994 年由美国国防部与卡内基·梅隆大学所属的软件工程研究中心以及美国国防工业协会共同开发和研制,其目的是帮助软件组织对软件工程过程进行管理和改进,增强开发与改进能力,从而能按时地、不超预算地开发出高质量的软件,同时也用于采办方评估和选择软件供应商。2002 年推出了 CMMI,把开发模型、服务模型、采购和供应商管理模型、人员管理模型等多个领域的能力成熟度模型集成到一个框架中去。

1) 能力成熟度等级

CMMI 能力成熟度分为五个等级,其中 1 级(ML1)称为初始级,2 级(ML2)称为已管理级,3 级(ML3)称为已定义级,4 级(ML4)称为已定量管理级,5 级(ML5)称为优化级,如图 1-7 所示。

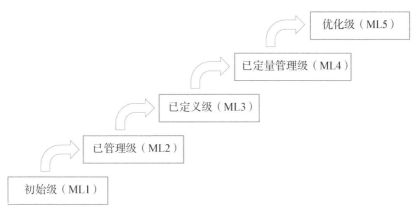

图 1-7　CMMI 能力成熟度的五个等级

CMMI 能力成熟度 1 级,初始级。在初始级水平上,组织对项目的目标与要做的努力很清晰,项目的目标得以实现。但是由于任务的完成带有很大的偶然性,组织无法保证在实施同类项目的时候仍然能够完成任务。组织在 1 级上的项目实施对实施人员有很大的依赖性。

CMMI 能力成熟度 2 级,已管理级。在已管理级水平上,组织在项目实施时能够遵守既定的计划与流程,有资源准备,权责到人,对相关的项目实施人员有相应的培训,对整个流程有监测与控制,并与上级单位一起对项目与流程进行审查。组织在 2 级水平上体现了对项目的一系列管理程序。这一系列的管理程序排除了组织在 1 级时完成任务的随机性,保证了组织的项目成功是可重复的。

CMMI 能力成熟度 3 级,已定义级。在已定义级水平上,组织不仅对项目的实施有一整套管理措施,保障项目的完成;而且组织能够根据自身的特殊情况以及标准流程,将这套管理体系与流程予以制度化。组织不仅能够通过成功项目的实践在同类项目上重复实施以获得新项目的成功,而且在不同类的项目上也一样能够得到成功的实施。科学的管理可成为组织的一种文化和财富。

CMMI 能力成熟度 4 级,已定量管理级。在已定量管理级水平上,组织的项目管理不仅形成了一种制度,而且要实现数字化的管理。对管理流程要做到量化与数字化。通过量化技术实现流程的稳定性,实现管理的精度,降低项目实施在质量上的波动。

CMMI 能力成熟度 5 级,优化级。在优化级水平上,组织的项目管理达到了最高的境界。组织不仅能够通过信息手段与数字化手段实现对项目的管理,而且能够充分利用信息数据,对组织在项目实施的过程中可能出现的次品予以预防。能够主动地改善流程,运用新技术,实现流程的优化。

CMMI 提供了一套评定能力成熟度等级的方法与标准,称为标准 CMMI 过程改进评估方法(standard CMMI assessment method for process improvement, SCAMPI)。

2)实践域和能力域

CMMI 目前的最新版本是 2018 年发布的 CMMI V2.0。CMMI V2.0 的核心是经过证实行之有效的全球最佳实践,这些实践全部来源于可以提高组织绩效的关键业务能力。CMMI 由一组实践域组成,每个实践域由多个实践组成,这些实践按级别分组,最少到 2 级,最多到 5 级,CMMI V2.0 模型结构如图 1-8 所示。每个实践均有进化提升的路径,较高等级的实践是建立在对应的低等级之上的。

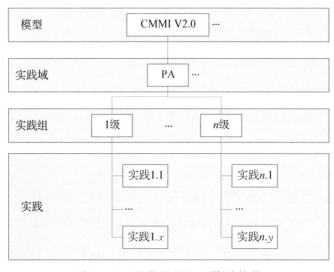

图 1-8 CMMI V2.0 模型结构

开发模型 CMMI‐DEV、服务模型 CMMI‐SVC、供应商管理模型 CMMI‐SM 和人员管理模型 CMMI‐WFM 共有的实践域称为内核实践域，包括 18 个实践，CMMI V2.0 实践域如图 1‐9 所示。此外，每个模型又各自有特定实践域，如 CMMI‐DEV 拥有 2 个特定的开发实践域：产品集成和技术解决方案。因此在 CMMI 中一共有 20 个实践域。

内核实践域	等级
估算	3
策划	4
监控	3
原因分析与解决方案	5
决策分析与解决方案	3
配置管理	2
绩效与度量管理	5
过程管理	3
过程资产开发	3
需求开发与维护	3
过程质量保证	3
验证与确认	3
同行评审	3
风险管理	3
组织培训	3
供应商与协议管理	4
治理	4
落实基础设施	3

特定实践域	等级	
产品集成	3	CMMI‐DEV
技术解决方案	3	
能力与可用性管理	3	
连续性	3	
事件解决与预防	3	CMMI‐SVC
服务交付	2	
服务系统迁移	3	
战略服务管理	3	
采购技术管理	3	
协议管理	3	CMMI‐SM
招标与供应商协议开发	3	
薪酬与奖励	3	
人员管理	3	
职业与胜任力管理	5	CMMI‐WFM
授权工作组	3	
沟通与协调	3	
安全性(可选)		
保密性(可选)		

图 1‐9　CMMI V2.0 实践域

CMMI V2.0 新增了能力域的概念，所谓能力域就是针对组织要解决的特定问题的一组相关实践域。CMMI‐DEV 拥有 9 个能力域，包括确保质量、工程和开发产品、选择和管理供应商、策划并管理工作、管理业务弹性、管理人力、支持实施、建立并维持能力和改进性能。这些能力域归为 4 类,称为能力域类型,即实施、管理、使能和改进。

1.4.6 DO‑178C 与能力成熟度模型集成(CMMI)的差异

DO‑178C 与 CMMI 是目前承担航空电子软件开发任务的企业最为关注的两个标准,它们的主要区别如下:

(1) CMMI 从企业视角对软件开发的技术与管理提出要求,覆盖了个人、项目及组织三个层次的要求,更关注企业整体(进度、质量、成本等)软件能力的提升。DO‑178C 从项目视角对软件开发的技术与管理过程提出要求,更关注项目的软件安全性。因此 DO‑178C 覆盖的过程范围比 CMMI 少,例如 DO‑178C 对于项目监控过程、风险管理过程、培训过程等并没有提出明确要求。

(2) CMMI 主要由过程域、目标与实践组成,实践是各行业最佳实践的抽象(去环境和方法)提炼,而 DO‑178C 的过程主要由目标、活动与数据组成,活动虽然不代表具体工作步骤,但是活动要求比较具体,并且对过程输出(数据)提出了明确要求,结合 DO‑178C 的配置管理过程,对数据管理与控制的要求也较为具体。总之与 CMMI 相比,DO‑178C 要求更为具体。

(3) CMMI 兼顾了系统、软件、硬件及服务等,所以在内容和措辞上必须兼顾多个场景,容易产生歧义。而 DO‑178C 聚焦软件,更容易为软件工程师所理解(不代表容易做到)。

(4) 对于民机航空电子软件,基于 DO‑178C 的适航审定是由权威的、独立的机构进行的,也是必需的。而 CMMI 等级评估不是强制的,但是 CMMI 建立的软件能力有利于项目更快地达到 DO‑178C 的要求。

总之,DO‑178C 对于软件过程的要求相比 CMMI 而言,其目标更清晰、要求更具体,而且是针对机载关键软件的,因此本书在描述时更多地结合了 DO‑178C 标准。但是两个标准都侧重于要求,而不是具体方法和步骤,对一个组织而言,其关注的不是项目的一次成功,而是持续的成功,并且是商业成功(包括质量、进度和成本等),这就需要建立更为系统的软件过程体系,在这一点上,CMMI 更有指导性。而从本质来看这也不矛盾,过程改进的思想本质是过程不断丰富和不断优化的过程,丰富和优化过程需要融合不同标准、不同方法的要求以及实践中的经验与教训的总结。

1.5　本书概览

本书围绕航空电子软件开发和适航展开,称为"软件开发"主要是考虑这样更为大家所习惯,实际上本书的范围是软件研制生命周期而不仅仅是软件开发过程,故称为"软件研制"更合适。

本书基于 DO‐178C 定义的软件生命周期过程展开,重点关注安全性、适航、IMA 和基于模型的软件开发方法。第 1 章主要描述航空电子软件的特点及相关开发要求;第 2 章描述软件计划过程与软件开发方法;第 3～5 章描述软件开发过程(软件需求、软件设计、软件实现)的目标和要求,并结合软件开发方法和项目实践,详细描述主要活动及典型做法;第 6～8 章描述贯穿于软件全生命周期的综合过程:软件验证过程、软件配置管理与软件质量保证;第 9～10章描述适航相关的软件合格审定原理和实践及软件工具鉴定,以帮助项目组更好地开展软件适航及联络工作。第 11～12 章针对 IMA 重点关注的关键技术,如实时操作系统(real time operation system,RTOS)、分区、健康管理等进行分析和论述。

随着航空电子系统向更加综合化、模块化、信息化和智能化的方向发展,开放式架构、协同开发、敏捷开发、基于模型、持续集成、信息安全、自主操作系统将成为航空电子软件持续关注的热点,由于本书定位于安全性和软件开发全生命周期,受篇幅限制,很多专题未能深入探讨,也期待在未来能够进行专题分享。

2

软件开发模型、方法和计划

2.1 软件生命周期模型

任何软件的开发都要经历一个生命期,例如从 1.0 版开始在某个人脑中闪现到 5.4 版最后一次在用户机器上使用之间的所有活动。为了用工程化的方式有效地管理软件的全过程,软件生命周期可以划分成若干阶段,即从用户需求开始,经过分析、设计、实现、交付使用、运行和维护,直至让位于新的软件。软件生命周期就是软件产品的一系列相关活动的全周期。

软件生命周期模型是软件生命周期的一个框架,它规定了软件开发、运行和维护中所需的主要活动和任务,又称为软件开发模型。常见的软件生命周期模型包括瀑布模型和 V 模型、迭代模型和敏捷模型。

2.1.1 瀑布模型和 V 模型

1970 年,Royce 提出了著名的线性顺序模型,又称瀑布模型。正如它的名字一样,瀑布模型将软件生命周期中的各项活动规定为依固定顺序连接的若干阶段工作,形如瀑布流水,最终得到软件产品。这些顺序执行的阶段通常为需求、设计、编码、测试、交付、运行和维护,如图 2-1 所示。每个阶段的结束处都设有评审,只有通过评审,才能进入到后一阶段。前一阶段的中间产品成为后

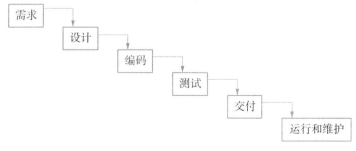

图 2-1 瀑布模型

一阶段工作的基础。

V 模型是瀑布模型的一种变体,如图 2-2 所示。V 模型描述了软件测试与软件开发之间的关系。软件团队工作沿着 V 模型左侧步骤向下推进:需求分析、概要设计、详细设计和编码。一旦编码结束,团队沿着 V 模型右侧的步骤向上推进一系列测试:单元测试对代码进行验证,集成测试对详细设计进行验证,系统测试对软件体系结构进行验证,最后通过验收测试确认软件需求已正确实现。V 模型提供了一种将验证确认活动应用于早期软件工程工作中的方法。

瀑布模型是最早提出的软件生命周期模型,它之所以能广泛流行,一是由于它在支持开发结构化软件、控制软件开发复杂度、促进软件开发工程化方面有显著作用;二是由于它为软件开发和维护提供了一种当时较为有效的管理模式,通过制订开发计划、项目估算、阶段评审和文档控制有效地对软件过程进行指导。

但是,瀑布模型最大的问题在于没有被大量的实践验证过,因此真正用于实践时会暴露出不少问题:

（1）用户常常难以清楚地给出所有需求，而瀑布模型却要求如此，它不接受在许多项目的开始阶段自然存在的不确定性以及开发过程中的需求变更。

（2）错误发现太迟。软件的运行版本一直要等到项目开发晚期才能得到，很多错误直到运行程序时才被发现，造成大量的返工。

（3）开发进度缓慢。由于模型的线性顺序，开发人员无法同时开展任务工作，某些项目组成员不得不等待组内其他成员先完成其依赖的任务，影响了项目开发速度。

在下列情况下，建议不要使用瀑布模型：

（1）需求未被充分理解，或需求迅速发生变化。

（2）技术或体系结构的风险较大。

（3）系统太大而不能一次开发完成；或进度要求太紧，无法一次性按期递交。

瀑布模型太理想化、太单纯，不适合当前大多数充满各种风险的软件开发项目。但我们应该认识到，线性是人们最容易掌握并能熟练应用的思想方法。当人们碰到一个复杂的非线性问题时，总是千方百计地将其分解或转化为一系列简单的线性问题，然后逐个解决。线性是一种简洁，简洁就是美。当我们领会了线性的精神，就不要再呆板地套用瀑布模型，而应该用活它，例如迭代模型的实质就是多次重复的线性模型。

2.1.2 迭代模型和敏捷过程

1）迭代模型

软件就像所有复杂系统一样，要经过一段时间的演化才能获得最终的产品。业务和产品需求在软件开发过程中常常发生改变，想要一次迭代就开发出最终产品往往是不可能的；同时，紧迫的市场期限使得难以一下子完成一个完善的软件产品。因此，只要核心需求能够被很好地理解，我们就可以进行渐进式开发，其余需求可以在后续的迭代中进一步定义和实现。这种过程模型称为

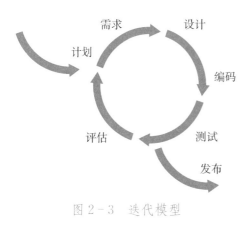

图 2-3 迭代模型

迭代模型,如图 2-3 所示,它能很好地适应随时间演化的产品的开发。

迭代模型的特征是渐进地开发各个可执行版本,逐步完善软件产品。一个迭代开发一个版本,它由需求、设计、编码、测试、发布等各活动组成。一个迭代内部的过程和瀑布模型很相似,不同的是,迭代并不要求各活动必须是串行的,通常还交替并行执行。迭代与迭代之间可以是串行的,也可以是并行的,可根据项目的风险、资源和客户要求进行迭代规划。

迭代模型采用迭代应对复杂软件开发中的不确定性和风险,将一个软件生命周期划分为若干个迭代,前一个迭代将为下一个迭代积累经验。这也是它的优点,即能够有效应对如下各类风险。

(1)应对进度风险:迭代模型支持并行开发和增量式递交产品,加快了开发进度。

(2)应对需求风险:需求在开发早期常常不能完全了解和确定,在迭代模型中,当一部分需求被定义后开发就开始了,然后在每个相继的版本中逐步完善。同时通过向用户演示迭代所产生的部分系统功能,可以尽早地收集用户对系统的反馈,及时改正对用户需求的理解偏差,从而保证开发出来的系统能够真正解决客户的问题。

(3)应对技术风险:软件新技术层出不穷,它在让软件变得更具竞争力的同时,也带来了挑战。迭代模型通过早期迭代建立和验证技术原型缓解技术风险。

(4)应对系统集成风险:迭代模型在每个迭代都进行系统集成与发布,把系统集成提前,并进行持续集成,避免开发后期爆发集成问题。

（5）应对质量风险：迭代模型在每个迭代都安排测试，实现持续的质量保证，尽早发现软件缺陷。

迭代模型是目前采用最广泛的模型，统一过程（unified process）和许多敏捷过程（如 XP、Scrum）都采用了这种模型。现有的其他一些生命周期模型也是迭代模型的一种变体，例如螺旋模型是风险驱动的迭代模型，快速原型模型是由原型迭代先导的双迭代模型。

2）敏捷过程与 Scrum

敏捷过程是一种短迭代的软件过程，与传统软件过程不同，它强调以人为本，快速响应需求和变化，把注意力集中到项目的主要目标——可用软件上，在保证质量的前提下，适度文档和适度度量。敏捷开发基于适应而非预测，它弱化了针对未来需求的设计而注重当前系统的简化，依赖重构以适应需求的变化，通过快速和短迭代的开发，不断产出和演化可运行的软件。

2001 年，以 Kent Beck、Martin Flower、Alistair Cockburn 等为首的一些软件工程专家成立了敏捷开发联盟，并提出了著名的敏捷宣言（见图 2-4）。

敏捷宣言
- 注重个人和交互胜于过程和工具
- 注重可用的软件胜于事无巨细的文档
- 注重客户协作胜于合同谈判
- 注重随机应变胜于循规蹈矩（恪守计划）

图 2-4　敏捷宣言

在敏捷价值观的指导下，软件工程专家提出了一系列敏捷过程，如 Scrum、XP、Lean、Kanban、AgileUP、AM、FDD、Crystal 等。其中最有影响力、使用最为广泛的是 Scrum。

Scrum 的核心是 Sprint，称为"冲刺"，即贯穿于开发工作、保持不变的一个月（或更短时间）的迭代，如图 2-5 所示。每个 Sprint 都会提交一个经测试可发布的软件产品增量版本。Sprint 由 Sprint 计划会、Sprint 开发工作、Sprint

评审会和 Sprint 反思会组成。

　　Scrum 采用四个主要的工件:产品待办事项列表(product backlog)是囊括了开发产品可能需要的所有事项的优先排列表;Sprint 待办事项列表(Sprint backlog)包含了在一个 Sprint 内将产品待办事项列表转化成最终可交付产品增量的所有任务;燃尽图(burndown)是用来衡量剩余的待办事项的列表;发布燃尽图衡量在一个发布内剩余的产品待办事项的列表,Sprint 燃尽图衡量在一个 Sprint 内剩余的 Sprint 待办事项的列表条目。

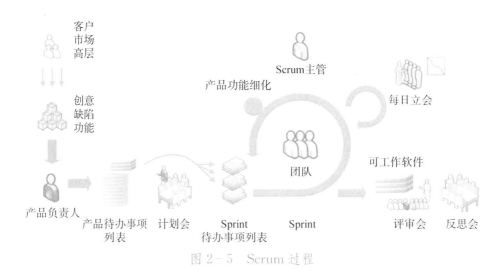

图 2－5　Scrum 过程

　　在 Sprint 过程中,Scrum 主管通过每日立会(standup meeting)保证项目组成员了解其他所有人的工作进度。Scrum 每日立会是每天早上进行的为期15 分钟的会议,大家必须站立在白板前开会。每个团队成员要回答以下三个问题:昨天你做了什么? 今天打算做什么? 有没有问题影响你达成目标? 通常团队成员需要与 Scrum 主管沟通解决这些问题,这些沟通不是会议讨论内容,因此每日立会只是提出问题,具体如何解决待会后个别沟通,从而确保每日立会控制在 15 分钟左右。

　　Scrum 团队的目标是提高灵活性和生产能力。为此,他们自组织、跨职能,并且以迭代方式工作。每个 Scrum 团队都有三个角色:①Scrum 主管,负责确保团队成员都能理解并遵循 Scrum 规则和实践过程,通过指导和引导 Scrum 团队更高效工作,开发出高质量的产品;②产品负责人,定义和维护产品需求,负责最大化 Scrum 团队的工作价值;③团队,负责具体开发工作。Scrum 团队的理想规模是少于 10 人,团队成员具备开发所需的各种技能,负责在每个冲刺迭代结束之前将产品负责人的需求转化成为可发布的产品模块。针对大项目,可以通过划分为多个子项目而采用 Scrum。

Scrum 项目没有中心控制者,它强调发挥个人的创造力和能动性,鼓励团队成员进行自我管理,使用自己认为最好的方法和工具进行开发。Scrum 主管的职责不是监督团队成员的日常工作,而是消除团队开发的外部障碍,指导团队成员工作。Scrum 通过鼓励同场地开发、口头交流和遵守共同规范创建自组织团队。

2.2 软件开发方法

目前适用于航空电子软件领域的软件开发方法有结构化方法、面向对象方法、形式化方法、基于模型的方法和软件产品线工程(见图 2-6)。其中基于模型的方法和软件产品线工程都能和其他方法相结合,通过这种结合,基于模型

图 2-6 常用的软件开发方法

的开发方法提高了软件开发的抽象能力,产品线工程则提高了软件开发的复用能力,从而能更好地应对大规模复杂软件的开发挑战。

本书后续在描述软件开发和验证时采用基于模型的方法,并与结构化方法、面向对象方法和形式化方法相结合。

2.2.1 结构化方法

结构化方法是较为传统的软件开发方法,其基本思想可以概括为自顶向下和逐步求精。它采用模块化技术和功能抽象将系统按功能分解为若干模块,从而将复杂系统分解成若干易于控制和处理的子系统,子系统又分解为更小的子任务,最后子任务都可以独立地编写成子程序模块,模块内部由顺序、选择和循环等基本控制结构组成。这些模块功能相对独立,接口简单,使用维护非常简单。因此,结构化方法在航空电子软件领域是一种非常有用的软件开发方法,DO‐178B采用的就是结构化方法。

具体的结构化方法也有多种,其中面向数据流的结构化方法是最常用的,本书以此阐述结构化方法。在需求阶段,结构化方法进行自顶向下的处理分解,并分析输入与输出数据,建立结构化分析模型,包括分层的数据流图(data flow diagram,DFD)、控制流图(control flow diagram,CFD)、数据字典(data dictionary,DD)、加工规约及其他补充材料(如非功能性需求等)。在设计阶段,结构化方法使 DFD 通过事务映射和变换映射,产生层次图或结构图,并进行优化和模块内部细化。结构化方法的详细阐述见 3.3.4 节、4.2.4 节和4.3.1 节。

结构化方法的需求阶段和设计阶段的任务相对独立,而且比较简单,便于不同人员分工协作,从而降低了软件开发的难度。但是由于结构化方法将操作与数据分离为相互独立的实体,因此使用结构化方法开发的软件可复用性较差,在开发过程中保持操作与数据相容也很困难。

常用的嵌入式实时软件结构化建模工具有 RTCASE 等,它们不仅支持需求分析和设计建模,而且支持模型的检查、模拟与验证以及代码的生成。

2.2.2　面向对象方法和 DO‐332

1) 面向对象方法

面向对象方法的基本思想是从现实世界中客观存在的事物出发构造软件系统,并在系统构造中尽可能运用人类的自然思维方式。面向对象方法强调直接以问题域(现实世界)中的事物为中心思考、认识问题,并根据这些事物的本质特征,把它们抽象表示为系统中的对象,作为系统的基本构成单元。面向对象方法通过创建实例和派生重复使用一个对象类,具有较好的可重用性,从本质上可以将一个大系统当成一系列小产品看待,这有利于开发大型软件产品。

统一建模语言(unified modeling language,UML)是面向对象建模语言的国际标准,它对类图、时序图、通信图、用例图、活动图、状态机图、对象图、部署图、组件图和组合结构图等面向对象模型进行了语法和语义的定义。在需求阶段,面向对象方法分析问题域所涉及的对象、对象间的关系和作用(即操作),构造问题的分析模型,主要包括用例图、活动图、时序图和状态机图等。在设计阶段,面向对象方法针对系统的一个具体实现平台,设计问题域的解空间,主要包括部署图、组件图、组合结构图、类图、时序图、通信图、对象图和状态机图等。面向对象方法的详细阐述见 3.3.3 节、4.2.5 节和 4.3.2 节。

常用的嵌入式实时软件面向对象建模工具有 Rhapsody 和 EA 等,它们不仅支持需求分析和设计建模,而且支持模型的检查、模拟与验证以及代码的生成。

2) DO‐332

面向对象及相关技术在非关键的软件研制中的应用已经非常广泛,而近些年来在关键软件上也用得越来越多,因此 DO‐178C 增加了 DO‐332 补充文档,描述当面向对象技术使用于软件生命周期时的目标、活动和解释性文字,以及软件生命周期数据。

面向对象的特征及其相关技术涉及很多个方面,包括多态、封装、继承、重载、异常、动态内存管理、类型转换和虚拟化等。面向对象的这些特征为适航要求带来了许多新的问题和挑战,如数据追踪、与目标机在时间和空间方面的兼容性、结构覆盖、目标代码与源代码的分析、行为的确定性等。DO-332增加了如下活动和指南以达到应用面向对象及相关技术情况的适航要求:

(1)策划。DO-332在DO-178C策划过程中增加了3个活动:①如果使用虚拟化,则应在计划中进行解释;②如果复用构件,则应在计划中描述复用,包括构件与使用它的系统之间的类型一致性、需求映射以及异常管理策略的维护;③计划和标准应解释脆弱性将如何被关注。

(2)开发。DO-332增加了面向对象的开发指南,例如关于类的层级、类型一致性、内存管理、异常管理、实施复用时的未激活功能等的指南。DO-332还增加了可追踪性的阐述:在面向对象方法中,应从需求追踪到实现需求的类的方法和属性;如果被追踪的类的方法在子类中被重载,那么该方法实现的需求也应追踪到子类的方法。

(3)验证。DO-332增加或修改了4个验证活动,验证类层级与需求的一致性、局部类型一致性、内存管理与体系结构和需求的一致性以及异常管理与体系结构和需求的一致性。DO-332还增加了1个正常范围测试活动,以保证类构造函数正确地初始化其对象的状态,并且初始状态与类的需求是一致的。DO-332增加了2个面向对象方法特定的验证目标:验证局部类型一致性以及验证动态内存管理的使用是鲁棒的。

(4)脆弱性。DO-332的特点之一是脆弱性概念。脆弱性分为两类:关键特征的脆弱性和一般问题的脆弱性。DO-332列出了面向对象系统中可能存在的脆弱性清单,识别出了继承、参数多态、重载、异常管理、动态内存管理和虚拟化等关键特征的脆弱性,讨论了可追踪性、结构覆盖、构件使用和资源分析等一般问题的脆弱性,并提供了确保脆弱性得到解决的目标和活动。

(5)类型安全。DO-332将类型安全视为缓解面向对象系统中的多个脆弱性,以及控制为了完全验证面向对象系统所需要的测试级别和深度的手段。类型安全考虑类型和子类型之间的行为,它要求一个类型的任何子类型都应当可以用在任何要求该类型的地方,即 DO‑332 通过 liskov 替换原则(liskov substitution principle,LSP)保证类型安全。

(6) 动态内存管理和虚拟化。DO‑332 提供了动态内存管理和虚拟化的特定指南。动态内存管理指南描述了对内容管理系统进行规约、设计和评价的方法,保证内存使用的可预测性。虚拟化指南对于解释器和虚拟机管理器技术是很重要的。

2.2.3　形式化方法和 DO‑333

1) 形式化方法

形式化方法(formal method)把离散数学、形式化逻辑、理论推导和自动化证明等严格的数学理论应用于软件的开发和验证,以保证软件设计的正确性和鲁棒性。通常来说,形式化方法的应用包括形式化建模和形式化分析两部分工作。形式化建模是在软件开发过程中使用形式化的语言来全部或部分地描述软件的需求数据、设计说明和源代码等软件生命周期数据,为了取得形式化方法的最大优势,常常还会辅以自动代码生成等技术。形式化分析则是在软件验证过程中使用分析的方法达成 DO‑178C 附件 A 所列举的通常由审查或测试达到的目标。形式化方法的详细阐述见 4.2.6 节和 4.3.3 节。

形式化方法能有效减少非形式化开发可能存在的二义性、含糊性和不完整性,因此对软件工程师具有较强的吸引力,甚至认为可以引发软件开发的革命,但是将数学引入软件开发同样提高了软件开发的要求,因此应该形式化,但不要过分追求形式,通常没必要对系统的每个方面都要求形式化,应该进行成本效益分析。

常用的嵌入式实时软件形式化建模工具有 SCADE 等,它们不仅支持需求分析和设计建模,而且支持模型的检查、模拟与验证以及代码的生成。

2) DO-333

作为DO-178C的形式化方法补充,DO-333阐述了形式化方法的使用、审定信用以及对DO-178C目标的修订和调整。如果在开发中应用了一个形式化模型而没有形式化分析,则不需要应用DO-333,因为DO-178C本身就足够关注这种情况。换句话说,如果在开发中应用了形式化模型并进行了形式化分析,则需要在DO-178C的基础上采用DO-333。DO-333澄清了DO-178C在使用形式化方法时的策划和开发过程。

DO-178C中的配置管理、质量保证和合格审定联络过程在DO-333中没有变化,DO-178C与DO-333之间的主要不同在于验证过程。由于形式化方法有能力证明或否定形式化模型的正确性,因此一些传统的DO-178C评审、分析和测试目标可以被形式化分析代替。形式化分析能用于验证输入到输出的符合性、准确性、一致性、与目标计算机的兼容性、可验证性、与标准的符合性、可追踪性、算法准确性以及形式化需求的正确性。为此,DO-333修改了高层需求、低层需求、软件体系结构以及源代码的评审和分析的目标和活动。

在形式化方法中验证存在两个主要挑战:可执行目标代码(概念详见5.1节)的验证和验证的验证。

(1)可执行目标代码的验证。用形式化分析代替可执行目标代码的测试是不可能的。形式化分析可用来补充测试活动,以及验证与需求的符合性。因此,无论使用形式化方法还是其他开发方法,验证可执行目标代码的目标都是相同的,只是在DO-333中增加了一个额外的目标,把形式化分析用于验证源代码和目标代码之间属性的保持。通过验证源代码和目标代码的转换的正确性,在源代码层针对高层或低层需求进行的形式化分析可以用于推导目标代码针对高层或低层需求的正确性。

(2)验证的验证。DO-178C的4个软件结构的测试覆盖目标(目标5～目标8)被DO-333中的一个软件结构的验证覆盖目标取代,为此DO-333提出如下4个活动来满足这个结构覆盖目标:

a. 每个需求的完全覆盖。当对形式化分析进行假设时,所有的假设都必须被验证,以确保每个需求都完全覆盖。

b. 需求集合的完整性。对于形式化建模的需求,需要表明需求集合针对预期的功能是完整的。它必须被验证对于所有的输入条件,要求的输出都已经被指定;而对所有的输出,要求的输入条件也都已经被指定。如果需求是不完整的,则需要完善;如果不能表明需求的完整性,则需要结构覆盖。

c. 非预期的数据流关系的检测。确定源代码中的数据流与需求符合,并且在代码的输入和输出之间没有非预期的依赖。如存在非预期的依赖则需要解决。

d. 无关代码和非激活代码的检测。这与 DO - 178C 对于无关代码和非激活代码的目的是相同的。

2.2.4　基于模型的方法和 DO - 331

1)基于模型的方法

基于模型的开发(model based development,MBD),又称为模型驱动的开发,是 2002 年对象管理组(object management group,OMG)在模型驱动架构(model driven architecture,MDA)的基础上提出的一种新的软件开发范式。它是对实际问题进行建模,并转换、精化模型直至生成可执行目标代码的方法,至此,模型不再仅仅是描绘系统、辅助沟通的工具,而且是软件开发的核心和主干。它提高了软件开发行为的抽象级别,倡导将业务逻辑定义为精确的高层抽象模型,提高了开发人员对整个系统的观察深度和控制复杂度的能力,给不同开发阶段提供全局、统一的视图和指导。

MBD 的核心是抽象和自动化。在 MBD 方法中,抽象就是建模语言与机制;而自动化就是建模工具,建模工具不仅应支持软件建模,而且应支持模型的自动检查与分析以及模型间的自动转换。MBD 虽然是在 MDA 和 UML 的基础上提出的,但它不限于面向对象方法,也可以采用结构化方法或形式化方法等其他方法进行建模。

MBD方法由四个步骤组成,如图2-7所示。

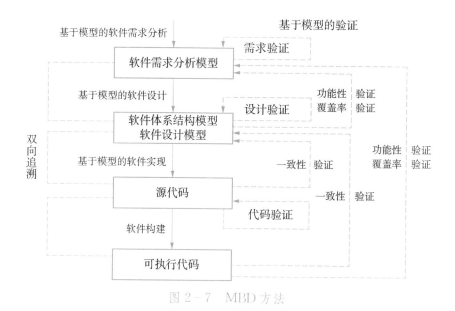

图 2-7 MBD 方法

(1)基于模型的软件需求分析:采用结构化、形式化或面向对象等分析方法,对软件需求进行建模,得到分析模型。

(2)基于模型的软件设计:根据分析模型和由分析模型自动转换得到的设计模型,采用结构化、形式化或面向对象等设计方法,对软件进行体系结构设计和详细设计,建立软件体系结构模型和软件设计模型。

(3)基于模型的软件实现:从设计模型(半)自动生成代码,并与人工编写代码进行集成。

(4)基于模型的验证:采用自动化或人工方式进行模型评审、自动检查、仿真、覆盖分析,以及模型生成代码的验证,保证软件质量。

2)DO-331

MBD理念一经提出便受到广泛关注,其发展极为迅速,理论研究和规范制定都取得了极大成功,工具支持也日益增多。目前,基于模型的软件工程在众多行业,特别是航空航天领域已经得到了广泛的应用。在 DO‐178C 标准中,MBD 以附件 DO‐331 的形式出现,对相关的目标和输出都进行了详细的定义。从适航标准的发展来看,MBD 必然成为机载软件开发的行业趋势之一,采用 MBD 对于机载软件的适航取证也是十分有效的。

在 MBD 方法中,模型是软件生命周期数据的一种特殊描述方式,虽然它可以用来更好地支持软件开发过程和软件验证过程,但并不是所有的软件生命周期数据都适合用模型的方式描述。DO‐331 认为,只有软件需求和设计适合用模型描述,即规约模型和设计模型。此外,一些与软件生命周期相关联的系统生命周期数据也可以用模型表达,例如分配到软件的系统需求。值得指出的是,经过 SC‐205/WG‐71 反复讨论以后,测试用例和测试规程等数据不列入 DO‐331 的模型范畴。

综合起来,DO‐331 认为模型可以表征为如下几个方面:

(1) 模型必须由某种明确定义的建模语言完整地描述,而建模语言应具备严格的语法和精准的语义。

(2) 模型必须描述软件需求数据、设计说明以及分配到软件的系统需求。其他数据的特殊描述不被 DO‐331 认可为模型。

(3) 模型的使用必须能在软件生命周期内更好地支持软件开发过程和软件验证过程。

以上三个条件任何一个条件不满足,都不被认为是模型。明确了模型的定义以后,DO‐331 针对模型的特征,把使用模型后对软件开发和软件验证带来的影响和适航信用进行了分析,它保留了 DO‐178C 的大多数指南,增加了一些 MBD 特定的信息:

(1) 模型策划。在策划阶段,计划应解释使用哪几类模型,每类模型代表什么软件生命周期数据,使用什么模型标准和验证方法。如果将仿真用于置信度,则计划应明确说明方法以及要寻求的置信度。如果采用仿真进行模型验证,则计划应指明模型仿真的环境,包括模型、工具、规程以及操作环境。在计划中还应解释需要或不需要仿真器的工具鉴定的原因。

（2）模型标准。使用的每类模型都必须有标准解释建模技术、约束和说明等。DO-331规定了模型标准必须包含的内容。模型标准是开发人员的指南,使他们能够构建高质量和高符合性的模型。

（3）支持模型元素。DO-331要求对实现需求或设计没有贡献的模型元素必须清楚标识,为此它增加了3个目标:①标识对完成或实现任何高层需求没有贡献的规约模型元素;②标识对完成或实现任何软件体系结构没有贡献的设计模型元素;③标识对完成或实现任何低层需求没有贡献的设计模型元素。

（4）模型元素库。在多数建模工具中大量使用库,如用于图形化展示一个模型的符号来自一个符号库。DO-331要求库中的模型元素需要策划和开发标准、需求、设计、代码、验证用例和规程等,每个元素必须保证达到DO-178C的恰当软件级别,否则不应使用。建模标准应提供正确使用库中元素的指南。

（5）设计模型的模型覆盖分析。只有设计模型需要模型覆盖分析。DO-331要求应分析确定设计模型表达的哪个需求没有被验证检查到,分析的目的是支持对设计模型中的非预期功能的检测,通过验证用例达到模型开发所基于的需求的覆盖。

（6）模型仿真。所谓模型仿真,是指使用仿真器检查一个模型的行为的活动。DO-331提供了模型仿真的指南。模型仿真可以用于满足DO-331中的一些验证目标,例如通过规约模型仿真验证高层需求对系统需求的符合性、高层需求的准确性和一致性等,通过设计模型仿真验证低层需求和软件体系结构的可验证性和软件体系结构的一致性等。如果仿真用例和规程用于正式验证置信度,那么仿真用例和规程的正确性需要验证,并且仿真结果需要评审,结果差异需要解释。

2.2.5 软件产品线工程方法

软件复用作为提高软件开发的效率和质量的重要途径已经得到广泛的认同。在此基础上,卡内基·梅隆大学的软件工程研究所借鉴制造业中生产线的成功经验,提出了软件产品线的思想。软件产品线针对特定领域中的一系列具有公共特性的软件系统,试图通过对领域共性和可变性的把握构造一系列领域核心资产,从而使特定的软件产品可以在这些核心资产的基础上按照预定义的方式快速、高效地构造出来。软件产品线工程对任何一种软件开发方法都是适用的,它能有效提高开发效率,降低开发成本,提升软件质量。

软件产品线工程由三个基本活动组成——领域工程、应用工程和产品线管理,如图 2-8 所示。

(1) 领域工程是产品线核心资产的开发阶段,属生产者复用。它定义和实现了产品线的共性和可变性。所谓共性是指产品线中多个应用完全相同的那一部分特性;可变性则将不同应用区分开来。领域工程通过领域分析识别出产品线的共性和可变性,在此基础上设计、开发和完善可复用资产,包括领域的产品线软件体系结构和可复用构件等。

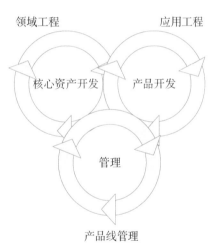

图 2-8   软件产品线工程的三个基本活动

(2) 应用工程是基于核心资产的应用产品开发阶段,属消费者复用。它根据单个软件产品的特定需求对领域模型进行定制,通过对领域资产的复用,使用产品线的可变性实现目标产品。产品线的最终价值体现在应用工程具体软件产品的开发过程中。

(3) 产品线管理包括技术和组织管理两个方面。成功的产品线需要持久的、强有力的、有远见的管理,这是由于软件产品线涉及领域工程和应用工程两个层面,而应用工程中又包含多个并可能随时间推移不断增加的应用产品。此外,软件产品线往往是一个长期的投资过程,需要经历领域发展、成熟以及核心资产不断积累的过程。因此,在长期的软件产品线开发和不断演化的过程中,如何管理各种开发活动、协调核心资产与应用产品两个层面上的开发和演化就显得十分重要了。

三个基本活动紧密联系,各自不断更新,同时又带动其他活动的更新,更新可以以任何次序出现且反复循环。正向的开发活动通过核心资产开发用于应用开发,逆向的开发活动则从现有产品中挖掘公共资产放入产品线资产库。核心资产开发和产品开发之间存在很强的反馈循环,即使采用正向开发,核心资产也可能随着新的产品开发而更新。由于领域总是处于不断的发展变化之中,而开发人员对领域预见性的把握并不总是准确的,因此需要持久的、强有力的、有远见的管理。

2.3 软件计划

软件计划过程是整个软件生命周期过程的起点,它定义了在整个软件生命周期中产生满足系统需求并提供与适航要求相一致的置信度水平软件的各项活动、工具方法、输入输出、转换标准和内在联系,最后需要形成一系列计划类文件。这些计划类文件是指导其他软件生命周期过程的依据,因此按软件开发过程和四个综合过程,被分为软件开发计划(software development plan,SDP)、软件验证计划(software verification plan,SVP)、软件配置管理计划(software configuration management plan,SCMP)、软件质量保证计划(software quality assurance plan,SQAP)和软件合格审定计划(PSAC)。DO-178C软件生命周期过程如图2-9所示。

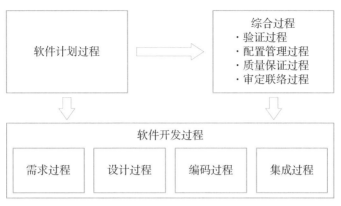

图 2 - 9　DO - 178C 软件生命周期过程

2.3.1　软件合格审定计划

软件合格审定计划(PSAC)是一个提交给合格审定机构的计划,它提供整个项目的高层描述,并解释 DO - 178C 以及适用的补充文件的目标将如何得到满足,还提供对其他 4 个计划的概括。DO - 178C 的 11.1 节给出了期望的 PSAC 内容的概括,常常用作 PSAC 的大纲,它包括如下章节:

(1) 系统概述。说明整个系统以及软件在系统中的位置。

(2) 软件概述。说明软件的预期功能以及体系结构考虑。

(3) 合格审定考虑。说明符合性手段。如果使用了 DO - 178C 补充文件,则要解释哪个补充文件应用于哪部分软件。此外,本节一般通过概括安全性评估以证明分配的软件级别的合理性。即使对于 A 级软件,具体说明什么驱动了该决策以及是否需要额外的体系结构缓解措施,也是很重要的。

(4) 软件生命周期。说明软件开发过程的阶段,并对其他 4 个计划进行概括。

(5) 软件生命周期数据。列出整个软件开发过程的数据。本节通常用表格形式列出 DO - 178C 第 11 节的 22 个数据项,并包含文档名称和编号。

(6) 进度。列出软件开发和审批的进度表,目的是帮助项目和合格审定机构策划他们的资源。项目实施时发生任何进度变化都应及时与合格审定机构协调。通常 PSAC 的进度表是相对高层的,包括主要的软件里程碑。

(7)额外考虑。记录传递给合格审定机构的所有特别问题,如工具鉴定等。

2.3.2 软件开发计划

软件开发计划(SDP)策划了软件开发的活动,包括需求、设计、编码和集成。此外,SDP 通常会简要说明软件验证计划(SVP)。SDP 包含如下内容:

(1)标准。每个项目都应标识需求、设计和编码的标准。这些标准为开发人员提供规则和指南,帮助他们编写有效的需求文档、设计文档和代码。标准还提供约束,帮助开发人员避免可能影响安全性或软件功能的缺陷。标准应当适用于使用的开发方法、建模语言和编程语言。虽然 SDP 通常引用标准,但是在一些情况下,SDP 直接包含标准。

(2)软件生命周期。SDP 通常基于一个生命周期模型来定义项目的软件开发生命周期,列出每个阶段、阶段的产出成果、所执行的活动、准入准则和准出准则。常用的生命周期模型有瀑布模型、迭代模型、快速原型模型、螺旋模型和逆向工程模型等。本书推荐采用迭代模型。

(3)开发环境,包括用于开发需求、设计、源代码以及可执行目标代码的工具,如建模工具、编译器、编辑器、加载器和硬件平台等。如果 PSAC 计划中已包含了一个工具列表,则 SDP 只需引用它。当然,SDP 可以更详细地描述这些工具的使用细节。此外,还需要提供一个控制开发环境和确保软件能够一致地重新生产的手段。如果有工具需要鉴定,则应在 SDP 中进行解释,特别是该工具如何应用于软件开发过程以及使用者如何操作该工具。

2.3.3 软件验证计划

软件验证计划(SVP)策划了软件开发时的验证过程,包括评审、测试与分析。针对每个过程指明进入与退出的条件、在过程中进行的活动以及每个过程输入输出的文件。例如,需求评审要指出根据什么过程要求进行评审,项目(或组织)要建立体系文件,确定同行评审和配置管理等项目管理文件,以及需求标准和编码标准等标准,以便计划中的活动遵照一定的规范进行。同时还要考虑到验证中要使用哪些工具,如分析工具和覆盖工具等,选择好工具后,还要在项目中先试用一下,并编写工具在项目中的使用方法。同时针对这些工具的使用,还要考虑工具的鉴定问题。

SVP 和 SDP 密切相关,SDP 描述了 SVP 的概括。我们通常把这三项验证活动都放在 SVP 中进行详细说明;或者也可以让 SDP 描述评审的细节,而让 SVP 重点关注测试与分析。

SVP 包含如下内容:

1) 验证组

SVP 应描述软件验证组的组织架构和软件验证过程中的职责。可以用图表的形式列出人员组织结构图,从图中可以看出验证与开发、配置管理、质量保证等的关系,同时列出各组织成员的主要职责。组织架构和人员职责可以不用描述整个项目的组织和人员,只要描述与软件验证相关的组织和人员职责就可以了。同时要描述确保验证职责独立性的方法,且从事验证的人员和开发的人员不能是同一人。

2) 评审

SVP 应说明同行评审的过程、评审准则、检查单和评审记录。

3) 测试

SVP 应说明测试方法、如何设计测试用例、在什么环境下执行测试、如何建立与需求间的追踪、验证规程、如何维护验证结果、测试成功或失败准则以及测试结果将在哪里进行记录等。

4) 分析

每个有计划的分析都应在 SVP 中进行阐述。典型的分析包括追踪性分析、最坏情况执行时间分析、栈使用率分析、链接分析、负载分析、内存映射分析、结构覆盖分析以及需求覆盖分析等。

5）验证环境

描述评审、测试和分析工具以及如何使用这些工具的一些指导方法；描述硬件测试设备，如真实目标机、目标机上的仿真器或宿主机上的模拟器等。

如果软件验证过程中使用了工具或仿真器之类的软硬件设备，则要考虑这些工具是否需要被论证。如果使用了与真实环境不同的仿真器或模拟器，则需要分析它们与真实目标环境的差异，判断这些差异是否可能导致误判或遗漏，或者影响性能测试。如果这些差异的影响确实存在，则要有对应的验证手段弥补这些差异。

6）转换准则

SVP 应说明进入或退出相应验证过程的转换准则。软件验证活动可能和软件开发活动同时进行。当某个软件项的某个开发阶段完成时就可以进行该项该阶段的验证，但是必须保证被验证的软件项是受配置管理控制的。

7）分区分析

如果在程序中使用了分区，则需要描述实现分区的方法以确定分区的一致性。分区一般用在一个系统内部包含不同级别的软件时，如果想按不同级别进行 DO‑178B/C 审定，则这部分软件就要进行分区，以保证低级别的软件不会对高级别软件造成不良的影响。如果不能进行分区，则只好按系统中的最高级别对软件进行审定。

8）编译器设定

在计划阶段，需要对编译器、链接器或加载器进行研究，并在计划中说明：

（1）研究编译器的优化功能，保证源代码能直接追踪到目标码。一般设置为不要优化，以免编译器变更代码、引入错误。编译器和链接器的设置要有记录并捕获在编译的过程文件中，在不同版本上要使用同一种编译设置。

（2）所有编译器/链接器运行时库也要被测试。

（3）进行源代码到目标码的分析，以确保目标码是可以直接追踪到源代码的;并且找出编译器所加的代码,验证其正确性。

（4）C/汇编语言的编码标准要限制使用那些不能被结构覆盖或被源代码到目标码的追踪分析所证实的程序架构。

（5）加载器的选项要捕获和记录下来。

9）重新验证

当一个软件产品被验证过（包括评审、分析或测试）时,一旦更改,就要被重新验证。重新验证时,首先要进行影响分析,对受影响的需求、设计、代码进行重新评审和分析。如果复用了先前开发的软件,则可能需要一些重新验证。

10）多版本相异软件的使用

多版本相异软件是一种系统设计技术,它是指在一个软件中针对同一个功能有多个软件组件,这样可以避免组件间一些通用的错误。它通常作为除了软件验证活动之外的一个额外保护机制。如果采用了这一技术手段,则软件开发过程与验证过程与单一软件就会有所不同,要采用多线程管理方法。

2.3.4　软件配置管理计划

软件配置管理计划（SCMP）策划了整个软件开发与验证过程中软件配置项的管理。软件配置管理（software configuration management，SCM）贯穿于整个软件生命周期。所管理的软件配置项包括计划、需求、设计、代码、测试和用户手册等各类工件。

根据不同项目,应按照行业标准制定 SCMP。对于民用航空器的研发,我们现遵循了 ARP 4754A、DO-178C 和 DO-254 的要求。而往往根据和客户签订的工作说明书（statement of work，SOW）,可能还需要遵守配置管理的行业标准,例如将电子工业协会（Electronic Industries Association，EIA）颁布的配置管理标准 ANSI/EIA-649 作为配置管理基本原理的指导性文件,该标准提供了基本的配置管理原则以及工业界实施的最好经验,用以确认产品的配置和产品更改的影响管理。因此在计划开始之前,要确定好计划需要遵循的标准，在分析标准的基础上进行裁剪，结合项目要求和工程实践，明确应该做什么、如何做以及怎样做。

SCMP 包含如下内容：

（1）配置标识。SCMP 应说明每个配置项如何唯一标识，该标识通常包括文档或数据编号以及版本或修订号。

（2）基线和可追踪性。SCMP 应说明建立和标识基线的方法。正式基线包括合格审定和生产基线。当从已建立的基线中派生出新的基线时，应进行变更控制工作。派生的基线应能追踪到之前的基线。

（3）问题报告。问题报告（problem report，PR）过程是 SCM 过程的一部分，应在此进行说明，包括何时开始 PR 过程、PR 单的内容以及验证和关闭 PR 单的过程。

（4）变更控制。SCMP 应说明如何控制配置项的变更。配置项成为基线后必须经变更控制流程核准后才能变更。变更控制通过防止未经批准的更改，以保持系统和项目的完整性，这与 PR 过程紧密相关。

（5）变更评审。变更评审过程确保变更是有计划的、得到批准的、是编写了文档的、正确实现的以及可以关闭的，这通常由变更评审委员会监督。

（6）配置状态记录。大多数 SCM 工具都能生成配置状态报告。SCMP 说明状态报告中要包括什么、何时生成状态报告以及工具如何支持。

（7）归档、发布和提取。如果企业有相关的规程，则可以直接引用这些规程。

（8）软件加载控制。SCMP 应说明软件如何准确加载到目标计算机上。

（9）软件生命周期环境控制。SDP 和 SVP 中标识的软件生命周期环境必须得到控制。通常会在正式软件构建和正式测试执行前进行一次配置审核（或符合性检查）。软件质量保证（software quality assurance，SQA）组可以执行或鉴证配置审核。

（10）软件生命周期数据控制。SCMP 应标识所有将要产生的软件生命周期数据。

（11）供应商 SCM。如果用到供应商，则应说明供应商的 SCM 过程。对供应商的问题报告过程进行监督的计划也应该包括在 SCMP 中。

2.3.5　软件质量保证计划

软件质量保证计划（SQAP）定义了 SQA 人员在项目中的软件质量保证方法和活动，保证软件符合批准的计划、标准和 DO‐178C 目标。

SQAP 包含企业 SQA 人员的组织，说明项目中 SQA 的职责，通常包含以下内容：

（1）评审计划和标准。

（2）参加同行评审过程，以确保其被正确地遵从。

（3）坚持执行计划中标识的转换准则。

（4）对环境进行审核。

（5）对计划的遵从性进行评估。

（6）见证软件的构建和测试。

（7）签字批准关键文档。

（8）关闭问题报告。

（9）参加变更控制委员会。

（10）执行软件符合性评审（software conformity review，SCR）。

SQA 人员依据质量保证策划内容及相关体系标准，结合软件计划，编制 SQA 检查单，用于开展项目质量保证工作。

SQA 检查单主要包括以下内容：

（1）软件计划阶段质量保证检查单。

（2）软件需求阶段质量保证检查单。

（3）软件设计阶段质量保证检查单。

（4）软件编码阶段质量保证检查单。

（5）软件集成阶段质量保证检查单。

（6）软件验证阶段质量保证检查单。

（7）SCM 质量保证检查单。

（8）软件各阶段转换准则质量保证检查单。

（9）SCR 检查单。

（10）软件工程评审过程质量保证检查单。

3

软件需求

3.1　概述

3.1.1　系统需求和软件需求

对需求的深入理解是研发工作获得成功的前提和关键。从系统工程的视角看,软件运行于一个系统环境中,而客户需求通常是面向系统的,客户需求往往要经过分析、层层分解和分配,才会转化为某个特定软件的需求。不同的系统体系结构及设计策略可能会导致分配给某个特定软件的需求存在较大差异。需求信息的传递过程如图 3－1 所示。软件需求是对分配给软件的系统需求的精化,软件设计者用其设计和实现软件,软件需求是软件开发的基础,软件需求的质量高低很大程度上决定了软件项目的成败。

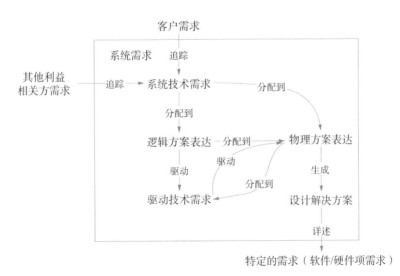

图 3－1　需求信息的传递过程

3.1.2　需求层级

需求通常有多个层级,较低的层次需求是从较高层次的需求中分解出来的,在每个较低层次上都带有更多的细节,系统需求的最低层次分配给软件或硬件实现。按 DO‐178C,软件需求分为高层需求和低层需求,软件需求开发的输出称为高层需求,软件设计的输出称为低层需求,虽然都称为需求,但这一点与 IEEE 的定义不一样,考虑到本书主要面向民机软件相关从业者,因此保留了高层需求、低层需求的称法。本章重点讲高层需求,但讨论的许多问题也适用于系统需求和低层需求。需求层级与航空器、系统体系结构有关,有时也会考虑工作分工关系,因此软件需求层次在不同项目中可能不一样。以民机显示系统为例,需求的层级划分如表 3‐1 所示。

表 3‐1　需求的层级划分

需求层次	需求名称	需求定义者	系统层级
T0	飞机级需求,即整机需求	飞机制造商	T0
T1	航电系统级需求,航电系统包括显示子系统、核心处理子系统、机载维护与记录子系统、客舱系统等 8 个子系统	航电集成商	T1
T2	分包系统级需求,如显示分包系统需求	根据供应商区分	—
T3	子系统级需求,如显示子系统需求	系统供应商	T2
T4	子系统设备与功能级需求,它将系统需求分配到多个硬件配置项和软件配置项中,如显示子系统 PFD 的功能级系统需求	产品研发系统需求团队	T3
T5	软件高层需求,用于记录软件配置项的功能需求、非功能需求和约束条件,如显示子系统 PFD 的软件高层需求	产品研发软件需求团队	T4
T6	软件低层需求,即软件配置项的软件设计文档,如显示子系统 PFD 的软件设计文档	产品研发软件设计团队	T5

上一层需求对应一个或多个下一层需求,形成多层树结构,如图 3‐2 所示。

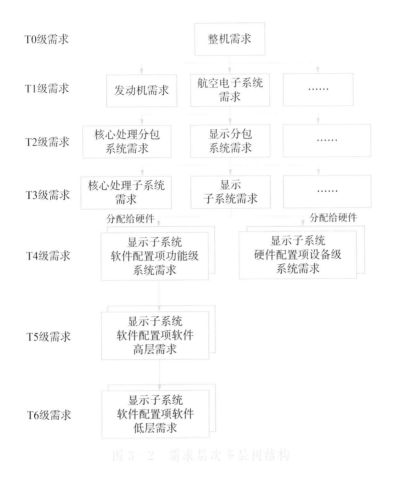

图3-2 需求层次8层树结构

3.1.3 软件需求类型

航空电子软件的软件高层需求通常包括以下几方面。

（1）功能需求：描述软件应该提供的功能、软件对于特定的输入如何做出反应以及软件在特定的条件下应如何运行等。

（2）接口需求：规定了软件必须与之交互操作的外部软件或硬件，以及对这种交互操作所使用的格式、时间或其他因素的约束。

（3）性能需求：性能需求是在功能需求上规定性能参数，包括速度、效率、并发数、吞吐量、数据量、响应时间或资源使用情况等。

（4）安全性需求：安全性需求规定了软件运行不引起系统事故的需求。这是航空电子软件最重要的非功能需求。

（5）可靠性需求：可靠性需求规定了软件运行不引起系统失效的需求。通常规定了软件运行期间故障的频率、可恢复性、可预见性和平均失效间隔时间（mean time between failure，MTBF）等。其中 MTBF 又称为平均无故障时间。

（6）易用性需求：易用性需求所描述的是许多组成"用户友好"的因素，它用以衡量准备输入、操作和理解产品输出所花费的努力。易用性可包含人员因素、美观、用户界面的一致性、联机帮助和环境相关帮助、向导、用户文档和培训材料等方面。

（7）可支持性需求：表明了系统测试、安装、扩展、移植、本地化等时所需工作量的大小。可支持性包括可测试性、可扩展性、可适应性、可维护性、兼容性、可配置性、可服务性、可安装性，或是否可本地化（国际化）。

（8）设计约束：规定或约束了软件的设计，通常任何不允许有一个以上设计选项的需求都可以认为是一个设计约束，如必须采用某种算法。

根据来源，软件需求也可以分为派生需求和非派生需求。软件派生需求指由软件开发过程中产生的、与系统需求没有直接追踪关系的需求。而每个非派生软件需求都必须来源于一个上一级系统需求。例如，软件备份就是一个派生需求，一些新增的设计约束也是派生需求。

（1）非派生需求，将系统需求分解为更详细的需求，但不能强制某种具体的实现。例如，一个非派生需求可能会描述需满足的处理能力的大小、输入输出的带宽等，但它不能描述满足处理器处理能力要求的处理器的型号。这种选择应该留给设计者或者在一个派生的需求中定义。

（2）派生需求，是设计选择的结果，因此派生需求强制要求在该需求下的一个低层级的某种实现。派生需求没有系统需求，每条派生需求都必须说明其派生的理由。派生需求必须进行系统安全分析评估。

值得注意的是,软件需求并未包括设计细节、实现细节、项目计划信息或测试信息。需求与这些没有关系,它关注的是待开发的软件是什么,而不是如何去开发。

3.1.4　软件需求过程

通过软件需求过程来发现、获取、分析、定义和管理软件需求,其主要输入包括来自系统过程的系统需求、软件/硬件接口和系统结构以及来自软件计划过程的 SDP 和软件需求标准(software requirements standard,SRS),主要输出是软件需求文档。

软件需求过程的目标如下:开发高层需求和派生的高层需求,并将派生的高层需求反馈给系统过程。

软件需求活动要求如下:

(1) 通过分析分配给软件的系统功能和接口需求来发现有歧义的、不一致的和未定义条件的需求。

(2) 要报告软件需求过程检测到的不合适的或不正确的输入,并反馈到输入的源过程以澄清或纠正。

(3) 分配给软件的每一个系统需求都应在高层需求中加以说明。

(4) 标明与分配给软件的以减小系统危害性的系统需求相关的高层需求。

(5) 高层需求要符合 SRS,并且是可验证的和一致的。

(6) 若适用,则高层需求要用容差的定量术语说明。

(7) 除了规定的和合理的设计限制外,高层需求不应详细描述设计和验证细节。

(8) 分配给软件的每一个系统需求都要追踪到一个或多个软件高层需求。

(9) 除派生的需求外,每一个高层需求都要追踪到一个或多个系统需求。

(10) 要将派生的高层需求反馈给系统过程。

软件需求过程如图 3 - 3 所示,它包括如下五项需求活动:

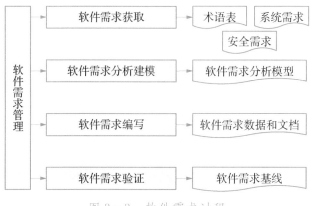

图 3-3 软件需求过程

（1）软件需求获取：获取分配给软件的系统需求，理解与确认系统需求，确定软件的边界，作为系统工程师和软件工程师之间的一个契约。

（2）软件需求分析建模：确定需求分析方法，持续分析与细化系统需求，建立软件需求分析模型，开展安全性需求分析，并划分需求优先级。

（3）软件需求编写：在分析建模的基础上撰写详细的、清晰的、规范的需求——软件需求数据和文档。

（4）软件需求验证：通过非正式和正式的评审方式进行需求验证。软件需求验证是软件测试人员的工作，可以防止需求错误，大大减少返工，同时需求验证也是软件需求基线发布的前提。

（5）软件需求管理：管理项目接收和产生的所有需求，管理需求版本，建立与维护需求追踪关系，管理需求变更。

3.2 软件需求获取

软件需求获取的任务是获取分配给软件的系统需求以及其他利益相关方需求，从而确定软件的范围。

　　系统设计过程通常是自顶向下的研发过程（见图 3-4），每一层解决方案都是由分配而来的需求所驱动的。每一层解决方案可能包含若干"块"（子系统、软件项、硬件项或其组合），每一块就是一个待选的解决方案。从软件视角看，是获取需求；从系统视角看，是分配需求。获取的需求是上层设计输出的一部分，也包括其他利益相关方的需求，尤其是同层其他系统元素关系，此时将该软件项当作一个整体。因此需求获取工作可以看成是系统设计并行工作的一部分，并且是不断迭代的过程。

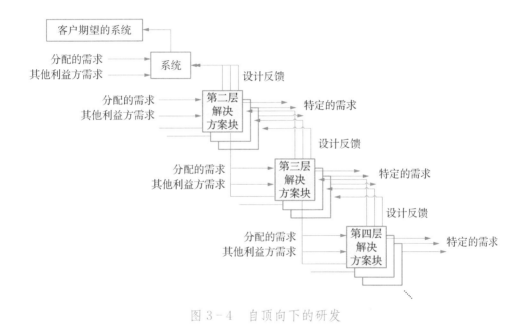

图 3-4　自顶向下的研发

　　在理想情况下，交给软件开发团队的系统需求都是完整、准确和文档化的，并且通过了确认，但事实并不常常是这样。为了保证系统需求的完整、准确和一致性，常常需要软件开发团队发现系统需求的缺陷和模棱两可的地方，并和系统团队一起建立完全通过确认的系统需求。

　　此外，接口控制文档（interface control document，ICD）和系统规范、界面设计文档人机界面（human machine interface，HMI）、适航要求与软件安全等级、系统结构等也是软件需求的输入。

软件需求获取的过程如下：

（1）参与评审，完全理解系统需求和安全需求。软件工程师必须对系统需求非常熟悉。对初始安全评估的理解也是掌握安全驱动力所必需的。

（2）与客户、系统工程师、领域专家进行会谈，回答系统需求中的问题，并补充遗漏的系统需求。

（3）在编写软件需求前，确定系统需求和安全需求的成熟度和完整度。

（4）和系统工程师一起改进系统需求。在软件开发团队把系统需求细化为软件需求之前，系统需求应该相对成熟和稳定。系统工程师应和软件开发团队一起修改系统需求。不过，在很多情况下，软件开发团队必须主动地推动系统工程师做修改。

（5）复用过去相关项目的需求，并考查这些项目的问题报告。客户、系统工程师或软件开发人员往往会有一些过去的经验。

（6）定义初步的术语表，以保持需求陈述的术语一致性，避免项目成员对术语的使用及其含义产生误解，减少二义性。术语表中的术语是问题领域中的常用术语，该表越早定义越好，并应在软件开发整个过程中不断完善。所有其他文档的文字说明都应始终如一地使用术语表中的术语。

需求获取是一个需要高度合作的活动，并不是系统需求的简单誊本。软件需求工程师应和系统工程师紧密合作，形成成熟和稳定的系统需求和软件需求。通常，软件需求获取活动主要在项目前期执行，但是当系统需求发生变更时软件需求获取将会继续进行，这是通过变更控制流程实现的。

3.3　软件需求分析建模

软件需求分析建模的目的在于开发出高质量和具体的需求，以便能做出实用的项目估算并可以进行设计、构造和测试。需求分析是软件工程师编写软件需求文档前必须进行的活动。有时,软件工程师迫于进度压力,不进行需求分析,直接编写软件需求,结果会导致大量的返工。虽然迭代和改进常常存在,但是通过分析过程可以使得后续返工的成本最小。

软件需求分析建模的主要成果是需求分析模型。需求分析模型表达的是问题本质的抽象,而不是问题的解决方案。它是一个平台无关模型(platform independent model,PIM),即与具体实现的平台和技术没有关系。

软件需求分析建模时应重点关注如下事项:

(1) 将需求获取得到的输入组织得清晰和完整。需求工程师必须从多个角度分析将要解决的问题。通常利用用例从用户角度阐述问题。

(2) 从功能、行为和数据等多个视图对需求进行分析建模。

(3) 采用软件故障树或软件失效模式及影响分析的方法对安全性需求进行分析。

(4) 对系统中有用户界面的软件配置项(computer software configuration item,CSCI),建议开发用户界面原型。用户界面原型可以为图形(采用绘图工具)或可执行目标代码(交互式的电子原型)。用户界面原型是一种有效的需求工具,它可以用来明确并完善需求,发现和解决需求中的二义性,消除大家在需求理解上的差异。

软件需求分析主要包括建立软件需求标准、选择需求分析的方法、需求分析建模、安全性需求分析、需求优先级划分等活动。

3.3.1　建立软件需求标准

为软件需求开发建立标准,有利于提升软件需求质量。软件需求标准(SRS)是需求团队开发软件需求的指南,可以确保每一个人遵守同样的方法,也可以为需求评审提供准则,还可以作为需求工程师的培训资料。目前,一些软件企业已经建立了组织级的 SRS,项目可以依据组织级的需求标准结合项目特点建立项目的 SRS。

SRS 通常包含如下部分：

（1）用于开发软件需求的方法。

（2）用于定义需求的表示法，如数据流图（DFD）和形式化规约语言。

（3）需求的标识准则，每项需求要独立标识，并与别的需求区别开来，只在软件需求文档中出现一次，这样更改时易于保持一致。

（4）使用需求开发和/或需求管理工具的约束和限制（包括每个属性的定义）。

（5）用于对系统过程提供派生需求的方法。

（6）使用 ICD，以及为引用它们的需求编写准则。

（7）需求追踪的方法和说明。

（8）需求优先级划分的原则。

（9）如果使用基于模型的开发方法，则要说明如何使用每种图形和符号。

（10）需求、派生需求的定义和例子。

（11）所应用的规则和指南的例子。

3.3.2　选择需求分析建模方法

需求阶段的重点在于软件"做什么"而不是"如何做"，需求分析建模的方法很多，从纯文本的、到全图文的、再到图文结合的，各种各样。出于可追踪性考虑，许多安全关键软件的需求以文字为主，并用图形对文字做进一步的说明。

在选择航空电子软件需求分析建模方法时，推荐采用基于用例的分析建模方法或结构化分析建模方法。我们应结合项目的特点、技能的储备以及工具及其熟练程度选择适合项目的需求分析方法，在需求标准中对所选择方法的应用进行解释和示例。

3.3.3 基于用例的分析建模方法

1）分析步骤和需求分析模型

基于用例的分析建模方法可成功应用到许多项目里面，目前已成为捕获关注点的一个主流方法。用例驱动的分析是从行为者的角度出发建立用例，在复杂系统的需求分析中起到了显著作用。

本方法具体分为如下两个步骤：

（1）建立用例图，识别软件边界和软件功能。

（2）选用以下一种或多种方式对用例图中的每个用例进行描述，编写用例规约。

a. 文本规约，采用自然语言描述执行者和用例之间发生的基本活动，这是用例规约的首选形式。

b. 活动图，根据用例图识别出的软件功能，通过活动图描述软件内部的事件流和软件执行流。

c. 状态机图，状态机图是活动图的一种补充，如果软件内部存在有限状态机并且各状态之间有明确的迁移条件和转换准则，则需要建立状态机图以帮助活动图更进一步对软件的执行流程和执行条件进行补充说明。

d. 时序图，描述了不同时刻软件内部的执行顺序和响应反馈，是对具有时序性的约束或者具有事件响应反馈的一种描述。

用例图是对软件功能需求的建模，是静态需求分析模型；时序图、活动图和状态机图是对软件行为需求的建模，是动态需求分析模型。本方法通过这几种模型对需求功能、性能、接口等进行详细的识别，为后续软件设计做好基础。

2）用例图

用例图提供了软件外部可见的服务与功能——用例（use case），以及触发和参与用例的执行者（actor）。它是一种描述待建软件系统的上下文范围以及提供的功能的概览视图，也适合作为软件的情境图（context diagram）。它从"黑盒"的角度，描述了谁（或什么）与系统交互，外部世界希望系统做些什么。

用例图的基本元素主要包括一组执行者、一组用例以及它们之间的关系。

（1）执行者是与系统交互的实体，他们可以是人、其他外界的硬件设备或系统。执行者位于系统外，用小人表示。

（2）用例代表了执行者希望系统为他们做什么，用椭圆表示。用例不仅是系统可以提供的功能，而且从执行者的观点来看，用例必须是一个完整的活动流程，为执行者提供"价值"。

（3）它们之间的关系包括三种：执行者和用例间的关系、用例和用例间的关系以及执行者和执行者间的关系。执行者和用例间的关系只有一种，即关联，表示哪个执行者使用哪个用例。用例和用例之间有三种关系：包含、扩展和泛化，而执行者间的关系只有一种：泛化。

图 3-5 是用例图的一个例子，描述了一个系统的功能。用例图中的每个用例要描述其用例规约（use case specification），它以外部人员很容易理解的文

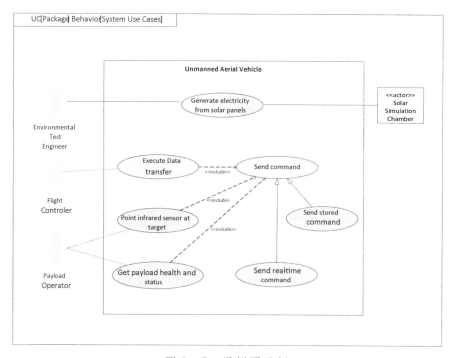

图 3-5　用例图示例

字和图形说明一个用例的行为。用例规约可以用时序图、活动图等描述，但是从根本上说，用例规约是文字形式的。在通常情况下，它们作为人与人之间，尤其是没有受过专门培训的人员之间互相交流的一种手段。因此，简单的文本通常是编写用例规约的首选形式，时序图、活动图等作为辅助说明的手段。

用例规约的内容包括用例名称、执行者、描述、事件流、前置条件和后置条件等，其中前四项是必须的。事件流描述了那些在执行者和用例之间的对话期间发生的基本活动，例如行为和交互。

3）活动图

活动图用于刻画一个软件配置项和组件的工作流程，也可用于描述用例内部的事件流。它提供了活动流程的可视化描述，关注被执行的活动以及谁负责执行这些活动。图3-6是一个活动图的例子。

活动图的基本元素包括动作（action）、控制流（control flow）、控制节点（control node）和对象节点（object node）。

（1）动作是行为的基本单元，一个活动可包含多个动作，动作用圆角矩形表示。

（2）控制流用来表示从一个动作到另一个动作的流的控制，用一条带箭头的直线表示。

（3）控制节点是用于协调动作的节点，它决定了活动图的流程。控制节点分为初始节点（initial node）、终止节点（final node）、判断节点（decision node）、合并节点（merge node）、分叉节点（fork node）和汇合节点（join node）。

（4）对象节点是动作处理的数据，用矩形表示。在某些情况下，看到活动中操作的对象会比较有用。但是，不推荐在所有活动图中都这么做，因为这会使活动图变得复杂。

初始节点是活动开始的节点，用一个实心圆表示。终止节点是活动结束的节点，可细分为活动终止和流终止，分别用带十字叉的圆和带边框的实心圆表示。在示例中，有一个初始节点和两个终止节点，终止节点中一个是正常终止，

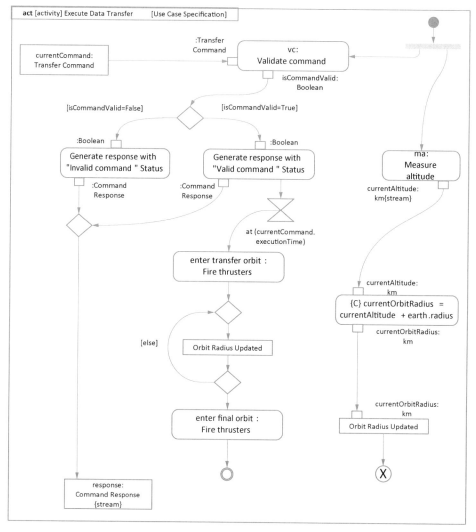

图 3−6 活动图示例

另一个是非正常终止。

分叉节点和汇合节点用于表示并发流,用同步棒,即一条水平或垂直粗线表示。分叉节点表示并发流程的开始,汇合节点表示并发流程的结束。在示例中,响应操作员指令和判断当前高度状态是两个并发活动。

判断节点和合并节点用菱形符号表示。一个判断节点可以有一个进入流和多个离去流。在每个离去流上放置一个布尔表达式,在进入这个分支时判断一次。在所有离去流中,其监护条件应该覆盖所有可能性(否则控制流可能会冻结),同时不应该重叠(否则控制流可能有二义性)。而一个合并节点可以有多个进入流和一个离去流。它可以将多个控制路径重新合并。需要注意的是,如果一个合并节点接收到多个流,则它的离去流指向的动作会多次执行。

示例中,当系统运行时,首先会进入两条分支:一条是对外界操作员的命令进行实时响应;另一条是对当前的高度状态进行判断,这两条分支是相互独立的。响应操作员指令的分支会继续判断操作员的指令是否有效,如果有效则进行响应动作,如果无效则进入异常无效指令的处理流中。而判断高度是否有效的分支则会按照顺序一致判断出结果。

活动图中的元素可以利用分区(也称泳道)分组。分组的目的是说明执行具体活动的责任。泳道可以是一个组织、执行者、系统、子系统、对象等。每个泳道都可以以命名表示负责者。

4) 状态机图

状态机图通过有限状态机对航空电子软件的离散行为进行建模。通过状态机图可以将系统中各种不同的状态识别出来,并利用事件和转移说明状态的迁移条件和过程。状态机图可以具有层次关系,因为在复杂的系统中,显然在一张状态机图中要想描述所有的细节是不可能的,所以可以使用组合状态将状态机图按层次结构组织。状态机图将更多地在软件设计中使用。

状态机图的核心元素包括以下几方面。

(1) 状态:它对某种形态进行建模,在这种形态下将满足一组不变式条件。其中,初始状态用实心圆表示,终止状态用被圆圈包围的实心圆表示,其他状态都使用圆角矩形表示,矩形的内部显示的是状态名。状态机的运行从初始状态开始,经过多个中间状态,最终在某个终止状态结束。状态可以是组合状态。状态可以在设计过程中不断地通过重定义求精,但是带有"final"标志的状态表示它们不能再被重定义,不能对其进行扩展。

（2）转移：表示状态之间可能的路径，这些路径表示状态的转移。当产生恰当的事件时，状态就会发生转移，从一种状态进入另一种状态。转移可以通过重定义求精，但是带有"final"标志的转移同样表示不能再被重定义。

（3）事件：状态机中事件触发迁移，事件可以用转移上的标号表示，也可以在状态内表示。事件通常分为不同的类型，例如定时事件表示定时触发的事件，调用事件表示在对象上执行同步调用的事件，而信号表示异步调用事件。不同类型的事件可以对通信的行为进行定义，使得通信的语义变得丰富而灵活。

图 3-7 是系统的一个状态机图的例子，描述了在系统运行时，根据不同的条件和当前处于的状态进行状态转换的过程。例如，当前无人机在正常运行状

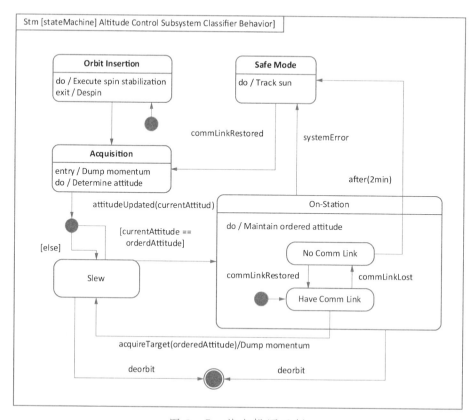

图 3-7 状态机图示例

态(On-Station)时,如果失去了指令连接(No Comm Link)并且失去连接 2 分钟后(after 2 min)或者当前运行时发生系统故障(system Error),则无人机的运行状态就会由正常状态切换到安全状态(Safe Mode);如果在安全模式下,连接指令恢复了(commlinkRestored),则系统会进入响应模式(Acquisition),在响应模式中,系统根据当前的姿态和预定的姿态进行判断,如果当前姿态与预定姿态相等,则系统的运行状态就会从响应模式切换到正常模式,否则系统将进入等待模式。如果单用语言描述各个状态和状态之间转换的条件,则对于具有多状态的系统来说会变得十分困难和复杂;但是如果使用了状态机图进行描述,则会非常清晰地展示出系统所具备的各个运行状态以及各状态之间的迁移条件。

5) 时序图

对象之间的交互实现了系统的动态行为,这种交互可以从两个互补的角度刻画。一个角度关注对象内部的行为,采用状态机图刻画;另一个角度关注对象之间的协作,采用时序图刻画。它通过描述对象之间发送消息的时间顺序以显示多个对象之间的动态协作。时序图用于跟踪在同一个上下文环境中一个用例场景的执行,当执行一个场景时,时序图中的每条消息都对应了一个类操作或状态机中引起转换的触发事件。在需求阶段,时序图用于刻画执行者与航空电子软件之间的交互行为;在设计阶段,时序图用于刻画航空电子软件内部各个对象间的交互行为。图 3-8 是系统的一个时序图的例子。

时序图以二维图的方式刻画对象间的动态交互。垂直维是时间,用于表示对象之间传送消息的时间顺序;水平维是角色,代表参与交互的对象。每个角色都有一个名称和一条生命线。生命线代表整个交互过程中对象的生命期,用垂直虚线表示。生命线之间的箭头连线代表消息。当对象发送或接收消息时,生命线画成双条实线。

消息从发出者指向接收者,次序由垂直位置表示,第一个消息出现在图的顶部,最后一个消息出现在图的底部。消息分成三类:同步消息,即操作调用,

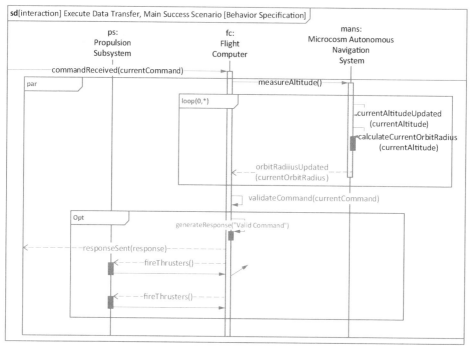

图 3-8　时序图示例

显示为一条带实心箭头的实线；异步消息是一条带开放箭头的实线；返回消息是一条带开放箭头的虚线，在图中它常常可省略。

序列片段可以用来简化时序图，也可用来表示时序图中的流程控制结构，它主要包括交互使用、循环、条件和并发四种。

3.3.4　结构化分析建模方法

航空电子软件是一种实时系统软件，通常用 C 语言或汇编语言等结构化语言进行开发，因而业界常常采用结构化方法进行分析与设计，这也是 DO-178B 建议的方法。结构化分析建模方法先把整个系统表示成一张环境总图，标出系统边界及所有的输入和输出；然后自顶向下对系统进行细化，每细化一次，都把一些复杂的功能分解成较简单的功能，并增加细节描述，直至所有的功能都足够简单，不需要再继续细化为止。

1）结构化需求分析模型

结构化需求分析模型由功能模型（或处理模型，确定系统或软件实现什么功能）、行为模型（或控制模型，确定系统或软件功能在何种情况下执行）及数据词典组成，如图 3－9 所示。

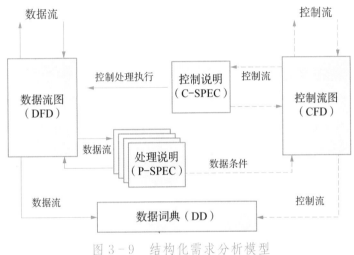

图 3－9　结构化需求分析模型

功能模型采用 DFD 和处理说明（process specification，P－SPEC）描述系统或软件所实现的功能，采用 DFD 将系统或软件功能分解为一系列的处理（功能），如需要，则可以进一步分解为子处理，通过分层的 DFD 可以直观地表示系统或软件具有哪些处理、每个处理的输入与输出，处理说明则是采用结构化自然语言的方式详细描述处理如何将输入转换为输出。

行为模型采用控制流图（CFD）与控制说明（control specification，C－SPEC）描述系统或软件的功能在什么情况下执行。CFD 是对 DFD 的补充，在实时嵌入式系统中，系统或软件功能的执行由事件触发，在 CFD 中可以描述触发系统或软件功能的事件，即控制流。控制说明详细描述系统或软件的功能在何种事件触发下执行，可用状态转换图、决策表或文字进行阐述。

在采用 DFD 与 CFD 建模的过程中，所有与数据流或控制流相关联的数据项经过定义后构成数据词典。数据词典中每个数据项定义并分解为最基本的数据项,数据项可采用纯文本描述或巴科斯范式(Backus-Naur form,BNF)等结构化描述。

2) 数据流图

数据流图(DFD)是结构化分析的最核心模型,用于刻画软件功能。它使用四种基本图形符号:①圆框代表加工;②箭头代表数据的流向,数据名称总是标在箭头的边上;③方框表示数据的源(发送数据)和宿(接收数据),即与系统打交道的人或外界系统;④双杠(或单杠)表示数据文件或数据库。在实时软件进行需求分析时,通常会引入控制流,对 DFD 进行扩展。图 3 - 10 是采用 RTCASE 工具对飞机前方控制板进行 DFD 建模的示例,其中虚线是控制流。

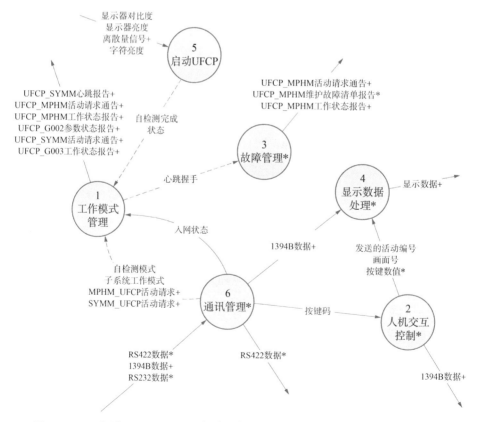

图 3 - 10　采用 RTCASE 工具对飞机前方控制板进行 DFD 建模的示例

DFD 采用自顶向下逐层分解的思想进行分析建模,如图 3 - 11 所示。自顶向下逐层分解充分体现了分解和抽象的原则。随着分解层次的增加,抽象的级别越来越低,也越来越接近问题的解。顶层抽象地描述了整个系统,底层具体地画出了系统的每一个细节,而中间层是从抽象到具体的逐层过渡。

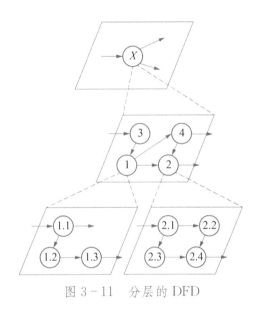

图 3 - 11　分层的 DFD

3.3.5　软件安全性需求分析

1) 软件安全性和可靠性的关系

国际标准化组织(International Organization for Standardization,ISO)在其发布的 ISO/IEC/IEEE 24765:2017《系统和软件工程术语》标准中,将软件安全性定义为软件避免危害的能力;将软件可靠性定义为在规定的条件下和规定的时间内,软件不引起系统失效的能力。软件安全性与软件可靠性都强调了软件不引起系统某种后果的能力,区别是安全性关注"危害",可靠性关注"失效"。因此软件可靠性和软件安全性有很多重叠的地方。软件安全性和可靠性的关系如图 3 - 12 所示。

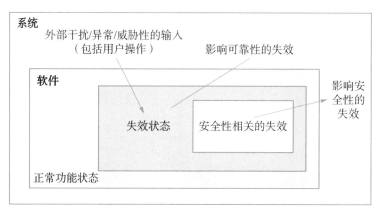

图 3 - 12　软件安全性和可靠性的关系

2) 软件与系统安全性

安全性关注"危害",软件本身并不会产生"危害",然而软件并不是独立存在的,而是在一个系统环境中运行,并且常常控制硬件。因此软件的安全性体现在如下方面:会导致一个危害;用于控制一个危害;为安全关键决策提供信息;用于错误和失效监测。

NASA 8719.13 中规定:软件安全性是指在软件生命周期内,应用安全性工程技术,确保软件采取积极的措施提高系统安全性,确保降低系统安全性的错误已经减少到或控制在一个风险可接受的水平内。关于软件安全性更合适的理解是安全性的软件考虑。这种考虑是消除危害(源)以及控制危害(发生),为提升系统安全性,软件采取的积极措施不仅包括管理(严格的过程控制),而且包括技术(隐含在 DO - 178C 过程要求中)。从工程技术视角看,提高软件安全性和软件可靠性的方法是相通的。

3) 软件安全性需求分析的任务

安全性工作的目标是确保降低系统安全性错误或将风险减少到或控制在一个可接受的水平内。这些风险包括需求缺陷(包括系统需求)、设计缺陷(包括软件)、环境影响和用户操作等。软件安全性工作要与系统安全工程性工作共同完成。软件安全性工作贯穿于软件全过程,主要包括软件安全性需求分析、软件安全性设计(详见 4.5 节)和软件安全性验证(详见 6.6 节)。

软件安全性需求分析的目的是发现新的潜在危险,识别新的失效条件及其组合,以及识别关键软件部分和单元。所产生的软件安全性需求包括与系统安全性相关的功能需求;阻止系统不安全行为的软件需求;预防系统进入不安全状态的软件需求。

软件安全性需求分析工作通常贯穿软件需求阶段和软件设计阶段。

(1) 在软件需求阶段,软件安全性分析建立在系统安全性分析与评估的基础上,对于民用航空电子系统,经过航空器和系统安全性分析与评估,理论上需求已经完整与正确,航空器和系统功能危害性评估(system functional hazard assessment,SFHA)已经较为全面。然而现实中,由于软件在系统中的占比越来越大,以及软件分区机制的引入,有时候仅在系统层级是难以做到足够完整的,随着软件工作的开展,更多细节被明确,因此持续开展安全性工作十分有必要,ARP 4761 也是这么要求的(安全性工作要贯穿系统全生命周期,软件生命周期是系统生命周期的一部分),同时 DO - 178C 也明确指出,对于软件派生的需求必须反馈给系统过程(包括系统安全性评估过程),反馈的信息一旦被系统安全工程师认可,通常便会更新系统需求(包括安全性需求),最终满足一致性的要求(从表象上看是来自系统需求)。软件安全性分析的主要目的如下:一是发现需求的缺陷;二是随着需求的分解,发现更多失效条件或组合;三是对于派生需求进行安全性评估(从系统视角)。

(2) 在软件设计阶段,软件安全性分析工作的主要目的如下:一是分析软件的结构,从而对失效条件及其组合进行识别和分类,这可能会导致 FHA 以及整个航空器或系统设计的更新;二是进行部件/模块安全性关键性分析,在需求关键性分析的基础上,先将软件安全性需求分配到不同的软件层次,如操作系统、设备驱动程序、应用程序和应用程序接口等,再映射到相应的设计部件/模块中并标识安全性关键部件/模块,以便更有重点地开展后续的安全性工作。

4) 软件安全性需求分析的方法

软件安全性需求分析的方法主要有软件故障树分析(software fault tree analysis，SFTA)、软件失效模式及影响分析(software failure mode and effect analysis，SFMEA)以及基于通用标准和经验知识的分析等。

(1) SFTA 是一种自顶向下的软件安全性分析方法(演绎法)，即从不希望发生的事件(顶事件，通常是系统分配给软件的安全性需求)开始，向下逐步追查导致顶事件发生的原因，直至基本事件(底事件)，并对建立的故障树进行定性与定量分析，为寻找避免顶事件发生的改进措施提供依据。分析结果通常也成为设计约束。

SFTA 描述软件中构件失效和整个软件失效之间的关系，顶事件表示危害情形，通过逻辑门与基本事件表达危害发生的因果链，可对顶事件发生的概率及其他定量指标进行分析。SFTA 符号如表 3 - 2 所示。

表 3 - 2　SFTA 符号

分类	符号	说　明
事件		顶事件，即故障树的根节点，是逻辑门的输入
		中间事件，即故障树中除顶事件外的所有结果事件
		未探明事件，即对被分析系统而言不需要进一步分析的事件
		底事件，即原因事件，在故障树中只能作为逻辑门的输入而不能作为输出
		转移事件，使用相同子树转移简化故障树或减少重复工作量
逻辑门		或门，有多个输入事件和一个输出事件。任何一个输入事件都会导致输出事件的发生

在 SFTA 中，顶事件主要有不能完成系统所需功能，完成了系统不允许的功能、时序错误、错误报警，对错误事件不能识别，程序不明原因终止和故障处

理错误等多种故障模式。图 3 - 13 展示了从系统分配给软件的顶事件开始进行 SFTA 的案例。

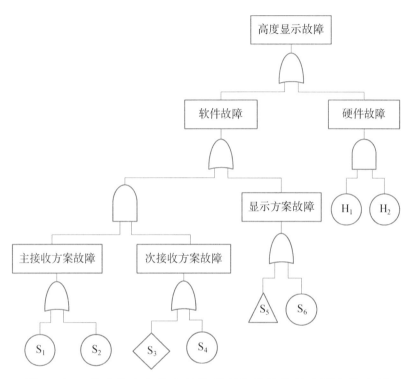

图 3 - 13　从系统分配给软件的顶事件开始进行 SFTA 的案例

（2）软件失效模式及影响分析（SFMEA）是一种自底向上的软件安全性分析方法，通过识别软件失效模式，分析造成的后果，研究分析各种失效模式产生的原因，寻找消除和减少其有害后果的方法，以尽早发现潜在的问题，并采取相应的措施，从而提高软件的可靠性和安全性。

以 SFMEA 为代表的归纳法技术自下而上地进行分析，从软件需求自身的角度出发，识别和获取软件失效可能导致的系统故障；如果该故障导致了危险事故，则这个软件导致的故障就是一个安全性问题；如果未导致危险，则是一个可靠性问题。对上述故障的源和因——软件失效的控制措施，就成了软件的安全性和可靠性需求。表 3 - 3 是发动机信号处理功能 SFMEA 的例子。

表 3-3 发动机信号处理功能的 SFMEA

功能	失效原因		软件失效	失效影响	系统危险	危险级别	控制措施	软件安全性需求
	输入	处理	输出					
故障处理	故障处理功能中,发生 F 故障时;在重启控制功能中读取的高度大于 10 000 m	软件未对此异常输入进行处理	发动机重启信号出现有效后立即变无效	发动机在 10 000 m 以上高度时,发生 F 故障下的重启控制失效	发动机无法重启而丧失动力	关键	加入故障处理和高度限制的协调功能,当在 10 000 m 以上时,不进入停机重启流程,而将故障处理策略变为提示告警,待降低高度后重启	当 10 000 m 以上发生 F 故障时,输出信号为"提示告警"
重启控制								

（3）基于通用标准和经验知识的分析,一是基于软件相关安全性标准或通用安全要求,二是基于历史经验和安全性知识库,通过裁剪和分析获取软件安全性需求。这是一种比较实用的软件安全性需求分析方法,对于从事类似或系列化产品开发的单位尤其适用。这说明了软件安全性需求分析吸纳有经验的工程师、飞行员、人因专家、系统安全工程师以及监管机构参加的重要性,此外建立单位安全性相关的知识库也很重要。

软件安全性离不开系统安全性,因此需要在系统环境中讨论软件安全性,在航天航空等大型复杂嵌入式系统中更是如此。与软件安全性相关的标准如表 3-4 所示。

表 3-4 与软件安全性相关的标准

标准名称	发布日期	概　　要
NASA-STD-8719.13A 软件安全性	1996 年	侧重规定软件安全性的要求,主要规定软件安全性任务,从需求、概要设计、详细设计、代码、测试及变更六个方面进行安全性分析,并简要地提出质量保证条款

标准名称	发布日期	概　　要
NASA - STD - 8719.13B 软件安全性	2004 年	与 NASA - STD - 8719.13A 相比,从人员、资源、软件生命周期和配置管理等多方面提出软件安全性管理的要求,并对新技术和新方法,如商业现有软件、软件重用和信息保密性都提出了要求
NASA - GB - 1740.13 NASA 软件安全性指南	1996 年	指南解决如何实现标准要求的问题,同时包含管理方面和技术方面的内容
NASA - GB - 8719.13 NASA 软件安全性指南	2004 年	提出了软件安全性和有助于软件系统安全性的软件工程的概述,对各种安全方法在各个安全等级软件中的实施提出了建议

通常做法包括如下几方面:

a. 确定系统涉及的通用航空电子软件安全性需求的类别。

a) 输入系统描述中的系统主要功能分类和功能清单列表。

b) 基于安全性标准和通用安全要求,根据主要功能分类和功能清单确定系统涉及的通用航空电子软件安全性需求清单类别。

c) 基于历史经验和安全性知识库,根据主要功能分类和功能清单确定系统涉及的通用航空电子软件安全性需求清单类别。

b. 分析选取。

a) 输入分析得到通用航空电子软件安全性需求清单类别。

b) 根据系统特性,对确定涉及的需求类别内的每一条通用航空电子软件安全性需求进行剪裁,得到适用于软件系统的通用航空电子软件安全性需求列表。

c. 通用需求本地化。

a) 输入系统描述中的系统工作原理、系统功能清单列表以及系统功能类别等系统相关信息。

b) 根据输入的系统信息,与系统设计人员、软件开发人员一起将获得的通用航空电子软件安全性需求进行本地化处理。

c) 整理得到系统的通用航空电子软件安全性需求，纳入软件需求并做特殊标记。

通用软件安全需求剪裁应考虑如下内容：

a. 失效和故障容限设计能够检测失效，使软件或系统进入新的操作状态，或切换到备用软件或硬件，或减少系统功能继续操作。对于安全关键系统，最好要求一定级别的失效和故障容限。例如，国际空间站在轨航空器通过灾难性危害的双失效容忍，以减少灾难性事件发生的可能性。

b. 危险命令（包括软件内部命令、外部命令以及跨软件/硬件或者操作者接口的命令）的执行可能导致已经识别的关键或者灾难性危险发生，或者使其对危险控制的能力减弱。长命令路径会受到通信通道、设备制造和人员错误等的影响，增加了产生不正确命令的机会。虽然在特定命令阶段和操作模式可以禁止某些命令，但是在紧急情况下，航天员需要访问应急命令，必须允许使能相关命令。

c. 大小、吞吐量和空间考虑。系统设计应考虑实际的参数和约束，对相关性能及功能进行评估，具体包括如下内容：

a) 临界时间与自动安全处理。安全关键系统大都存在临界时间，即发生故障和系统达到不安全状态之间的时间间隔。这个时间间隔代表一个时间窗口，在这个时间窗口中需要通过软件、硬件或人工操作，进行自动或手动恢复以及安全处理。

b) 采样率的选择应考虑噪声水平和控制系统物理参数的预期变化。为避免混淆，非关键信号的采样率应该至少是最大预期信号频率的两倍。关键信号和闭环控制参数的采样率必须要高出很多，通常比系统特征频率至少高出十倍。

c) 动态内存分配需要保证在各种情况下资源是可用且充足的。是否使用虚拟存储器、软件使用多少静态内存、多少是动态分配的，都是影响动态内存分配的重要因素。如果由于客观因素限制无法知道内存的详细使用情况，则应该分析最坏使用情况；明确软件如何安全处理关键动态内存分配的失败情况，保护存放关键数据的内存不被损坏或删除。

d) 内存检查。随机存取存储器（random access memory，RAM）测试通常在系统上电后验证所有存储器地址是否可用。周期性地进行内存检查也是必要的，尤其是单一事件或硬件原因可能引起内存错误的情况。

3.3.6　需求优先级划分

当客户的期望很高、开发时间短并且资源有限时，必须尽早确定所交付的产品应具备的最重要的需求。建立每项需求的相对重要性有助于规划软件的构造，以最少的费用实现产品的最大价值。如果正在做时间盒图或者进行迭代开发，那么设定优先级就特别重要，因为在这些开发中，交付进度安排很紧迫并且不可改变日期，需要排除或推迟一些不重要的功能。项目负责人必须权衡合理的项目范围和进度安排、预算、人力资源以及质量目标的约束。实现这种权衡的方法是当接受一个新的高优先级的需求或者其他项目环境变化时，删除低优先级的需求，或者把它们推迟到下一版本中实现。如果客户没有以重要性和紧迫性区分需求，那么项目负责人就必须自己做出决策。由于客户可能不赞成项目负责人所设定的优先级，因此客户必须指明哪些需求必须包括在首发版中，而哪些需求可以延期实现。

客户总是让可以给他们带来最大利益的需求享有最高优先级。然而，一旦开发人员指出费用、难度、技术风险，或其他与特定需求相关的权衡时，客户可能会觉得他们最初所想的需求似乎变得不必要了。从系统的体系结构考虑，开发人员也可能认为在早期阶段必须先实现那些优先级较低的功能。因此，客户和开发人员应该一起来划分需求的优先级。设定优先级意味着权衡每个需求的业务利益和它的费用，以及它所牵涉到的结构基础和产品的未来评价。

人们提出了不少分析技术用于辅助需求优先级的确定，一种方法是质量功能展开（quality function deployment，QFD），它是能够为产品提供用户价值与性能相联系的一种综合方法。另一种方法来自全面质量管理（total quality management，TQM），它以多个重大项目的成功标准评价每个需求，并且计算出一个分值用于编排需求的优先级。然而，尽管 QFD 与 TQM 具有精确性，却很少有企业愿意使用它们。

目前常用的方法是建立每个需求的相对价值和相对费用。优先级最高的需求是那些以最小的费用比例产生出最大产品价值比例的需求。这种半定量方法从数学上讲并不严密，并且其准确程度受到对每个项目的利润、损失、费用和风险的估算能力的影响。因此，只能把计算出来的优先级序列作为一种指导策略。客户和开发人员代表应该讨论整个平面图，从而在评价和优先级排序结果上达成共识。利用先前项目中一系列完整的需求，根据自己的使用情况校正这个模型。可以适当调整每一因素的权值，直到所计算出的优先级序列与后来对测试集中需求的重要性评估相吻合为止。当评估提出的需求时，这个模型有助于我们做出合理的决策。评估这些需求的优先级以指明它们与现存的需求基础之间的一致性，这样就可以选择一个合理的实现序列。

3.4 软件需求编写

在软件需求分析建模的基础上，撰写软件的功能需求、接口需求、性能需求、安全性需求、系统质量属性和需求约束。

3.4.1 需求编写的要求

编写需求时应满足如下要求。

1）单一性和简洁性

每条需求中必须只包括一项声明以描述将实现什么，需求文字内容必须只包括与需求相关的说明。

2）一致性

不能与其他需求相矛盾。

3）完整性

需求必须在逻辑上是完整的。单一需求或一组相关需求必须定义输入与输出。对于需求逻辑建立的逻辑判定表通常有助于验证需求的完整性。

4）无歧义性

所陈述的需求必须无歧义,需求中用到的所有首字母缩略语都必须被定义。

5）必要性

需求应是必要的,既不是明显从其他需求中推断出的需求,也不是其他需求的组合,更不是冗余的需求。尤其是非派生需求,应该仔细检查以确保其存在的合理性与必要性。产品的需求应该描述产品而不是产品被如何设计与开发的。

6）唯一标识性

必须给每条需求分配一个唯一的标识。

7）可行性

需求必须是可行的,即在项目约束条件下可以实现。

8）可验证性

需求必须是可验证的,即可以通过检查、评审、测试或模拟的方式验证产品符合需求。应该避免应用于其他需求的需求。

需求通常是文本、图和表的组合。文本需求应该提供上下文及对图表的引用。注意不要仅仅依赖于图表,因为图表很难进行测试。当使用图表描述需求时,要随时考虑需求的可测试性。如果图表只作为支持需求的参考,则应该明确地说明。

当不同功能的非功能需求各不相同时,非功能需求应该在相应的功能中进行描述。当非功能需求对多项功能均适用时,通常单独作为一节编写。

编写需求的挑战之一是确定需求的详细程度。有时,系统需求就很详细了,这会迫使软件需求比要求的更详细。而有时,系统需求却非常粗略,这就需要软件需求工程师进行额外的工作和分解。需求应足够详细地阐述软件将做什么,而不需要进入实现细节。

编写需求的过程涉及对系统需求的细审。软件开发团队常常会发现系统需求中存在的错误、缺失和冲突。而对于所发现的任何系统需求的问题,开发团队都要采用 PR 方式,和系统团队进行沟通,并跟踪确认所采取的措施。

3.4.2　功能需求的编写

软件功能需求表明软件应该提供的功能,软件对于特定的输入如何做出反应,以及软件应该在特定的条件下如何运行等。在某些情况下,功能需求也有可能用于表明软件不能做什么。功能需求确定软件应该提供的服务,描述基于该软件类型及用户所期望的细节软件应该实现的功能。功能需求示例如下:"应在时钟面板的活动周期内显示航班号"。

软件功能需求编写的基本规则如下所示:

(1)应精确地定义软件的输入、输出以及输入和输出的关系,采用自然语言、图(如用例图、状态机图、时序图、活动图和用户界面等)或表(如决策表)的方式进行定义。

(2)如果适用,则功能需求必须包括对输入有效性的检查和对无效输入的处理。如果遵从统一的规则,则有效性检查和对无效输入的处理一般在总体需求中进行描述;否则,需要在功能需求中规定对输入有效性的检查。

(3)如果适用,则每个功能需求都必须描述准确的操作序列。

(4)如果适用,则功能需求必须描述对异常状况的处理,包括溢出、通信失败、出错处理及恢复等状况。

(5)如果适用,则功能需求应该描述参数的影响。

(6)功能需求应该按照需求间的关系分为多个小节进行描述。相关的需求应该放在相同的小节中。

（7）功能需求的行文风格不同于系统需求，两者往往使用不同的主语。在系统需求中主语大多是某系统或某功能单元；在软件高层需求中主语通常是某需求分析模型或模型的组成部分等。

3.4.3 接口需求的编写

参考接口控制文档(ICD)编写接口需求和数据字典(DD)。接口需求包括用户接口(即 HMI)、硬件接口、软件接口和通信接口。对于航空电子软件应用层的 CSCI，通常不直接处理硬件接口和通信接口，由其他软件封装后，向该 CSCI 提供应用编程接口(application programming interface，API)，在这种情况下该 CSCI 不需要硬件接口和通信接口。

接口需求编写的基本规则如下：

（1）如果存在 DD，则接口需求必须包括对 DD 的引用；否则必须给出接口需求的定义。

（2）接口需求应详细说明在软件产品和硬件组件之间所需的其他软件产品(如数据库或操作系统)。

（3）软件接口需要详细说明内部组件间的调用关系和数据使用关系。

3.4.4 性能需求的编写

性能需求是在功能性需求中规定性能参数，包括速度、效率、准确性、吞吐量、响应时间、处理器能力、内存或通信等资源的使用情况。性能需求示例如下："应在 50 毫秒内完成计算处理"。

性能需求编写的基本规则如下：

（1）每个性能需求必须包括测量值的公差。

（2）时间相关需求必须是有边界的。复杂的软件体系结构经常不仅依赖于行为的发生，而且还依赖于某个特定时间内行为的发生。因此，必须仔细分析每个需求以确保当存在这种时序依赖性时正确地给出了边界。

（3）如果性能、安全性和质量属性等非功能性需求仅适用于一个单独的功能需求，则这些非功能性需求可以和该需求一起描述；如果非功能性需求适用于整个软件配置项或多条功能需求，则此类需求应单独描述。

3.4.5　安全性需求的编写

安全性需求是必须详细说明以预防或降低安全危害相关的软件需求。这些安全危害可能对人体、财产和物理环境造成损害，如下所示。

（1）数据保护：防止数据的丢失或破坏。

（2）安全规章：指定必须遵守的规章指南或规则。

（3）可用性：定义软件可用性并且完全可操作的时间。

（4）可靠性：定义在规定的环境下、规定的时间里软件无故障运行的概率。

（5）安全余量：定义支持安全性所需的余量或宽限，如定时或内在余量需求。

（6）分区：确保分区的完整性得到维护。

（7）服务降级：说明软件在出现一个失效时，将如何优雅降级①。

（8）鲁棒性：标识软件在出现异常条件时如何响应。

（9）完整性：保护数据，避免损坏或不正确执行。

（10）潜伏时间：防止潜在失效。

3.4.6　系统质量属性的编写

除了性能和安全性需求，其他质量属性还包括以下几方面。

1）易用性

易用性需求所描述的是许多组成"用户友好"的因素，适用于人机交互软

---

① 优雅降级（graceful degradation）是指系统、计算机或网络在本身大部分已经毁坏或无效的情况下还能保持有限功能的能力。

件,用以衡量准备输入、操作和理解产品输出所花费的努力。例如,一个培训过的飞行员应该可以在平均 1 秒或最多 2 秒的时间内,完成飞行器手工着落的启动操作。易用性可包含人为因素、美观、用户界面的一致性、联机帮助和环境相关帮助、向导、用户文档和培训材料等方面。

2）保密性

保密性需求应定义保护软件不受事故或恶意存取、误用或修改而影响的保密性因素。

3）可维护性

可维护性是指易于修改、易于修复缺陷和易于功能扩展的需求。这些需求可能与模块化、复杂性或接口设计有关。不能只简单考虑到是好的设计实践就把需求放到这里。

4）适应性

适应性需求是指软件在不同操作环境、不同屏幕分辨率、不同安装现场或条件等情况下的适应能力。

5）可移植性

可移植性关注易于将软件转移到其他环境或目标计算机的需求。

6）可复用性

可复用性是指将软件模块用于其他应用或系统的需求。

7）互操作性

互操作性是指与其他软件能很好地交换数据的需求。

3.4.7　需求约束的编写

需求约束规定或约束了软件的设计,通常任何不允许有一个以上设计选项的需求都可以认为是一个设计约束,如必须采用某种算法、必须使用某种数据库系统等。编写需求约束应详细说明必要的强制性标准需求;详细说明必要的强制性硬件需求;详细说明必要的强制性算法需求。

3.4.8 需求编写的误区

在软件需求分析与编写过程中要避免如下误区：

1）过早进入软件设计

在需求阶段，要避免设计。软件工程师是问题解决者，他们常常直接进行设计，而项目进度压力也会迫使他们过快地进入设计阶段。在没有确定要做什么之前就进行设计，会造成一个质量不良的实现，然而一个好的实现方案常常在问题完全定义后才会显露出来。需求工程师可能会考虑多个候选的方案进行权衡，这会帮助需求更成熟，并识别出什么才是软件真正需要的。

2）软件需求只有一个层次

DO-178B/C要求有软件高层需求，即 T5 级；以及软件低层需求，即 T6级，属于设计。把 T5 和 T6 需求合为一个层次是不妥的，因为前者是需求，而后者是设计。许多项目的实践也证明了这一点，将高层和低层的需求合为一个层次常常是失败的，也不利于测试。对于安全级别为 A 和 B 的项目，会由于需求只有一个层次而不够详尽，使得测试无法达到完全的结构覆盖；对于安全级别为 D 的项目，它不需要低层次测试，这会使得测试过多。只有非常少数的项目可以采用一个层次的需求，如操作系统的一部分或数学库函数。

3）舍弃需求阶段直接编码

有些项目会因为进度压力，在定义了少数需求后就进行编码。这些代码和最终完成的需求不一致，既没有设计文档，也不考虑异常条件。这些代码通常是赶工完成的，不是最佳和最安全的方案。后续想从这些代码中通过逆向工程得到需求和设计，可能要花费几个月甚至几年的时间。

3.5 需求管理

需求管理贯穿于软件开发的整个过程，其最基本的任务就是在软件团队和系统团队及用户之间达成共识,建立需求基线,并基于需求基线,建立从需求到软件实现的追踪关系,确保所有系统及用户需求都被正确而完整地实现。

然而无论开发计划考虑得多么完善,需求变更仍是无法避免的,正如图 3 - 14 所示,一旦有需求更改,越到后期,对工程成本的影响就越大。因此,需求管理另一个非常重要的任务是管理需求变更,尽可能将需求变更的影响降至最低,并使其在可控范围之内。

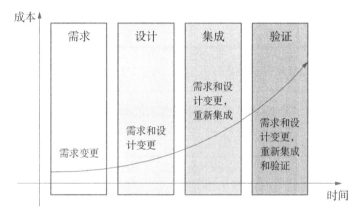

图 3 - 14　需求更改的成本分析

应该说,需求管理包括在软件开发过程中维持需求一致性和精确性的所有活动,包括控制需求基线、保持项目计划与需求一致、控制单个需求和需求文档的版本情况、管理需求和联系链之间的联系或管理单个需求和其他项目可交付物之间的依赖关系以及追踪基线中需求的状态。

3.5.1　软件需求的属性

每条需求都要在需求管理工具中标识需求属性,如表 3 - 5 所示。一旦形成需求基线后,这些属性和需求一起受控,即任何对需求属性的修改也被认为是需求变更。值得注意的是,并非每条需求都要采用所有的属性,如一条派生需求没有父需求。

表 3 - 5　需求属性

属性名称	含义与使用	数据类型	值
假设	识别出本需求相关的假设	布尔类型	是/否
变更历史	本需求的变更历史	文本类型	—
派生需求	如果是派生需求,则不存在父需求	布尔类型	是/否
功能需求	系统提供的特性	布尔类型	是/否
安全需求	确定本需求是否和安全相关	布尔类型	是/否
对象类型	确定本文本是需求还是注释	枚举类型	需求/注释
理由	本需求及其假设的存在理由	文本类型	—
状态	本需求的生命周期状态	枚举类型	初始化/已评审/已确认/已批准/待更新
派生需求的系统评估	确定本派生需求是否通过系统评估	布尔类型	是/否
备注	其他信息	字符串类型	—

软件需求的生命周期如图 3 - 15 所示,从中可以看到需求在生命周期中状

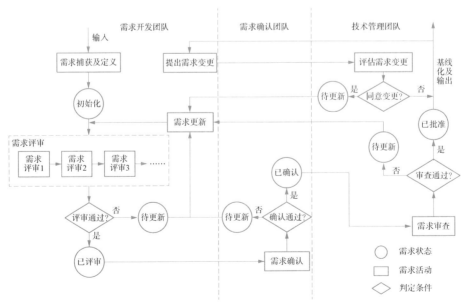

图 3 - 15　软件需求的生命周期

态的变化。

3.5.2　需求基线管理

在软件开发过程中，由于各种原因，可能需要变动需求、预算、进度和设计方案等，尽管这些变动请求绝大部分是合理的，但在不同的时机做不同的变动，其难易程度和造成的影响差别甚大，为了有效地控制变动，SCM 引入了基线（baseline）的概念。根据 IEEE 的定义，基线是指已经通过正式评审和批准的规约或产品，它可以作为进一步开发的基础，并且只能通过正式的变更控制过程进行变更。因此，对于软件开发过程来说，基线就是某个软件输出物在某个特定时期的"快照"，它提供一个正式准则，随后的工作可基于这个准则进行，并且只有经过批准才能变更这个准则。当建立一个初始基线后，以后每次对它进行的变更都将记录为一个增量，直到建立下一个基线。通常包括三类基线：功能基线、分配基线、产品基线。基线管理的详细内容将在第 7 章进行讨论。本节重点讨论需求管理相关内容。

需求基线是针对需求文档建立的基线。系统团队开发软件的系统需求，建立需求基线后，传递给软件团队；软件团队据此开发软件高层需求，并建立软件高层需求的需求基线。应该说这两条基线是软件团队和系统团队的一个约定，是软件开发的基础，是双方团队沟通的桥梁。

软件需求一旦形成基线，随即应放入 SVN、GIT 等配置管理工具的基线库中受控。需求基线是一个正式需求规范的只读副本，它不能编辑，通常用于需求规约版本的增加或主要的项目里程碑。而基线之间的版本变更通常用于需求的同行评审，回归测试或者其他不需要增加基线的开发里程碑。

为了明确基线用途，在创建需求基线时，除了基线标识，通常还配以基线说明。有了需求基线，软件团队很容易对新需求进行识别，可以把新需求和已有的基线加以对比，确定适合它的文档位置以及它是否会与其他需求产生冲突。无论是否接受新需求，当有新需求提出时，都应遵循需求变更过程。

在项目实践中,对于同一个软件产品往往同时存在多个软件版本,每个软件版本往往又对应一条需求基线,因此对于同一份需求文档,存在多条基线并行的情况。对于多基线的需求,需要明确区分每条基线的用途,当有需求变更时,也要明确其是针对哪条基线做的变更。尤其是当客户需求频繁变更时,对基线管理的挑战更大,如何应对客户需求的频繁变更详见 3.5.4 节。

为了方便需求基线的创建和管理,目前已可以利用商业的需求管理工具进行维护,详见 3.5.5 节。

3.5.3 需求追踪

根据 IEEE 的定义,可追踪性是指在软件开发过程的两个或多个产品之间能建立关系的程度。可追踪性是软件需求的重要特性之一。需求追踪是将每条需求与其他系统元素之间建立联系,以追踪需求使用的全过程。在这里,其他系统元素包括系统需求、软件高层需求、软件低层需求、软件体系结构、软件设计文档、源代码和测试用例等。CMMI 也对需求追踪进行了定义:在软件工件之间,维护一致性。工件包括软件计划、过程描述、分配需求、软件需求、软件设计、代码、测试计划以及测试过程。

需求追踪的目的是建立需求与其他系统元素之间的一致性,以确保软件工件符合系统和用户的需求。通过需求追踪,可以帮助软件开发人员审核是否所有需求都被正确开发;可以建立变更影响分析链,确保不忽略每个受到影响的系统元素;可以在新系统开发中,对于相同的需求使用相同的设计、代码与测试,以实现资源的重复利用;可以减少由于项目团队成员离职带来的风险;可以提高软件测试和软件维护的效率。

根据国家标准 GB/T 8567—2006,需求与需求之间、需求与其他系统元素之间应建立双向追踪,如图 3-16 所示。双向追踪包括正向追踪和逆向追踪。正向追踪指每个需求是否都能在后继软件工件中找到对应点。逆向追踪指设计文档、代码、测试用例等软件工件都能在需求中找到出处。追踪的充分性就是确保每条需求都有设计元素所对应和追踪,每个设计元素都有代码所对应和追踪,每条需求又有相应的测试用例所对应和追踪。

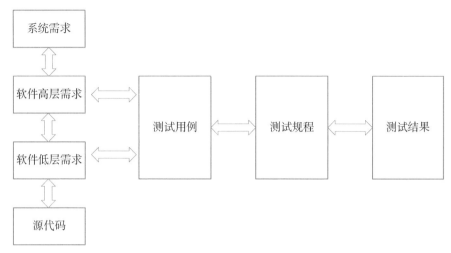

图 3-16　需求双向追踪关系

需求追踪的方法主要有两种:一种是建立需求追踪矩阵;另一种是利用软件工具建立自动化的追踪关系。

需求追踪矩阵可以方便地表示需求和其他系统元素之间的联系链,如表 3-6 所示,它保存了需求与后继软件工件的对应关系。其中软件设计元素可以是设计文档的章节、模型中的对象等,源代码可以是源代码文件名、过程或函数。需要指出的是,软件工件和需求之间、各类软件工件之间的对应关系可以是一对一、一对多和多对多,如一条需求可以对应一个测试用例,也可以对应多个测试用例。

表 3-6　需求到后继软件工件的追踪矩阵示例

	软件设计元素	源代码	测试用例
需求-1			
需求-2			

	软件设计元素	源代码	测试用例
……			
需求—n			

基于工具的需求追踪方法就是使用工具开发和管理需求、设计模型、代码以及测试用例,并在工具中建立自动化的追踪关系,其中 3.5.5 节将详细描述需求管理工具。

应该注意的是,相对于上一层级需求,在本层级中往往会产生派生需求,而这些需求无法追踪到上一层级需求,比如在软件高层需求中产生的派生需求无法追踪链接到系统需求。对于这些需求,一方面需要做"派生"的需求属性标注,同时注明派生原因,并反馈到上一层级做需求确认,确保这些"多出来"的需求是合理的。另一方面,往下同样建立"需求—设计—编码—测试"的追踪关系。

航空电子软件的软件需求建议在需求管理工具的支持下,建立全面的需求追踪链:

（1）每条非派生 T5 级需求应通过工具关联机制向前追踪至上一层 T4 级的系统需求。一般情况下,1 条 T4 级系统需求会对应 1 条或多条 T5 级软件高层需求,1 条 T5 级需求对应 1 条 T4 级需求,但有时 1 条 T5 级需求也可能会对应多条 T4 级需求,这时应该详细分析这些需求以确保没有链接问题或父需求中没有重复的需求。

（2）所有需求都必须引用产生该需求的来源。当需求是派生的或部分是从非需求项派生的,则必须引用产生该需求的相应文档、体系结构或设计描述、分析、白皮书、工作说明书或其他类似的相关文档内容。相关引用应该放在需求的理由属性中或通过需求管理工具链接机制引用。这些引用源的删除及修改将会对需求的有效性产生影响。

（3）接口需求,如果适用,则应和 ICD 建立追踪。可以直接建立关联,也可以在理由属性中标注。追踪得越具体越好,若只追踪到 ICD 整个文档,则有些太笼统了,建议追踪到 ICD 的某一项或某一小节。

(4)T5 级高层需求与 T6 级低层需求之间应建立基于模型的追踪。T6 级软件低层需求在工具中必须有一个到 T5 级软件高层父需求的链接。

(5)每条 T5 级需求都应通过 Test Cases 属性与测试用例建立追踪。

(6)在高层需求和代码之间必须基于代码与低层需求的追踪性及低层需求与高层需求之间的可追踪性间接建立追踪。

(7)同一级需求间不需要追踪。在同一需求层级内不允许存在父子需求链接,因为这样会导致链接环。假如需求需要在同一层级内被分解,则可能是层级的结构不正确而导致的。

3.5.4　需求变更管理

在项目实践中,变更是不可避免的,变更可能来自用户、客户和供应商等外部因素,也可能来自项目团队内部。既然无法阻止变更,就要按照既定流程管理变更,尽量降低变更所带来的负面影响。变更管理是配置管理的重要内容之一,详见 7.5 节。需求变更管理是一种特殊的变更管理,需求变更主要指系统需求变更,也可能是软件需求变更。当需求基线建立后,需求变更就要按变更控制流程执行,遵循变更管理的通用准则。

一般地,需求变更过程如图 3-17 所示,主要分为如下步骤:

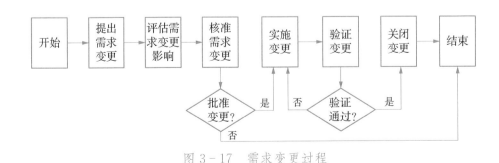

图 3-17　需求变更过程

（1）提出需求变更。提出需求变更的可能是用户、管理者，也可能是各个阶段的工程师。

（2）评估需求变更影响。需求变更和需求追踪是紧密结合的，当产生需求变更需要修改需求时，应根据需求追踪关系，开展变更影响分析。对需求变更进行充分评估很重要，这样做可以有效确定其对软件高层与低层需求、体系结构、设计、接口、代码和测试等的影响。在工程实践中，经常会发生需求更改以偏概全的情况。

（3）核准需求变更。变更控制委员会（Change Control Board，CCB）根据需求变更影响评估结果，进行评价，并做出批准、拒绝、推迟或退回变更的决定。

（4）实施变更。项目组制订变更计划，并按计划实施变更，修改本需求变更所影响的所有工作产品，而不仅仅是需求本身。需求团队应该确保及时地与相关人员交流经批准的需求（及变更），建立追踪和传递最新信息，确保变更所关联的其他地方。

（5）验证变更。采用评审、测试和仿真等手段，对变更的所有工作产品进行验证。

（6）关闭变更。当变更被验证通过后，通常由 CCB 负责关闭变更。

除此之外，需求变更还有其自身所固有的特点。不同于其他文档或产品，需求的其中一个重要特点是其包含丰富的需求状态，如初始化、已评审、已确认、已批准和待更新，如图 3-15 所示，在需求的整个生命周期中，其状态是不断变化的。

在需求变更过程中，通常会结合使用需求管理工具和变更管理工具，对需求实施变更。对于需求管理工具的描述，详见 3.5.5 节。

3.5.5 需求管理工具

传统的、基于文档的需求管理虽然也能实现需求基线、需求追踪和需求变更等需求管理工作，但是当系统较为复杂时，需求内容变得繁多，使用基于文档的需求管理的难度可想而知,尤其是对于多基线和多变更的现状,这种工作方式更是捉襟见肘。

当前很多企业使用商业的需求管理工具管理需求,比如面向动态对象的需求系统(dynamic object oriented requirement system,DOORS)。使用工具可以方便地进行需求基线的控制,对需求建立基线(包括基线命名和基线描述),并可对不同基线下的同一份需求进行比较,找出其中的不同点。支持需求之间建立向上和向下追踪,形成链接模块,并可根据链接模块,形成符合性矩阵。

需求管理工具易于增加需求属性或字段,典型的需求属性或字段包括需求标识、需求文本、需求原理、是否需求、是否派生、需求状态和变更授权等。通过需求视图功能,可方便地对所关心的需求属性进行查看。

结合变更管理工具,如 Change 工具,可实现需求的变更。在变更管理工具和需求管理工具之间增加可视化的链接功能,当在变更管理工具中提出需求变更请求并通过变更授权后,便可自动跳转到需求管理工具进行特定需求的变更,实现了需求变更及可控。

应该说,需求管理工具创建了一个需求管理数据库,根据技术团队的特定需要以多种方式对需求数据进行分类和存储,需求管理工具可以支持多个项目的需求管理工作,实现多项目、多需求、多状态、多版本的并行管理。

3.6　需求验证

需求验证是为了确保需求说明准确、表达完整的必要质量特点。当阅读软件需求文档时,可能觉得需求是对的,但在实现时,却很可能出现问题。当以需求文档为依据编写测试用例时,可能会发现需求的二义性。需求文档作为设计和最终系统验证的依据,应当改善上述情况,而客户的参与在需求验证中也占有重要的位置。

3.6.1 需求验证的内容和手段

软件需求验证的目的是确定如下几方面的内容。

（1）与系统需求的符合性：定义了软件要完成的功能、性能和有关安全的需求，能满足系统需求，并正确地定义了派生需求及其产生的理由。

（2）准确性和一致性：每一项需求都被准确和充分地定义，并且需求之间没有冲突。

（3）与目标机的兼容性：在高层需求与目标机的软件/硬件特征之间，特别是与系统的响应时间和输入/输出硬件之间不存在冲突。

（4）可验证性：每一项高层需求都是可验证的。检查每项需求是否能通过测试用例设计等的验证方法，即如果没法设计出相应的测试用例，则该需求就是不可验证的，其实施是否正确只能靠主观臆断。

（5）与标准的符合性：在软件需求开发过程中遵循了软件需求建模标准，并对偏离标准的方面进行了说明。

（6）可追踪性：分配到软件的系统功能、性能和有关安全的需求已开发成软件的高层需求。每项软件需求都应与系统需求、设计和测试用例建立起链接，这种可追踪性要求每项需求以一种结构化的、恰当粒度（fine-grained）的方式编写并单独标识，而不是大段大段地叙述。

（7）算法方面：所提出的算法的精度和特性，特别是在不连续区域。

实践证明，早期引入的风险和缺陷会因开发周期的延伸而放大，因此风险和缺陷应越早发现越好。需求验证是早期控制和防范风险的有效手段。为了保证需求的质量，航空电子软件采用多种手段进行软件需求验证，包括非正式和正式的软件需求同行评审、需求分析模型自动检查、需求分析模型模拟仿真、需求原型确认和测试。

3.6.2 非正式的软件需求同行评审

非正式的软件需求同行评审的对象是软件需求文档、模型和数据，其评审的准则和指南包括：

（1）为了优化评审，先进行一次或多次的非正式的软件需求同行评审，再进行正式的软件需求同行评审。通过非正式评审，使软件需求尽快地成熟起来。

（2）非正式评审可由1人或多人实施。建议2位及2位以上需求工程师共同定义需求、相互咨询、相互检查需求，其好处在于通过尽早的、不断的非正式评审，可使得在正式评审时发现的缺陷最小化。

（3）非正式评审可参照正式评审的检查单进行评审。

（4）非正式评审结束后要递交相关的评审报告，并在软件需求的非正式评审属性中标识评审结论——通过或不通过。

3.6.3 正式的软件需求同行评审

正式的软件需求同行评审的对象也是软件需求文档、模型和数据。正式评审由多人实施，为了使评审更有效率，应安排合适的评审者。软件需求评审的评审者通常包括项目负责人、软件需求分析师、软件开发人员、系统工程师、测试人员、安全工程师、SQA人员和审定人员等。这些评审者应是合格的，初级工程师可以做支持工作；同时评审者也是独立的，即不是所评审需求的作者。

评审小组的规模不能太大，在大多数情况下应保持3～7位评审者，其中至少有1位评审者是技术人员，同时确保所有的评审人员都掌握评审技术。在评审小组中一人可以承担多个角色，如评审组长可同时担任技术专家，同行工程师可同时担任记录员及评审者等。

需求评审按相应的检查单实施，检查单由检查项组成。

（1）需求的整体检查项主要包括符合T4级需求、准确性、一致性、遵从标准、可追踪性、无歧义和完整性等。

（2）单条需求的检查项主要包括符合T4级需求、准确性、一致性、兼容目标机、可验证性、遵从标准和可追踪性等。

每个检查项又细分为多个检查细项,详见软件验证计划(SVP)中定义的高层需求评审检查单,评审前要确保评审者已完全理解软件评审检查单。

正式的软件需求同行评审流程由 8 个步骤组成:进入准则、制订计划、总体会议、个人评阅、评审会议、改进、跟踪、退出准则,如图 3-18 所示。

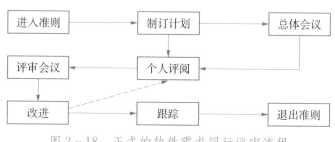

图 3-18　正式的软件需求同行评审流程

1) 进入准则

只有符合以下条件的需求才能进入正式的软件需求同行评审:T4 级需求已发布;软件需求建模标准已发布;被评审的 T5 级需求已处于需求管理工具(如 DOORS)中。

2) 制订计划

评审组长和作者需要制订评审计划,包括评审会议的地点和时间、评审者的选定和任务安排等。如果需求文档较大,则可安排多次评审会议,但要注意检查,确保这些会议所评审的需求是一致的,合起来是完整的。如果在评审过程中,某个评审者离开了或无法按时完成评审任务,则需要马上更换另一名合格的评审者来执行评审,否则可能需要重新制订计划。

3) 总体会议

召开总体会议是为了让评审者能够从发现缺陷和满足评审目标的角度去研究工件。总体会议一般开一次,是非正式的,会上由作者描述工件的重要特征、假设条件、背景和其他相关情况。有时候作者可以在材料分发时加入一些产品的简短描述,以提供充分的总体信息,而不再举行总体会议。如果所有评审者已经熟悉工件了,则可以省掉总体会议。

4）个人评阅

在召开评审会议之前,应将相关的需求文档、与 T4 级系统需求间的追踪关系、需求评审检查单发给每个参与评审者,并确保其有足够的时间可以通阅需求并做好评审前的相关质疑记录。每个评审者所分派的个人评阅任务可以是不同的,例如有的评阅"遵从标准",有的评阅"可追踪性",但要确保合在一起覆盖了检查单中的所有项目。个人评阅是正式评审的一个关键组成部分,如果跳过个人评阅仅仅举行了评审会议,则实际上只是进行了一次走查而非正式评审,其发现缺陷的效率和效果将会明显下降。

5）评审会议

由评审组长按计划召集评审者,以正式的会议形式集中评审。评审应有主次,要重点讨论最重要的需求内容、争议或疑问较多的地方。由会议记录人员记录各与会人员的相关意见,发现的问题和评审结论,并在会后递交记录。评审组长要确保会议的建设性方向,防止会议滑入问题的解决中去,同时还要阻止评审者参与度不够或其他问题的发生。在会议结束之前,评审小组应该基于先前建立的质量标准对需求达成一致的评价,例如需要返工的范围等,并做出评审结论。评审结论通常有三种,第一种是照此接收,直接通过评审,进入退出准则环节;第二种是接收无后续评审,改进后通过;第三种是改后重评,若需求存在大量缺陷或重要缺陷时,需改进后重新评审。评审会议结束后由评审组长完成评审报告,并签字。

6）改进

对于接收无后续评审和改后重评的两种情况,作者需按照问题和缺陷清单对需求进行修改。建议将所有缺陷输入到项目的缺陷跟踪系统中,以便跟踪改进措施。

7）跟踪

对于接收无后续评审的,改进后的需求交由评审组长或其指定的评审者进行检查,确认所有问题和缺陷都已适当解决,所做的修改都是正确的。若所做修改较大,则评审组长可以再次组织评审。对于悬而未决的问题,如影响范围有限,则可以延后讨论解决,并开出问题报告单进行跟踪。

8)退出准则

退出正式的软件需求同行评审应符合如下准则:评审结论已确定并记录;不符合项及处理方法已确定并记录;需求的状态已修改,通过正式评审的标识为"已评审",未通过的标识为"待更新"。

3.6.4　需求分析模型自动检查

所有需求建模工具都包含模型的自动检查功能,用于检查模型的语法以及少量语义的正确性,这是最基础也是最简单的模型验证和评估方法。例如,发现模型每个元素是否命名,是否有孤立的节点存在,是否遗漏了某些内容的建模等。这种方法以语法检查为主,同时又增加了少量的语义检查规则。

3.6.5　需求分析模型的模拟仿真

采用动态的方法对需求分析模型进行模拟仿真运行,对运行结果进行分析,能发现静态检查方法很难发现的问题。SCADE 和 Rhapsody 等建模工具就有用例(状态图和活动图)的模拟仿真功能。

3.6.6　需求原型的确认和测试

在采用迭代过程开发时,每个迭代交付的原型系统都需要进行确认和测试,其中需求原型就是早期的一种关注于用户界面的原型。SCADE Rapid Prototyper 等工具支持界面快速原型的开发。与需求文档相比,需求原型更形象,更易于理解,更能获取用户的反馈。

在实际应用中,根据不同目的,原型可以分为水平原型和垂直原型。

(1)水平原型也叫行为原型,用于探索预期系统的一些特定行为,并达到细化、验证模型的目的，如用户界面原型。

（2）垂直原型也叫结构化原型或概念的证明，与水平原型相比，垂直原型关注软件的逻辑和功能。垂直原型更多用于设计验证。

3.7　常见问题分析

3.7.1　问题 1——客户需求频繁变更

1）问题分析

客户变更需求是项目与生俱来的特性，也是一个无法避免的事实，然而，客户往往会将这个特性扩大，以至于需求频繁变更。需求变更的表现形式是多样的，如客户临时改变想法、客户对项目范围的改变、客户对功能要求的改变和客户对性能指标的改变等。它会导致项目在实施过程中成本增加、进度拖延等风险，而且越往后的变更产生的风险将越大。究其根源，主要体现在如下几个方面：

（1）对于客户的了解太少，在需求捕获阶段无法完全捕获客户需求。在需求捕获阶段，需求工程师和客户的深入交流是减少需求频繁变更的有效措施之一。但是，由于受到双方的领域知识、自身素养和沟通能力等因素的影响，会导致双方的交流或多或少存在一些问题，需求工程师无法以足够的敏锐力识别客户的需求，无法以专家的身份和能力引导客户的需求，最终致使捕获的客户需求是不完整的甚至是不正确的，为后面需求的变更埋下了隐患。

（2）缺乏严格的需求变更管理流程，导致需求变更泛滥。不是所有的需求变更请求都会产生变更，也不是所有的变更都要立即修改，需求变更管理的目的是决定是否应该变更、什么时候变更以及怎么变更。如果没有严格的需求变更管理流程，则需求变更将变得容易，且会导致在不该变更的时候变更，最终导致需求变更泛滥。频繁变更的需求也会导致实施质量下降，留下许多隐患。

（3）缺少对客户需求的控制能力，没有让客户知道需求变更的代价。需求的变更都是有代价的，在需求变更评估时，应该要评估变更的代价和对项目的影响，要让客户了解需求变更的后果，包括对项目进度的影响和项目成本的影响。如果缺少对客户需求的控制，使客户游离于需求变更管理流程之外而不知道需求变更应付出的代价，则客户对需求变更就会变得毫无约束，从而导致变更泛滥。

2）建议方案

针对客户需求频繁变更这个问题，建议的方案如下：

（1）构建原型，加强沟通，在需求捕获阶段尽量完善客户需求。在需求捕获阶段，需求工程师和客户的交流往往是以文本化的需求信息为基础的，所谓的产品都只是在大家的大脑中构思，双方的理解总存在着各种各样的差异，所呈现的客户需求总是感到不够清晰、明确。在此阶段，原型开发是一个较好的辅助手段，它将存在于双方头脑中的概念实实在在地表达出来，通过原型建模，客户基本上可以说出来"这是我想要的"，或者"不，这不是我想要的，我要的是……"。在一般情况下，原型之后的需求沟通就实际得多，双方的理解会迅速向某个共同的方案靠拢，最终形成较为完善的客户需求。

（2）建立严格的需求变更管理流程，控制需求变更。通过建立严格的需求变更管理流程，包括变更申请、变更分析、变更审批和变更修改等，明确客户提出的需求变更是否应该执行、什么时候执行以及怎么执行，将客户下达变更的流程规范化，减少随意的非必要、非紧急、非合理的"无效变更"。严格控制变更数量，尤其是一些零碎的变更请求，可以进行集中研究、批量处理，避免由于处理零碎变更而影响项目运行的总体进度。在变更时，采用版本隔离的方法，将不急、风险大的变更放到另一个延后开发的版本分支之下，保持主分支的稳定开展。

（3）明确变更代价，让客户谨慎发起变更。要让客户认识到变更都是有代价的,与客户签订相应的变更影响协议。一旦发生变更,要明确客户能否接受由此引起的如进度延迟、费用增加和效率下降等问题,从而约束客户不会随意频繁变更。一般来说,如果协商认为某变更是必需的,则客户就会接受这些后果;如果协商认为某变更虽然有必要但是可以暂缓,则双方可以签署备忘录留待后续解决;如果协商认为某变更可有可无,则可以取消变更。

3.7.2　问题 2——软件和系统对需求的理解不一致

1) 问题分析

在工程实践中,系统团队和软件团队之间进行需求传递时,系统团队给软件团队的是软件的系统需求,软件团队根据这份需求开发软件高层需求。在这个过程中,系统团队主要从如何提要求的角度出发,可能较少考虑需求实现的问题;而软件团队主要从如何实现需求的角度出发,较少考虑需求本来要表达的要求是什么,两个团队之间对需求的理解总是存在差异。

软件团队对系统需求的理解与系统团队不一致,往往导致开发的软件高层需求并不能真正反映系统需求。以软件高层需求为出发点,开发的软件低层需求、所实现的软件产品,如软件设计、代码与最初的系统需求不一致,很可能导致大量的修改甚至返工,从而造成成本的浪费,开发进度的延长。

2) 建议方案

针对软件和系统对需求理解不一致的问题,建议方案如下:

(1) 加强协作,由软件团队参与系统需求的评审甚至编制。在系统团队完成系统需求的编制之后,会同软件团队共同评审系统需求。由系统团队对系统需求进行逐条解释,由软件团队对系统需求提出反馈意见,直到完全理解系统团队对需求的本意,能够切实指导软件高层需求的开发和软件的实现。如果碰到较为复杂的系统,则软件团队还可以参与系统需求的编制,在与系统团队共同编制系统需求的过程中,逐步理解需求,加速开发进度。

(2) 互通有无,由系统团队参与软件高层需求的确认。在系统需求传递给软件团队时,即使软件团队参与了系统需求的评审甚至编制,当软件团队根据系统需求着手编制软件高层需求时,由于先前可能存在一些遗漏以及软件需求与系统需求的编制差异性,仍有可能相对系统需求会产生某些偏差,这时系统团队介入软件高层需求的确认就显得尤为重要。在确认过程中,需要检查是否每条系统需求都有对应的软件高层需求,对应的软件高层需求是否真实地反映了系统需求,分解是否得当;如果有派生需求,则需要考虑派生的理由是否充分,是否会影响系统实现。通过对软件高层需求的确认,再次保证了软件和系统对需求理解的一致性,从而指导软件低层需求及其软件产品的开发。

3.7.3　问题3——过度依赖测试发现需求问题

1)问题分析

当软件产品实现之后,需要使用一定的测试方法对软件产品进行测试,包括单元测试、集成测试、系统测试。应该说,测试是发现需求问题较为直观的方法之一,但是如果过度依赖测试,则会存在"需求不是很重要,只要产品做出来测一测就行了""项目时间很紧,先把产品做出来,需求是否正确和完整没时间考虑,等到测试再发现问题吧""先按照个人的理解去设计产品,到时候测出来有问题再说,测试就是用来发现问题的"等想法,把需求开发阶段本应发现的问题留到测试阶段才去发现,反过来再修改需求,然后再设计再实现再测试,这一系列再造工程明显增加了工作量和项目成本,延迟了项目进度。

2)建议方案

针对过度依赖测试来发现需求问题的这个情况,建议方案如下:

(1)加强需求重要性意识,重视需求。过度依赖测试去解决问题的根本原因是不重视需求,需求重要性的意识不强;在开发过程中,重产品和测试,不重需求和设计。在工程实践中,应给予项目团队需求开发和管理的培训,强调需求的重要性,使得每个人都能真正重视需求,并把需求意识落实到软件开发的各个阶段。

（2）强化需求确认，尽可能在早期解决需求问题。需求确认是保证需求正确和完整的过程。尽管 DO－178B/C 中并没有针对需求确认的活动，但也涉及了需求评审和分析的活动要求，如果参照 ARP 4754A，则需求确认的方法主要有追踪、分析、测试、评审、建模和相似性声明。例如使用建模的方法，针对需求建立软件快速原型，以更加直观的方式对需求进行确认，尽可能在进入设计和代码阶段之前解决需求问题。

3.7.4　问题 4——需求更改以偏概全

1）问题分析

由于需求变更不可避免，因此在项目实践中，总是会遇到需求变更的情况。而在需求变更时，一方面由于没有建立完整的需求追踪关系，另一方面由于不重视需求变更影响分析，因此经常会出现需求更改以偏概全的情况，往往只更改了一处或几处，而没有彻底更改相关内容。例如变更软件低层需求时，没有对其相关的软件高层需求、系统需求、软件设计文档、软件代码和测试用例等都进行相应变更，导致变更不彻底，所开发的软件产品无法满足客户要求，软件开发过程无法满足适航要求。

2）建议方案

针对需求更改以偏概全的问题，建议方案如下：

（1）建立完整的需求追踪关系。本章给出了建立需求追踪关系的两种方法：追踪矩阵和基于模型的工具化追踪。无论是哪一种，这里都需要强调其追踪的完整性。前面提到的建立"需求—设计—编码—测试"的追踪关系，该追踪关系实际上还包含了需求与需求之间、设计与设计之间、代码和代码之间、测试与测试之间的追踪关系，以建立生命周期数据的完整的需求追踪关系。

（2）重视需求变更影响分析。如果不重视需求变更影响分析，则当产生需求变更时，就算有了完整的需求追踪关系，也无法保证变更的完整性。因此，在需求变更过程中,应特别重视需求变更影响分析,在由 CCB 执行该活动时,应保证团队共同参与,只有当 CCB 团队一致通过需求变更影响分析时,才能安排相关人员进行变更,否则 CCB 团队应当开启重新评估流程。完备的需求变更影响分析是确保需求更改彻底、全面的关键过程之一。

4

软件设计

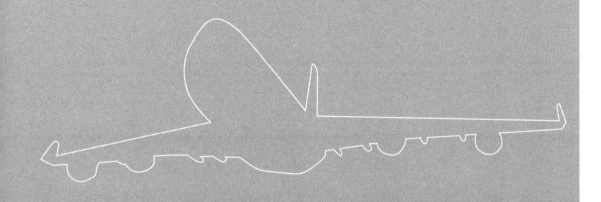

4.1　概述

软件需求解决"做什么"的问题,而软件设计则解决"怎么做"的问题。软件设计关注问题的解空间,它是建立软件蓝图的过程。初始时,蓝图描述了软件的整体视图(软件体系结构),即初始设计是在高抽象层次上的表述;随着设计的深入,后续的精化将产生出更低、更细节层次的设计表示。软件设计的目的是定义如何将软件(软件部件、软件单元)组织在一起(软件体系结构设计)以及如何实现想要的功能(软件详细设计)。软件设计是软件编码和软件集成的基础,软件设计的质量决定了软件编码的质量。

4.1.1　软件设计过程

在软件设计过程中输入的是软件需求文档、软件开发计划和软件设计标准(software design standard,SDS);输出包括软件体系结构和详细设计文档(即低层需求)。

软件设计过程的目标如下:

(1) 根据高层需求开发软件体系结构和软件低层需求。

(2) 开发软件派生低层需求,并反馈给系统过程。

软件设计活动要求包括:

(1) 在软件设计过程中,开发的低层需求和软件体系结构要符合 SDS,并且是可追踪、可验证和一致的。

(2) 定义和分析派生的需求,并保证不损害高层需求。

(3) 软件设计过程的活动可能将失效模式引入软件中,或相反地影响其他的软件。在软件设计中采用分区或其他架构方法可能改变某些软件部件的软件等级的分配。在这些情况下,需将定义附加信息作为派生需求,并把这些信息提供给系统过程。

（4）要定义软件部件之间的接口，包括数据流和控制流。

（5）当定义与安全有关的需求时，要监控控制流和数据流，如看门狗定时器、合理的检查和交叉通道比较。

（6）对失效状态的响应要与安全性有关的需求一致。

（7）在软件设计过程中检测到的不合适的或不正确的输入将反馈给系统过程、软件需求过程或软件验证过程，进行澄清或纠正。

（8）应在高层需求和低层需求之间建立双向追踪。

根据软件设计过程的目标和活动要求，它可细分为体系结构设计和详细设计两个活动。

（1）软件体系结构设计。软件体系结构设计，又称软件架构设计、软件概要设计，它结合软件高层需求、系统需求、设计约束（目标机环境、操作系统等）考虑，确定软件部件的组成和关系，对软件总体结构进行建模。体系结构设计侧重于选择软件质量属性的设计策略，确定合适的体系结构风格和设计模式，划分软件模块，设计软件接口，使得软件系统在体系结构层面的设计上满足拟建软件系统功能性和非功能性的需求。软件体系结构是最高层的抽象和战略性的设计，因此，一旦它被设计出来，对它的修改都将付出很大的代价，造成大量代码的返工，而且越是在软件过程的后期阶段提出修改，所付的代价越大。

（2）软件详细设计。软件详细设计，又称低层需求开发，任务是在软件体系结构的基础上定义各模块的内部细节，如内部的数据结构、算法和控制流等，其所做的设计决策通常只影响单个模块的实现。它根据软件体系结构、高层需求、派生需求以及设计约束，开发设计细节，形成软件低层需求，用以指导软件编码。它通常和编码一起交叉迭代进行。

4.1.2　软件设计策略

软件设计应遵循以下策略：

1）抽象

从软件定义到软件开发,软件工程要经历多个阶段,在这个过程中每前进一步都可看作是对软件设计抽象层次的一次细化。抽象的最低层次就是实现该软件的源代码。在进行模块化设计时也可以有多个抽象层次,最高抽象层次的模块用概括的方式叙述问题的解法,较低抽象层次的模块是对较高抽象层次模块问题解法描述的细化。过程抽象和数据抽象是常用的两种主要抽象手段。

2）模块化

模块化是指将一个待开发的软件分解成若干个模块,每个模块聚焦于一个或一组特定的功能。恰当的模块化有助于更容易地独立开发、测试以及评估每个模块对整个软件的影响。

3）松耦合和强内聚

真正的模块化可通过松耦合和强内聚实现。耦合是指模块之间联系的紧密程度,耦合度越高,则模块的独立性越差。内聚是指模块内部各元素之间联系的紧密程度,内聚度越低,模块的独立性越差。

耦合用来度量模块之间的相互联系程度,耦合可以分为下列几种,它们之间的耦合度由高到低排列情况如下。

（1）内容耦合：若一个模块直接访问另一个模块的内容,则这两个模块称为内容耦合。

（2）公共耦合：若一组模块都访问同一全局数据结构,则称为公共耦合。

（3）外部耦合：若一组模块都访问同一全局简单变量,则称为外部耦合。

（4）控制耦合：若一个模块明显地把开关量、名字等信息送入另一个模块,控制另一个模块的功能,则称为控制耦合。

（5）标记耦合：若两个以上的模块都需要某一数据结构的子结构,且不使用全局变量的方式而使用记录传递的方式,则这样的耦合称为标记耦合。

（6）数据耦合：若一个模块访问另一个模块,被访问模块的输入和输出都是数据项参数,则这两个模块为数据耦合。

（7）非直接耦合：若两个模块没有直接关系，它们之间的联系完全是通过程序的控制和调用来实现的，则称这两个模块为非直接耦合，这样的耦合独立性最强。

内聚是从功能角度衡量模块的联系，它描述的是模块内的功能联系。内聚有如下种类，它们之间的内聚度由弱到强排列。

（1）偶然内聚：指一个模块内的各个处理元素之间没有任何联系。

（2）逻辑内聚：这种模块把几种相关的功能组合在一起，每次被调用时，都由传给模块的参数确定该模块应完成哪一种功能。

（3）时间内聚：这种模块依次完成一系列相关功能，比如初始化模块，它依次地为变量置初值。

（4）通信内聚：指它的所有功能都通过共用一组数据而发生联系。

（5）顺序内聚：如果一个模块内各个处理元素和同一个功能密切相关，而且这些处理必须按顺序执行，处理元素的输出数据作为下一个处理元素的输入数据，则称为顺序内聚。

（6）功能内聚：是最强的一种内聚，它是指模块内所有元素共同完成一个功能，缺一不可，模块已不可能再分。

耦合性与内聚性是模块独立性的两个定性标准，耦合与内聚是相互关联的。在程序结构中，各模块的内聚性越强，耦合性越弱。一般较优秀的软件设计，应尽量做到强内聚和松耦合，即减弱模块之间的耦合性，提高模块内的内聚性，如此有利于提高模块的独立性。

4.1.3 软件设计标准

软件设计标准（SDS）为软件设计定义方法、工具、规则和约束。SDS 是对软件设计团队的指导，还可以为设计评审提供准则，以及作为软件设计工程师的培训资料。SDS 解释如何开展有效的设计、使用设计工具等。设计方法不同，SDS 会有所不同，通常 SDS 主要包括如下内容：

1) 软件体系结构设计准则

(1) 软件体系结构设计应按自顶向下和并发的方法进行。

(2) 软件体系结构设计应确保在现行软件/硬件环境条件下是可行的。

(3) 软件体系结构设计应是模块化的,模块间的关系必须是分层的。

(4) 软件结构任一底层部件必须至少有一个扇入。

(5) 软件结构各层中任一部件的扇出数一般不大于 7。

(6) 确定模块命名规则,并始终一致地遵循。

(7) 保证分区的完整性,确保防止或隔离了分区的交叉。

2) 软件接口设计准则

外部数据接口设计准则如下:

(1) 确定软件与其他系统的接口,并说明对这些系统的要求。

(2) 说明这些接口的目的、传输速率、要交换的数据、数据传输量、传输数据格式及其转换要求。

(3) 设计硬件接口的软件时,应进行外部输入、输出设备的故障检测;在外部输入、输出设备故障时,软件应有容错机制。

(4) 在传输数据前,应验证、检测通信通道。

(5) 应对模拟和数字输入、输出信息进行极限检测或合理性检测。

(6) 在设计硬件接口的软件时,应预定信息传输格式和内容、考虑接口元器件故障模式。

(7) HMI 的交互方式应清晰、简明。

(8) 应合理设计警报、告警信息。

内部数据接口设计准则如下:

(1) 应详细定义部件间的所有接口数据。

(2) 应指明变量的定义域(值域)。

(3) 在处理开始前,所有的输入均应是可用的。

(4) 在各层次之间接口的存取和使用方式应一致。

（5）应按标准的表示法使用数据，按标准格式描述接口数据。

（6）以某一类型定义的数据在其使用全过程中应始终保持类型不变。

3）软件详细设计准则

必须指出，在体系设计阶段所提出的一般软件的设计准则大部分同样适用于软件详细设计阶段，因此不再赘述，下列是针对软件详细设计阶段的一些设计准则。

（1）完备性。

a. 算法、公式等应充分、准确和完整。

b. 应标识出程序的每一个输入、输出和数据库成分（其描述应达到可以编码的程度）。

c. 应说明程序所有的处理步骤。

（2）一致性。

a. 在设计文档中应上下文一致地使用标准的术语和定义；文档的风格和详细程度亦应前后始终一致。

b. 界面的设计应与文档所描述的界面一致。

c. 设计不能包含内在的矛盾。

d. 计算中的输入、输出和数据库成分的计量单位、计算精度和逻辑表达式应一致。

（3）正确性。

a. 设计逻辑应准确。

b. 设计应与模型、算法和数值方法一致。

c. 设计应正确实现上层所确定的输入、输出和数据库成分的数据定义。

（4）可行性。

a. 所设计的模型、算法和数值方法对于应用领域而言应是可接受的。

b. 设计应能在规定的开发成本、进度和其他限制条件下实现。

c. 在可用的资源条件下，所设计的功能应是能实现的。

（5）可追踪性。设计应包含结构（概要）设计与需求定义中的需求、设计限制等内容。

（6）可验证性和易测试性。设计应可验证它与需求定义是一致的。

（7）数据规则。

a. 先定义（赋值）后使用。例如，初始化数据、计算数据、从上层输入的数据应在其使用前予以定义。

b. 数据的量化单位应一致。

（8）易修改性。

a. 使用信息封装技术。例如，模块的改变只影响较少的模块；用专门的软件单元完成数据结构、数据库和 I/O 的存取，不使用全局可存取的数据。

b. 使每个软件单元都只实现一个特定的子功能，有最强的内聚和最松的耦合。

（9）模块化。

a. 应采用模块化的机制，使部件由一些较小的、以层次结构相互联系的软件单元组成。

b. 模块命名的习惯。

c. 设计应限制软件单元的规模（复杂度、代码行数）。

d. 每个软件单元都只应有一个入口和一个出口。

（10）可预测性。

a. 设计应尽量少用中断和事件驱动架构、动态任务、重入和异常处理。如果使用，则应说明使用这些条件的合理性。

b. 在进行软件详细设计时，还应注意软件错误的密度随软件复杂性的增大而增大。为了减少每个软件单元的复杂性，应使选择和迭代的嵌套层数最少。

4）软件设计方法

描述使用的软件设计方法和案例。如果使用软件设计工具，则应给出工具使用指南和限制。

4.2　软件体系结构设计

软件体系结构又称为软件架构,DO-178C将其定义为选择用于实现软件需求的软件结构。IEEE 610.12-1990软件工程标准词汇中将其定义为体系结构是以构件、构件之间的关系、构件与环境之间的关系为内容的某一系统的基本组织结构,以及指导上述内容设计与演化的原理。Roger Pressman给出了一个更全面的定义:从最简单的形式上讲,软件体系结构是程序构件(模块)的结构或组织、这些构件交互的方式以及构件使用的数据结构。从更广泛的意义上讲,构件可以被泛化,代表主要系统元素以及它们的交互。软件体系结构是软件系统的高层抽象,它定义了软件的全貌,记录了最重要的设计决策,并成为随后的设计与实现工作的战略指导原则。

在航空电子系统技术的快速发展中,航空电子系统的体系结构更多的是在定义航空电子软件系统的架构,抽象航空电子系统各个软件组成部分之间的结构,航空电子系统的体系结构深刻影响着单个软件体系结构的考虑。其原因如下:

(1) 航空电子软件在整个航空电子系统中实现的功能占比越来越高,甚至90%以上的系统功能都依赖软件实现,软件成为航空电子系统的主要组成部分。

(2) 航空电子系统硬件向模块化、通用化方向发展,航空电子系统体系结构的变化更多地体现在软件结构上的变化。

(3) 航空电子系统向综合化和模块化方向发展,使得传统航空电子分系统之间的界限越来越模糊,更多体现为功能系统,通过软件的部署确定,是逻辑的、动态的。

(4) 为了满足系统功能需求的快速发展和经济性,航空电子系统越来越强调开放性、可重用性和可移植性,航空电子系统的体系结构标准不再只是简单定义组成结构关系,而是更为详尽地定义了各个组成部分的接口关系,甚至定义了系统中软件的体系结构。软件开发必须遵循此准则。

因此,航空电子软件体系结构设计工程师必须了解和掌握航空电子系统体系结构设计所遵循的规范,本节首先阐述几种常用的航空电子系统的体系结构规范,再阐述航空电子软件(单个软件配置项)常用的体系结构风格,最后阐述几种常用软件体系结构设计方法。

4.2.1　航空电子系统的体系结构规范

随着民用飞机的快速发展,航空电子系统特别关注系统的开放性,并发布了一系列系统体系结构规范,对软件、硬件以及接口进行了规范。下面阐述常用的几种航空电子系统的体系结构规范。

4.2.1.1　ASAAC 软件标准体系结构

目前,联合标准化航空电子系统架构委员会(Allied Standard Avionics Architecture Council,ASAAC)已经发布了 5 个正式标准,包括 00 - 74 (Software)、00 - 75(Communications/Network)、00 - 76(Common Functional Modules)、00 - 77(Packaging)和 00 - 78(Architecture)。这些标准分别从软件体系结构、通信/网络和 CFM 等方面对 IMA 系统进行了规定,此外还制定了非强制性的系统实现指南。

ASAAC 为 IMA 核心系统软件框架的设计和开发建立统一的架构。这个软件标准体系结构是基于分层的软件框架的,如图 4 - 1 所示。软件分为应用层(application layer,APL)软件、操作系统层(operation sytem layer,OSL)和模块支持层(module support layer,MSL)。APL 软件与 OSL 软件之间通过应用层/操作系统层接口(application to operating system interface,APOS)进行操作,OSL 软件调用模块支持层/操作系统层接口(module support layer to operating system interface,MOS)操作底层硬件。

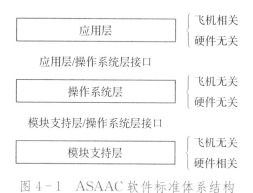

图 4-1 ASAAC 软件标准体系结构

ASAAC 各层的软件部件组成与接口如图 4-2 所示。

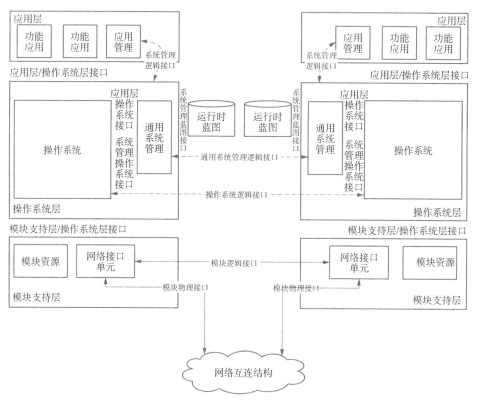

图 4-2 ASAAC 各层软件部件组成与接口

1）应用层（APL）

APL 包括功能应用和应用管理。功能应用是业务功能的实现，如雷达、航姿等；应用管理通过系统应用消息实现对功能应用的管理。

2）操作系统层（OSL）

OSL 包括操作系统、通用系统管理（generic system management，GSM）和蓝图配置。其中 GSM 实现了健康监控、故障管理、配置管理和安全管理等功能。蓝图配置即运行时使用的配置数据，在 ASAAC 软件标准体系结构中，蓝图配置文件包含 GSM 所需要的配置数据。

3）模块支持层（MSL）

MSL 通过 MOS 对通用处理模块的硬件信息进行封装。MOS 包括资源访问类和通信类两类接口。

ASAAC 软件标准体系结构中的软件接口分为直接接口和逻辑接口两类。在直接接口中定义了 APOS、MOS、系统管理/蓝图间接口（system management/blueprints interface，SMBP）和系统管理/操作系统间接口（system management to operating system interface，SMOS）四种接口。在逻辑接口中定义了操作系统逻辑接口（operating system logical interface，OLI）、通用系统管理逻辑接口（generic system management logical interface，GLI）、系统管理逻辑接口（system management logical interface，SMLI）和模块逻辑接口（module logical interface，MLI）四种接口。

直接接口是通过函数直接调用实现的接口，共有如下四种：

1）APOS

APOS 共 67 个，分为线程管理、时间管理、同步机制管理、错误处理、通信管理、调式支持、文件管理和电源管理 8 个子类。其中文件管理和电源管理为特定模块应用所需的接口。APOS 是一个非常庞大的系统服务接口，可以分为基本服务接口和扩展服务接口两部分。基本服务接口仅包括实时操作系统内核向应用提供的核心处理接口。扩展服务接口是针对系统扩展组件和系统管理模块向应用软件提供的服务接口。在 ASAAC 标准中,此部分为必须支持的接口。

2) MOS

MOS 共有 33 个核心接口,分为时间管理、设备服务、回调服务、机内自测试(built-in test,BIT)管理、CFM 资源管理、通信服务 6 个子类。MOS 属于操作系统的移植接口。这些服务都与具体硬件无关,操作系统软件通过 MOS 可以访问硬件资源。MOS 层接口的标准化确保了操作系统本身的可移植性和可扩展性。在 ASAAC 标准中,此接口属于推荐使用的接口。

3) SMBP

SMBP 包括 1 个定义和 7 个接口,其定义了运行时蓝图(runtime blueprints,RTBP)的组织方式为树结构和树结构的访问接口。在 ASAAC 标准中,此部分为如无特殊说明则必须支持的接口。

4) SMOS

SMOS 共有 38 个接口,分为以下 10 类:进程和线程管理、错误管理、虚拟通道(virtual channel,VC)配置、网络配置、保密管理、BIT 管理、CFM 信息、CFM 资源管理、时间管理和日志管理。系统管理模块通过 SMOS 接口实现对应用程序和操作系统的状态监视、故障分析、动态配置管理和安全管理,实现系统的容错和重构能力。

逻辑接口是通过 VC 通信栈(消息)机制实现的接口,共有四种:

1) OLI

OLI 定义了 2 类共 4 个接口以支持文件读取和 MLI 文件下载。在 ASACC 标准中,此部分为推荐接口,用来定义不同操作系统实例之间信息交换的方式和协议,以提高不同模块间的互操作能力。

2) GLI

GLI 定义了 25 个接口,包括不同层次的 GSM 通信接口、模块管理、健康监控、安全配置管理、密钥管理。GLI 实现了不同层次上的 GSM 间的通信标准化,用来定义同层上不同通用系统管理功能间的交互方式和协议,以提高

GSM 实例间的互操作性。在 ASAAC 标准中,此部分为如无特殊说明则必须支持的接口。

3) SMLI

SMLI 定义了 7 个接口,用于实现 GSM 和应用管理(application management,AM)间的通信。AM 和 GSM 在软件体系结构模型中属于不同的层次,通过逻辑接口实现(没有通过直接接口实现),支持跨模块操作,用来定义应用层的应用管理和操作系统层的通用系统管理之间的信息交换协议,以实现它们之间的通信和同步功能。支持通过 AM 发起或 GSM 发起的重构实现。在 ASAAC 标准中,此部分为如无特殊说明则必须支持的接口。

4) MLI

MLI 包括 17 个接口,包括 CFM 资源管理接口、下载服务接口、时间管理接口、网络管理接口和电源管理接口。用于定义模块间的逻辑交互方式,以实现模块间的互操作需求。在 ASAAC 标准中,此部分为如无特殊说明则必须支持的接口。

所有接口中涉及的数据类型在 ASAAC 标准第 9 章中都进行了定义,采用交互式数据语言(IDL)进行描述。

ASAAC 软件标准体系结构模型中包含如下三个主要组成部分:

(1) 两个层次的系统管理。应用系统管理在应用软件层,通过系统应用消息实现应用的管理和功能;通用系统管理功能在操作系统层,通过高权限的任务管理和直接访问操作系统接口的方式实现对软件本体以及整个系统运行状态的管理。

(2) 运行时蓝图(RTBP)。即运行时使用的配置数据。在 ASAAC 软件标准体系结构中,蓝图配置文件包含 GSM 所需要的配置数据,由 GSM 负责根据配置数据进行软件管理和资源管理。

(3) 虚拟通道。在 ASAAC 软件标准体系结构中的虚拟通道强调的是逻辑上与物理链路无关的、基于消息收发处理的通信方式。

ASAAC 软件标准规范提供了 IMA 环境下的软件系统体系结构及资源管理方案,通过软件的分层管理和跨物理网络的逻辑通信,实现分布式航空电子系统应用软件与操作系统及底层硬件的隔离。同时,通过 RTBP 的数据配置,可以在应用软件不做修改的情况下,通过修改配置数据实现对系统软件功能的变更,完成系统功能的重构。

4.2.1.2 通用开放式结构(GOA)

美国于 1996 年发布实施的 SAE AS 4893《通用开放式结构(GOA)框架》标准是一项重要的开放式系统体系结构标准。通用开放式结构(generic open architecture,GOA)模型概念主要描述软件/硬件体系结构的分层和接口分类,用于确定开放式系统体系结构应用到航空电子软件/硬件系统时的接口分类设计。GOA 框架规定了软件、硬件以及接口的系统结构,包括 4 层和 9 种接口,以便在不同应用领域中实现系统功能。GOA 框架用于规范系统顶层体系结构设计,对航空电子所需的接口进行分类,这种分类被认为是将开放式系统体系结构标准应用到航空电子系统设计中的一个至关重要的部分。

与一些专注于定义接口技术细节的行业标准不同,编制 SAE AS 4893 的主要目标是为了设计软件/硬件系统时能够应用开放式系统接口标准,以确定接口的分类。GOA 框架定义了基于一组通用接口点的抽象结构,简化了对关键接口的定义。

SAE AS 4893 中针对特定领域系统体系结构的描述是具体的,当其被应用在特定领域时,能够指导系统生成一系列独立的即插即用型部件,这些部件可以方便地在本领域内进行升级和扩展。GOA 给部件的使用者和研发者提供了一个统一的基础平台。

GOA 框架如图 4-3 所示,它规定了一系列接口(用圆圈表示),通过这组接口来确保移植性和可重用性,以适应技术变更、功能变更可能带来的影响。一个系统由逻辑节点构成,节点可用于数据处理,可包含一个或多个处理器。节点由包括硬件和软件的组件构成,多个节点可以构成一个完整的系统。

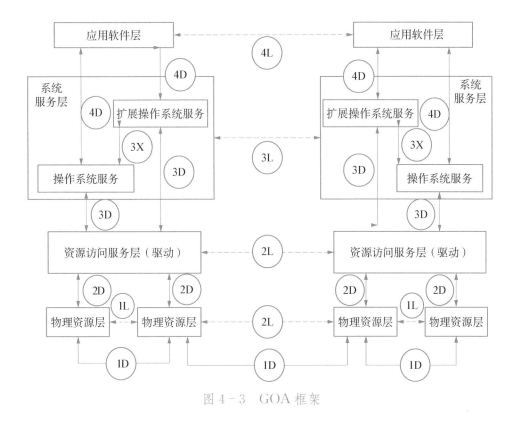

图 4 - 3　GOA 框架

GOA 框架分为四层：

（1）应用软件层，处在最高层，包括具体功能应用的平台，它可以包括多个软件应用组件，不同应用组件之间的通信要求是逻辑接口，但具体的通信过程通过直接接口完成。

（2）系统服务层，提供了应用软件层的公共服务，系统服务层至少包括操作系统（operating system，OS）服务。扩展操作系统（extend operating system，XOS)服务是 OS 外在系统服务层的其他组件，它允许抽象化不同应用的公共需求。3X 提供了 XOS 和 OS 之间的接口服务，提供了 OS 的 4D 所不包括的能力，或者提供优化的 4D 能力。

（3）资源访问服务层是直接访问硬件的软件组件，包括有映射 I/O 定义的设备驱动、存储器等，在系统服务层和资源访问层之间提供 3D，以实现访问的独立性和不同目标平台的可移植性。2D是软件和硬件之间的接口,存储器映射定义和处理器指令系统结构定义是2D的实例,2L是资源访问层对等接口。

(4) 物理资源层,处于最底层,提供不同物理组件之间的直接接口。1D和1L是关键接口,这些接口包括总线的物理定义和链路定义,1D定义了电气和机械要求。

GOA定义了如下9种接口:

(1) 应用逻辑层接口(4L):该接口是应用软件间的对等接口,这种接口可在相同的应用平台或不同的应用平台上的应用软件之间实现1D~4D独立的物理资源、系统服务和在任何处理器中的应用。

(2) 系统服务与应用软件直接接口(4D):该接口在应用软件和系统服务之间提供直接接口。

(3) 系统服务层逻辑接口(3L):该接口将在同一个或不同的处理器之间为处理器中的系统服务提供接口功能,该接口与系统服务同类接口是对等的,在分布式环境的同等操作中,该接口可以设置于一个单独的应用平台内或在不同的应用平台之间。

(4) 系统服务与资源访问服务直接接口(3D):该接口由系统服务与资源访问服务之间的接口组成。

(5) 操作系统服务与扩展操作系统服务直接接口(3X):该接口由操作系统服务和构成系统服务的扩展操作系统服务之间的接口组成,是一类特殊接口。

(6) 资源访问服务层逻辑接口(2L):该接口由同等的信息、数据交换要求和在同一应用平台或不同应用平台内的资源访问服务之间的对等接口组成。这类接口能使信息和数据在低级服务驱动之间对等交换。

(7) 资源访问服务与物理资源直接接口(2D):该接口由服务于硬件指令结构和寄存器使用的资源访问服务中的接口组成。

（8）物理资源层逻辑接口（1L）：该接口由物理资源间的对等数据交换接口组成，是为实现物理资源之间互相访问而建立的数据通信链路。

（9）物理资源对物理资源直接接口（1D）：该接口由螺母、螺帽、螺钉、芯片、模块间的电线组成。这种接口包括物理资源之间的接口以及物理资源与外部环境之间的接口。

应用 GOA 框架应遵循如下原则：

（1）在 GOA 框架内，只有资源访问服务能够直接访问物理资源（通过2D）。系统服务层的软件通过调用资源访问服务层提供的 3D 间接访问物理硬件。应用软件必须调用相应的 4D，驱动系统服务调用资源访问服务层接口来访问物理资源，从而实现应用软件逻辑和具体物理资源的无关性。

（2）扩展操作系统服务是一种特殊应用，它可以为多个应用提供服务，但应用软件不能够通过扩展操作系统服务调用操作系统本身的服务。在系统服务层，共享的应用可以转换为扩展操作系统服务。

（3）在应用软件间没有 4D，即内部应用的设计和结构是不透明的，必须通过系统服务接口实现。

（4）在 GOA 体系结构下，逻辑层具有对等关系，只有相同层次的端点可以通过层间接口进行通信，不允许跨层交叉通信。

4.2.1.3　未来机载能力环境（FACE）

未来机载能力环境（future airborne capability environment，FACE）标准由开放组织 FACE 小组（一个由政府、飞机集成商、设备供应商、学术界以及军方用户组成的专业组织）于 2010 年开始制定，目前仍在进行积极的改进。它是一个开放式的航空电子软件标准，定义了一种新的业务模型和软件参考体系结构，旨在大幅减少新航空平台的研发成本，并实现跨平台通用化软件的"一次开发，多次应用"，使得军用飞行器的机载功能更加鲁棒、安全和可重用。

如图 4-4 所示，FACE 的宗旨是在硬件计算平台上创建一个软件运行环境，使得应用软件（由 FACE 组件组成）在只受到很小影响的情况下实现在不

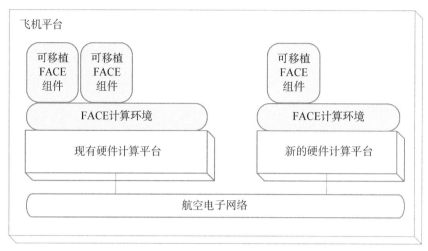

图 4-4 FACE 示意

同平台上的部署。

FACE 体系结构由一系列可能存在差异的部分组成,这些差异部分称为"段"。FACE 体系结构就是通过考虑如何将这些"段"联系起来而形成的,如图 4-5 所示。

FACE 体系结构可以划分为如下几个段:

1）可移植组件段

可移植组件段(portable component segment,PCS)由一系列的可移植 FACE 组件和通用服务组成,用来提供平台级的能力。与传统的应用软件相比,这部分软件只包含纯业务逻辑部分,可以在任意不同的硬件计算平台和 FACE 软件运行环境下进行部署,且至多只需要进行重新编译,或者对软件库、编程语言运行时库以及应用框架进行重新链接。

2）平台特定服务段

平台特定服务段(platform-specific service segment,PSSS)通过对外部设备数据生成逻辑的抽象建模,针对每一类外部设备都定义了一组通用的应用数据格式。在本系统范围内,平台特定服务可以视为外部设备的抽象代理,其实

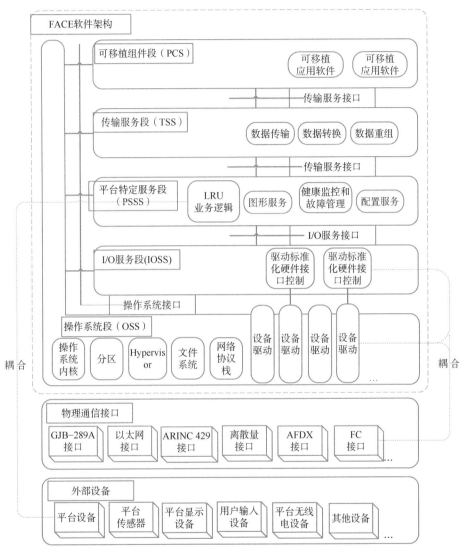

图 4-5　FACE 体系结构

现方式与其抽象的外部设备紧密相关。某个平台特定服务够理解对应设备总线 ICD 的数据组成,能够完成应用数据块和 ICD 定义数据块之间的格式转换,从而实现应用数据与 ICD 数据的解耦。平台特定服务与输入输出服务通过标准的输入输出服务接口传递数据。

3）传输服务段

传输服务段（transport service segment，TSS）主要为可移植应用软件和平台特定服务提供应用数据块的分发传递和格式转换功能。通过传输服务，应用软件和平台特定服务只需关注自身相关应用数据的通用处理方式，无须关注数据交互时的具体传递细节，从而实现了应用数据处理逻辑与应用数据传输过程的解耦。应用软件和平台特定服务通过标准的传输服务接口使用数据传输服务功能。

4）I/O 服务段

I/O 服务段（input/output service segment，IOSS）由一系列软件模块组成，在 PSSS 与设备驱动之间提供一个数据交换渠道。IOSS 中包含的若干个服务可视为可替换的软件适配器，用来隔离不同厂商的设备驱动可能给 PSSS 软件带来的影响，同时避免 PSSS 软件对操作系统存在的潜在依赖（因为设备驱动往往包含非标准的操作系统接口，直接调用驱动接口可能会导致与操作系统间的紧耦合）。

针对每一种总线通信方式，都有一个专门的 I/O 服务与其对接。I/O 服务直接访问设备驱动，能够理解对应总线传输所需的参数与特殊机制。I/O 服务本身不需要理解数据的内容，但需负责解析和组装标准格式的 I/O 数据块，用于与 PSSS 服务交互数据。

5）操作系统段

操作系统段（operating system segment，OSS）作为所有其他分段运行的基础，用于承载各种版本的操作系统、编程语言运行时库和应用软件框架，并同时为其他分段的软件提供所需的通用接口，应用执行（application executive，APEX）或者可移植操作系统接口（portable operating system interface，POSIX）。需要注意的是，在新一代的机载航空电子系统中，通常使用符合航空无线电设备公司（Aeronautical Radio，Inc.，ARINC）的 ARINC 653 标准的嵌入式 RTOS，其能够提供 ARINC 653 标准所要求的标准 APEX 接口、分区、端口通信等机制以及其他所有可能用到的通用服务和运行时库。

除此之外,FACE 软件体系结构中还存在着一些由标准定义的接口,这些接口可以分为垂直接口和水平接口两大类,如图 4-6 所示。

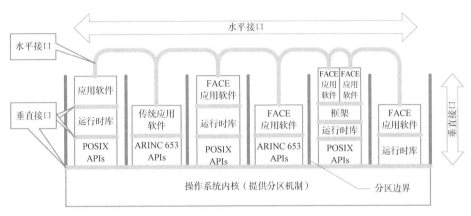

图 4-6　FACE 体系结构中的接口

垂直接口指支持软件层次的接口,即接口访问者存在上、下层次之分,如应用软件与操作系统间的接口、应用软件与软件计算平台间的接口、软件运行平台与编程语言运行时环境间的接口。

水平接口指用于连接应用软件模块的接口,这种接口的访问双方地位平等,没有明显的层次区分,通常应用软件模块间用于数据传递的接口都属于水平接口。

4.2.2　软件体系结构风格

软件体系结构风格又称软件架构风格或软件架构模式,是有关软件体系结构的约束条件集合,它定义了满足这些约束条件的架构集或架构族。它是宏观的软件设计模式,采用了粗粒度的方式描述软件系统的组织结构,可以看作是一种提供软件高层组织结构的元模型。本节将阐述航空电子系统软件的常用软件架构风格,这些风格是针对单个航空电子软件的;多个风格也可以混合使用。

1) 分层架构风格

分层架构是最常见的软件架构,也是事实上的标准架构。这种架构将软件分成若干个水平层,每一层都有清晰的角色和分工,不需要知道其他层的细节,层与层之间通过接口通信。虽然没有明确约定软件一定要分成多少层,但是四层的结构是最常见的,如图 4-7 所示。

表示层
业务层
数据访问层
系统软件层

图 4-7　分层架构示例

分层架构风格是针对大型系统的,将其抽象为不同的层次,从而提供了一种进行系统分解的模式。分层架构的结构特点如下:

(1) 每一层都提供了特定的设施,使其向高层暴露接口以提供服务,并对高层屏蔽低层。

(2) 每一层都提供了与其他层有明确区分的功能,高层就像是依赖于低层运行的虚拟机,而低层并不依赖于高层,最底层就是硬件系统。

分层架构的优点包括以下几个方面。

(1) 良好的可修改性。由于每一层都只与其相邻的层进行交互,因此当需要对某一层进行修改时,其影响会被局限在某个范围内,不会造成涟漪效应。同时,由于每一层都通过接口与其相邻的层交互,因此只要接口保持不变,即使每一层内部对接口的具体实现发生改变,也不会影响到其他的层。例如,要将一个 C 语言编写的软件系统从美国 WIND RIVER 操作系统迁移到国产天脉操作系统上,只需要两者支持同样的接口规范即可,其他层并不受影响。

（2）良好的复用性。由于每一层都通过接口向其高层暴露服务，因此如果设计出标准的接口，那么这一层就可以当作标准的服务层在其他系统中复用。例如，显示驱动可以看作是显卡连接层，由于它实现了标准的 OpenGL 接口，因此它能够在许多应用系统中复用。

分层架构的缺点包括以下几个方面。

（1）有损于性能。层数越多，完成特定功能所需的接口调用开销越大，其对性能的影响也越大。尤其是为了维持分层结构，有些功能尽管很简单，也需要调用所有的层，对于这类功能的性能影响会显得更大。例如，需要将接收到的数据写入特定的双口存储区，而规定了应用软件不能直接访问硬件资源，就需要通过操作系统层和/或资源访问层才能实现，这显然比直接访问双口内存要慢得多。

（2）扩展性差。用户请求大量增加时，必须依次扩展每一层，由于每一层内部都是耦合的，因此扩展会很困难。

2）管道与过滤器架构风格

管道与过滤器架构是将软件系统分解为若干个过滤器和管道，过滤器的作用是对其输入的数据进行处理，并产生输出数据，而管道的作用是将过滤器连接在一起，如图 4-8 所示。

图 4-8　管道与过滤器架构

管道和过滤器的结构特点如下：

（1）当过滤器对输入数据进行处理时，不会保留任何历史信息，即在对不同的数据进行处理时，不会保留任何状态信息。数据经历的一系列过滤器的处理过程就是对数据进行增量式转变的过程。

（2）管道将过滤器连接在一起，构成了系统的通信链路，数据通过管道在过滤器之间传递。管道本身并不对数据进行任何转换处理。

管道与过滤器架构的优点包括以下几个方面。

（1）有利于过程式的系统功能分解。可以将系统功能按照数据处理的过程进行分解，每一个环节都抽象为一个过滤器，而对每个环节的更进一步的分解对应于对过滤器的进一步分解。

（2）系统易于扩展和复用。由于过滤器并不直接交互，而是通过管道连接的，因此增加新的过滤器或移除现有的过滤器会比较容易。过滤器只要按照标准接口设计，其自身也很容易复用，只需关注起接口，而无需关注其具体实现。

（3）存在有利于性能的因素。如果多个过滤器可以并发执行，那么就有助于提高系统性能。

管道与过滤器架构的缺点包括以下几个方面。

（1）交互式程序难以分解。由于过滤器是对输入数据做批量处理的，因此对交互式程序而言，其应用就相对困难，让用户在交互过程中输入批量数据，并且在每个过滤器的操作中对这些批量数据做出交互是难以实现或不符合用户使用习惯的。

（2）数据流格式有可能会降低系统性能。数据流需要在不同的过滤器中流动，因此其格式必须是所有过滤器都能够理解和识别的，这样就无法使用自定义的数据流格式而必须使用公共数据格式，但是这种数据格式的处理往往比较复杂且低效。

（3）存在不利于性能的因素。由于使用了公共数据流格式，因此对这个格式的解析和包装都需要额外的开销。当多个过滤器并发执行时，由于这是生产者-消费者模式，因此有可能会产生死锁和队列溢出等情况。

3）模型-视图-控制器架构风格

模型-视图-控制器（model-view-controller，MVC）架构风格与三层架构风格很类似，它也强调了要将软件系统分成（模型、视图、控制器）三个交互的部分，如图4-9所示。

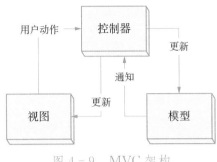

图 4 - 9　MVC 架构

MVC 架构包括如下元素：

（1）模型。管理系统中存储的数据和业务规则，并执行相应的计算功能。模型在处理用户请求时，产生的返回数据是独立于视图的，不同的视图可以对这些数据产生不同的解释。

（2）视图。根据模型生成提供给用户的交互界面，不同的视图可以对相同的数据产生不同的界面。

（3）控制器。接收用户输入，通过调用模型获得响应，并通知视图进行用户界面更新。控制器本身并不会执行任何业务逻辑或者产生任何数据，它的作用就是控制业务流程，转发用户请求，确定由哪个模型进行处理以及用哪个视图显示模型产生的数据。

从上面的描述可以看到，MVC 架构和三层架构存在如下区别：

（1）MVC 架构的目标是将系统的模型、视图和控制器强制性地完全分离，从而使同一个模型可以使用不同的视图表现，而计算模型也可以独立于用户界面；三层架构的目标是将系统按照任务类型划分成不同的层次，从而使计算任务可以分布到不同的进程中执行，以提高系统的处理能力。

（2）模型包含了业务逻辑和数据访问逻辑，而在三层架构中这属于两个层的任务。

4）微内核架构风格

"微内核"的概念来源于操作系统领域。微内核是提供操作系统核心功能

147

的内核,它只需占用很小的内存空间即可启动,并向用户提供标准接口,以使用户能够按照模块化的方式扩展其功能。现在大多数操作系统都采用微内核架构。

在微内核架构中,微内核提供了一组最基本的服务,而其他服务都是通过接口连接到微内核上的。这就要求微内核要具有良好的可扩展性,并可以简化对其他服务的开发化。很显然,微内核架构允许系统根据环境变化,方便灵活地增加、修改或删减其服务,从而提高系统的自适应性。目前很多航空电子系统软件为提升软件的可移植性,极力打造包含通用和领域专用的似于微内核风格的软件运行平台。

5)进程控制架构风格

在进程控制架构中,系统被分解成许多独立运行的进程,它们彼此之间通过同步或异步的方式,按照指定的协议通信,通信链路构成了整个系统的拓扑结构特性,如环形结构或星型结构。实际上,客户端-服务器架构就是一种进程控制架构,其中服务器和每个客户端也都运行于独立的进程中,它们通过远程方法调用进行通信。

进程控制架构包括如下优点:

(1)有利于问题的分解。可以按照系统的功能、可靠性域或安全域等将系统划分成独立运行的进程,这种问题分解方式相对比较直观且容易。

(2)有利于提高性能。多个独立运行的进程可以并行地进行交互,这有助于提高系统的性能。

(3)有利于提高可靠性。由于进程间彼此互相独立,它们的运行环境彼此隔离,因此一个进程的崩溃不会影响到其他进程的运行,系统可靠性由此得到提高。

进程控制架构包括如下缺点:

(1)进程间调用的时序控制困难。进程会根据自身的状态与其他进程进行通信,而多个进程可以并行地互相通信,因此进程间调用的时序控制就显得比较困难且容易出错。

（2）进程间通信开销较大。进程间的通信开销比线程间的通信开销要大，因此进程以及进程间通信的数量过多会导致系统性能的下降。

进程控制架构的拓扑结构和通信机制对系统性能会造成决定性的影响，因此，要根据系统的实际需求做出合适的选择。

6）软件分区风格

分区是用来隔离功能上相对独立的软件组件、容错或隔离错误的一种技术。软件组件间的分区可以通过将软件组件分配到不同硬件资源，或在一个硬件资源上运行多个软件组件实现。因为分区涉及软件/硬件资源的调度和隔离，所以应该在系统设计时就考虑分区的问题。

分区是 IMA 系统和先进航空电子的基石，也是目前最为常用的软件架构方式。软件分区技术可以认为是软件系统的体系架构风格，也可以看成是进程技术的一个升级，由于提供了分区隔离机制，在不同软件分区的软件的相互影响能够被隔离，因此软件分区方法往往用于不同安全等级的软件隔离，这样可以大大降低低安全等级软件的开发成本。DO-178C 特别关注软件分区技术的使用，并对软件分区的使用提出了详细的要求。关于软件分区的详细描述见第 11 章。

4.2.3　基于体系结构分析与设计语言（AADL）的软件体系结构设计

体系结构分析与设计语言（architecture analysis & design language，AADL）是嵌入式实时系统体系结构分析与设计语言。2004 年，SAE 在 MetaH 和 UML 的基础上提出 AADL，并发布 SAE AS5506 标准，目的是提供一种标准而又足够精确的方式，设计与分析嵌入式实时系统的软件/硬件体系结构及功能和非功能性质，采用单一模型支持多种分析的方式，将系统设计、分析、验证、自动代码生成等关键环节融合于统一的框架之下。AADL 具有语法简单、功能强大、可扩展的优点。

AADL 通过构件和连接等概念描述系统的软件/硬件体系结构；通过特

征、属性描述系统功能与非功能性质；通过模式变换描述运行时体系结构演化；通过用户定义属性和附件支持可扩展；对于复杂系统建模，AADL 通过包进行组织。AADL 提供了 3 种建模方式：文本、XML 以及图形化。

1）构件

AADL 定义了 3 类构件：软件构件、执行平台构件以及系统构件。软件构件用于软件体系结构建模，包括数据、线程、线程组、进程和子程序构件；执行平台构件用于硬件体系结构建模，包括处理器、虚拟处理器、存储器、总线、虚拟总线和外设构件；系统构件组合所有的构件，层次化地建立系统的体系结构。

AADL 构件被定义为两部分：类型和实现。一个构件拥有一个类型以及对应的 0 个、1 个或多个实现。构件类型描述对外的功能接口（输入输出端口等）；构件实现则描述构件的内部结构（子构件和连接等），如进程构件 Cruise Process 由 4 个线程子构件及其连接实现。构件类型和实现都是可继承的。

2）构件特征和属性

特征是构件类型定义的一部分，用于描述构件的对外接口，主要包括 4 类：端口、子程序、参数以及子构件访问。端口用于定义构件之间的数据和事件交互接口，分为数据、事件和数据事件端口。参数用于定义子程序被访问时输入、输出的合法数据类型。子构件访问分为数据构件访问和总线构件访问，前者用于共享数据或共享资源描述，后者用于硬件平台构件之间的连接。

属性用于描述体系结构中的约束条件，即非功能属性约束，进而支持验证与分析系统的可靠性、安全性和可调度性等性质，如子程序的执行时间、线程的周期、数据或事件端口的等待队列协议和安全层次等。AADL 提供了标准的属性集，用户也可以根据需要定义新的属性。

属性和特征的区别在于，特征主要描述构件功能接口，而属性则描述系统非功能性质的约束。

3）连接与流

AADL 采用连接描述构件之间的交互行为，与构件特征对应，AADL 支持

3 种连接方式：端口连接、参数连接及访问连接。端口连接用于描述并发执行构件之间的数据与控制交互；参数连接用于描述一个线程构件访问的所有子程序的参数所形成的数据流；访问连接又分为数据访问连接、总线访问连接以及子程序访问连接，分别描述数据共享、总线共享以及子程序共享。

连接是点对点的，为了简化对体系结构的分析过程，AADL 引入了"流"的概念，用于描述系统中信息传输的逻辑路径。流的完整描述包括流规约和流实现。流规约在构件类型中定义，包含外部可见的源结点、目标结点及路径，源结点和目标结点分别是构件的特征，路径则是构件中从一个特征到另一个特征的连接。流实现在构件实现中定义，包括构件中流路径的具体实现或整个系统的端到端流的定义。端到端流的描述可以用于支持端到端的延迟分析和可靠性分析。

4）模式

AADL 通过模式描述运行时体系结构的动态演化。模式就是系统或构件的操作状态，如汽车巡航控制系统可能包括初始化、人工控制和自动巡航等模式。它们对应了系统功能行为的不同配置，模式变换体现系统体系结构的变化，能够描述体系结构重构及容错等需求。

5）扩展附件

当定义新的属性不能满足用户需要时，AADL 引入了附件的概念。它拥有独立的语法和语义，但必须与 AADL 核心标准保持语义一致。如故障模型附件，支持构件、连接的故障事件和故障概率等属性建模；行为附件增强了 AADL 对构件实际功能行为的详细描述能力，以更好地支持功能行为验证和自动代码生成。

此外，时间正确性是实时系统重要的特征，不仅与 AADL 属性中定义的时间约束（时限和最坏执行时间等）有关，而且与调度算法和调度属性有关。AADL 支持描述周期、非周期和偶发等任务模型，支持抢占与非抢占式调度策略，支持多种固定优先级和动态优先级调度算法，如单调速率（rate monotonic，RM），截止时间单调（deadline monotonic，DM），最早截止时间优先（earliest deadline first，EDF)等。这些调度算法定义在处理器构件的属性中。

使用 AADL 建立系统体系结构模型，包括系统交联关系视图、系统逻辑结构视图、系统部署视图及系统进程视图。

（1）系统交联关系视图：描述系统与外部系统之间的交联关系。

（2）系统逻辑结构视图：在系统交联关系视图的基础上描述系统内各子系统的结构以及它们之间的交联关系。

（3）系统部署视图：在系统交联关系视图及系统逻辑结构视图的基础上，对每个子系统的操作系统、硬件环境、通信协议等平台定义信息进行建模。

（4）系统进程视图：在系统部署视图的基础上，对主控子系统内部进行建模，包括定义主进程的线程数量，绑定线程与显控设计模式代理。

使用 AADL 建立系统非功能模型，包括进程运行周期以及函数执行时间。

图 4-10 是飞行控制系统 AADL 体系结构示例。

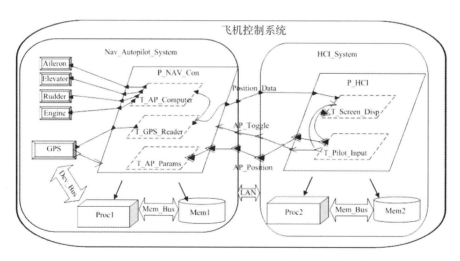

图 4-10 飞行控制系统 AADL 体系结构示例

4.2.4 实时结构化软件体系结构设计

传统的软件体系结构设计通常采用软件模块结构图描述软件模块间的接

口关系,对于实时系统的软件往往需要采用并发多任务方式规划软件模块的执行。本书以使用 RTCASE 工具为例,在设计实时结构化软件体系结构时除了使用传统的模块结构图方法外,还采用了并发图的描述机制对实时系统软件并发性进行描述,软件被规划为多个并发执行的任务或线程,每个任务或线程都是一系列顺序执行的软件模块,任务或线程之间通过通信与同步机制交互信息。实时软件的结构化体系结构设计关注的是软件模块组成与软件模块间的接口,以及并发设计。

4.2.4.1 模块结构图

模块结构图不仅描述函数模块间的数据与控制流,而且描述函数模块调用层次。对于一个计算机软件配置项,根据任务设计准则可以将系统软件划分为多个线程或任务,针对每一个线程或任务都有一个入口函数模块,需要为每个入口函数模块构建模块结构图,如图 4-11 所示。

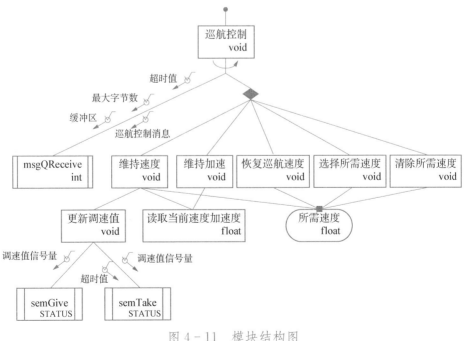

图 4-11 模块结构图

如图 4-12 所示,模块结构图基本元素包括:

1) 函数模块

函数模块是完成一定功能的语句集合,在框内填写模块的名字。它具有四个基本属性:输入输出、功能、结构、内部数据。在结构图中,模块调用用连接到该模块的调用线表示。模块既可以调用别的模块,也可以被别的模块调用,如图 4-12(a)所示。

2) 库模块

库模块包括用户的库函数和系统库函数。库模块可能被任何函数模块调用,但其不能有输出调用线,即不能调用结构图中别的模块,如图 4-12(b)所示。

3) 全局数据模块

全局数据模块是系统的一部分,由全局数据元素组成。在结构图设计中,只能用函数模块调用(访问)全局数据,且全局数据模块不能有输出调用线。调用全局数据可能有只读、只写或读写操作,在图形中也有相应的显示标记,如图 4-12(c)所示。

4) 调用控制符号

结构图使用了特殊调用控制符号表示模块间的调用关系,分为两种类型。

(1) 选择调用:表示在调用模块中包含"if"或"case"控制的调用关系,如图 4-12(d)所示。

(2) 循环调用:表示带有循环结构的调用关系,如图 4-12(e)所示。

5) 调用线

调用线用来表示函数模块对别的函数模块和库模块的调用,以及对全局数据模块的使用,如图 4-12(f)所示。

6) 数据和控制参数

参数符号表示函数间调用传输的数据信息或控制信息,分别如图 4-12(g)和图 4-12(h)所示。

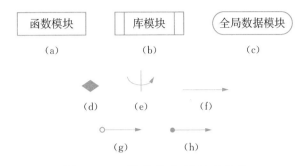

图 4-12　模块结构图元素符号

（a）函数模块　（b）库模块　（c）全局数据模块　（d）选择调用符号
（e）循环调用符号　（f）调用线　（g）数据参数符号　（h）控制参数符号

4.2.4.2　并发图

并发图是用来表示软件系统并发性的模型，通过并发图可以将软件系统划分为多个并发线程或任务，同时描述并发线程或任务间的信息交互，以及并发线程或任务间共享资源时的同步机制。图 4-13 是并发图示例。

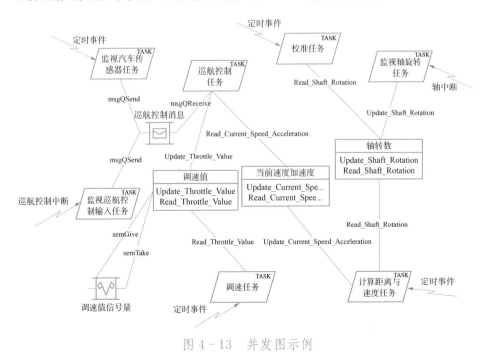

图 4-13　并发图示例

并发图的基本元素包括：

1）线程或任务

线程或任务表示并发程序中顺序程序或顺序组件的执行过程，线程或任务内不具有并发性。线程或任务用标有线程或任务名的平行四边形表示，如图 4-14(a)所示。

2）事件

事件可以触发线程或任务的执行，事件可以为同步事件或异步事件，用标有事件名的实线破折箭头表示，如图 4-14(b)所示。

3）信息隐藏模块

在并发实时系统软件设计中应尽量避免使用全局变量，使用信息隐藏模块可以将信息封装在模块内部，对信息的访问只能通过信息隐藏模块中的操作函数实现，这样隐藏的信息和访问信息的操作一起形成了信息隐藏模块。信息隐藏模块表示方法如图 4-14(c)所示。

4）通信与同步

对于采用 RTOS 的软件系统，任务间同步与通信可以直接使用 RTOS 提供的同步与通信机制，通常 RTOS 提供的通信与同步机制有：信箱（mailbox）、信号量（semaphore）、同步信号（signal）及事件标志（event flag），如图 4-14(d)所示。

（1）信号量解决同步和互斥的问题。每一个信号量都有一个计数器，它表示某种资源的可用数目。

（2）消息是任务之间通信的一种手段，在使用客户/服务器模式来实现 RTOS 时，消息传递是一个重要工具。客户任务的系统调用命令在系统调用命令的库函数里，用消息传递的形式把命令的代码和参数发送给服务器任务。

（3）信箱：消息传递是发送者直接把同步信号发送给接受者，一种方法是在接收者任务的控制块中建立一个消息队列存放其他任务发送来的消息；另一种方法是不在接收者任务中建立消息缓冲队列，而在系统中建立一个公共邮箱,以存放一定数量的邮件。当任务 A 希望与任务 B 通信时,由任务 A 创建一个邮箱,在通信时,任务 A 把邮件送入邮箱,而任务 B 从邮箱取走邮件,只要邮箱未满,任务 A 便可向邮箱投递邮件;若邮箱已满,则任务 A 等待至邮箱有空时,邮件投递才能成功。

(4) 事件标志:在 RTOS 中,任务的执行是由事件驱动的;此外,事件也是任务同步的一个重要手段,尽管不同系统的事件实现方法各有不同,任务使用事件的方法也不同,但是其实质是一样的。

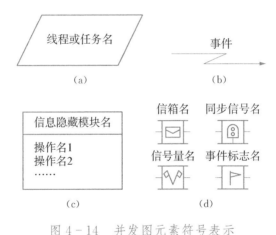

图 4-14 并发图元素符号表示

(a) 线程或任务 (b) 事件 (c) 信息隐藏模块 (d) 通信与同步

通过如下四个主要准则对实时系统软件进行并发任务划分:

1) 任务设计准则

通过对系统体系结构环境图或系统环境图进行分析确定系统 I/O 设备,并根据 I/O 设备特征确定 I/O 设备是采用异步中断方式还是查询方式进行访问,如果采用异步中断方式,则将 I/O 设备设计为 I/O 设备异步任务;如果采用定期查询方式,则将 I/O 设备设计为定期 I/O 任务。

2) 内部任务设计准则

实时系统内部任务可以分为定期任务、异步任务及控制任务三种,通过对需求分析模型中的处理进行分析,确定系统或软件功能的执行特征,如果某些功能是定期执行的,则可以设计为定期任务;如果功能的执行需要通过触发内部事件,则此类功能可以设计为异步任务;对于需求分析模型中的控制处理则可以设计为控制任务。

3) 并发任务融合准则

需求分析模型中的处理表示系统所要执行的功能,需要划分到并发执行的任务中。任务融合准则提供了分析需求分析模型中处理并发特性的方式,为确定是否将多个处理划分为一个单独的并发任务提供了基础。并发任务融合准则有如下四种:

(1) 时间性融合。某些处理之间没有顺序上的依赖性,且这些处理可以由同一个事件触发执行,则这些处理可以根据时间性融合准则划分到同一个任务中。

(2) 顺序性融合。对于需求分析模型中的某些变换性处理,处理的执行必须以某种顺序方式执行,同时序列中的第一个处理要由异步事件或定期事件触发,对于这些依赖顺序的处理则可以划分到一个顺序性融合任务中。

(3) 控制融合。在需求分析模型中控制处理通过控制说明按某种固定方式激活相关处理的执行,因此控制处理及控制处理所激活的处理可以根据控制融合准则划分到同一个控制任务中。

(4) 功能性融合。对于需求分析模型中的交易型处理,某些处理的执行依赖于某一个主处理的执行,根据主处理的执行情况执行不同的处理,此时可以将这些交易型处理划分到同一个功能性融合任务中。

4) 任务优先级准则

任务优先级准则考虑了任务设计中的优先级的问题,根据时间关键程度来划分任务并确定任务的优先级,时间越苛刻则所分配的任务优先级越高。

4.2.5 基于统一建模语言(UML)的软件体系结构设计

1) 多视图建模

基于 UML 的实时软件设计方法采用多视图的方式设计软件体系结构。

不同的人由于其视角不同,所认识的软件体系结构是不同的,从而形成了软件的多个体系结构视图。每个视图表示了软件体系结构的某个特定方面,这些相对独立和正交的视图组成了软件体系结构的完整模型。

嵌入式实时系统的 5 个关键体系结构视图包括:

(1) 子系统与组件体系结构视图:将系统划分为多个子系统,识别出每个子系统的职责和接口。

(2) 分布体系结构视图:将对象分布在各节点上,刻画各对象的发现与协同。

(3) 并发与资源管理体系结构视图:识别并发单元(任务或线程),并设计这些并发单元间的同步策略与资源共享策略。

(4) 安全与可靠性体系结构视图:对故障和攻击的鉴别和隔离,以及对运行时故障和攻击的校正。

(5) 部署体系结构视图:定义机械、电子和软件等不同工程学科的职责分配及其协同。

除了这些关键的体系结构视图,还有一些次要的视图,如安全保密、数据管理、服务管理质量、出错与异常处理策略、面向服务的体系结构和业务过程管理等。

开发人员应根据待开发软件的特点,选择多个合适的体系结构视图。这些视图从不同的角度对软件的总体结构进行完整的刻画,形成完整的体系结构模型。在 Rhapsody、EA 等建模工具的支持下,从体系结构模型生成代码。一些代码可以人工编写,如底层的设备驱动程序。针对遗留代码,通过在组件配置中指定包含的源代码,一起进行编译和链接。预编译的遗留组件(如数学库和协议栈)也一同链接。

通常采用人工评审、自动检查、模拟仿真测试等方法验证软件体系结构的正确性,以及是否满足软件需求。若验证时发现问题,则进行改进后重新验证。通过验证的体系结构形成体系结构基线。

2）子系统与组件视图

子系统与组件视图建模任务是将软件分解，拆分成子系统与组件，并定义它们的职责和接口。将系统分解为多个子系统，可以简化复杂系统的开发与管理。每个子系统由一组开发团队负责。

在模型组织中，通常将系统级用例分解为子用例（通过《include》关系），每个用例映射到单个子系统。子系统规约包含子系统级用例及其详细信息。特别是在大型项目中，模型组织对于多人合作开发系统至关重要。虽然可以使用许多不同的组织模式，但其都应包括两个方面：待管理的一组模型和每个模型的结构、组织。

子系统和组件架构建议采用类图或结构图表示，也可以采用组件图表示。

本任务分为如下几个步骤：

（1）识别设计准则，并排出优先级。

（2）为系统级用例建立场景。

（3）评审子系统接口，包括子系统提供的和调用的服务。

（4）将子系统接口置于配置管理中。

（5）将系统用例分解为子系统用例（采用自顶向下的方法）。

（6）将服务分配至子系统，构建子系统级用例（采用自底向上的方法）。

（7）将多个子系统的共同接口放在公共共享的库中。

（8）将多个服务聚类至接口中。

3）分布视图

分布视图建模任务是选择和优化系统中不同节点对象之间的通信，包括通信链接、总线、网络和中间件，做出关于处理节点的分布、通信与协作的技术和策略等方面的决定。

分布视图的主要关注点是选择物理介质进行通信，选择和调整将用于操作物理介质的通信协议，确定中间件。可以使用类或结构图表示系统的分布视图。这些图表显示了结构要素及其关系。可以使用时序图显示这些元素如何相互作用，或使用状态机描述单个元素的行为。

本任务分为如下几个步骤：

（1）识别设计准则，并排出优先级。

（2）识别通信的物理媒体。

（3）选择和定义中间件。

（4）选择和定义通信协议。

（5）分析消息流量。

（6）选择设计模式，以优化通信设计准则。

（7）调整通信协议。

4）并发与资源管理视图

并发与资源管理视图建模任务是识别并发单元，将被动对象映射到任务线程中，指定任务如何运行，并指定如何在任务本之间共享资源，对并发与资源管理视图进行建模。

本任务分为如下几个步骤：

（1）识别并发单元，包括任务或线程。

（2）确定并发单元的调度策略。

（3）设计并发单元的调度元数据，包括到达模式、同步模式、周期性、抖动、最小到达时间、最差情况执行时间（worst case execution time，WCET）和阻塞时间等。

（4）设计并发单位之间的资源共享策略和模式。

（5）确定任务的及时性和任务集的可调度性。

（6）确定和消除潜在的死锁。

任务图是用于显示并发体系结构元素的类图。这通常包括≪active≫对象和相关元数据（如期间、优先级、期限），但也可以显示任务、队列和信号量等共享的资源。

5）安全与可靠性视图

安全与可靠性视图建模任务是针对运行时的风险，识别和定义控制措施，如对故障和攻击的鉴别、隔离，以及对运行时故障和攻击的校正。通过应用冗余技术来管理安全和可靠性。存在许多不同的模式来实现安全和可靠性需求。这项任务澄清了风险的性质，并制订了缓解这些风险的措施。建议采用 FTA 对安全和可靠性进行建模，分析危害的事件链与条件。

本任务分为如下几个步骤：

（1）识别设计准则，并排出优先级。

（2）分析控制措施。

（3）将安全与可靠性模式集成至体系结构。

（4）选择设计方案，增加控制措施来缓解风险。

（5）评审危害分析。

6）部署视图

部署视图建模任务是优化系统体系结构中不同工程学科之间的交互，分配各自的职责，如机械、电子和软件等的职责分配与交互。一般由系统工程师进行系统分配，以优化系统的制造成本、开发成本、热量、重量和性能等。在最简单的情况下，采用现有的硬件体系结构，部署视图的重点是软件体系结构单元的位置。软件在硬件的分配可以对称或不对称地完成。建议用类图刻画部署图。

本任务分为如下几个步骤：

（1）识别设计准则，并排出优先级。

（2）定义工程学科间的接口。

（3）识别所涉及的工程学科。

（4）将职责分配至工程学科。

（5）进行权衡分析。

4.2.6　形式化的软件体系结构设计

形式化方法有多种,本书以 SCADE 形式化开发方法为例进行阐述。SCADE 方法是一种嵌入式软件的、模型驱动的开发方法,适用于航空、国防、轨道交通、能源和重工业等领域。

SCADE 方法提供了两套机制进行软件体系结构的逻辑建模:数据流图和有限状态机。这两套机制都建立在严格的数学模型基础之上,具有严格的数学语义,它们保证了设计模型的精确性、完整性、一致性、无二义性,这些都是高安全性系统的基本特性。数据流机制适合连续性系统的建模,有限状态机则适合离散性系统的建模。SCADE 把这两套机制很好地融合在一起,使其能够适合不同类型的系统,尤其是混合系统的开发。图 4 - 15 是一个简单飞行控制系统的结构设计示例。

结构设计步骤如下:

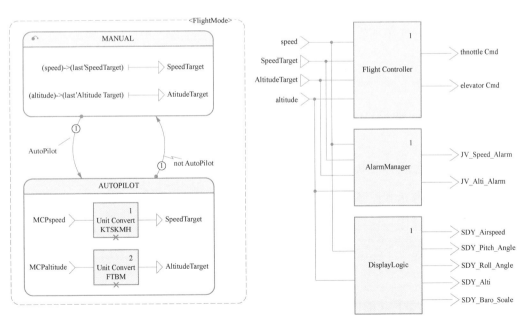

图 4 - 15　简单飞行控制系统的结构设计示例

（1）识别出高级功能和函数：通常会将功能和函数分解为 2～3 层。

（2）定义这些功能和函数的接口：包括名称和数据类型。

（3）采用 DFD 描述这些功能和函数之间的数据流，采用有限状态机描述控制流。

（4）准备详细设计的框架：定义顶层功能和函数，同时确保其接口的一致性。

一个好的结构设计应是稳定的、易维护的、易读的、可验证的、有效的。在此建议：

（1）合理和现实。没有人能够一次就设计出一个好的结构。不要在第一个初稿中开发完整的模型，而是要设计两个或三个方案，然后进行分析和比较。

（2）与同行一起讨论和评审设计模型。

（3）生成代码并进行测试，考察对可能发生的某些更改（如新接口或数据结构）的适应性和性能。

（4）选择连接复杂性最小的且对变化具有很强适应性的设计结构。

4.3　软件详细设计

软件详细设计对软件概要设计阶段所确定的软件模块进一步细化，描述每个软件模块算法和控制逻辑等。软件详细设计不是具体地编写程序，而是要设计出程序的蓝图，以后程序员将根据这个蓝图写出实际的程序代码，因此，详细设计的结果基本上决定了最终的程序代码的质量。

4.3.1　结构化的详细设计

常用的结构化软件设计方法有程序描述语言（program description language，PDL）和程序流程图等几种方式。

以程序流程图为例,程序流程图通过图形化的方式进行软件的详细设计,具体描述如何实现软件模块的算法和控制逻辑等,具有直观易懂、易学易用的特点,如图4-16所示。

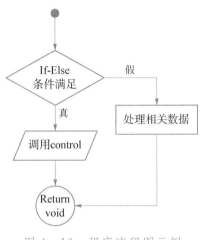

图4-16　程序流程图示例

程序流程图基本元素包括:

1)函数入口点

所有函数都必须从函数入口点开始表示函数的入口,如图4-17(a)所示。

2)函数和库函数调用

表示对函数的调用,分为用户函数和系统函数[见图4-17(b)和图4-17(c)]。

3)代码块

代码块通常表示多行代码组成的块或一些基于上下文关联的处理描述,也可以用在调用符号后描述调用和实参等所有信息,如图4-17(d)所示。

4)条件语句

条件语句包括If语句[见图4-17(e)];Switch语句[见图4-17(f)];循环语句[见图4-17(g)和图4-17(h)]。

5)函数退出点

所有函数都必须从函数退出点结束,程序结束无返回值的情况如图4-17

(i)所示;已经程序结束返回为 void 或者有返回值,如图 4-17(j)和图 4-17(k)所示。

6) 连接线

在任意两符号间建立连接关系,箭头所指方向意味着起始符号所包含的内容执行完,接着根据线上的条件执行其所指向的符号,如图 4-17(l)所示。

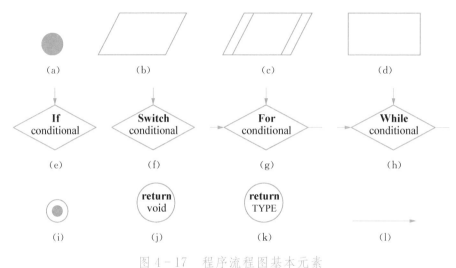

图 4-17 程序流程图基本元素

(a) 函数入口点 (b) 用户函数 (c) 系统函数 (d) 代码块 (e) If 语句
(f) Switch 语句 (g) For 语句 (h) While 语句 (i) 函数退出点(程序结束无返回值)
(j) 函数退出点(返回为 void) (k) 函数退出点(有返回值) (l) 连接线

程序流程图设计包括如下要点:

(1) 每个函数只能有一个函数入口点;同时,有且只能有一条有向线连接到下一个程序元素。

(2) 对于函数调用,只能有一个输出有向连接线,至少有一个输入有向连接线。

(3) 对于代码块,只能有一个输出有向连接线,至少有一个输入有向连接线。

(4) 对于条件语言,有且仅有两个输出有向连接线,其中一条标记为真,另一条标记为假;至少有一个输入有向连接线。

（5）每个函数都只能有一个函数退出点，函数退出点不能再有输出，且只能有一条输入。

（6）没有无效的执行控制流输入，即执行控制流的起始端悬空。

（7）没有无效的执行控制流输出，即执行控制流的末端悬空。

（8）没有无效的执行块，即没有输入执行控制流连接到该块的入口连接点。

（9）执行块没有输出，即从该块退出连接点输出的执行控制流。

（10）禁止某执行块同时在两个不同的结构体中，除非这两结构体是包含关系。

（11）物理上完全分开的两个结构体，其子结构体之间不能相互跳转。

（12）当结构体存在多层嵌套时，不能有从结构体外层跳转到里层的执行控制流。

4.3.2　面向对象的详细设计

基于 UML 的嵌入式实时软件设计方法的控制设计由三个步骤组成。

1）步骤一：对象与类的识别

有多种策略可以识别出对象、类、它们的特性、关系与行为，这些策略既不完全重叠也不完全正交。通常采用其中的 2～4 个策略就足以找到所有对象。

识别对象与类的常用策略包括：

（1）划出名词和名词短语。如果有一个文本规约或概念文档，则可以划出名词和名词短语，合并同义词，删除无意义的词，就能从中识别对象、类、属性和执行者。如果有一个写得很好的需求文本规约，并且围绕用例进行组织，那么这个策略是有效的。

（2）识别缘由主体（causal agent）。缘由主体是指导致结果发生的事物，如电梯系统上的按钮导致电梯被选择并分派到具体的楼层，电梯到达楼层导致电梯门和楼层门互锁，由此产生的联锁导致门开启等。因果流的识别可以发现提供原因的对象和类。

(3) 识别要执行的服务。系统提供各种服务,其中一些对执行者可见,一些则不可见。每个正在执行的服务都由一个类的实例所拥有;一些服务会导致另一些服务接序执行。根据服务执行链可以识别拥有并提供这些服务的对象和类。

(4) 识别要接收的事件。事件与服务有关,因为它们可以调用服务的执行。"识别要接收的事件"策略与"识别要执行的服务"非常相似,但在反应系统中可能更为明显。每个事件都是由一个类生成,并被接收和处理的。

(5) 识别要创建与管理的信息。数据必须作为类的属性进行存储,因此识别出数据就可以识别出创建、拥有、管理或销毁该数据的类。

(6) 识别事务。事务是对象之间的交互,本身也可以作为对象。当交互复杂、状态满(state-full)或需持久保存且管理时,将使用事务。事务用于可靠的消息传递、面向连接的消息传递、分阶段的交互,或当对象间交互需要被记住时。

(7) 识别要表达的现实世界事物。系统必须经常将真实世界的元素表示为接口、数据表示、模拟或资源。物理设备通常表示为电子设备的接口,但在某些情况下可能会被模拟。数据表示代表了这些现实世界事物的某些特定方面。资源表示为具有某种有限容量的类,如具有容量限制的油箱。这些在系统中表示为对象。

(8) 识别关键概念和抽象。关键抽象相对于物理设备,都是概念上的东西,却也是必不可少的,如追踪软件中的轨迹、GUI 应用中的窗口、操作系统中的线程、编译器中的函数等。每个应用领域都有一组相互关联的概念,它们必须表示为对象和类。

(9) 识别持久数据。持久数据策略寻找需长时间(如在两次系统硬重启间)记住的重要数据。这些数据可能是配置数据、地图和地理位置数据等。这些数据必须在模型中表示为对象和类。

(10) 执行场景。执行场景策略按个人喜好,试图通过走查或执行用例场景以及向场景添加对象来识别对象。发送到生命线的消息成为由这些对象需提供的服务，通过调用（同步）或事件接收（异步）获取服务。当对象之间发送消息时，在类图上要加上关联关系。场景可能从头或在任何"有趣"处开始走查。这是识别对象、服务和关系的非常宝贵的策略。

2）步骤二：协作设计

协作的目的是说明系统内部元素如何协同工作以实现更大规模的功能，最常见的是用例。通常，一个用例对应一个协作。协作不仅应实现用例的功能行为，而且应针对服务质量需求和其他设计约束条件进行优化。

协作设计将为每个用例实现设计参与类（view of participating class，VOPC）类图，为每个反应类（reactive class）设计状态机，为每个重要算法设计活动图。协作设计的任务包括：

（1）将元素添加到协作中。新识别的元素（类、对象、函数和变量等）必须正确添加到协作中，并链接到各种关系中。

（2）添加和细化操作。将操作添加到对象或类中，并细化其参数列表（名称或类型）、返回值、前置条件、后置条件、服务质量。

（3）添加和细化属性。添加属性，并细化其类型、范围、默认值。

（4）将对象抽象为类。将一个或多个对象抽象为一个类，例如，电梯系统包含楼层 1 向上按钮，楼层 1 向下按钮，楼层 2 向上按钮，电梯目的地楼层按钮等，但只有一个按钮类。

（5）添加和细化关联关系。当这些类的实例能相互发送消息时，类之间将添加关联关系，并细化关联关系的导航（单向或双向）、多重度、角色名、关联名称和关联类型（关联、聚集、组合）等。

（6）添加和细化泛化关系。泛化是一种"is-a-kind-of"关系。通过泛化，每个子类继承其父类的端口、属性、操作、状态、转换和关联关系等特征。

（7）添加和细化状态行为。类可通过状态机对其动态行为进行建模。可以通过添加或更改动作、转换、状态、嵌套状态和子状态机等细化状态机。

（8）添加和细化控制流行为。控制流通常用方法体（简单情况）中的代码行或活动图（复杂情况）表示。活动图可以通过添加或更改流、操作、动作、活动和子活动等细化。

3）步骤三：类的优化

针对需求中的质量属性和约束条件，应用设计模式对类进行优化。类优化的任务如下：

（1）选择待优化的类。确定需要特殊优化的类，如作为高频执行顺序的一部分的类；严格限制内存的类；具有特殊的可靠性、安全性或其他质量服务（quality of service，QOS）约束的类；对系统使用的总执行时间有重大贡献的类。

（2）确定设计准则并排序。确定设计模式的优化准则。必须了解正在开发的软件的质量要求、操作环境和目标，以便能够为其制定设计准则。确定设计的哪些方面是最重要的。需要关注设计准则之间的权衡。例如在汽车制造领域，如果将耗油量低的经济型汽车作为最高优先级，则可能会牺牲更快的加速速度。

（3）选择设计方法。选择优化最重要设计准则的设计方法。选择类或结构图和时序图，来显示模式中的元素如何相互作用以实现模式优化目标。

（4）应用设计模式。应用设计模式，并使用适当的方法，如参数（模板）实例化、泛化、关联或替换，采用用户模型中的类替换模式参数类。

上述所有设计步骤完成后，就可以使用设计建模工具，根据设计模型生成代码框架。

4.3.3　形式化的详细设计

SCADE形式化开发方法采用图形和文本表示相结合的方式进行模块的详细设计。进行详细设计时，推荐两种设计模式。

1）过滤和调节（filtering and regulation）

过滤和调节模式通常由控制工程师设计。它们的设计往往用框图和"z"表达式定义的传递函数建模。SCADE 图形符号允许以与控制工程师完全相同的方式,使用相同的语义表示框图。SCADE 时间操作符适合控制工程的 z 操作符。例如,如果一个控制工程师写了一个方程 $s=K1^* u-K2^* z-1^* s$,表示 $s(k)=K1^* u(k)-K2^* s(k-1)$,则可用文本表示为 $s=K1^* u-K2^* pre(s)$,或图形表示(见图 4 - 18)。

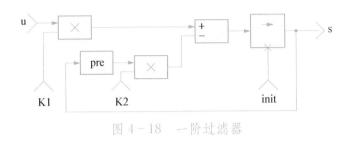

图 4 - 18   一阶过滤器

目前可以获得无限脉冲响应(infinite impulse response,IIR)和有限脉冲响应(finite impulse response,FIR)过滤器。在 FIR 过滤器中,输出取决于有限数量的历史输入值;在 IIR 过滤器中,因为图中有循环,所以输出取决于无限数量的历史输入值。

2) 决策逻辑(decision logic)

在现代控制器中,逻辑通常比过滤和调节模式更复杂。控制器必须确定处境、检测异常条件、做出决策并管理冗余计算链。SCADE 有多种技术可用于处理逻辑。

(1) 逻辑运算符(如 and、or、xor)和比较器。

(2) 根据条件选择"if"和"case"结构的流。

(3) 由简单的功能、函数构建复杂的功能、函数。SCADE 以用户定义的操作符的概念支持封装和模块化。例如,UnitConvert 由基本的计数、比较和逻辑运算符构建;反过来它可以继续用于更复杂的功能、函数,使它们更简单、更易读,如图 4 - 19 所示。

(4) 根据布尔条件有条件地激活操作符。

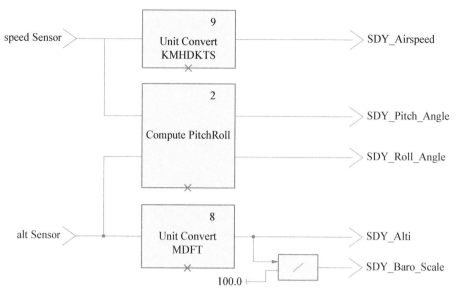

图 4 - 19　由简单的功能、函数构建复杂的功能、函数

（5）状态机。例如，飞行控制器系统的两种模式都可以通过包含两种状态的状态机设计：一种状态为手动模式，另一种状态为自动驾驶模式，如图 4 - 15 所示。

对于选择何种技术描述模块的逻辑。以下有三个建议：

（1）判断输出是否取决于过去。如果只依赖于当前的输入，则只是组合逻辑，只需在数据流中使用逻辑表达式。当条件 C_i 为真时跳转到状态 X_i，而与当前状态无关，则状态机退化，即不需要状态机。

（2）判断状态是否对行为有强烈的影响。如果是，则采用状态机。

（3）若需表达并发逻辑，则简单设计并发数据流和状态机。这是自然可读的，代码生成器负责将此并发规约实现为顺序代码。

4.4　人机交互页面设计

对于飞机系统，人机交互页面使飞行员能够更加高效、准确、安全地操控飞机的接口。随着航空电子系统综合化程度和人机交互的要求越来越高,人机交互界面的设计也越来越复杂,对于人机工效越来越重视,人机交互页面(显示软件)设计在驾驶舱显示系统设计中的工作量占比越来越大,甚至占设计总工作量的一半以上。

人机页面的设计质量直接影响用户对产品的评价,虽然用户能够提出他们的页面需求,但常常很难将其具体化,除非他们看到了页面。因此,本书推荐一种基于 ARINC 661 的解决方案,实现"所见即所得"的开发效果,有利于更好地与用户沟通。

4.4.1　ARINC 661

ARINC 661 规范"*Cookpit Display System Interface To User System*",是针对飞机驾驶舱显示系统的开发设备的一份指导性文件,它的主要目的是规范驾驶舱显示系统(cookpit display system,CDS)与用户应用程序(user applications,UA)之间的接口。区别于传统设计思想,它将功能处理逻辑和图形显示细节分离,分别定义为 CDS 和 UA,两者之间的联系由规范定义的通信协议取代。ARINC 661 规范的整体原理如图 4 - 20 所示。

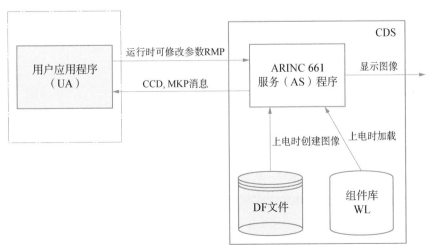

图 4 - 20　ARINC 661 规范的整体原理

ARINC 661 构成如下所示。

1）CDS

CDS 定义为面向用户的图形显示系统，用于实时地显示用户接口组件，并且在规范中对图形给出了明确的规定，采用分层的结构，原理如图 4-21 所示。

显示单元　　　　窗口（由CDS管理）

层（属于某一个UA）　　　组件

图 4-21　CDS 原理

CDS 由多个显示单元组成，每个显示单元由多个显示窗口组成，每个显示窗口内可显示多个不同的层（layer），各层由结构化层次化的组件（widget）组成。

CDS 架构可以支持以下显示类型：PFD、ND、HUD、MCDU、EICAS、MFD 和 DCDU。

2）UA

CDS 和 UA 之间的通信是由消息驱动的。CDS 向 UA 发送消息，UA 通过修改组件的参数运行时可修改参数（runtime modifiable parameter，RMP）驱动 CDS 显示，以实现软件的功能。

3）组件

组件是 CDS 显示的基本元素，所以创建组件库（widget liber，WL）是实现规范的核心。组件通过控制面板光标控制设备（cursor controlled device，CCD）或者多功能键盘面板（multi-function keyboard panel，MKP）与机组人员交互。ARINC 661 规范中定义了 42 种组件，分属于如下六类。

（1）容器：将组件分组的组件。

（2）图形：线、弧、按钮等组件。

（3）文本字符串：显示文本信息。

（4）可交互性组件：可以通过 CCD 或者 MKP 与用户交互的组件。

（5）地图管理组件：地图中的动态显示组件，如导航地图。

（6）可移动的组件：运行时可改变显示位置的组件。

组件由它的参数集合定义，包含以下内容。

（1）创建结构：在创建时定义写入定义文档（definition file，DF）文件，上电时由 ARINC 661 服务（ARINC 661 server，AS）读入。

（2）运行时可修改参数（RMP）：在运行时 UA 可以修改的参数，这些参数修改后不再改变，直到下一次修改。

（3）消息结构：只有可交互的组件有消息，通过 AS 发送给 UA。

以 CheckButton 为例，它的创建结构包括是否使能、是否可见、位置属性和显示文本等，详见表 4－1。RMP 包括是否使能、是否可见以及显示文本等，详见表 4－2。消息只有一个，就是状态的改变，被按下或者释放，见表 4－3。

表 4－1　CheckButton 创建结构

CreateParameterBuffer	类型	大小/b	值
WidgetType	ushort	16	A661_CHECK_BUTTON
WidgetIdent	ushort	16	—
ParentIdent	ushort	16	—
Enable	uchar	8	A661_FALSE A661_TRUE
Visible	uchar	8	A661_FALSE A661_TRUE
PosX	long	32	—
PosY	long	32	—
SizeX	ulong	32	—
SizeY	ulong	32	—
StyleSet	ushort	16	—

CreateParameterBuffer	类型	大小/b	值
FocusIndex	ushort	16	—
MaxStringLength	ushort	16	—
CheckButtonState	uchar	8	A661_SELECTED A661_UNSELECTED
Alignment	uchar	8	A661_LEFT A661_CENTER A661_RIGHT
AutomaticFocusMotion	uchar	8	A661_FALSE A661_TRUE
PicturePosition	uchar	8	A661_LEFT A661_RIGHT
UnusedPad	N/A	16	0
LabelString	string	8*string length+Pad	Followed by zero, one, two or three extra NULL for alignment of 32 bits

表 4-2 CheckButton 运行时可修改参数

设置的参数名称	类型	大小/b	ParameterStructure 中使用的 ParameterIdent	使用的结构类型
CheckButtonState	uchar	8	ARINC661_INNER_STATE_CHECK	A661_ParameterStructure_1Byte
SyleSet	ushort	16	A661_STYLE_SET	A661_ParameterStructure_2Bytes
Enable	uchar	8	A661_ENABLE	A661_ParameterStructure_1Byte
Visible	uchar	8	A661_VISIBLE	A661_ParameterStructure_1Byte
LabelString	string	(32)+	A661_STRING	A661_ParameterStructure_String

表 4 - 3　**CheckButton** 消息结构

EventStructure	类型	大小/b	值
EventIdent	ushort	16	A661_EVT_STATE_CHANGE
UnusedPad	N/A	8	0
CheckButtonState	uchar	8	A661_SELECTED A661_UNSELECTED

4）层(layer)

层是 UA 可见的 CDS 中的最高的实体。从 UA 的角度看,层是组件层次结构中最高级的容器。一个层只能由一个 UA 驱动,而一个 UA 可以控制多个层。如图 4 - 22 所示的导航显示软件,它由 4 个层构成,并由 4 个不同的 UA 控制。

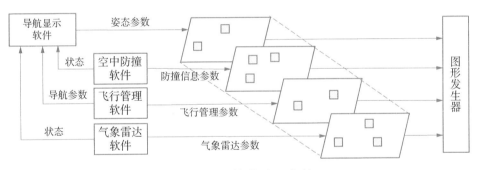

图 4 - 22　导航显示软件

5）DF

DF 文件实质上就是一种图形用户接口文件,描述了界面上显示的所有信息。上电后 DF 被加载到 CDS 中,CDS 根据其中的信息进行显示界面的实例化,然后系统进入运行阶段。由于阅读二进制的 DF 文件非常困难,因此规范中明确给出了 XML 格式的 DF 标准。

6）AS

AS 的主要职责包括以下几个方面。

（1）上电时加载组件库（WL），WL 定义了所有组件的外观。对于不同型号的飞机要求是不一样的，因此航空电子制造商需要根据不同型号和不同客户的需求创建不同的组件库。

（2）通过读入和解析 DF 文件，显示上电时界面的初始显示状态。

（3）动态处理光标和键盘的交互，把消息传递给 UA。

（4）接收 UA 改变组件 RMP 的消息。

（5）根据 UA 的消息控制显示硬件实施显示。

系统运行过程如下：上电时 AS 自动加载 WL 和 DF 文件，显示初始画面。飞行员通过控制面板 CCD 或者 MKP 对画面进行操作，AS 将这些消息发送给 UA，UA 收到后向 AS 发送消息改变相应组件的 RMP，AS 收到消息后控制显示硬件改变组件的显示。

本文讨论的范围包括 DF 和 UA 的开发，AS 的实现不在本文讨论范围之内。

4.4.2　开发实例

因为 ARINC 661 将图形显示细节和功能处理逻辑分开，所以软件开发主要分两部分。第一部分是设计图形显示画面，第二部分是功能处理逻辑的设计和实现。

1）软件开发工具

（1）VAPS XT 661。VAPS XT 是加拿大 Presagis 公司开发的动态、交互、实时和图形化的 HMI 开发工具，可以迅速开发显示界面的 XML DF 文件和二进制的 DF 文件。VAPS XT 661 是实现 ARINC 661 的 VAPS XT 工具，它有以下功能。

a. 它是一个全功能的图形编辑器，可创建层、组件，并能方便导出二进制格式的 DF。

b. 它是一个文件生成器，能够自动生成对 DF 和组件的设计及使用说明文档。

c. 它是一种标准的模式,生成的所有产品和过程都符合 DO - 178B 标准,因此使用该软件可以在适航过程中降低成本。

(2) Simulink 是 Matlab 家族的工具之一,用来开发显示软件的动态模型,即 UA。建立好模型之后,它可以自动生成 UA 的全部代码。

2) 软件开发过程

显示软件开发过程如图 4 - 23 所示。

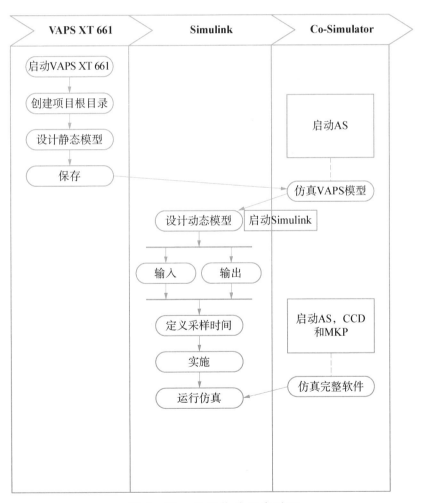

图 4 - 23　显示软件开发过程

开发过程主要分如下四步：

（1）开发 VAPS XT 661 静态模型。需求如下：显示一个按钮，按钮上居中显示文本"MY BUTTON"。当用户按下按钮时，按钮上方显示字符串"ABCDEFGH"；当用户松开按钮时，字符串"ABCDEFGH"消失。

a. 添加两个组件：Label_1 和 PushButton_1，如图 4-24 所示。

b. 生成 XML 格式的 Simulink 的输入输出文件。

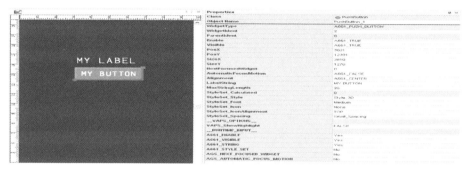

图 4-24　VAPS XT 661 静态模型

（2）仿真 VAPS XT 661 静态模型。启动 AS，仿真 VAPS XT 661 静态模型（见图 4-25）。

图 4-25　仿真 VAPS XT 661 静态模型

（3）开发 UA。

a. 建立模型。VAPS 模型的输出是 PushButton_1_SELECTION_NOTIFICATION，输入是 Label_1_LblStr 和 Label_1_Vis。VAPS 模型的输出是 Simulink 模型的输入，VAPS 模型的输入是 Simulink 模型的输出。Simulink 模型如图 4-26 所示。函数内部逻辑为 PushButton_1_SELECTION_NOTIFICATION 决定 Label_1_Vis，如图 4-27 所示。Label_1_LblStr 是"ABCDEFGH"。

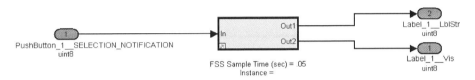

图 4-26　Simulink 模型

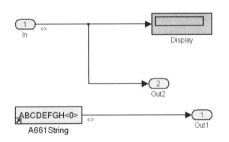

图 4-27　函数内部逻辑

b. 连接 Out1 到 Label_1_LblStr，连接 Out2 到 Label_1_Vis（见图 4-28）。

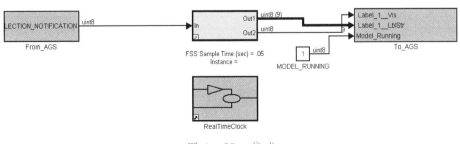

图 4-28　集成

c. 刷新模型并编译链接。

（4）仿真完整的显示软件。启动 AS、CCD、MKP，运行软件，通过 CCD 按下按钮，字符串"ABCDEFGH"显示在上方，松开按钮时字符串消失（见图 4 - 29）。

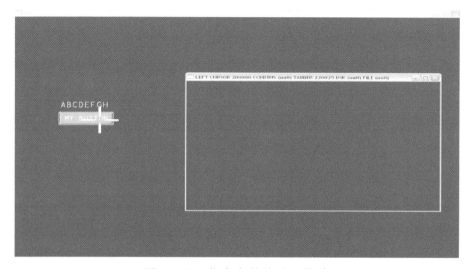

图 4 - 29   仿真完整的显示软件

4.5   软件安全性设计

4.5.1   软件安全性设计的策略

NASA 对风险指数 2～5 的危害的策略定义位于 NPG 8715.3 的 3.4 节中，按下列规定的优先次序减轻危害。

1）消除危害

尽可能杜绝危害的可能性，最好通过设计消除问题根源。例如，某软件可能会影响压力控制，但如果并不需要该软件控制压力，且该软件一旦发生故障很可能导致危害发生，那么阻断该软件控制压力的通道就可以消除该软件产生危害的可能性。从系统的角度来看，消除危害的形式是排除那些有可能出现危害性高压的设计方案。

2）最小危害设计

不能彻底消除的危害必须加以控制。对于这些危害，预先危险性分析（preliminary hazard analysis，PHA)可以评估是什么导致了危害，并建议如何控制它们（最好采用设计来控制）。通过提供容错（如通过冗余、适当的串联和/或并联），提供大量的安全余量，或提供自动保险设计，可以将危害降到最低。例如，软件在发动机点火前先验证是否满足所有条件。

3）引入安全设备

飞行防撞系统是安全设备的典型案例之一，该系统探测并应对撞击事件的发展。软件可以作为安全设备的一部分，也可以作为安全设备的触发器之一，如发出警报或自动改变航向等。

4）提供提示和告警信息

可以利用软件监视一个或多个传感器，并触发提示、警报或通告。在这些提示和告警设备中使用的所有软件都是安全关键软件。

5）制订人工手续和相关培训

如果飞行人员或地面控制人员有足够的时间执行安全操作，则可以通过人工手续控制危险情况。在控制安全关键状况时，"临界时间"的概念是设计软件/硬件/人工交互的一个重要内容。

此外，NASA 8719.13 提出了软件安全计划，开展安全关键软件的开发策划，提出了软件风险清单，强调应针对软件风险危害等级（见表4-4）开展相应的分析和测试。这是一种提升软件安全性和平衡开发成本的较为实用和有效的方式。

表 4-4　软件风险等级

软件风险	风险危害等级
1	灾难性的
2	危险的

（续表）

软件风险	风险危害等级
3～4	重要的
5	次要的

4.5.2 软件安全性设计的原则和要求

软件安全性设计的目标是实现最小风险设计,其中风险包括软件缺陷产生的风险、用户操作产生的风险和外部输入产生的风险等。

降低这些风险的软件安全设计原则如下:

(1) 降低软件和接口的复杂性。

(2) 对安全性关键等级高的模块,应使用更有针对性的设计方法,以降低其失效发生的可能性。

(3) 对高风险的部分,提供更多的资源(时间和技术考虑等)。

(4) 重视人为因素安全性,强调用户使用安全设计而非使用友好设计。

(5) 设计时应考虑测试性。

为落实以上原则,要从分析、设计、验证三方面开展安全性工作。同时要在设计或更早阶段,选定编程语言、编码规范、开发工具和操作系统以更好地保证软件安全性。

软件安全性设计工作主要在软件设计阶段开展,至软件设计完成时结束。它应和常规设计紧密结合,贯穿于软件设计过程的始终。

软件安全性设计的主要要求如下:

(1) 所有的软件安全性功能需求都应落实在软件设计中。

(2) 应采用适当的安全性设计准则开展相应的安全性设计活动。

(3) 采用的软件设计应具有可测试性,即能对软件安全性特征和安全性需求进行彻底的测试。

(4) 应将实现安全性需求或者可能通过失效或其他机制影响安全性要素

的设计要素指定为是安全性关键的。

（5）设计文档应明确标识出所有安全性关键的设计要素。

（6）软件设计应将安全性关键的设计进行模块化，以满足实际应用的需要。

开发人员可以从避错设计、查错设计、纠错设计和容错设计等方面进行软件可靠性设计。常规方法和可靠性设计方法的应用都可以提高软件的安全性。

4.5.3 避错设计

4.5.3.1 避错设计概念

避错设计是使软件产品在设计过程中不发生错误或少发生错误的设计方法。通过构造系统环境防止错误的发生，即采取一定的措施，在设计实现前，尽可能地减少问题的引入。它的设计原则是控制和减少程序的复杂性。例如在需求分析中，通过深入研究用户需求，或者以用户早期介入的方式避免需求的错误；选择结构化程序设计原则、面向对象和组件的设计方法以及鼓励使用书写清晰的代码等在软件中避免错误的通用方法。这些指导原则已经成为并将继续作为防止软件产生错误的基本技术。

避错设计体现了以预防为主的思想，是软件可靠性设计的首要方法，因此避错的思想在各个阶段都需要进行。主要通过如下四种方法实施：

（1）减少和控制软件的程序复杂度。

（2）提高数据传递和转换的精确性。

（3）改善信息传递方式。

（4）加强鲁棒性设计思想。

4.5.3.2 避错设计准则

软件避错设计有如下所示的准则。

（1）避免需求错误：深入研究用户的需求，并让用户早期介入。

（2）选择合适的开发方法：结构化设计方法、面向对象设计方法和形式化设计方法等。

（3）模块化与模块独立：应将软件列分为独立的一组模块进行开发，实现模块强内聚，模块间松耦合。

（4）抽象和逐步求精：抽象是抽出事物的本质特性而暂时不考虑它们的细节，软件工程过程的每一步都是对软件本体的抽象层次的一次精化。

（5）信息隐蔽和局部化：应该这样设计模块，使得一个模块内包含的信息对于不需要这些信息的模块来说是不能访问的。

（6）在开发过程中，要慎重引入容易引起缺陷的结构和技术，如浮点数、指针、内存分配、并行、递归、中断、继承、别名、默认输入的处理。

4.5.3.3　需求分析阶段的避错设计

设计上出的错误常由需求分析阶段引入。软件研制周期中由于需求不明确、需求缺失等原因造成的损失比任何阶段造成的损失都严重。因此，需求分析在保证软件质量和软件可靠性上意义重大。

需求分析的关键活动是说明软件应该完成什么样的工作，并将分析结果编写入软件需求说明书，以此指导接下来的设计。需求分析需深入分析客户需求、编写需求说明。尤其要注意需要标识每一项需求中要分析和细化软件的功能、性能、数据、接口和可靠性等的要求；确定软件开发环境和运行环境、设计约束条件和设计准则；用确定的方法正确且恰当地定义软件的功能和性能等软件需求。

必须按照用户需求确定产品功能、进度安排、费用和性能指标等主要因素，指导软件设计。对于军用项目或可靠性要求高的项目，还需确定软件可靠性和软件安全性指标。可靠性指标常与完成进度、费用、效率产生冲突，但对于航空电子软件来说，软件的可靠性常常是放在第一位的。

在需求分析阶段主要进行以下避错设计：

1）安全关键功能的设计

（1）安全关键功能至少受控于两个独立的功能。

（2）安全关键模块必须与其他模块隔离，以便对其进行保护。

（3）安全关键功能须具有强数据类型，不得使用一位的"0"或"1"进行关键性判断。

（4）安全关键的计时功能须由计算机完成，操作人员无法随意介入修改。

（5）在运行安全关键功能之前，若安全关键单元可测，则必须对其进行实时检测；当检测到不安全的情况时，软件必须采取措施对其进行处理；如软件无法处理这种情况，则应保证将控制转换到软件的安全子系统。

2）硬件接口设计

（1）硬件接口的外部输入或输出设备肯定存在硬件失效的风险，因此接口模块必须考虑检测设备的输入或输出是否失效，并在发生失效时恢复到某个安全状态。

（2）预先确定数据传输信息的格式和内容；每次传输都必须包含一个字或字符串来指明数据类型及信息内容；至少要使用奇偶校验来验证数据传输的正确性。

（3）硬件接口中已知的元器件失效模式在设计中必须考虑在内。

（4）安全关键功能需使用专用的 I/O 端口，且使专用 I/O 端口和其他 I/O 端口有较大区别。

3）人机界面设计

（1）便于操作员用单一行为处理当前事务，使系统退出潜在不安全状态并恢复到某一安全状态。

（2）在启动安全关键软件时，必须由两位或多位人员在"与"方式下操作，并完善误触发保护措施，以免造成无意激活。

（3）人机交互方式必须清晰、简明且无二义性。

4）报警设计

（1）提供声光报警，有软件正在操作的实时指示。

（2）操作员无法清除安全关键的报警。

5）软件接口设计

（1）传递过程中的参数个数、属性、顺序、单位保持匹配和一致。

（2）不会修改只作为输入值的变元。

（3）全程变量在所有引用它们的模块中都有相同的定义并且要提供写和读的保护，注意修改次序。

（4）不存在把常量当作变量传送的情况。

6）余量设计

在软件设计过程中，应确定有关软件处理时间要求、输入输出通道的吞吐能力和模块的存储量，并确保满足军用系统规定的余量要求（军用软件不少于20%）。

7）数据要求

（1）属性控制：数据需要在合理的数值范围内进行约束，超出合理数值范围需进行出错处理，必须对循环变量、数组下标和参数等进行范围检查。

（2）数值运算控制：运算中必须注意运算带来的误差问题。当利用计算机程序实现数学公式时，必须保证程序中传递的数值不超出机器数值能表示的范围。

（3）精度控制：要考虑计算误差及舍入误差，选定足够的数据有效位。

4.5.3.4　体系结构设计阶段的避错设计

在体系结构设计阶段进行可靠性设计，要遵循可靠性设计原则，对关键部件进行标识，对关键功能的时间、吞吐量和空间进行分析；进行初步的软件部件级的 FTA、软件故障模式及影响分析，并尽可能多地收集类似软件产品的故障模式和故障原因，进一步识别可能的失效模式及相关区域，进一步完善软件可靠性设计。具体技术要求如下：

1）冗余设计

（1）软件冗余：A 级软件，推荐的失效容限为 2，要进行 5 版本程序设计；B级软件，推荐的失效容限为 1，要进行 3 版本程序设计；C 和 D 级软件，无需软件冗余。无法实现 N 版本程序设计的安全关键软件,建议采用恢复块(recovery blocks,RB)技术。

(2) 信息冗余(适用于嵌入式软件):安全关键功能应该在接到两个或更多个相同的信息后才执行。

2) 简化设计

(1) 模块的单入口和单出口:除了中断,模块应使用单入口和单出口的控制结构。

(2) 模块的独立性:模块强内聚,模块间松耦合。

(3) 模块的扇入、扇出:扇出一般应控制在 7 以下,避免某些程序代码的重复;可适当添加模块的扇入,高层模块有较高的扇出,低层模块有较高的扇入。

3) 防错程序设计

(1) 参数化:用统一的符号表示标志、常量、参数。

(2) 公用数据和公共变量:减少对公共变量的改变。

(3) 对安全关键的标志,必须唯一且用于单一目的。

(4) 文件:文件在使用前必须成功打开,在使用后必须成功关闭;文件的属性应与其使用一致。

(5) 保密:必须防止对数据非授权或无意地存取或修改;对安全关键功能模块应设置调用密码。

(6) 故障监测:在安全关键软件中的关键点进行监测,发现故障进行隔离,必要时使系统进入安全状态;监测点宜少。

(7) 直接寻址:尽量不使用间接寻址方式。

(8) 程序存储:数据和指令分隔存放。

在体系结构设计阶段主要进行如下避错设计:

(1) 模块应具备完善的功能,不仅应具有完成指定功能的能力,而且应具有告知任务完成进度或者状态的能力,以及无法完成既定要求的原因。

(2) 消除重复功能,改善软件结构。

（3）模块的作用范围应在控制范围之内。

（4）尽可能减少高扇出结构，扇出过大，增加了结构图的复杂度；扇出过小，增加了模块接口的复杂度，且增加了调用和返回的时间开销。

（5）避免或减少使用病态链接，应限制使用如下三种病态链接。

a. 直接病态链接：即模块 A 直接从模块 B 内部取出某些数据，或者把某些数据直接送到模块 B 内部。

b. 公共数据域病态链接：即模块 A 和模块 B 通过公共数据、直接传送或接收数据，而不是通过它们的上级模块。

c. 通信模块链接：即模块 A 和模块 B 通过通信模块传送数据，但通信未经过上级模块。

（6）模块大小适中，通常规定其语句行数在 $50\sim100$ 之间，最多不超过 500 行。

（7）设计功能可预测的模块，不论模块内部细节如何处理，都需保证该模块功能可预见，对于同一输入数据，输出总相同。

（8）在设计模块时，应关注模块的强内聚与松耦合。

4.5.3.5　详细设计阶段的避错设计

在详细设计阶段进行可靠性设计与体系结构设计阶段进行的可靠性设计基本相同，所要使用的避错设计也基本相同，只是针对的是更细化的软件单元或者软件模型。

对于软件模型，已有一些参考设计要求，如 OrionGN&C 对 Matlab/Simulink 提出了参考标准，对设计提出了建模要求。常用的详细设计中可靠性设计方法主要是基于软件 FTA 和软件 FMEA 以及两种方法混合使用的正向综合分析和逆向综合分析。

FTA 是对可能造成软件失效的各种故障进行分析并从故障追踪到故障原因的一种自上而下的逻辑框图方法，这种方法的缺陷在于 FTA 主要来自头脑风暴法，较容易造成缺陷遗漏，并且无法很好地覆盖底层模块的相互关系。

FMEA 是一种单因素分析法,由于对同一层级和上下层次间的故障模式以及这些故障模式间的相互关系,故障原因的相互关系无法进行关联描述,因此 FMEA 无法将软件中的共因故障和共模故障进行综合评估。这些缺陷制约了软件可靠性的提高。

在质量与可靠性问题上,质量功能展开(QFD)也是提高可靠性的技术之一,美国军事工业也将 QFD 应用在飞机计算机系统结构、驾驶员逃逸系统、空间探测装置的核热推进系统等的系统分析和设计中。

4.5.4　查错设计

在软件开发过程中进行有效的避错设计可以大幅度减少在设计过程中引入的错误,得到较为鲁棒的软件产品,进而减少测试和维护的工作量。但是目前软件系统规模日益庞大,灵活的体系结构设计、严格的过程控制以及深入的软件测试也不能完全保证软件中不存在错误,潜在错误依然混杂在软件设计中。因此,需要具有探索能力才能使软件具有查错的能力。

软件查错设计是在设计中赋予程序某些特殊的功能,使程序在运行中自动查找存在的错误的一种设计方法,分为被动式查错和主动式查错两种。其中被动式查错是在程序中需要进行检查的部位设置监测点,被动地等待错误被激发;而主动式查错是主动对程序进行检测。

1) 被动式查错

被动式查错适用于软件中的各个层次,可用来检查单元自身、模块内部、单元与模块之间、模块与模块之间的传递错误等错误。为了使被动式查错有效进行,需依照如下两个原则:

(1) 错误假设原则。在设计任何一个单元或者模块时,都需要假设和它相互关联的单元或者模块存在错误。当该单元或者模块接收到数据时,假设该数据是一个出错数据,无论该数据来源于何处,都尽力去证实该假设是否成立。

(2) 立即检测原则。当错误被激发时,需立即查找出错的地方,这样除了能立刻排除错误并防止错误传播，还可以降低排错的难度。

被动式查错方法主要有以下几个。

（1）看门狗定时器。利用看门狗进行定时，当出现潜在的不安全状态时，将系统转移到安全状态。

（2）循环等待次数控制，目的是防止进入死循环。在等待外部信号的过程中，有时候会采用循环的方式检测信号是否到达。应该设置检测的次数，不能无限制的查询。

（3）配合硬件进行处理的设计，如电源失效、电磁干扰、系统不稳定、接口故障、干扰信号以及错误操作等设计。

（4）按照已知的数据极限，检查数据范围。

（5）按照变量间的恒定关系检验。

（6）对冗余的输入数据进行一致性检测。

实时错误检测的前提条件是在程序运行过程中为需要进行检测的环节设置接收判断。若实际执行结果满足接收判断，则判定程序运行正常；若不满足接收判断，则判定程序运行出错。这种设计方式必然会给程序带来一些冗余。因此，在设置中应尽量将自动检测的代码集中在一起，建立一个专门的错误检测模块，这样可以提高模块的内聚性，减少耦合性。被动式查错为程序运行的监控提供了手段，但被动式查错有时会对系统的可靠性造成负面影响：被动式查错所建立的接受判断不可能完全与预期结果吻合，预期结果、实际运行结果以及接收判断之间会有间隙。理想情况是当实际运行结果和预期结果一致时，接收判断验收该运行；反之，则判断出错。因为接收判断同样是设计人员设计出来的模块，因此同样存在不可靠因素。例如，预期结果和实际结果相同，但接收判断认为实际结果错误因此判断为错误；或者预期结果和实际结果不符，但接收判断认为正确并接收，这类问题都是因为被动式查错技术的不完善导致的负面影响。同时，因被动式查错程序和系统内部程序形成了一个串联系统，从系统可靠性来说，这一连接方式也会导致系统可靠性降低。因此，对于接收判断设计的前提就是完善和可靠。

2）主动式查错

采用被动式查错时，只有当错误传递到该接收判断时才能进行判断。而主动式查错是设计一个能主动对系统进行错误查找的程序。主动式查错一般由检测监视器完成，所设计的检测监视器可进行周期性的活动，在规定时间或规定的时间间隔内，进行一次检测；或者是在系统处于闲置或等待的状态下主动对系统进行检测。检测的内容根据系统自身特征决定。

4.5.5 纠错设计

纠错（改错）设计是指在设计中，赋予程序自我改正错误、减少错误危害程度的能力的一种设计方法。纠错过程由两个步骤组成，步骤一准确地找出软件错误的起因和部位（故障检测与故障定位合称故障诊断），步骤二采用故障隔离或错误自愈技术进行纠错。

（1）错误定位。纠错的前提条件是已定位软件出错部位，这样程序才能修改错误。只有先定位软件出错部位才能进行纠错，而定位软件错误及查错占据绝大多数的工作量。

（2）故障隔离。故障隔离指在软件发生故障的时候，把故障造成的危害限制在最小范围内。例如在 Linux 系统中，每个用户态程序都拥有独立的进程空间，某个程序崩溃并不会对其他的程序产生影响。这种进程空间独立的体系结构设计可称为真正的模块化设计。

（3）错误自愈。错误自愈是指在软件运行过程中，当潜在错误被发现后自动修改错误程序。

目前，常采用故障隔离技术，即减少软件错误造成的有害影响，或将有害影响限制在一个较小的范围。

纠错模块和查错模块一样串联在整个软件系统中，本身也会降低软件系统的可靠性，因此在设计纠错模块时必须注意将纠错模块、查错模块与程序本身在逻辑上隔离,减少耦合性,防止错误传递;而且对于纠错程序应时常审查是否适合所检查的软件,由于能运行的程序的错误基本上是人为设计错误,因此纠错程序需要人经常介入其中,才能有较强的应变能力。

4.5.6　容错设计

容错是软件系统或计算机系统更具有生命力的特性,它使得系统能在包含错误的前提下依然有能力向使用方继续提供服务。软件容错关注的是使系统能够容忍软件开发后依然存在于软件中的错误的方法。系统运行时,这些软件错误可能被发现,也可能不会被发现,但一旦被发现,软件容错技术就需要为软件系统提供避免失效的必要机制。为从激活的设计错误中完全恢复过来,可通过应用在系统中引入设计多样性开发的多版本软件,以提供对软件设计错误的极大容错能力。

软件容错设计是指在设计中赋予程序某种特殊的功能,使程序在错误已被触发的情况下,仍然具有正常运行能力的一种设计方法,包括时间容错、结构容错和信息容错。容错设计针对软件中存在的故障向系统提供保护技术,在一定程度上对自身故障具有屏蔽能力;在一定程度上能从故障状态自动恢复到正常状态;在因为缺陷而导致故障时,仍然能在一定程度上完成预期功能。

若某个模块在某个条件激励下出现故障,那么对于该软件的备份同样会出现故障。容错技术以设计差异为基础,即同一个功能模块,采用不同的设计、不同的算法、不同的开发人员甚至不同的编程语言,得到多个不同的实现版本,使得这些版本之间出现相同缺陷的概率尽可能小,从而达到互为冗余的目的。

其主要容错技术有恢复块(recovery blocks)技术、N 版本程序设计(N-version programming,NVP)技术、主副版本备份(primary/backup,PB)技术、一致性恢复块(consensus recovery block,CRB)技术、接收表决(acceptance voting,AV)技术、N-自检程序设计(N-self-checking,NSC)技术、任务重执行(task reexecution,TRE)技术、检查点恢复技术等。

1）恢复块技术

恢复块技术是最早的容错软件设计方法之一，采用多版本处理方法。当输入进入第一个模块并产生相应输出，但无法通过第一个接收测试时，系统将回到最初的输入状态。随后系统将输入给予第二个模块并给出相应的输出，再根据接收测试判断第二个模块的输出是否达到要求。若所有模块都没有通过接收测试，那么系统失败，如图 4-30 所示。

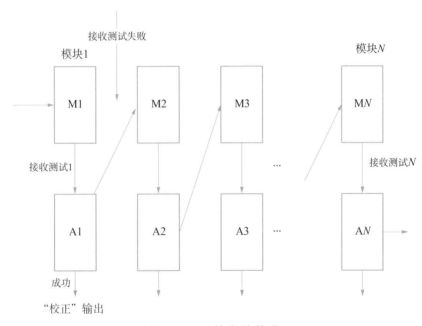

图 4-30　恢复块技术

2）N 版本程序设计技术

N 版本程序设计技术由多个独立实现且运行于不同硬件节点并具有相同功能的程序版本和投票算法构成。投票算法根据少数服从多数的原则选择 NVP 的输出结果，以达到能容忍少数程序个体出错的目的。由于各版本采用的算法及编程语言各不相同，其执行时间也不同，因此为避免过大的输出延迟，投票算法应定义时限，并认为在时限到达时没有产生输出的版本出错。NVP

能够容忍软件的瞬态错误、间歇错误和永久错误。

NVP 要求 N 个功能相同的版本独立开发,用一个表决器判定其输出。三模块冗余(triple modular redundancy,TMR)是一个常用的 NVP 技术。表决器接收所有模块的输出作为输入,然后通过规则确定输出。

当表决执行时,通常没有必要中断服务程序,如图 4 − 31 所示。当测试或调试版本时,这种方法也有帮助。在分布式系统中有多种不同的上述体系结构,其中一个是 N 自检测程序设计,后面将对其进行单独介绍。

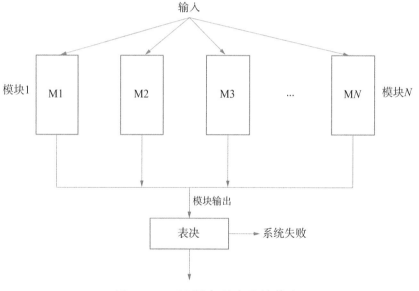

图 4 − 31　N 版本程序设计技术

3)主副版本备份技术

为了给实时系统提供容错能力,Liestman 等人首先提出了一种单处理机上基于 PB 技术的容错调度算法。PB 技术是指在单处理机系统中任务分为主任务和替代任务。一个主任务拥有多个替代任务,而每个替代任务都智能对应一个特定的容错处理,计算时间各不相同,替代任务仅在主任务执行失败的时候启动执行。PB 技术的结果以主版本的执行结果为准,只有当主版本出现错误或运行主版本的处理器发生故障时,系统才选择副版本的运行结果。PB技术可以容忍当一个处理器发生失效时,另一个处理器不会在执行该失效处理器上副版本任务时发生失效的情况。

4) 一致性恢复块技术

有学者建议将按顺序结合 NVP 和 RB 的混合系统称为一致性恢复块(CRB)。如果 NVP 失效,则系统将恢复到 RB(使用相同的模块、相同的模块结果或者当怀疑发生瞬态失效时模块可以重新运行)。只有当 NVP 和 RB 都失效时系统才发生故障。一致性恢复块技术如图 4-32 所示。这里 RB 块表示 NVP 块中变量输出的接收测试。一致性恢复块一般用来处理有多个正确输出的情况,以使合理的接收测试可以避免产生多正确值输出。

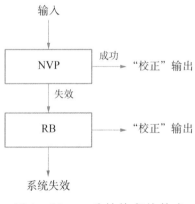

图 4-32　一致性恢复块技术

5) 接收表决技术

上述 CRB 混合方案的逆向称为 AV,比如在 NVP 中,所有的模块都可以并行执行,每个模块的输出传递给一个接收测试。例如接收测试接收了这个输出,接下来就将其传给一个表决器,如图 4-33 所示。表决器只注意那些通过接收测试的输出。可应用动态多数表决或动态一致表决。动态多数表决和多数表决之间的差别是即使一个很小的结果数传给了表决器,动态表决也将找到其中的多数。

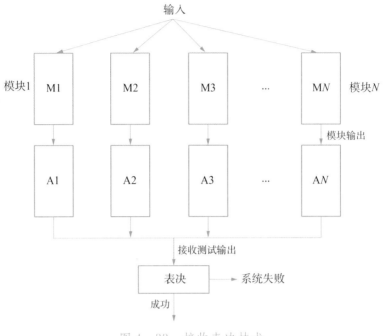

图 4 - 33　接收表决技术

6）N-自检程序设计技术

NSC 技术是 NVP 技术的一种变形，用于空客 A310 系统。在 NSC 中，N 个模块成对执行（对于一个偶数 N）。可以比较来自模块的输出，或用其他方法评价为正确。假定使用了比较，则测试每一对输出是否相同，不同则被放弃。若每一对输出相同则进入下一轮比较。图 4 - 34 所示为在 N＝4 时的 NSC 技术。

如果第一对模块 M1 和 M2 的输出比较一致，则进入下一级比较；如果这两个模块的输出不一致则检查第二对模块 M3 及 M4 的输出，比较结果同前，如果一致则进入下一级。如果下一级输出比较一致，则系统输出"正确"，否则系统失效。

7）任务重执行技术

TRE 技术是典型的以时间冗余换取任务可靠性的技术，基本思想是在任务发生错误时通过重新执行任务来处理非永久性错误。TRE 技术对于发生错

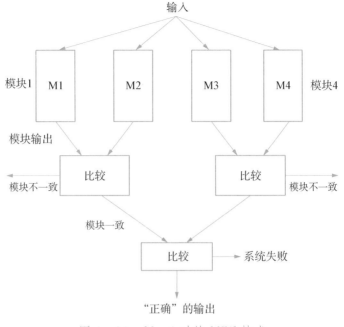

图 4 - 34 $N=4$ 时的 NSC 技术

误时需重新执行的任务可分为两类：

（1）发生错误时重新执行出现错误的任务。

（2）发生错误时重新执行所有已到达的任务，包括正在执行的任务、处于就绪态的任务和处于阻塞态的任务。

8）检查点恢复技术

检查点恢复技术是对 TRE 技术的改进。当软件出现错误时重新执行该项任务需要消耗大量的时间，检查点恢复技术在任务内部设置多个检查点，在每个检查点保存任务当前上下文环境，出错时回滚到最近的检查点并恢复对应的上下文环境，重新执行该检查点后的指令。它的优势在于出现错误时，只需重新执行任务的部分内容，不必重新执行整个任务，是典型的以空间换时间。

4.5.7 软件鲁棒性设计

软件鲁棒性设计是为了提高软件应对错误输入的能力，并在发生故障时能够有效控制故障的蔓延和扩散,确保软件的固有可靠性水平。目前主要通过优化软件系统架构实现,同时考虑如电源失效、系统上电、电磁干扰和接口故障等情况下的硬件配合处理。

1)上电检测

在系统上电过程中,通过软件对各硬件模块功能进行检测,确保硬件模块处于正常运行状态,再加载系统软件、应用软件。

2)周期检测

对系统进行周期性检测,用于监控系统当前状态,从而能够及时做出处理。

4.5.8 软件安全性设计的其他考虑

软件安全性设计的其他考虑包括以下几个方面。

1)功能分配

(1)识别实现安全关键需求的部件,尽可能将安全关键的部件与非安全关键部件隔开。

(2)安全关键部件的数量越少越好,安全关键部件之间接口的设计也应实现最小交互(松耦合)。

(3)安全关键部件在设计层次结构中的位置和功能应在软件文档中明确标识。

(4)软件文档应该明确记录每个安全关键部件是如何追踪到初始安全性需求的,以及该需求是如何实现的。

(5)软件文档应详细说明安全性相关的设计和实现约束。

(6)软件文档应明确说明执行控制、中断特性、初始化、同步和对部件的控制。对于高风险系统,应避免中断,因为它们可能干扰软件安全性控制。

2)程序接口

(1)定义所有部件之间的功能接口,对于安全关键部件,尽可能限制它们与其他部件的交互。

（2）标识软件内的共享数据，设计应将安全关键的数据与其他数据隔离开，并禁止非安全关键部件访问安全关键数据。

（3）软件文档应明确说明安全关键数据的数据库和数据文件以及所有访问它们的部件。

（4）标识在接口中使用的安全关键数据。

3）故障检测、恢复和安全保护

（1）为安全关键部件制订差错检测或恢复方案。

（2）考虑对语言产生的异常和意外的外部输入（如不合适的命令或越限的测量值）响应。

（3）考虑危险操作场景。应考虑防止人工差错产生、在故障变为失效前予以识别以及降低风险的方法。

（4）考虑在操作中是否要求进行内存测试、何时运行这些测试以及这些测试是否影响安全关键功能。

（5）考虑使用内存利用率校验对迫近的内存饱和提前告警。

（6）安全保护和恢复措施的设计应充分考虑真实世界的条件和相应的临界时间。仅当在最坏（长时间）响应时间和最坏（短时间）临界时间之间有足够的余量时，自动安全保护才是有效的危险控制手段。

（7）在临界时间少于现实操作人员响应时间或在操作回路中没有人工干预时，常常需要自动安全保护。自动安全保护可由硬件或软件或两者的结合来完成，取决于实现自动安全保护的最佳系统设计。

（8）利用循环冗余校验（cyclic redundancy check，CRC）机制对可能被意外破坏的关键数据进行检测。

（9）考虑是否使用多版本软件以及如何保证这些版本的功能独立性。

4）继承的或重用的软件和商用现成品（COTS）

（1）考虑对商用现成品（commercial-off-the-shelf，COTS）、继承或重用的软件进行的危险分析以及对这类软件进行分析、测试和验证的信息。

（2）针对这些软件遗漏的和额外的功能性设计的应对措施。

（3）在文档中记录该软件在哪里使用，以及它和安全关键部件的关系。

5）性能和余量

（1）表明安全关键部件是如何对安全性需求作出响应的，并定义这些部件的设计余量。

（2）采样频率的选择应考虑噪声水平和控制系统以及物理参数的预期变化。对于非关键信号的测量，采样频率应至少是最大预期信号频率的两倍。对于关键信号以及用于闭环控制的参数，采样频率应比系统特征频率高出至少十倍。

（3）数字化系统选择的字长应至少能减少量化噪声影响以确保系统的稳定性。字长和浮点系数的选择应适合整个系统环境中处理的参数。太短的字长可能造成误解；太长的字长可能导致特别复杂的软件和中央处理器（central processing unit，CPU）资源的过度滥用以及调度和计时的冲突等。

（4）由于计算机读数据、计算和输出结果需要一定的时间，因此有些控制参数总是存在延迟，控制系统应适应这种情况，并应校验计时时钟基准数据、同步和精确性（抖动），分析任务调度。

（5）资源分配及余量要求。在设计软件时，应确定有关软件模块的存储量、输入输出通道的吞吐能力及处理时间要求，并保证满足系统规定的余量要求，一般要求应留有不少于 20% 的余量。

（6）时序安排的余量考虑。软件工作的时序安排，要结合具体的被控对象确定各种周期，如采样周期、数据计算处理周期、控制周期、自诊断周期和输出输入周期等。当各种周期在时间轴上安排不下时，应采用更高性能的 CPU 或多 CPU 并行处理解决，以确保软件的工作时序之间留有余量。

6）可测试性

（1）可测试性好的设计包括能对部件的内部进行充分测试的方法，以验证其是否正确地工作。

（2）应对原型代码的初步测试结果进行评价，并记录在软件开发文件中。

（3）发现的任何安全关键问题都应报告给安全性人员，以帮助制订可行的解决方案。

7）配合硬件或系统设计

（1）电源失效防护。软件要配合硬件处理在上电的瞬间电源可能出现的间歇故障，避免系统潜在的不安全初始状态；在电源失效时提供安全的关闭；在电源的电压有波动时，使其不会产生潜在的危险。

（2）上电检测。软件设计应考虑在系统上电时完成系统级的检测，验证系统是否安全、是否在正常地起作用；若可能，则软件应对系统进行周期性检测，以监视系统的安全状态。

（3）电磁干扰。对于电磁辐射、电磁脉冲、静电干扰以及在太空中使用的计算机可能遇到的宇宙重粒子的冲击，硬件设计应按规定要求将这些干扰控制在规定的水平之下，软件设计要使得在出现这种干扰时，系统仍处于安全状态。

（4）系统不稳定。若某些外来因素使系统不稳定，不宜继续执行指令，则软件应采取措施，等系统稳定后再执行指令。例如，具有强功率输出的指令所引发的动作对系统或计算机系统的稳定性有影响，软件应使计算机在该指令输出并等系统稳定后，再继续执行指令。

（5）接口故障。应充分估计接口的各种可能故障，并采取相应的措施。例如，软件应能识别合法的及非法的外部中断，对于非法的外部中断，软件应能自动切换到安全状态。反馈回路中的传感器有可能出故障并导致反馈异常信息，软件应能预防将异常信息当作正常信息处理而造成反馈系统的失控。同样，软件对输入、输出信息进行加工处理前，应检验其是否合理（最简单的方法是极限量程检验）。

（6）干扰信号。对被控对象的变化信号中伴随存在的干扰信号采用数字滤波器加以过滤时，采样频率的确定不仅要考虑有用信号的频率，而且要考虑干扰信号的频率。

（7）错误操作。软件应能判断操作员的输入和操作正确（或合理）与否，在遇到不正确（或不合理）的输入和操作时应拒绝该操作的执行，并提醒操作员注意错误的输入和操作，同时指出错误的类型和纠正措施。

（8）机械限位控制。对具有机械安全限位要求的硬件设备，软件应对输入给硬件的控制数据进行机械限位和容错处理，如起落架的收放的限位和传感器天线转动的限位的控制处理等，以避免不当的输入信息造成系统安全问题或设备故障。

4.6　其他质量属性的设计

4.6.1　保密性的设计

保密性（security）描述的是系统在向合法用户提供服务的同时，抵御非授权使用的能力。设计时关心的问题包括任何一方是否都不能否认处理过的事务？数据和服务是否可以受保护免遭非授权访问？数据和服务的完整性是否可以得到保护？是否能够确认事务参与方的身份没有被假冒？是否能够抵御拒止攻击？是否能够对系统进行审计？所有这些都与抵御非授权使用的能力相关。

可以使用避开安全防范措施所需要的时间/工作量/资源、检测到攻击的可能性、识别对数据和服务进行非法访问以及攻击和篡改用户身份的可能性、在拒止服务攻击之下仍然可用的服务所占的百分比、恢复数据和服务的成本、服务和数据被损坏程度，以及合法访问被拒绝的程度来度量系统保密性。

由于保密性与非法攻击有关，因此有关保密性的设计策略可以分为抵御攻击、检测攻击和从攻击中恢复这三类。

抵御攻击策略将非法访问隔离在系统之外，使其不能危害系统，具体包括如下策略。

（1）用户认证与授权：这几乎是所有系统都采纳的安全措施。用户认证是为了确认用户的身份合法，并将其映射为具体的安全角色；用户授权是为了对用户进行访问控制，基于其安全角色确定允许用户访问的服务和数据。

（2）数据加密：数据加密包括对数据存储加密，即存储加密之后的数据和对数据传输加密，即数据加密后在网络上传输。两种加密可以保证数据在存储和传输阶段都不会出现明文，从而保证数据的安全。

（3）保持数据完整性：通常使用消息摘要和签名随数据一同传输，通过检查摘要和签名，就可以知道数据是否在传输过程中出现丢包和被篡改，从而保证数据的完整性。

（4）限制暴露和访问途径：如果将服务和数据部署在一台机器上向外暴露，那么一旦该机器被攻击，所有服务和数据都将处于不安全状态。因此，可以将它们分布在多台机器上暴露，而通过防火墙限制访问途径也可以有效地限制访问端口，避免非法访问。

对于进入系统的攻击，只是检测到是不够的，因为攻击有可能会产生不良影响，系统必须能够从攻击中恢复，这包含如下两部分工作。

（1）恢复系统状态：可以使用可靠性中的策略来恢复系统状态。对于数据的恢复，可以使用检查点将其恢复到某个健康的状态；对于服务的恢复，可以通过对其进行修复来恢复，其中最常用的方式就是系统重启。

（2）攻击者身份识别：可以通过对系统日志进行审计来实现。系统日志会记录下所有用户在系统中的行为，尽管攻击者可能会假冒其他人的身份实施攻击，但是通过日志审计至少可以为进行更进一步的身份识别提供有用的信息。

保密性也是与性能相冲突的属性，无论是数据加密还是入侵检测，都会对系统性能产生负面影响。同时，保密性和可靠性考虑问题的角度也完全不同，保密性着重于将威胁拒绝在系统之外，而可靠性着重于威胁进入系统之后如何使其损害不对用户造成影响。从这里可以看出，在进行系统设计时，需要在各种质量属性之间进行权衡。

4.6.2　性能的设计

性能描述的是系统对各种事件的响应速度，它与时间控制相关。系统性能设计人员关心的问题包括事件是谁触发的？事件到达的模式如何？应该使用什么指标度量性能？所有这些都与时间控制相关。

可以使用吞吐量、处理时间、等待时间、响应时间抖动和错失率等作为系统性能的度量指标。这些指标适用于不同的场景，例如，当系统中各种时间的处理时间相差较大时，可以使用吞吐量度量系统性能；如果两个系统的平均处理时间相同，那么响应时间抖动小的系统性能就更稳定一些。因此，要根据实际情况选择恰当的指标进行度量。

度量系统性能最基本的指标是响应时间，响应时间包含两个部分：等待获取处理事件所需资源的阻塞时间和获取所需资源之后处理事件所需的处理时间。因此，针对这两部分，有关性能的设计策略可以分为资源请求、资源管理和资源仲裁三类。

资源请求策略的目的是降低系统处理所有事件时对资源的需求，包括如下策略。

（1）降低处理单个时间的资源需求：可以通过提高计算效率和减少计算开销实现，因为它们都意味着对各类资源的占用量和占用时间减少。

（2）减少事件数量：可以通过控制事件产生率和降低采样频率实现，但是这样做也意味着可能会导致事件丢失。

（3）控制资源使用：可以通过限制执行时间和队列长度实现。当每个事件都只能在受限的时间内执行时，就可以避免资源被某个时间长期占用。而限制队列长度也就限制了处理队列中事件所需的资源数量。

如果资源请求策略仍旧无法控制对资源的需求，那么资源管理策略可以帮助设计人员通过提高资源使用效率和减少资源竞争来提高性能，具体的策略包括以下几个方面。

（1）引入并发：并发的目的是将对事件的处理从串行转变为并行。当多个线程并行处理事件时，资源利用率就会提高，系统性能也随之提高了。当然，并发引入了额外的复杂性，如数据的一致性和完整性问题，这需要开发人员认真对待。

（2）创建数据或计算的多个副本：这么做的目的是为了减少资源竞争。当数据库有多个副本时，可以降低数据库锁的竞争程度；而当计算有多个副本时，可以减少对程序中临界资源，如线程锁的竞争程度。资源竞争减少后，由于阻塞时间减少，因此系统性能自然会提高。同样，多个副本带来了额外的复杂度，必须要注意多个副本的同步问题。

（3）增加可用资源：这是一种最直观的策略，可用资源增加之后，资源竞争自然会减少，系统性能也会随之提高。但是，增加可用资源的效果要仔细考虑，如果系统设计中存在瓶颈，那么增加可用资源的效果就会很不明显，这种投入产出比就会显得很低。

如果资源管理策略无法解决资源竞争问题，则需要使用资源仲裁策略在资源竞争时合理地调度资源。资源仲裁将依据各个事件的优先级来执行，关于优先级分配，包含如下具体策略。

（1）先进先出：这是一种最朴素的优先级调度方式，即按照时间顺序，排队等待资源的事件按照进入队列的时间分配优先级，越早进入的优先级越高。这种方式实际上是对等地看待各类事件，因此进入队列的时间成了唯一区分它们的因素。

（2）固定优先级：对各种事件进行归类，不同的类具有不同的优先级，该优先级是预定义并且固定的，而同一类事件仍然按照先进先出排队。这相当于创建了二维队列，一个维度表示事件类的优先级，另一个维度表示同一类事件的优先级。这种调度方式可以保证高优先级的事件尽快得到处理，但是也有可能导致低优先级的事件最终因超时而得不到处理。

（3）动态优先级：每个事件的优先级都是由其自身以及系统的实时状态

决定的,并且会不断地发生变化。例如,当使用截止时间来确定优先级时,随着时间的流逝,所有事件的优先级就在不断地变化。虽然动态优先级可以避免低优先级事件得不到处理的情况,但是其优先级确定方式会带来额外的复杂性。

系统性能策略往往与其他策略有冲突,例如为了提高可靠性,可以用主系统的结果同步备份系统的状态,而这对性能是有损的;为了提高可修改性,可以使用中介来接收和处理用户竞价信息,这对性能也是有损的。实际上,性能与其他几乎所有质量属性都有冲突,这就要求设计人员综合考虑各种因素以选择最合理的策略。

4.6.3　易用性的设计

易用性(usability)描述的是用户通过系统完成期望任务的难易程度和系统提供的用户支持类型。关于系统易用性设计人员关心的问题包括学习使用系统是否容易? 对系统的使用是否高效? 误操作的影响是否可以最小化? 系统是否能够适应用户的需求? 用户使用系统是否能够逐渐提高自信度和满意度? 所有这些都与系统是否容易使用相关。可以使用完成任务所花费的时间、错误数量、被解决问题的数量、用户满意度、用户知识的获取、操作成功率和错误产生时的时间/数据损失来度量系统易用性。

有关易用性的设计策略可以分为运行时策略和设计时策略。

(1) 运行时策略:在系统运行时向用户提供支持,例如向用户提供反馈以使其了解系统执行的操作,或者向用户提供撤销和恢复功能以方便用户使用。这需要系统能够建立用户模型、任务模型和系统模型,以便能够正确而充分地了解用户、任务和系统特性,使系统设计更加符合实际需求。

(2) 设计时策略:由于用户接口和界面经常发生修改,因此必须将用户接口和界面与系统的其余部分分离,使它们的耦合性降低,从而保证在修改用户接口和界面时,不会发生涟漪效应。

有些易用性关注于用户体验的细节,有些则关系到软件体系结构层面的问题,设计人员需要认真分析,区别对待。

4.6.4　可维护性的设计

可维护性描述的是系统变更的难易程度,它与系统变更的成本相关。关于系统变更设计人员关心的问题包括什么样的变更是允许的? 何时能够做出这些变更? 谁可以做出这些变更? 所有这些都是为了考虑变更的成本,因为对于系统变更,开发人员需要重新设计、实现、测试和部署,这都涉及人力和物力的投入,应该采用适当的策略使变更的成本最小化。

可以使用系统变更所需的时间和资金等作为对系统可维护性的度量,当难以预估所需时间和资金时,可以退而求其次,使用变更所影响的范围和程度来度量。采用各种有关可维护性的设计策略的目的就是使系统变更的成本最小化。有关可维护性的设计策略可以分为局部化修改、防止涟漪效应和推迟绑定时间这三类。

局部化修改的目的是将修改控制在局部范围内,可以采用如下策略来实现。

(1) 语义内聚:模块内语义应该强内聚,模块间语义应该松耦合,由此可以有效地限制修改的范围。这要求对每个模块的职责都进行仔细划分,实现强内聚与松耦合的统一。

(2) 预判期望的变更:这个策略需要和语义内聚结合使用,因为只有预判将来可能会出现的各种变更,才能考虑这些变更会影响到哪些模块,并由此设计出语义强内聚的模块。

(3) 泛化模块:泛化的模块能够适应更多的输入类型,因此也就更能适应未来的变更。但是要注意,泛化模块也存在着一些缺点,例如,它对输入类型的检查就必须放宽,这有可能使错误的输入不会在编译时检测到。

(4) 限制可能的选项:对于某些变更,应该限制其变更选项,从而减小这些修改带来的影响。

(5) 抽取公共服务:将公共服务抽取出来定义为专门的模块有助于复用,

同时也有助于提高可维护性。当需要修改这些服务时,只需要将修改集中于一个模块,便可有效地防止涟漪效应。

涟漪效应是指在修改一个模块时,会影响到依赖这个模块的其他模块,使得这些模块也不得不进行修改,而这种修改又会导致更多的模块被迫一同进行修改,从而造成像涟漪一样的扩散效应。防止涟漪效应可以使用如下的策略。

(1) 信息隐藏:对于实体中的各种信息,应该将其细分为可供其他实体访问的公共信息和只在该实体中访问的私有信息。对其他实体屏蔽私有信息可以防止因修改私有信息而造成的涟漪效应。

(2) 维持现有接口:接口定义了一个模块向其他模块提供的可调用的函数或方法的签名,对其修改必然会造成涟漪效应,因此,应该维持现有接口。但是,这样做存在一些缺点,例如,为了维持现有接口,只能通过增加新接口或适配器来暴露修改后的功能,而这会导致接口或适配器数量的增加。

(3) 限制通信路径:限制与某个模块共享数据的模块数量可以降低涟漪效应的影响,包括使用该模块所产生数据的模块数量和向该模块提供消费数据的模块数量,因为共享数据正是产生涟漪效应的原因之一。

(4) 使用中介:中介可以有效地降低模块之间的依赖性,因此使用中介可以防止涟漪效应。但是中介的缺点也很明显,例如,中介有可能成为系统瓶颈,对性能造成负面影响。

推迟绑定时间的目的是为了在系统部署阶段做出变更,并允许非开发人员做出这种变更,可以采用如下策略来实现。

(1) 运行时注册:支持即插即用操作,但是管理注册需要额外的开销。

(2) 使用配置文件:支持启动时设置变量。

(3) 多态:允许对方法调用的延迟绑定。在运行时,系统将根据调用参数的类型、数量和顺序来确定具体调用的版本。多态是通过函数重载实现的,在设计时要注意区分重载和覆盖的差异。

(4) 构件替换:允许在加载时绑定具体的构件。

（5）遵守通信协议：允许在运行时绑定独立进程。由于遵守了定义好的通信协议，因此使得独立进程可以在运行时与系统进行绑定并正常通信。

4.7　软件设计验证

为了保证软件设计的质量，航空电子软件应采用多种手段进行软件设计验证，包括设计评审、设计模型自动检查、模拟仿真与模型分析；如果采用形式化方法，则还可以进行模型检测。实践证明，早期引入的风险和缺陷会随着开发周期的延伸而放大，因此风险和缺陷应越早发现越好。设计验证是早期控制和防范风险的有效手段。

4.7.1　设计评审

设计评审指选择合适的评审人员对软件设计模型或文档进行人工评审，及早发现软件设计中的缺陷与问题。评审人员一般包括软件设计专家、软件架构师、开发人员和软件需求人员等。

软件设计评审按相应的检查单实施，检查单由检查项组成。主要检查项包括但不限于：软件设计是否符合软件需求；软件设计的准确性和一致性；软件设计与目标机的兼容性；软件设计是否可验证；软件设计与设计标准符合性；软件设计是否可追踪到软件需求；算法的准确性。

软件设计的有效评审方法为同行评审，包括非正式同行评审和正式同行评审。根据项目特点、时间与人员资源情况，可选择其中一种进行软件设计评审；也可以在设计过程中持续进行多次非正式设计评审，在设计模型和文档全部完成后，再举行正式的同行评审。

1）非正式的软件设计同行评审

非正式评审可由 1 人或多人实施，参照设计评审检查单进行评审。可以采用小组会议或独立评审后汇总的方式，评审结束后要递交相关的评审报告。

2）正式的软件设计同行评审

正式评审由多人按设计检查单实施，为了使评审更有效率，应安排合适的评审者。评审小组的规模不能太大，在大多数情况下应保持3～7位评审者，同时确保所有的评审人员都掌握评审技术。正式的同行评审流程由8个步骤组成：进入准则、制订计划、总体会议、个人评阅、评审会议、改进、跟踪、退出准则，如图3-18所示。

设计模型和文档一般是一份很大的文档，所以评审会议通常无法用一天时间就完成。较好的方法是把设计模型和文档拆分成几个部分，安排多次会议进行讨论。

4.7.2　设计模型自动检查

软件设计建模工具都自带模型的自动检查功能，用于检查模型的语法和语义的正确性，这是最基础也是最简单的模型验证和评估方法。例如发现模型每个元素是否命名，是否有孤立的节点存在，是否遗漏了某些内容的建模等。这种方法以语法检查为主，又增加了一些语义检查规则进行检查。语义检查规则包括工具自带的和用户自定义的。以SCADE为例，它的设计模型自动检查内容包括以下几个方面。

（1）所有的数据、类型和接口等都必须精确地定义。

（2）所有的变量都必须有且只有一次赋值。

（3）所有的状态在任何一个循环中都必须是"active"或者"not active"。

（4）所有的迁移都必须只有一个确定的迁出状态和一个确定的迁入状态。

（5）从同一个状态出发的迁移排列优先级，严格按照优先级的顺序确定迁移的动作。

（6）必须定义初始状态和最终状态。

（7）所有的状态和迁移都是并发的，SCADE会确保其依赖关系，用户只需要考虑业务逻辑,设计时需要考虑的因素越少越安全。

(8) 层次性的状态机可以简化设计,越简单的设计越安全。

(9) 最大程度上增加确定性,越确定的越安全。

4.7.3 模拟仿真与模型分析

采用动态的方法对设计模型进行模拟仿真运行,对运行结果进行分析,能发现静态检查方法很难发现的问题。SCADE、Rhapsody 等设计建模工具自带模拟仿真功能;也可以和 Matlab/Simulink 等第三方模拟仿真工具进行集成。

SCADE 工具可以对整个系统或是系统中任意一个模块进行模拟仿真。仿真器是基于 SCADE 生成的代码进行仿真的,它是一个可视化的图形调试工具,可以设置断言、断点、中断条件;可以检查输入数据、内部的变量和输出数据的值;还可以记录和回放仿真的场景。仿真器的输入输出可以用文本或表格的形式给出,还可以由著名的 TCL 语言驱动。基于模拟仿真,SCADE MTC 能进行模型覆盖度分析,定量地评估 SCADE 模型模拟仿真的完备程度。SCADE 还能对设计模型进行软件性能的定量分析。SCADE Suite Stack Verifier 自动计算出程序的堆栈使用情况,SCADE Suite Time Verifier 在选定处理器(ARM,MPC,DSP)以及 Cache、内存等相关的硬件配置信息之后,在模型级别自动运行并统计出最坏执行时间。

Rhapsody 支持时序图及状态机图的模拟仿真,使用事件生成器创建用户事件,查看设计模型状态的变化以及模型间通信的情况是否与系统需求相吻合,同时可进行模型覆盖度分析,检查是否所有的模型元素都在模拟仿真运行时被执行了。设计模型验证通常通过使用 Rhapsody 动画,即 MiL 仿真实现。通过模拟仿真,按软件需求检查设计模型的功能。Rhapsody 提供了不同的模拟视图,用于理解和检查模型的行为。例如,可以用可视化模拟运行状态图或时序图验证模型的行为,并能在模拟时检查模型变量的值。Rhapsody Test Conductor Add On 可通过 Rhapsody 的模拟仿真功能,系统地测试软件需求的正确设计建模。它允许为每个需求创建模拟用例,通过自动执行模拟用例,更好地支持按需求检查模型行为的正确性,分析需求覆盖率。

Simulink 是一个动态系统建模、仿真和综合分析的集成环境。它具有强大的模型模拟仿真功能。用户可以直接用其进行建模与仿真,其他工具所建的设计模型也可自动转换成 Simulink 模型,通过在 Simulink 平台上运行仿真模型发现潜在的实时性问题。通过故障注入模拟应用软件执行过程中平台所出现的相应故障,分析故障处理对实时性的影响。

4.7.4　设计模型的形式化验证

虽然模拟和仿真能够在一定程度上测试系统的模型是否能很好实现所期望的功能,但是它不能保证系统是否做了预期外的不应该做的事情。因此,只经过模拟仿真测试的系统安全性并不能完全得到保证。形式化验证解决了这一问题。详尽的形式化验证既不需要执行模型,也不需要借助测试向量,就可以检验设计模型是否达到安全性、可靠性和其他方面的要求。

形式化方法在工具的支持下能进行有效的形式化验证。以 SCADE 为例:SCADE 基于形式化语言 Lustre 与形式化验证工具 Design Verifier,完成对模型的形式化验证工作。SCADE Suite Design Verifier 将第三方 Prover 公司的技术集成到 SCADE 图形界面中,在设计好系统的安全性要求和一个"特性观察器"之后,用户只需按一个键就可验证设计模型的安全性。如果模型是安全的,则它能给出一个安全的证明;如果模型是不安全的,则它能给出一个反例,而这个反例又可以在仿真器中调出来进行仿真,以详细地观察系统是怎样一步步地进入不安全状态的。形式化验证在很大程度上方便了系统的纠错,同时保证了目标系统的安全性。

4.7.5　安全性设计的验证

设计阶段软件安全性验证的目的是确保软件安全性需求正确,并全面地在子部件和模块中落实。开展软件安全性验证的时机是在软件安全性设计完成之后启动,在编码工作开始之前完成。

软件安全性人员应对软件设计通过分析进行安全性设计验证,分析验证方法应记录在软件安全性计划中。分析验证方法应至少包括如下内容:

(1) 应验证软件设计满足上述的安全性设计原则。

(2) 应验证软件设计不违反任何安全性控制措施或过程,且所有附加的危险、危险原因和危险的贡献都被记录下来;以及在任何运行模式中,安全性设计都能将系统维持在某个状态。该分析验证至少要考虑一些常见的验证示例,如时间约束、硬件失效、容错和并发性等。

(3) 应使用安全性分析(如初步危险分析、FMEA、FTA 等)确定用于防止、减轻或控制失效和故障的设计特征,以及所包含的失效和故障的组合(如一个软件失效和一个硬件失效或者多个并发的硬件失效)的级别。

4.8　常见问题分析

4.8.1　问题 1——不注重软件体系结构设计,过早进入软件详细设计或编码

1) 问题分析

在工程实践中,软件设计师往往出于进度的压力、对软件体系结构重要性认识不够、对于个人软件能力的过于自信,不太注重软件体系结构设计环节,一般软件体系结构设计更多的是画一个软件高层结构图,缺少详细的,对功能分配到体系结构的过程和构件之间交互关系的详细描述,缺少显式的,对安全、性能等质量属性的设计。往往等到软件集成的时候,才发觉对构件之间的理解、接口的不一致,软件无法按预期运行,加上软件需求变更频繁(这在大型复杂软件过程中是不可避免的),软件开始不断打补丁,很容易出现软件系统性能下

降,甚至不稳定,改了一处错,导致更多错误或隐患的情况。

软件体系结构代表软件的蓝图,是整个软件开发中的重要环节,也是最重要的设计决策,软件体系结构好坏很大程度上决定了软件的质量,在软件开发后期才发现软件体系结构需要重新定义是灾难性的和令人崩溃的,这种情况会造成成本的浪费、开发进度的延长、团队信心的丧失,严重时会失去客户的信任。

2)建议方案

针对不注重软件体系结构设计的问题,建议方案如下:

(1)设立软件架构师角色,或至少指定专人统一软件体系结构设计。这强化了软件体系结构设计,有利于软件体系结构的整体性和协调性的考虑。通常软件体系结构设计无法在软件设计一开始就一次性完成(当然能够一次完成更好,但对大型软件几乎是不可能的),软件体系结构设计也是一个持续的过程,因此有必要设立软件架构师的角色,持续、维护软件体系结构,支持、协调各个构件设计师的详细设计,确保软件体系结构的稳定性得以持续。

(2)文档化软件体系结构设计,需由所有设计师参与确认。软件体系结构不仅规定了构件组成,而且定义了构件之间交互的方式、构件使用的数据。可以说软件体系结构设计是决定整个软件的关键要素,一旦软件体系结构得以确定,软件构件的设计就变得简单了。软件体系结构设计必须得到所有设计师的理解和遵循,文档化软件体系结构设计须与所有设计师一起沟通和确认,并持续迭代和更新,甚至将软件体系结构设计文档和软件详细设计文档分离,作为独立的软件配置项进行管理,有利于所有构件外部表现,有利于统一所有设计师的设计目标,也有利于未来的软件集成,减少软件集成过程中由于接口和定位的理解分歧而产生的错误。

4.8.2　问题2——软件详细设计不充分,不足以保证编码质量

1)问题分析

由于航空电子软件规模大、进度紧张,因此软件设计师往往不能充分地进

行软件详细设计,便进入了后续的软件编码实现阶段。这会将原本应在软件设计阶段暴露的问题推迟到软件编码,甚至软件集成的时候才被发现,这样反而延长了开发周期,导致软件质量下降。

此外,由于软件设计师间的认知和经验各不相同,软件详细设计的结果"软件低层需求"文档的质量也参差不齐,这也为后续的软件编码和测试带来了负面影响。

2)建议方案

针对软件详细设计不充分的问题,建议方案如下:

(1)使用基于模型的软件开发工具。目前基于模型的软件开发工具一般具有两个对软件详细设计帮助很大的功能:"可见即可得"的设计方式,并可以通过模型自动生成软件代码;文档自动生成功能,可以通过设计的模型自动生成软件低层需求。通过使用基于模型的软件开发工具,可以让软件设计师在软件详细设计阶段投入更多的时间,可以将部分原本分配在软件编码阶段的时间分配给软件详细设计阶段;并可以通过多轮迭代,提前发现软件设计问题。

(2)使用软件低层需求模板。针对因软件设计师认知、经验不同导致软件低层需求文档出现的质量问题,建议项目组确定软件低层需求模板,在模板中固化主要编写框架和内容,将具体软件特殊的部分留白,并给出范例。软件设计师在软件低层需求模板的基础上,编写软件详细设计,可以极大程度地提高工作效率和正确率。

4.8.3 问题3——软件设计反馈不及时

1)问题分析

在进行软件设计时,会出现软件设计不能有效满足需求的异常情况。

出现这些情况一般有三种原因:①软件设计错误;②需求定义错误;③需求定义不全面。对于第一种和第二种情况,软件设计师经过检查和分析,能够迅速发现问题原因,并进行解决。但是对于第三种情况,问题往往变得比较复杂,在需求未明确定义的情况下,软件设计师为了满足需求,一般会进行派生设计,不会及时向上反馈,这样就带来了设计风险。

2) 建议方案

(1) 加强协作,系统团队需要了解软件设计情况。在软件团队完成软件详细设计后,需要邀请系统团队参加软件设计评审。并由软件团队针对派生的软件设计向系统团队进行说明,由双方确认软件设计派生的合理性,以及确认是否需要增加系统需求条目,甚至可能需要更新系统安全性评估。

(2) 建立有效沟通反馈机制。通过工具链和信息系统,专门增加需求未明确定义的问题反馈机制,软件设计师可以通过该反馈机制及时沟通由于需求未明确定义引发的派生设计,以供系统团队和软件团队及时进行评估和分析。

5

软件实现

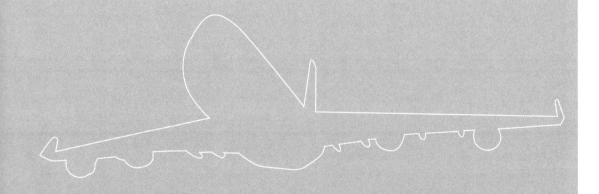

　　软件实现包含软件编码与集成,有时也包括软件详细设计,这些过程往往是交替进行的。

　　软件编码是基于软件体系结构和设计编写源代码的过程,采用手写代码和/或自动生成代码的方法。要编写高质量的程序,应注意选择合适的程序设计语言,明确源程序的质量要求,养成良好的程序设计风格。

　　集成是构建可执行目标代码(使用编译器和链接器)并将其加载到目标计算机上(使用加载器)的过程,它包括软件与软件的集成和软件与硬件的集成。

　　DO-178C 使用了“可执行目标代码”这个概念:“可以直接在目标计算机处理器上运行的代码,它是一种经过编译、组装、链接生成的、可加载到目标计算机中的二进制映像文件。”从含义上看,它与软件业界习惯使用的“可执行代码”和“可执行程序”是相对应的;DO-178C 也给出了“目标代码”的概念:“一种包含了重定位和处理器指令信息的计算机程序低层表现形式,通常不是能直接被目标计算机运行的代码。”本书也沿用这些概念。

5.1　软件编码

　　由于软件编码产生的是可执行目标代码的源代码,而可执行目标代码是安全关键系统的最终实现,因此编码是软件开发过程中一个特别重要的步骤。软件编码过程的目标是开发的源代码是可追踪的、可验证的、合理的且正确地实现了软件设计(即低层需求)。

5.1.1　软件编码过程

　　软件编码过程的输入来自软件设计过程的低层需求和软件体系结构、SDP和软件编码标准(software code standards,SCS)。软件编码过程的输出是源代码。

软件编码过程的目标是根据软件体系结构和低层需求，实现软件代码。其活动的要求包括以下几个方面。

（1）源代码要实现低层需求并符合软件体系结构。

（2）源代码要符合软件编码标准。

（3）在软件编码过程中发现输入不充分或不正确时，应反馈给软件需求过程、软件设计过程和软件计划过程，进行澄清或纠正。

（4）自动代码生成器的使用应符合计划中定义的约束。

（5）应建立源代码和低层需求间的双向追踪。

代码走查、单元测试和静态代码分析应该紧随编码过程开展，而不是等到正式测试时再去查找代码错误。

5.1.2　软件编码标准

编写 SCS 的目标是确定用于编码的程序设计语言、方法、规则和工具。这些标准应包括以下几个方面。

（1）软件编码的准则。

a. 源代码是否符合低层需求。

b. 源代码是否符合软件结构。

c. 源代码是否可验证。

d. 源代码是否可追踪到低层需求。

e. 源代码是否准确和一致。

（2）编码工具的使用与限制。

（3）代码与低层需求之间的追踪方法。

（4）模块和函数命名的约定。

（5）使用的程序设计语言。对于一个程序设计语言，可要求限制使用某些语言特征（以下以 C 语言为例）。

（6）声明定义。

a. 禁止通过宏定义改变关键字和基本类型含义。

b. 位定义的有符号整型变量位长必须大于 1。

c. 函数中的参数必须使用类型声明。

d. 用于数值计算的字符型变量必须明确定义有符号还是无符号。

（7）版面书写。

a. 禁止在头文件有可执行目标代码。

b. 每一个函数定义都必须有一个函数首部注释。

c. 一个文件中的语句总行不超过 2 000 行。

d. 一个函数中的语句总行不超过 200 行。

（8）指针使用。

a. 函数指针的使用必须加以明确说明。

b. 禁止对参数指针进行赋值。

c. 禁止使用或释放未分配空间或已被释放的指针。

（9）分支控制。

a. 在"if-else if"语句中必须使用"else"分支。

b. 条件判定分支中如果为空操作，则必须另起一行，以花括号界定空操作并加注释，进行明确说明。

c. 禁止使用空"switch"结构。

d. "switch"结构中的"case"和"default"必须以"break"或"return"终止，共用"case"必须加以明确。

（10）跳转控制。禁止使用"goto"语句。

（11）运算处理。

a. 禁止将浮点常数赋给整型变量。

b. 禁止将越界整数赋给整型变量。

c. 禁止在逻辑表达式中使用赋值语句。

（12）函数调用。

a. 函数声明和函数定义中的参数类型必须一致。

b. 实参与形参的个数必须一致。

c. 函数返回值的类型必须与定义一致。

（13）语句使用。

a. 禁止不可达语句。

b. 禁止无用的多余变量。

c. 数字类型后缀必须使用大写字母。

（14）循环控制。

a. "for"循环控制变量必须使用局部变量。

b. "for"循环控制变量必须使用整数型变量。

c. 禁止在"for"循环体内部修改循环控制变量。

d. 无限循环必须使用"while(1)"语句,禁止使用"for(；；)"等其他形式的语句。

（15）类型转换。

a. 浮点数变量赋给整型变量必须强制转换。

b. 长整数变量赋给短整数变量必须强制转换。

c. "double"型变量赋给"float"型变量必须强制转换。

d. 指针变量的赋值类型必须与指针变量类型一致。

e. 将指针量赋予非指针变量或非指针量赋予指针变量,必须使用强制转换。

（16）初始化。

a. 变量禁止未赋值就使用。

b. 枚举元素定义中的初始化必须完整。

c. 结构体变量初始化的类型必须一致。

（17）其他约束。

关于 SCS 更细致的建议可以参考 5.2.5 节。

5.1.3　编码语言和工具的选择

航空电子软件编码语言主要有 C 语言、Ada 语言和汇编语言。C＋＋也已经用于一些项目,虽然 C＋＋具有继承和派生、多态性、封装性、重载等优势特性,但这些特性也给安全关键软件的确定性及可验证性带来挑战,往往需要在应用时加以限制。目前航空电子软件最主流的编码语言是 C 语言。

选择编码语言与软件集成开发环境工具主要考虑如下因素:

(1) 语言与编译器的能力。例如代码可读性;编译器检测错误的能力;运行时检测错误的能力,如内存溢出、数组越界、除零等;与其他语言接口的能力。

(2) 语言的熟悉程度。选择熟悉的语言意味着更容易找到合格的编码人员、丰富的工具和更多的经验积累,甚至更多可重用代码的积累,减少了人员培训和环境准备的工作,在碰到问题时也有更多解决问题的基础。

(3) 工具支持能力。工具支持开发活动的能力很重要,如编辑、链接、调试、分析和单元测试等,尤其是工具的调试分析能力相当重要。尽管事后验证要保持独立性,以保证公正,但在实践中,开发人员在编码现场自行开展部分验证工作(包括代码走查、静态分析和单元测试等)同样有良好的效果。

(4) 与目标机的兼容性。由于源代码通过编译器编译生成的可执行目标代码必须是目标机可识别的机器码,因此大多数编译器是针对特定目标机的。

(5) 向其他目标机的可移植性。大多数软件开发人员都希望项目建立在已有软件的基础之上,而不是全新开发。因为处理器是不断更新换代的,所以应选择高度可移植的高级语言,并通过与处理器相匹配的编译器编译,实现代码的重用。

(6) 语言和编译器的安全性。航空电子软件特别关注安全性,要求验证编译器不会产生非预期代码,在编译优化时不会影响验证的覆盖,能支持目标代码追踪要求。因此,通常熟悉、成熟、稳定和良好的编码语言和编译器是最佳选择。

5.1.4 基于模型的自动代码生成

在开发人员手工编写代码的同时,可以采用模型驱动开发方法在建模工具的支持下根据设计模型自动生成代码(代码框架或部分代码)。自动生成的代码消除了源代码中由于人工方式导致潜在错误的可能性,具有更高的质量。有些建模工具的代码生成功能通过了相关的工具鉴定,例如 SCADE KCG 代码生成工具能自动生成符合 DO-178C 的 A 级软件代码,有利于后续的验证活动。

SCADE、Rhapsody 和 RTCase 等工具都具有基于模型的自动代码生成功能,现以 SCADE 和 Rhapsody 为例进行阐述。

1) SCADE 的代码生成

SCADE 的代码生成器 KCG 可以自动生成面向工程的 ANSI C 或 Ada 83/95 语言的嵌入式代码。SCADE KCG 通过了 DO-178C A 级、IEC 61508 SIL3、EN 50128 3/4、IEC 60880 鉴定,生成的代码满足安全特性,如有界的堆栈、没有动态指针、没有递归调用、没有死代码等。

KCG 将 SCADE 的模型作为输入,根据用户设定的参数,输出目标代码和可追踪文件。KCG 前端模块将模型文件转换为 SCADE 程序,复制注释信息,删除图形相关信息,并进行语法语义检查;中间模块是编译核心和优化器;后端模块生成目标代码和可追踪文件,如图 5-1 所示。

图 5-1 SCADE KCG 代码生成

SCADE 生成的目标代码是完全面向工程的代码,可以不做任何修改直接将代码移植到目标模块中,但 SCADE 生成的代码的可读性不如人工代码。

SCADE 通过数据理论保证所生成的代码的正确性,并承诺所生成的代码的行为和仿真的行为完全一致,不需要对目标代码进行任何验证,从而节省了大量测试时间,而且代码具有可追踪、可移植、模块化、代码优化、有限运行时段等特性,KCG 还支持批量生成代码。

2) Rhapsody 的代码生成

Rhapsody 自带强大的代码生成功能,能将设计模型自动转换为 MISRA 标准兼容的代码。少量代码需要手写,通过在组件配置中指定要包含的源代码,传统代码可以包含在输出中。预编译的现有组件,如数学库和协议栈也可以包含在链接流中。一旦构建完成,就可以进行测试。

为了使所生成的软件源代码独立于特定 RTOS,Rhapsody 采用了中间件技术,提供了执行框架库,所生成的源代码调用执行框架库。这个执行框架实现了定时器、事件处理等公共功能。通过使用这个执行框架库(包括其抽象层而不是 RTOS 的特定功能),Rhapsody 为各种现有目标机体系结构提供了此执行框架的不同实现。

5.1.5 软件编码质量

软件编码必须实现并且只实现软件设计,与设计相比,编码包含大量烦琐的细节,一个符号差之毫厘,常常会造成程序含义谬以千里,编码是整个软件工程过程中最难控制的环节。为了保证编码的质量,除了正确性外,软件开发人员还应关注代码的可读性、可维护性与鲁棒性,并在 SCS 中体现这些编码原则。

5.1.5.1 重视代码的可读性

代码的可读性是软件工程着重强调的一点,是代码可继承、可重用的首要条件。代码不仅是写给计算机的,而且应该是给人读的。一些开发人员把编写神秘的代码作为个人秘密,甚至作为展示个人能力和重要性的法宝,这一点对组织的危害极大。维护可读的代码对于理解性、易评审性、错误率、调试能力、可修改性、质量、成本都会产生影响。在大多数情况下，一个软件产品的生命周期远大于一个员工在项目中参与的时间，软件代码的可读性对于后期软件的维护和变更相当重要。

提升代码可读性最重要的是版式和注释。

1）用版式凸显代码的逻辑结构

（1）不同层次的缩进组合有助于理解代码之间的关系，将语句在逻辑上的从属语句前进行缩进，通常倾向于 2～4 个字符的缩进。

（2）用留白将不同目的的代码块隔离开来。留白包括组织在一起的相关代码块或节之间的空白，以及用于显示逻辑结构的缩进。例如，当编码一个函数时，在函数头、函数声明和主体之间使用空行是有帮助的。

（3）每行只写一条语句。把多条语句放在一行会增加理解难度或造成阅读时的疏漏。每行只写一条独立的语句有助于调试时通过行号准确定位错误语句。

（4）限制语句的长度。一般一条语句不应超过 80 个字符，多于 80 个字符的行将难于理解。可以通过换行符把一个过长的语句在便于理解的地方断开，并让这些片段有序地排列在一起，从而有效增加可读性。

（5）进行清晰的变量声明。建议用首字符大写的词来表示变量，并且每行只有一个变量声明。

（6）使用括号。括号有利于澄清包含两个以上运算符的表达式，特别是对运算符的优先级不是那么确定的情况下，括号可以避免不必要的猜疑。

2）代码注释建议

（1）注释"为什么"。注释尽可能描述"为什么"，而非"怎么做"，这有利于理解编码背景。应该用注释解释代码中不明显的事，如代码的目的、编码的原理和编码的思路等。

（2）保持注释与代码的一致。如果代码发生变更，则注释也应随之更新，以免产生误导。

（3）注释任何假设。对于假设的前提条件应该进行注释。

（4）对全局变量进行注释。使用全局变量时应当小心，在声明全局变量时进行说明，包括变量的意图以及如何使用它。有些开发人员会使用特定的命名习惯（如_g开头）。

（5）不要过度注释。注释不应只是重复代码，而是应当解释为何需要该代码，每十条语句有一个注释已经是较高的注释频率，更多的注释反而会降低代码的易理解性。

5.1.5.2　提高代码的可维护性

代码在其生命周期中必然需要被包括作者自己在内的开发人员评审、维护、升级，可维护性决定了这些工作的效率。一些编程高手创作的高深的、高技巧的代码，几年之后连他自己也要花费很长时间回忆理解，这样的代码固然是艺术品，但却牺牲了团队整体的利益，这种编码风格显然不值得鼓励，应严加杜绝。提高代码的可维护性要注意如下几点。

1）事先对代码主线做好规划

就像建房子需要先搭好框架和主梁，然后再添砖加瓦才能水到渠成，如果一开始就匆忙砌砖，想到哪里砌到哪里，那么这座房子的倒塌是迟早的问题。一个经过评审的优秀设计是开发人员编码的良好开端，但是如果不经过任何辅助手段就从设计直接产生代码，恐怕是极为吃力不讨好的。伪代码编程是一种较好的过渡手段，可以用简短的人类语言或流程图作为伪代码，从整体上和更高的抽象层次上描述程序打算执行的操作。先粗线条地审视这个程序框架是否合理，再逐步把人类语言或流程图替换成真正的代码。这样的编码过程自顶向下、步步为营，更加稳妥有序。

当前，基于模型的代码自动生成技术本质上就是一种高级伪代码技术，开发人员通过编写指定的伪代码语言，即用模型语言建立模型，模型工具即可将其直接转化为源代码。这种方式让开发人员的注意力从烦琐的代码细节转移到了抽象的模型上，大大缩减了所需关注的信息量，使有限的精力得到了聚焦，这无疑大大提高了软件开发的效率和质量。开发人员只需要保障模型的质量，而由模型生成的代码的质量则由模型工具通过工具鉴定过程保证。

2）控制代码的复杂度

臃肿或乱作一团的代码不利于项目的开展。控制代码复杂度的手段包括以下几点。

（1）使用模块化的概念把问题分解为更小的、可重用的片段；用层次化的概念隐藏低层细节。

（2）降低程序之间的耦合度，比如少用全局变量，建立清晰简洁的接口。

（3）避免常见的麻烦，如果一种编码特性的潜在麻烦比它带来的效益还多，而且这种特性可以变通实现，那么就避免使用这种特性。比如：

a. 递归调用。递归调用的函数理解起来很费劲，而且很可能发生调用栈溢出，可以用循环变通实现。

b. 嵌套循环。循环当中嵌套循环，如果嵌套层数多了，则会大大降低运行效率，可能造成程序卡死。

c. 中断。使用中断稍不小心就会打断重要程序的运行而产生无法预料的结果。

d. 多任务处理。多任务之间同步操作时容易诱发死锁、阻塞和篡改等问题。

（4）使用复杂度测量工具识别过于复杂的代码，并要求返工。

（5）让不熟悉代码的人评审代码，确保代码是易于理解的。

5.1.5.3 提高代码的鲁棒性

防御式编程可以有效提高代码的鲁棒性，这是一种用于防止代码执行非预期或者不可预测操作的技术。对于航空电子软件而言，可以采用三个层次的防御技术：编码前防御、编码中防御和编码后防御。

1）编码前防御

航空电子软件出于系统安全性的需要，对于确定性有很高的要求，一些运行时动态变化的条件可能会引发无法处理的意外,如动态分配的内存空间、动态分配的网络带宽等。一旦动态分配失败,常常难以进行补救,就算补救也错过了敏感的处理时间窗口,造成事故,更不用说忘记释放资源造成的系统崩溃了。因此最好的策略就是避免使用动态技术,在事前分配好需要的资源,如果发现分配出现问题,则在编译完成之前就能够处理。

此外,在编码前主动防范容易犯错的地方,编码团队事前收集并维护一个常见错误及其解决措施的清单,是一种良好的工程实践及组织过程资产。

2）编码中防御

使用断言(assert)来捕捉开发人员自己的错误,使用异常(exception)来捕捉用户或环境的错误。前者是在编码过程中、代码运行前发挥作用,而后者是在编码完成后、代码运行中发挥作用。

断言用来预防不应该发生的问题,如空指针、输入或者输出参数的值不在预期范围内,或数组的越界。如果代码中的断言触发了,则说明开发人员疏忽了,违反了断言的条件,它的作用类似于编译报错,可以提醒开发人员在发布程序之前就改正错误,因此开发人员会主动在容易犯错或者关键的代码处使用断言,这是一种有效的预防手段。需要注意的是,断言只有在 Debug 版本中才有效,如果编译为 Release 版本则会被自动移除,因此千万不能把它和异常的使用相混淆。

3）编码后防御

异常用来处理运行时的意外情况,这种意外来自用户的无效输入或者环境造成的错误输入。一个鲁棒的程序应该穷举各种异常的可能性,阻止错误进一步蔓延和恶化,然后对这些错误进行补救,或通知用户采取相应措施。对错误的具体响应措施取决于系统的安全关键等级和整体体系结构设计的综合考虑,可以参考容错设计的思路。

整体上而言,代码在运行中采取补救措施是一个无限扩张的问题,实际有效的措施比较有限,难以面面俱到,只能针对关键问题进行布局防御。一般安全关键等级越高的软件,为安全性付出的开发成本也越大,同时从综合效益出发所采取的技术越是成熟可靠,换言之就是简单、保守、陈旧,越能在编码前杜绝复杂问题发生的可能性。

5.1.6 代码走查

代码审查是一种正式的评审活动,而代码走查的讨论过程是非正式的。代码走查的目的是让被审查代码在团队内形成共识。这种共识包括对故障的识别、对性能的优化、对问题的思考以及对优雅实现的认可,总结起来就是代码走查是为了写出更好的代码。在代码走查的过程中,开发人员都应该有机会向其他人阐述他们的代码。通常即便是简单的代码阐述也会帮助开发人员识别出错误并预想出解决办法。

代码走查的形式有很多种,主要包括以下几种:

(1)每日走查:只针对每日提交的代码进行走查,走查时间和地点都比较灵活。

(2)专项走查:针对某个具体问题或者专题进行走查。评审人需要提前发送评审内容给大家进行预审,然后安排专门的会议室进行评审,时间较长。

(3)结对互查:提交代码前指定某位同事进行线上评审,评审通过后才能提交至代码库。

1)代码走查的好处

持续有效地开展代码走查,将会收获许多收益,具体表现在:

(1)能及时发现代码中的缺陷。

(2)提升代码的可读性、可维护性,确保团队编码风格的一致性。

(3)有利于知识共享,打破技能壁垒,避免单点故障。

(4)通过展示自己的优秀代码和设计思路,提升了个人成就感。

(5)讲解自己的代码对个人沟通能力也是一种提升,特别是对于平时比较内向或者不太喜欢发言的同事。

2）代码走查的关注点

代码走查时，主要关注如下问题：

（1）静态编码问题。主要关注静态编码错误、编程风格、命名合理性、无效代码等内容。虽然这部分检查项有意义，但完全可以在检入代码时，通过静态检查工具（如 Findbugs，PMD 等）消除，尽量把团队成员的精力放在其他走查问题上。

（2）功能问题。代码的行为是否与预期一致，其逻辑是否正确无误？

（3）设计问题。针对现有的设计提出不同的思路，反思为什么这么做，有没有其他更有效的方法，通过集思广益可以为开发组织积累更加优良的设计方法。

（4）测试问题。测试用例是否完备？测试用例实现是否有效？

（5）性能问题。新增功能或者修改功能是否对已有性能测试结果有不良影响？

（6）安全问题。是否有安全漏洞？

3）代码走查的过程

代码走查包括如下步骤：

（1）走查前。

a. 每个人介绍今天要走查的内容和预计的时间，便于会议主持人做好规划。

b. 优先走查自己认为风险较大的地方。

（2）走查中。

a. 讲解人先介绍业务背景和代码关键流程，避免一上来就讲代码，否则跳跃性比较强，只有对这部分代码非常熟悉的同事才能发现问题，而那些第一次接触的同事很难做到，很快就会失去走查的兴趣。

b. 一次走查的代码尽量少，走查的代码行数控制在 200～400 行。在审查大的修改时，不仅要看很多行代码，还要查看大量的依赖代码才能理解。将待审查的代码隔离为小的修改可以降低审查者的精神负担并让审查过程更加顺畅。

c. 代码走查一页纸规范。很多团队都制定了代码走查一页纸规范,如资源使用完要释放、多线程并发问题等。有了走查清单后,便于团队快速识别问题,提高走查效率。

d. 记录发现的问题。对于代码中发现的问题,可以由记录员记录到文档中。

（3）走查后,对于走查中记录的问题进行修改,然后在下次走查时检查是否修改完成。

在代码走查时,有时会看到为了一个问题,双方争得面红耳赤,此时应强调良性对抗,避免不必要的冲突。

在整个编码团队内,除了提供编码标准之外,还要树立和奖励优秀代码的范例,这些范例来自工作中大家公认的优秀代码,并不断增补;此外,对于发现问题的代码,要鼓励大家积极提供互助、帮助同事成长,而不是相互指责。这种方式既能鼓舞大家积极上进,也提供了一种持续培训的平台。

应当在编码团队和测试团队之间建立紧密的工作连接机制,测试团队应提前准备好仿真环境,以供编码人员通过仿真环境初步调试程序,发现基础的问题。

5.1.7　程序调试

程序调试是对发现的错误进行排错的过程,即定位和改正程序中的错误。这些错误可能在编码时发现,也可能通过代码走查、静态分析、动态测试发现。

1) 程序调试的基本步骤

程序调试分为如下三个基本步骤:

（1）错误定位。从错误的外部表现形式入手,研究有关部分的程序,确定程序中出错的位置,找出错误的内在原因。

（2）错误修复。修改设计和代码，以排除错误。排错是软件开发过程中一项艰苦的工作，这也决定了调试工作是一个具有很强技术性和技巧性的工作。

（3）回归测试。防止引进新的错误，因为修改程序可能带来新的错误，重复进行暴露这个错误的原始测试和某些有关测试，以确认该错误是否被排除、是否引进了新的错误。

2）程序调试的注意事项

（1）确定错误的性质和位置时的注意事项：

a. 分析思考与错误征兆有关的信息，建立完整的故障树。

b. 避开死胡同。

c. 只把调试工具当作辅助手段使用。

d. 不能过于依赖试探法，最多只能把它当作辅助手段。

（2）修复错误时的注意事项：

a. 在出现错误的地方，很可能有别的错误。

b. 注意修正一个错误的同时有可能会引入新的错误。

c. 修改源代码程序，不要改变目标代码。

d. 修改错误的过程可能涉及相应的软件设计和软件需求的修改。

3）程序调试的方法

常用的程序调试方法包括以下几种：

（1）强行排错法。作为传统的调试方法，其过程可概括为设置断点、程序暂停、观察程序状态、继续运行程序。涉及的调试技术主要是设置断点和监视表达式：通过内存全部打印来排错；在程序特定部位设置打印语句，即断点法；自动调试工具。

（2）回溯法。该方法适合于小规模程序的排错，即一旦发现了错误，先分析错误征兆，确定最先发现"症状"的位置；然后从发现"症状"的地方开始，沿程序的控制流程，逆向追踪源程序代码，直到找到错误根源或确定出错产生的范围。

（3）原因排除法。原因排除法通过演绎法、归纳法以及二分法实现。演绎法是一种从一般原理或前提出发，经过排除和精化的过程推导出结论的思考方法。归纳法是一种从特殊推断出一般的系统化思考方法，其基本思想是从一些线索着手，通过分析寻找潜在的原因，从而找出错误。二分法的基本思想是如果已知每个变量在程序中若干个关键点的正确值，则可以使用定值语句（如赋值语句、输入语句等）在程序中的某点附近给这些变量赋正确值，然后运行程序并检查程序的输出。

（4）事后调试法。通常最有效的调试方法是用一个小的测试用例对程序进行交互式调试。但是，大多数情况我们无法进行这样的调试，如程序只是偶尔才发生崩溃，或者由于其他原因无法得到测试用例。

这就要求开发人员必须采用事后处理的模式进行调试，这意味着必须在程序完全结束之后查明都发生了哪些事情。如果实际的缺陷或崩溃事件只留下了很少的数据，那么事后调试实质上是不可能成功的，至少是非常低效的。可能会有一个核心文件显示崩溃时的调用栈、某些变量的值和内存内容；也可能只有极少的数据记录了崩溃之前都发生了什么事情。唯一留下的内容就是命令行解释器中的几行输出，再有就是用户所记得的一点东西。

航空业就面临着这样的困境：如果飞机失事了，则必须要查明确切的原因，以确保问题不再出现。人们采取了很多措施，包括在飞机上安装黑匣子，用于记录最重要的活动和飞机的状态信息。虽然数据记录一直在进行着，但是只有最后半小时的记录才能保存下来。在飞机失事的分析中，这些通常是最重要的数据。

软件中的黑匣子就是日志文件，开发人员负责创建日志文件，并定义记录信息的类型。通常在运行时间、磁盘开销与调试的难度间存在一个折中的选择。

必须注意限制日志文件的大小，如果不对日志文件的大小加以限制，则其最终将占满整个磁盘，导致其自身变成了一个缺陷。例如，只保存最后 1 000

行或 100KB 的数据。最简单有效的办法是使用两个日志文件，每当当前文件到达定义的限制时，就切换到另一个文件。

要确保经常刷新输出缓冲，否则在程序发生致命错误时可能会丢失最后几行输出，而这很可能是最重要的信息。

5.2　集成

集成是将源代码生成可执行目标代码并加载到目标计算机的过程。其基本的使命就是把软件的各个部分装配在一起，并且保证软件作为整体是可以运转的。集成可以逐步进行（通常说持续集成），每完成一个模块就加入整体环境，在这个过程中发现相关问题并解决，从而把所有的集成问题分解为一组一组的问题，逐一攻破，把解决集成问题这件事情在时间上分散开。这样，在努力把某个模块集成到产品中时，那些还没有完成开发的模块可以继续开发、并行工作，不至于把所有的集成问题都积攒到最后。

5.2.1　集成过程

集成过程的目标是生成可执行目标代码并加载到目标计算机，其活动的要求包括以下几个方面。

（1）通过编译、链接和加载数据，从源代码生成目标代码和可执行目标代码，以及参数数据项文件。

（2）在主机、目标机模拟器或目标机上进行软件集成。

（3）把软件加载到目标机上，实现软件/硬件集成。

（4）在集成过程中发现输入不充分或不正确，应反馈给软件需求过程、软件设计过程、软件编码过程或软件计划过程，进行澄清或更正。

（5）不应为了实现需求或体系结构的变更，或因软件验证而导致的变更，在将要申请适航审定的软件中使用补丁程序。使用补丁只能在有限的情况下，且还须视具体情况而定，如为了解决编译器问题。

（6）使用补丁时，应满足如下条件：

a. 确认了 SCM 过程可以有效跟踪补丁。

b. 通过分析提供了补丁软件满足所有适用目标的证据。

c. 在软件研制总结中，说明了使用补丁的理由。

集成过程包括两个活动：一是开发视角的集成，即编译、链接和加载过程，简称开发集成；二是测试视角集成，即软件/软件集成和软件/硬件集成，简称测试集成。接下来将分别进行阐述。

5.2.2 开发集成

开发集成过程分为软件构建（build）和软件加载两个活动，其中软件构建指代码的编译和链接。开发集成过程如图 5-2 所示。

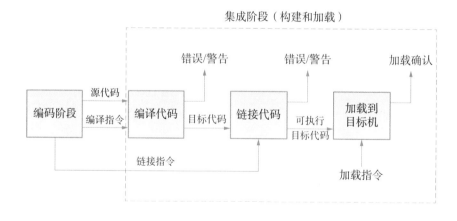

图 5-2　开发集成过程

开发集成过程的要求包括以下几点。

（1）可执行码要从源代码和链接加载数据产生。

（2）把软件加载到软件/硬件综合的目标计算机中。

（3）在集成过程中发现输入不充分或不正确，应反馈给软件需求过程、软件设计过程、软件编码过程或软件规划过程，进行澄清或更正。

1）软件构建

编写编译、链接指令是软件集成过程的重要工作内容，编译、链接指令决定了用源代码构建可执行目标代码的过程和结果，它们对于可执行目标代码生成的正确性和可重复性具有极其重要的作用。为了保证构建过程便于重复执行，编译、链接指令通常以构建脚本的形式保存，而且常常分别保存在多个构建脚本文件（如 make 文件）中，并分散在源代码目录结构的多个不同位置，或者隐藏在某些集成开发环境的工程文件中（如风河开发环境工程文件）。一些软件开发单位对源代码严加管控，却忽视了构建脚本也需要纳入评审和配置管理，构建脚本应该在项目计划阶段的开始就享受与源代码相同的待遇。

不仅如此，软件构建也依赖于一个可控的开发环境。开发环境应列出所有的工具（带有版本）、硬件，以及构建环境的设置（包括编译器或链接器设置）。DO‑178C 建议将这些信息记录在软件生命周期环境配置索引（software lifecycle environment configuration index，SECI）中。

为保证软件构建的可重复性，除了构建脚本、开发环境之外，还需应用构建规程文件管控整个构建过程。一般开发单位常常忽视编写和更新构建规程文件，构建过程往往依赖于日常执行构建的少数工程师，他们对构建过程早已烂熟于心，即便构建规程有所遗漏他们也难以发觉，一旦构建人员发生变动，软件构建过程的可重复性就难以得到保障。为了解决这个问题，可以让编写构建规程之外的人员或不熟悉构建的人员来执行该规程。

在构建用于发布的软件时，为了确保构建的充分和完整，业界通常使用干净的构建环境。在这种情况下，需要清理构建计算机，清除所有以前的构建产生的中间文件或可执行文件；然后用经过批准的源代码、构建脚本和开发环境执行构建，所有的构建条件都需要确保是可以重现的。建议开发单位配备专门构建发布软件的计算机，以免重复工作。

构建过程容易忽视编译器、链接器警告和错误的处理,应当在构建脚本中设置对编译和链接产生的警告和错误进行检查。构建脚本应当识别任何可接受的警告,或者识别用于分析警告并确定其是否可接受的过程。错误一般是不可接受的。

2) 软件加载

软件加载过程是指把已编译和链接的可执行目标代码数据从宿主机传输到目标机载系统或设备中的过程。软件加载控制的目标是用合适且安全的措施保证可执行目标代码被正确地加载到机载系统或设备中。例如,加载方法(经合格审定机构批准)可包括出厂前已编程的存储设备的安装,或使用外场加载设备的机载系统或设备的再编程。无论使用哪种方法,软件加载控制都包括以下几个方面。

(1) 被加载软件的部件编号和介质标识规程。

(2) 无论软件作为最终项目交付还是安装在机载系统或设备中交付,都要保存证实软件与机载系统或设备硬件兼容的记录。

通常必须要编写加载规程,并纳入配置管理控制,用于加载软件到目标硬件的规程和方法应当包含在软件配置索引(software configuration index, SCI)中。

加载指令应当标识如何验证一个完整的加载、识别不完整的加载、处理失败的加载,以及在加载过程中发生错误时如何做。

对于航空器系统,许多开发单位使用 ARINC 615A 协议和高完整性 CRC 确保被正确加载到目标机。

5.2.3　测试集成

测试集成是指测试活动中的集成,包括软件/软件集成和软件/硬件集成。

5.2.3.1　软件/软件集成

软件/软件集成是一个持续的过程,其在将各个软件部件、软件单元构建为一个可以工作的软件组件的同时,还需进行必要的集成测试以发现与软件接口相关的错误。这一构建过程是按照软件设计过程输出的软件体系结构,将各个单独的模块进行合并的过程。软件/软件集成策略分为一次性集成和增量式集成。

一次性集成是采用非增量式集成,即采用一种所谓"大爆炸"的方式构建软件组件。在这种方法中,所有单元、部件都提前合并好,合并后的软件组件构建为一个整体进行测试。这种方式的坏处是在测试中会产生大量错误,甚至于难以修复。因为对大规模的软件组件进行故障隔离会非常困难;而且往往会出现修复一个错误后,又发现新的错误,然后再次修复,又再次发现新错误的情况,所以非增量式集成往往用于小规模和接口复杂度较低的软件组件。

增量式集成在构建软件组件时对构建中的部件和单元进行不断增量测试,这样就能够更容易地隔离和纠正错误;对软件接口进行完整的测试;便于使用系统化的测试。常见的增量式集成策略包括自顶向下集成和自底向上集成。

1) 自顶向下集成策略

在自顶向下集成策略中,所有的部件和单元都按照软件的控制层级从高层级向低层级进行集成。最先集成的是主控制部件(主程序),然后主控制部件的次级部件被集成至主控制部件,并依次从下级向上级集成,直至最低级部件和单元。

在从高层级向低层级的集成过程中,可以采用深度优先或广度优先的方式。深度优先方式将集成控制结构中一条控制流路径中的所有部件。对于如何选择控制路径,针对不同项目或软件特点可能有不同的准则。例如,选择图 5-3 中最左侧的路径,C2,C5 将首先被集成,然后集成 C5 和 C8;其次集成 C6(为了使 C2 能够工作);最后集成中间的路径和右侧路径。广度优先的方式会直接集成下一层级的所有部件,并按层级向下层逐步进行。例如在图 5-3 中,C2、C3、C4 首先集成;其次集成 C5、C6、C7,最后集成 C8。

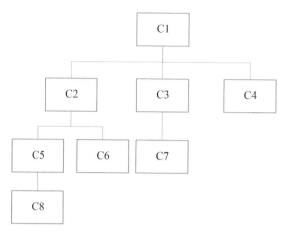

图 5-3 自顶向下集成策略

自顶向下的集成策略一般按如下步骤进行：

（1）主控制部件用作测试驱动，使用测试桩代替主控制部件的次级部件。

（2）依据所采取的集成方式，深度优先或广度优先，由次级部件逐个代替测试桩与上级部件集成。

（3）每集成一个部件，都对部件进行集成测试。

（4）每完成一个部件的集成测试，都进行下一个部件的集成，即使用下一个部件替换其测试桩。

（5）重复步骤（2）～步骤（4），完成对整个软件的集成，即完成整个控制结构的构建。

自顶向下的集成策略能够在集成过程早期对主要控制点进行验证。对于一个"构造良好"的程序结构，控制的判定会在程序结构的上层发生，因此会首先测试到。如果存在控制问题，则早期发现程序结构的问题是非常有益的。如果使用了深度优先的方式，则软件将以逐个功能的方式得到集成和测试，从而使项目的相关干系人尽早获知软件功能的可行性。

虽然自顶向下的集成策略从理论上是相对简便易行的，但是实际使用时可能产生问题。最主要的问题是在对下一个层级进行测试时，要求对上一层级完成充分的测试；然而在进行上层测试时，该策略使用测试桩替代下级部件进行，从而在上一层级测试时缺乏充分的、真实的数据流流向上一层级。面对这一问题，有三种选择：

（1）延迟大量测试的进行，直至测试桩能够被真实部件替代。

（2）开发具有一定功能的测试桩，仿真真实部件。

（3）从控制结构的底层向上集成。

第一种选择会导致在集成过程中失去对特定测试与新部件引入之间的合作关系，甚至导致集成最终演变为"大爆炸"；第二种选择可以执行，但是由于工作量很大，因此需要开发很多复杂的测试桩。

2）自底向上集成策略

顾名思义，自底向上集成策略从控制结构最底层的部件和单元进行构建和测试。由于该策略从下层级向上层级进行集成，因此总是有可用的下层级部件提供必要的功能和数据，从而不再需要测试桩。

自底向上的集成策略可以按如下步骤执行：

（1）对低层部件进行合并，构建为可执行一个特定功能的软件集，即一组特定的部件的组合。

（2）编制测试驱动来执行测试用例，控制输入和输出。

（3）利用测试驱动，完成该软件集的测试。

（4）完成低层各软件集的测试后，使用上一层的软件集代替原测试驱动，重新合并成为新的软件集，并为新的软件集开发新的测试驱动，执行测试。

（5）重复进行以上活动，直到完成全部层级部件的测试。

图 5-4 给出了一个自底向上集成策略的示例，低层部件被合并为三个软件集。每个软件集都使用一个测试驱动进行测试，分别是 D1、D2、D3。软件集 1 和软件集 2 从属于部件 C_b，在分别完成软件集 1 和软件集 2 的测试后，移除 D1 和 D2 两个测试驱动，软件集 1 和软件集 2 直接与 C_b 接口。类似地，在完成软件集 3 的测试后，移除测试驱动 D3，软件集 3 与 C_c 直接接口。使用 C_b

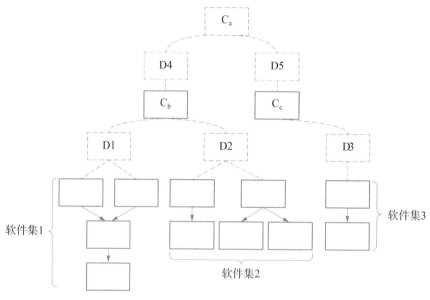

图 5 - 4 自底向上集成策略

代替 D1、D2 后,针对 C_b 开发新的测试驱动 D4,然后测试;C_c 同理,针对 C_c 开发测试驱动 D5,然后测试;最后再将 C_b、C_c 与 C_a 结合,至此不再需要测试驱动。

与自顶向下的集成策略相比,自底向上的集成策略虽然不需要开发测试桩,但是需要开发测试驱动。随着集成向控制结构的上级进行,对测试驱动的需求将逐渐降低。实际上,如果控制结构的最高两层按自顶向下的方式集成,则需要的驱动的数量可以有效降低,软件集的集成也会简化,即在实际中可以采用自顶向下和自底向上相结合的方式进行。

3) 集成策略的选择

通过对自顶向下集成策略和自底向上集成策略的分析不难看出,二者的优缺点是互为对立的。自顶向下集成策略的主要缺点是需要测试桩,以及由此带来的测试困难;其优势是能够在早期对软件的主要控制功能进行构建和测试,建立信心。而自底向上集成策略的主要问题是只有在最后一个模块集成后软件才能作为一个完整实体存在,这会极大考验项目相关人员对软件最终能够实现功能的信心。

集成策略的选择往往依赖于具体的软件特点,并且有时会与项目进度相关。一般采用一种组合方法,称为"三明治"方法,即对控制结构的较上几层使用自顶向下方式,而对底层部件使用自底向上方式。

此外,在进行集成测试时,集成人员应当考虑识别组成一个组件的"关键部件/单元"。一个"关键部件/单元"具备如下特征:

(1) 实现了多条软件需求。

(2) 在软件体系结构中处于较高的控制层级。

(3) 比较复杂或者易出错。

(4) 有确定的性能要求。

在确定集成策略时,应考虑尽可能早地对"关键部件/单元"进行集成测试,并且在回归测试时,应重点关注对"关键部件/单元"进行测试。

5.2.3.2　软件/硬件集成

软件/硬件集成是将软件与硬件结合在一起的过程。由于软件/硬件集成需要通过测试来证明,因此软件/硬件集成通常与测试交叉进行。此外,软件/硬件集成需要在目标计算机上进行,以揭示软件在其运行环境中的错误。这是因为许多错误只有在目标计算机中才会被发现,如中断处理、定时;对硬件瞬变和实效的处理;数据总线或其他资源竞争问题;自检测;软件/硬件接口;控制回路行为;软件控制的硬件设备;堆栈溢出;现场加载控制;软件分区等。

测试通常在目标计算机上执行,特别是软件/硬件集成测试。但在实际工作中,目标计算机往往研制完成较晚,开始时也不够稳定,有时会用目标计算机模拟器或仿真器执行测试。如果是这种情况,则需要评估模拟器或仿真器与目标计算机之间的差别,以确保检测错误的能力与在目标计算机上是相同的。可以通过差异分析或者对模拟器、仿真器进行鉴定(详见 DO - 178C 和 DO - 330中描述的工具鉴定方法),表明等同性。应当指出测试可能还需要在目标计算

机上重新运行,因为有些类型的错误只有在目标计算机环境下才能检测出来。

5.2.4 自动持续集成

5.2.4.1 持续集成

在传统的开发模式中,在项目开始阶段会对软件划分模块,各模块负责人分别开发,待所有代码开发完毕后,再进行汇总、集成、发布和测试,这就导致应用程序在相当长的一段时间内始终处于无法运行的状态,尤其在软件开发团队规模比较大的情况下,这一现象显得尤为突出。这种情况对于那些项目生命周期很长或者把验收测试放到项目尾声进行的团队将是灾难性的,很多软件缺陷在项目的早期就存在,但是在最后集成的时候才能发现问题,因此在集成阶段,开发人员需要花费更多的时间寻找软件缺陷的根源,再加上软件的复杂性,问题的根源更加难以定位,甚至会出现不得不调整底层体系结构的情况。为了弥补这一缺失,团队负责人不得不在开发结束后预留很长的时间作为集成阶段,最糟糕的是没人知道到底要花多长时间才能完成项目集成。极端的情况是有些项目到了集成阶段才发现软件并不完全满足用户需求。

为了避免传统开发模式存在的这些问题,Kent Beck 最早在其极限编程(extreme programming,XP)的核心实践中引入了持续集成(continuous integration,CI)的概念。CI 要求每当有开发人员提交代码,就要对整个软件实施构建、部署并执行全面的自动测试进行验证。这一过程最重要的原则是如果构建或者测试失败,则开发团队应立即停止研发的工作,在最短的时间内予以修复。CI 的目标是保证正在开发的软件一直处于正常的工作状态。CI 往往与自动化手段相结合,以减少人工干预引入的失误。

及早和经常地集成被广泛认同为最佳实践。在集成中会发现接口存在的问题、对设计的误解、任务单元间配合的问题等。这些问题早发现、早解决,比拖到最后,解开一团乱麻要好。

需要注意的是,及早和经常地集成并不意味着在一个任务单元还没有完成的时候就提交,就和整体集成。总要完成一小块工作单元,产生对别人有价值的东西后再提交。要保证其质量不会对别人造成困扰的时候再提交。

持续集成的优势主要体现在以下几方面。

(1) 减少集成过程重复活动和人工错误,精简了集成过程,缩短了集成周期。

(2) 持续集成技术可以实现集成和测试动作在多情景下的自动化触发执行,它使得集成测试工作不受时间和人工的限制,可不知疲倦地反复迭代,无需太多人工干预,让人们的时间更多投入到动脑筋的、有更高价值的事情上,避免了人工错误、有效节省了项目研制时间、费用和工作量。

(3) 缩短的集成周期减少了集成上游和下游部分活动的迭代周期,包括需求确认、代码审核、并行测试、修复错误。

a. 快速执行需求确认的迭代。一旦需求得到编码实现,就能立即投入集成、运行和测试中并获取结果,因此开发人员可以及时检验和反馈需求是否合理,进而在短期内确认或调整需求。通过持续集成,软件开发人员可以有效应对需求不明确和需求在项目后期频繁变更等问题,加强了人们对需求的信心。

b. 快速执行代码审核。持续集成将代码的变更分解到每天的编译活动之中,可以方便地比较每一个编译活动之间的差异,减少代码审核的工作量和复杂度,有助于提高代码审核效率。

c. 快速建立可与开发并行的自动测试产品。持续集成的每日构建(daily build)可以确保已经实现的代码快速进入可测试状态,保证了测试的及时性,也使得已开发产品的测试工作与待开发产品的开发工作能够并行开展,节省了项目时间。此外,每日构建结合冒烟测试(smoke test),能更加充分地测试系统中的各个模块。

d. 快速暴露、定位和修复错误。在每天的集成中,当你的持续集成失败了,说明你新加或者修改的代码引起了错误,这样你很容易地就可以知道到底是谁犯了错误。出现问题的项目成员马上会收到通知,问题会在第一时间得到修复。不采用持续集成的情况下,这些问题有可能到交付前的集成测试时才发现,由此可能会导致产品延迟发布,而在急于修复这些缺陷的时候又有可能引入新的缺陷。

(4) 增强了项目的透明度和直观性,减小了项目的风险,提高了团队的信心。

a. 快速确定项目进度和品质指标。由于每天都在集成,每天都可以看到哪些功能可以使用、哪些功能还没有实现、缺陷率是多少,因此可以使管理人员对项目进度和质量有一个明确的估计,并进行有效的项目管理决策。明确的进度完成状态和及时充分的测试减小了项目的风险,使得产品质量得以保障。

b. 快速发布产品。持续集成保障了任何因功能增加或修改产生的问题都能在第一时间得到修复,每天项目团队手头都有一个功能已经实现的、没有集成问题的、经过测试的产品,使任意时间发布可部署的软件成为可能。

持续集成可以加强开发团队对开发产品的信心,因为他们清楚地知道每一次构建的结果,知道他们对软件的改动造成了哪些影响、结果怎么样。加强开发团队的信心也有助于改善与客户的关系。

5.2.4.2 自动持续集成的过程

与及早和经常地集成相关的典型词汇是每日集成,即每天都做一遍集成,在持续集成看来,仍是不够。持续集成认为集成应该更为频繁,频繁到人类无法完成,达到必须充分借助自动化工具的程度,这就是自动持续集成。

自动持续集成过程如图 5-5 所示,由如下主要步骤组成:

(1) 开发人员人工提交代码。

(2) 自动识别变更并进行代码静态检查。

(3) 自动构建。

(4) 自动测试集成与部署。

(5) 自动运行和测试。

(6) 自动反馈集成结果。

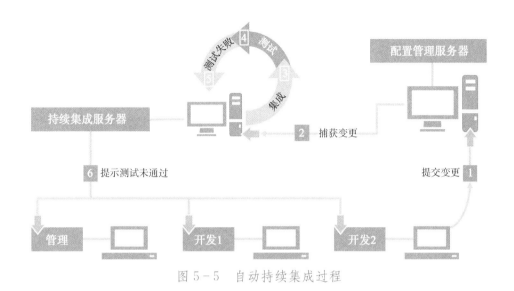

图 5-5　自动持续集成过程

以下各节将阐述自动持续集成中的关键步骤,包括自动构建、自动测试集成与部署以及自动测试。

5.2.4.3　自动构建

自动构建是将项目代码统一编译、链接的活动。以往嵌入式软件代码量小、构建时间少,可以忽略构建的工作量。随着航空电子系统的发展、航空电子功能的日益复杂、IMA 的出现,项目中的软件规模越来越大,构建时间已由传统的几秒钟增加到目前的 1~2 个小时,而面向嵌入式软件的自动构建可大幅度提高软件开发效率。嵌入式软件的自动构建具有多目标硬件平台、多版本操作系统、多软件开发环境(如模型开发环境 SCADE,典型的嵌入式软件开发 WorkBench653)等特点。自动构建通过 Make 工程管理器,借助软件开发工具提供的操作命令,依据项目软件模块的组成关系,生成在正确的硬件平台上运行的执行包,如图 5-6 所示。

自动构建通常在软件设计活动时就开始同步开发,随着软件规模的不断扩大,自动构建设计不断迭代、不断完善,最终生成项目中所有硬件平台上的可执行包。

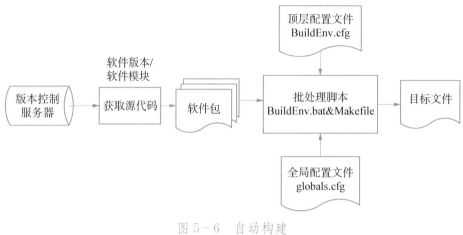

图 5-6　自动构建

自动构建设计依据软件体系结构划分构建单元、确定构建目标。相关指南包括以下几方面。

（1）确定软件模块间的依赖关系，先构建被依赖的软件模块。

（2）确定每一层软件的构建输出数据包类型，如库文件、基于分区操作系统的分区可执行包、基于分区操作系统的核心可执行包或支持软件运行的配置数据。

（3）硬件平台关系最紧密的软件模块独立构建。

（4）软件构建环境的搭建和所有模块公用的环境设置放置在同一个设置文件中。

（5）充分利用软件集成开发环境自动生成的 Makefile 文件。

（6）软件构建的可扩展性。随着项目开发的逐渐深入，会有新的软件组件加入，在构建设计中需要预留新组件的接口。

（7）软件构建设计时，提供软件版本和软件模块入口参数，以便随着软件项目开发，根据项目需要构建不同版本的软件。

软件自动构建工具通常包括源代码获取工具、软件集成开发工具、Make 工程管理器、Shell 命令解释器以及其他相关工具。

（1）源代码获取工具：通常的软件开发项目都有专门的版本控制工具，将源代码放置在服务器仓库中,自动构建的第一步是把所需要构建的代码依据软件模块名称和软件版本从服务器上获取,通常的软件版本控制工具有 Git、SVN、RCS、CVS。这些工具不仅提供图形化的操作,还有命令形式的操作。自动构建就是通过调用命令和输入参数,获取源代码。

(2)软件集成开发工具:在自动构建的宿主机上,需要安装所有开发软件所使用的集成开发工具。因为这些集成开发工具包含构建过程中所需要的库、头文件或者是一些工具,例如构建包含 SCADE 模型的开发库时,需要安装 SCADE 集成开发环境,以获取模型转换为 C 语言代码的工具以及系统库。

(3)Make 工程管理器:GNU 编译器套件(GNU compiler collection,GCC)提供的一种半自动化的工程管理器。Makefile 存储着 Make 工程管理器进行工作时所需的编译规则命令。Make 工程管理器通常存在于 Linux 和 UNIX 操作系统中。在 Windows 平台上开发嵌入式软件,软件集成开发工具会自带 Make 工程管理器。通常软件开发工具会自动生成构建软件的 Makefile 文件。

(4)Shell 命令解释器:用户与操作系统之间的接口。在自动构建时,主要在 Shell 命令解释器中设置环境变量和编译目录,启动 Make 工程管理器,进行自动构建。

(5)其他相关工具:在整个软件构建过程中,可能涉及重复、琐碎的人工操作,可以通过 Python 等语言编制的小工具统一完成,并通过 Shell 命令解释器在构建过程中适时启动这些小工具。

5.2.4.4　自动测试集成与部署

民机适航软件验证为了满足 DO-178C 对不同软件等级定义的验证目标,需在宿主机和目标机环境下开展多样化的测试工作,测试之前需完成满足特定验证目标的测试集成,主要包含以下几个方面。

1)宿主机环境下测试集成

根据宿主机环境原理,通过对原始程序进行插桩、特定编译环境配置和生成测试接口等过程,采用如 Makefile 等方式自动化生成可在宿主机环境运行并开展的测试集成。其中包含软件集成测试集成、结构覆盖分析测试集成等。

2) 目标机环境下测试集成

根据目标机测试环境原理,通过对原始程序进行插桩、生成测试接口、定义 I/O 配置文件、更新测试环境脚本等过程,采用自动化命令的方式实现目标机环境下测试集成。其中包含软件/硬件目标机测试集成、WCET 分析目标机测试集成、结构覆盖分析目标机测试集成、低层需求目标机测试集成等。

在测试集成完成之后,开展测试之前,通过自动化手段将测试集成输出部署到特定测试环境之中,为后续自动测试做好准备。

5.2.4.5 自动测试

通过在持续集成服务器上创建自动测试服务,再通过持续集成服务器自动调度执行测试服务,实现实际项目中的持续自动测试。其中自动测试服务主要分为两类:人工触发的测试服务和事件触发的测试服务(成功构建之后)。自动测试服务由人工触发或事件触发的测试任务通过定义任务脚本或直接调用已定义脚本,自动化完成测试执行并生成测试结果。人工触发的测试服务通过人为定义所需开展的测试任务,完成特定需要的测试执行。事件触发的测试服务在每次完成成功构建之后自行触发的活动,自动化完成回归测试工作。

自动测试过程包括如下步骤:

1) 建立自动测试环境

为实现自动测试,需根据测试过程、测试方法等因素进行考虑,搭建测试环境,测试环境实现对被测软件的激励、获取被测软件的输出、监控与被测软件间数据交互、调度被测软件运行等,支持手动修改软件输入参数的方式实现对软件的调试测试。

以上测试环境的建立能满足测试的基本需要,但在实际项目中,尤其是大规模复杂系统,需求条目数量巨大、需求功能复杂,为了提升测试执行效率,通常采用自动化的方法解析、执行测试用例与测试程序。目前,此方法广泛应用于项目工程实践中。通过设计实现自动测试框架、自动化加载、解析、执行测试用例、测试程序，自动化生成测试结果。

在实际工程项目中，自动测试框架的实现依赖于测试用例框架与测试用例描述语言，在设计实现自动测试框架之前，需确定项目采用的测试用例框架及测试用例描述语言，以及测试用例所采用的文件存储格式。

2）测试用例开发

依据软件需求、测试用例框架、测试用例描述语言，完成满足 DO - 178C 不同软件等级要求的测试用例开发，依据评审检查单完成测试用例评审，完成测试用例试运行且确认无误后，将测试用例上传至配置管理库统一管理。

3）测试用例与测试程序自动执行

依据测试环境操作指南以及测试环境所提供的外部接口等，以命令行脚本文件或其他脚本文件的方式自动完成环境配置，自动启动并运行测试环境；以命令行脚本文件或其他脚本文件启动并运行自动测试框架程序；根据需要定义单个或批量测试用例与测试程序批处理文件。通过运行以上定义的自动化脚本文件实现测试用例与测试程序的自动执行，整个过程无需人工干预，测试执行完成将自动生成测试结果文件并保存。

4）测试结果分析并报告问题

所有测试结束之后，测试人员对所有测试用例执行产生的测试结果文件进行分析，对所有不通过的测试用例，结合需求及实际测试结果，报告软件问题并按照配置管理流程提交，跟踪问题报告。

5.2.5　集成的验证

对于集成的验证通常包括如下活动，以保证集成的完整性和正确性。

（1）评审编译数据、链接数据和加载数据（如用于构建和加载的脚本）。

（2）评审构建和加载指令，包括指令的独立执行脚本，以保证完整性和可重复性。

（3）分析链接数据、加载数据和内存映像，以确保硬件地址正确、没有内存重叠，并且没有缺失的部件。

测试集成（软件/软件集成和软件/硬件集成）的主要验证方法是测试，详见第 6 章。

5.3 常见问题分析

软件实现阶段的常见问题为编译器提供的代码库由于缺少支撑材料而不能通过适航审定。

1）问题分析

大多数编译器制造商随编译器或工具提供了代码库，供开发人员使用以实现代码中的功能。在调用时，这些库函数成了航空电子软件的一部分；同样，这部分软件也需要满足 DO－178C 的目标。CAST 对这个问题的意见编写在 CAST－21 纪要中。该意见的基本点是要求库代码满足 DO－178C 目标。

2）建议方案

针对编译器提供的库代码适航审定的问题，建议方案如下：

（1）开发自己的库替代编译器提供的库。许多企业选择开发自己的库，在开发时遵循与开发其他航空电子软件一样的流程和目标，甚至采用最高等级的软件开发流程与目标，使它可以用于多个项目。建议将库的需求、设计和测试资料与其他航空电子软件分离。对于有些项目，库可能需要在后续项目上再次测试（由于编译器不同、处理器不同等）；对于 C 级和 D 级应用，使用测试和服役历史说明库的功能是可行的。建议在 PSAC 中解释库的使用方法，以确保得到合格审定机构的认可。

（2）采用逆向工程开发需求、设计和测试用例。基于编译器提供的库，采用逆向工程开发需求、设计和测试用例，大多数时候编译器提供的库不含目标码,仅是可重定位的二进制代码(是编译代码不是可执行的目标代码),因此逆向工程的工作量比较大,正确性难以得到保证,此外还需要了解构建时的编译和链接指令。因此,采用逆向工程时,也建议在提供或能够获得(包括购买)源代码的基础上进行,否则其代价和风险远高于开发自己的库来替代。

(3)让库的制造商提供完整的支撑资料。如果经费允许,则可以联系编译器库制造商,直接购买相应的支撑资料支撑适航审定工作。这应该是时间上最经济的做法,许多提供高安全工具的制造商已经开展了类似的工作,但往往与适航审定相关的资料价格都很高,这也是采用这种方式的缺点。

6

软件验证

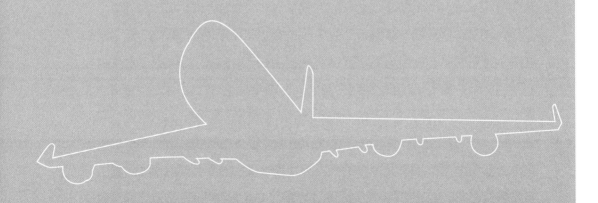

6.1 概述

软件验证是按照验证计划定义的方法和活动对软件需求、软件设计、软件编码、集成的输出进行验证的过程。验证是对一个过程的输出的评价，以确保提供给下一个过程输入的正确性和与标准的符合性。验证的目的是识别错误，使得可以在其成为故障或失效之前进行纠正。软件验证贯穿于软件开发过程，且越早越好，不要等到软件开发过程结束才开始进行软件验证。

软件验证过程的输入包括系统需求、软件需求、软件体系结构、追踪性数据、源代码、可执行码和软件验证计划。软件验证过程的输出记录在软件验证用例与规程及软件验证结果中。

6.1.1 软件验证过程

软件验证过程的目标如下：

(1) 验证根据分配到软件的系统需求开发出了与之对应的软件高层需求。

(2) 验证根据软件高层需求开发出了与之对应的软件体系结构和软件低层需求。

(3) 验证根据软件体系结构和软件低层需求开发出了与之对应的软件代码。

(4) 验证可执行目标代码满足了软件需求（预期功能），并且没有非预期功能。

(5) 验证可执行目标代码是鲁棒的，能正确响应异常输入和条件。

(6) 验证用于执行验证的方法针对软件等级是技术正确的和完整的。

软件验证活动的要求如下：

(1) 如果被测代码与机载软件不完全相同，则应明确指明并给出合理的解释。

（2）当不能通过在真实的测试环境中运行软件来验证特定的软件需求时，应提供其他手段并证明如何满足 SVP 或软件验证结果中所定义的软件验证目标。

（3）应向软件开发过程报告在软件验证过程中发现的缺陷和错误，以便澄清和纠正。

（4）在纠错或变更后要重新进行验证，以保证修改的正确性。

（5）保证验证独立性，由被验证项目的开发人员以外的人员进行验证。使用工具进行验证和人类验证活动具有等同性。为了保证独立性，基于低层需求创建测试用例的人应该不同于那些根据低层需求开发相关源代码的人。

6.1.2　软件验证的方法

软件验证的主要方法包括评审、分析、测试、基于模型的验证。

评审和分析适用于软件开发过程和软件验证过程的结果。评审与分析的一个差别是分析提供正确性的可重复证据，而评审提供正确性的定性评估。评审是一种以一张检查单或类似辅助手段为指导而进行的对某种输出的检查过程。分析则是对一个软件部件的功能、性能、可追踪性、安全性影响以及它与机载系统或设备中其他部件的关系进行详细检查。

测试针对软件开发的成果——代码进行动态评估，测试的执行通过运行系统或组件以验证代码对需求的满足。通常在软件需求不能用测试用例测试的情况下，可采用分析方法确认软件实现对需求的正确性。

基于模型的验证是对软件模型（需求分析模型和设计模型）进行质量分析与评估的方法，如模型检查与仿真等，适用于基于模型的软件开发项目。

6.1.3　软件验证的独立性

软件验证的独立性指实施软件验证的人应不同于进行软件开发的人，如编写需求的人不能同时编写软件测试用例。责任的分离保证了对目标是否完成可以进行客观的评估。针对不同等级的软件，独立性要求也会有所不同，等级越高，独立性要求越高。

为了确保独立性，一般项目中都会成立专门的软件验证组进行软件验证活动，验证组成员不会同时兼任开发工作。软件测试用例的开发、覆盖分析等验证活动都由软件验证人员独立完成，同时软件验证的工作产品也要由开发该工作产品之外的人进行评审。

6.2 软件评审

软件验证的评审活动是通过检查单或类似的方法，进行人工和定性的检查，评审工作取决于个人的主观意愿，属于不确定性行为。通过评审可以发现运用其他方法难以发现的错误。软件验证的评审包括需求、设计、代码、集成过程输出等各项评审工作。

6.2.1 软件评审流程

大多数项目采用一个正式的评审流程评审它们的计划、需求、设计、代码、测试用例、测试报告、配置项、总结报告和其他关键生命周期数据。一个有效集合起来的评审团队往往能发现个人可能忽视的问题。

为了提高评审的质量和效率，建议采取如下方式和方法：

(1) 评审要有评审计划和评审记录等。一般企业或项目都可以设计自己的评审表单。

(2) 由一个主持人或技术型领导策划评审，主持人的职责包括提供评审文件、分配评审任务、收集评审意见、主持评审会议，在有争议时进行裁决，确保所有的评审意见都能在会议结束前得到确认。

（3）主持人在规划评审时要填写评审计划表，确定计划开始日期、参与评审人员、各自的角色和任务、被评审文件及对应版本、所使用的检查单等信息。在评审计划里要确认必须参加的以及可选的评审人员，例如质量保证人员不会参加所有评审会议，但是在进行相关评审时一定要通知质量保证人员参加。被评审文件可能是一个非正式或开发库中的版本，但是这个版本必须受控并且由唯一的配置版本编号进行标识，如 SVN 的某个版本号，且要记录在评审记录中。如果被评文件是文档，则最好显示行号，便于在评审过程中记录问题。Word 格式的文档可以转换成 PDF 格式进行评审，以便发现一些引用错误。

（4）在评审中要使用一些检查单和标准文件，如需求标准和编码标准等。在验证计划中，会明确遵循的标准，如需求标准、编码标准以及评审中使用的检查单等。在评审中要对是否按照标准执行进行检查。检查单是评审的重要依据，检查单的设计尤为重要，要考虑被检查项的各个方面，包括格式、功能、性能、一致性、完整性和正确性等，每一项都要清晰明确。如果可以，则相应标准中的内容也应在检查单中逐一列出，这样更有利于确保标准的每一项都被严格地检查到。因为检查单非常重要，所以在检查单正式使用之前，应该由有经验的工程师对检查单进行一次评审，确保检查单的正确性和完整性，检查单使用前也应受控。

（5）为每个评审人分配评审任务。例如，可以按需求的不同功能划分评审任务，或者针对同一内容的不同方面进行划分；某些人评审对上层系统需求的符合性，某些人评审对标准的符合性，等等。确保所需的评审人员覆盖了检查的所有内容。这里进行分工的工作对于评审质量很重要，当被评审内容很多时，如果所有人都对所有内容进行评审，则一方面可能评审人没有很多时间对全部内容进行仔细的检查；另一方面，可能因此有了依赖性而放松了评审的要求，由此看来正确分工是很有必要的。大的文档最好拆分成小份进行评审，并且高风险的部分优先评审。一旦各个部分都被评审过了，有经验的工程师应该对整体再次进行评审以确保各部分之间的一致性和正确性。

（6）根据被评审内容，给评审人员充分的信息和时间进行评审。

（7）确保独立性要求被满足。针对不同的 DO－178C 软件级别，独立性要求也不同，因此评审时要注意对于独立性的要求，邀请独立于被评审文件开发者的人员参与评审。由于惯性思维的作用，自己往往难以发现自己的问题，因此只有通过第三方不同的视角才能保证评审的公正性和有效性。

（8）评审人员要有相应的知识基础。可以邀请相关专家、未来会使用这些数据的人、其他的软件开发人员等与被评审产品相关的人员参与评审。例如，在进行软件需求评审时，可以邀请系统需求开发人员、安全性人员、软件设计人员、软件验证人员参加。

（9）评审小组人数控制在合理范围内。人数太多，组织会议和收集意见会比较困难；人数太少，则又难以确保评审质量。因此，评审小组人数应控制在合理范围内。此外，应在评审记录里记录评审时间、实际参加的评审人员、提出问题的评审人员、评审人员所用时间。这些评审信息为判定评审的独立性提供了证据，同时评审所用时间还可用来评估评审所花的精力。

（10）为评审人员提供合适表格或文档记录意见，也可采用专门的评审工具。评审人员一般要记录以下信息：评审人名、文档标识和版本号、问题所在段落或行号、问题编号、问题、问题等级等。在会议时需要确定问题是否被采纳以及其解决方案，最好将被评审者和评审人双方认可的解决措施记录下来，以便在问题修改后对照计划修改措施确认问题已关闭。

（11）安排评审会议时间来讨论评审问题，面对面的讨论往往比邮件来往更有效率。一般首次评审或经过重大修改的软件都需要通过召开会议进行评审，如果只是小的改动则可以不召开专门会议。

（12）评审正式结束之前确保所有问题都关闭。如果有问题不能在评审阶段确认或解决，则可以提出一个问题报告，并把问题报告编号记录在评审表格里进行追踪。

（13）评审记录包括评审会议记录单、更改单、检查单。正式的软件评审是软件验证活动的一部分,评审记录也要作为软件验证结果的一部分。所有软件评审的产品和记录都要进行配置管理,评审前和评审后的产品都要存在配置库中,使这一过程有据可查。

评审是早期发现问题的有效手段,操作不当会导致评审不能达到预期的效果,可能造成这一后果的原因如下。

(1) 思想认识问题:因为项目节点等原因,没有进行严格、认真的评审。问题越早发现越好,忽视评审匆忙进入下一阶段工作往往会导致问题越来越多、越来越大,最终得不偿失。

(2) 评审人员问题:没有采用有经验的、有资质的评审人员,不能有效地发现问题。

(3) 评审时间问题:没有给评审人员充分的时间进行评审。需求和体系结构的评审需要有经验的人员经过成熟和反复的思考,特别是需求复杂并且量较大的时候,为了评估所有需求内容的一致性以及需求和其他文档的一致性,要耗费很多时间。有些需求往往单独来看是正确的,但是结合其他需求或文档就会发现有不一致的地方,如果没有充分的前期准备则很难发现这些隐藏的问题。

(4) 评审工具问题:评审检查单设计不合理,过于简单。有时评审者在评审时不能想起所有要检查的注意事项,因此一份设计充分的检查单是保证评审质量的关键。

(5) 评审流程问题:问题没有得到追踪和解决,或者在进入下一步工作之前没有关闭问题。例如,在系统需求评审问题关闭之前就开始了高层需求的评审,虽然这时候看起来高层需求和系统需求是符合的,但是系统需求在之后又发生了变更,这些变化有可能会被忽略,从而导致系统需求和高层需求在链接关系和一致性上出现偏差。为了弥补这些偏差,可能还要重新进行一轮评审,这将耗费大量的时间和人力。

6.2.2 软件需求的评审

软件需求对于安全关键软件的开发非常重要,对它的评审要求应该最严格。需求是软件开发的基础,后续软件开发活动都是依据需求开展的,如果需求写得不好导致返工则会增加很多额外的开销。

软件需求开发结束并且纳入配置控制,这时即可进行软件需求评审。在需求首次评审通过并打基线后,每次需求更改都应再次进行评审。

软件需求评审时需要如下输入条件。

(1) 上层系统/子系统需求:上层系统/子系统需求作为软件高层需求的依据在需求评审中必不可少。

(2) 软件高层需求:需求评审的主体。

(3) 软件高层需求和上层系统/子系统需求的链接关系:软件高层需求和上层系统/子系统需求要建立链接关系,每个上层系统/子系统需求都有对应的软件高层需求;而对于每个软件高层需求,除派生需求外,都要有对应的上层系统/子系统需求。

(4) 接口文件:因为有些需求是依据一定的接口定义进行设计的,所以在评审需求时也要考虑符合接口文件。

(5) 需求标准:项目要建立需求编写所依据的标准,规范需求的编写格式、语言的描述、需求的属性和一些术语等。

(6) 需求评审检查单:检查单罗列了需求评审时所要检查的所有问题。

DO-178C 规定需求应至少满足以下要求,这些要求也要列入检查单。

(1) 符合系统需求:确保软件高层需求符合系统需求的功能、性能、安全相关的需求。如果是派生需求,则不需要有对应的系统需求,但要正确描述这些派生需求存在的原因。

(2) 正确性和一致性:确保每个高层需求都是精确的、无歧义的、足够细化,并且需求之间是一致的,不会互相产生矛盾。

(3) 与目标机的兼容性:确保高层需求和目标机的特性不会有冲突,特别是在系统响应时间和输入/输出硬件方面。

（4）可验证性：每个高层需求都应该是可验证的，以保证可以通过有效手段验证其是否正确实现。

（5）与标准的符合性：要确保需求的编写符合需求标准，如果和标准出现了偏差，则要给出合理的解释。

（6）可追踪性：保证系统的各个功能、性能、安全相关的需求都被分配到相应的高层需求，没有遗漏。

（7）算法方面：确保预定算法精确、正确地实现，特别是在不连续点上。

6.2.3　软件设计的评审

在软件体系结构设计或详细设计结束并且纳入配置管理库进行版本控制后，即可进行软件设计评审。在设计首次评审通过并打基线后，每次软件体系结构或软件详细设计文档（即软件低层需求）发生更改时，都应再次进行评审。

软件设计评审需要如下输入条件：

（1）软件高层需求。

（2）软件体系结构或低层需求。

（3）软件低层需求和高层需求的追踪性链接：软件低层需求和高层需求要建立链接关系，每个软件高层需求都有对应的软件低层需求；而对于每个软件低层需求，除派生需求外，都要有对应的软件高层需求。

（4）软件设计标准。

（5）软件设计评审检查单。

软件设计评审包括软件体系结构和软件低层需求的评审。在评审软件低层需求时要考虑如下问题。

（1）符合软件高层需求：确保软件低层需求和对应的高层需求相符，如果是派生需求，则要正确描述这些派生需求存在的设计基础。

（2）正确性和一致性：确保每个软件低层需求都是精确的、无歧义的、足够细化、并且需求不会互相产生矛盾。

（3）与目标机的兼容性：确保软件低层需求和目标机的特性不会有冲突。

（4）可验证性：每个软件低层需求都应该是可验证的，以保证可以通过有效手段验证其是否正确实现。

（5）与标准的符合性：要确保软件低层需求的编写符合设计标准，即使有偏差也应给出正当理由。

（6）可追踪性：保证软件高层需求及其派生需求都被分配到相应的低层需求，没有遗漏。

（7）算法方面：确保预定算法精确、正确地实现，特别是在不连续点上。

在评审软件体系结构时要考虑如下问题。

（1）符合软件高层需求：确保软件体系结构符合软件高层需求，特别是保证系统完整性的需求，如分区机制。

（2）一致性：确保组件间的关系是正确的。

（3）与目标机的兼容性：确保软件体系结构和目标机的系统特性相符，特别是初始化、异步操作、同步操作、终端。

（4）可验证性：确保软件体系结构是可验证的，如没有无限循环的算法。

（5）与标准的符合性：确保软件低层需求的编写符合设计标准，即使有偏差，也要给出合理的解释，特别要注意和系统安全性目标不符的复杂度限制和设计结构。

（6）分区完整性：确保阻止了违反分区的情况。

6.2.4　软件代码的评审

在软件代码的开发结束并且纳入配置控制后，即可进行软件代码评审。在代码首次评审通过并打基线后，每次代码的更改都应再次进行评审。

软件代码评审的输入条件如下：

（1）软件高层需求。

（2）软件体系结构和软件低层需求。

（3）源代码。

（4）软件低层需求和软件代码的追踪关系：每个软件低层需求都有对应的代码，每个代码都有对应的软件低层需求。

（5）软件编码标准。

（6）软件代码审查单。

在软件编码阶段应该对软件代码进行同行评审，以保证它符合软件编码标准，并且代码正确实现了软件的高层、低层需求。

软件代码评审应该考虑如下问题。

（1）符合软件低层需求：确保软件代码准确、完整地实现了软件低层需求，没有实现未提到的功能。

（2）符合软件体系结构：确保软件代码符合软件体系结构中的数据流。

（3）可验证性：确保软件代码不包含不可验证的语句和结构，软件代码不需更改就能测试。

（4）与标准的符合性：确保符合软件编码标准，特别是复杂度限制和编码约束必须和系统安全目标相符。复杂度包括软件各部分间耦合的深度、控制结构的嵌套数以及逻辑和数学表达式的复杂程度，包括数据耦合和控制耦合（data coupling and control coupling，DCCC）分析。与标准不符的偏离要说明其合理性，在软件开发计划中就会指定软件的编码标准。

（5）可追踪性：保证低层需求被开发成了代码，没有遗漏。

（6）准确性和一致性：确保代码的准确性和一致性，包括浮点数算法溢出、异常处理、使用未初始化的变量和常量等。浮点数计算要防止溢出，对于可能超出范围或无效的输出要进行错误检查或数据有效性检查。可以使用工具进行代码的一些未初始化问题的分析。

6.2.5 集成过程输出的评审

集成过程完成后可以进行集成过程输出的评审。集成过程输出的评审的输入是编译、链接信息、可执行码、加载信息。其评审的主要目标是确保集成过程的输出完整、正确。评审活动主要检查：

(1) 编译链接过程是否有警告和错误信息。

(2) 软件是否加载到正确的硬件地址。

(3) 是否存在存储重叠。

(4) 是否包括了所有正确的软件，且没有缺失软件项。

6.3 软件分析

软件分析是一种可重复的、定量的检查，用于检查一个软件部件的功能、性能、可追踪性和安全性，以及它与其他部件的关系。常用的软件分析方法包括追踪性分析、分区分析、堆栈分析、WCET 分析、源代码和目标代码的对应分析等。可以运用工具进行自动化分析或人工辅助分析。

6.3.1 追踪性分析

追踪性分析为了保证需求测试的完整性，在系统需求、高层需求、低层需求、代码、测试用例之间建立追踪关系，并对追踪关系进行分析。

正式的追踪性分析是软件验证活动的一部分，追踪关系对照表和分析结果都要纳入软件验证的结果中。

软件需求阶段应该建立系统需求和软件高层需求间的链接，软件验证人员应检查链接并确保：

(1) 每个分配到软件部分的系统需求都能追踪到一条或多条软件高层需求。

(2) 每个软件需求,除派生需求外,都能追踪到对应的一条或多条系统需求。

(3) 每个分配到软件部分的系统需求都应完整分配到软件高层需求中。

软件设计阶段应该建立高层需求和低层需求间的链接,软件验证人员应检查链接并确保:

(1) 每个高层需求都能追踪到一条或多条软件低层需求。

(2) 每个软件低层需求,除派生需求外,都能追踪到对应的一条或多条高层需求。

(3) 每个高层需求都应完整分配到低层需求中。

软件编码阶段应该建立低层需求和代码间的链接,软件验证人员应检查链接并确保:

(1) 每个低层需求都能追踪到一个或多个代码文件。

(2) 每个代码文件都能追踪到低层需求。

(3) 每个低层需求都在代码中完整实现。

软件测试阶段要建立测试和需求、设计的链接,分析是否每个高级或低层需求都被测试所覆盖,注意这里的测试是覆盖需求,而不是代码,因为 DO - 178C 的测试是基于需求的测试。

链接可在 DOORS 等工具中建立,这些工具可以将链接关系导出来,以便分析。这些链接关系导出的表格最后会作为证据保存在验证结果报告中。

6.3.2 分区分析

分区分析是 DO - 178C 很重要的一项内容,针对不同级别软件应用在同一系统上有特殊的软件/硬件要求。在当前的 IMA 系统中,应用了很多分区技术。随着 IMA 系统在航空电子系统中的应用越来越多,不同软件共享软件/硬件资源,风险也越来越大,为了保证安全性,必须进行分区分析。

分区是用来隔离功能相对独立的软件组件、容错或隔离错误的一种技术。

通过分区分析保证不同级别的软件在硬件资源、执行时间和内存分配等方面都能得到保护,以免被破坏,这对于保证软件安全性有着非常重要的意义。软件组件间的分区可以通过将软件组件分配到不同硬件资源或在一个硬件资源上运行多个软件组件实现。因为分区涉及软件/硬件资源的调度和隔离,所以应该在系统设计时就考虑分区的问题。

为了对分区结果进行验证,在软件需求阶段要对分区需求进行充分的识别和描述,识别所有共享资源以便它们能被恰当地使用从而支持分区。在软件设计阶段描述分区实现的细节,特别是共享资源及组件间的共享细节要明确定义。需求和设计时要考虑分区的失效情况,对可能出现的失效情况进行预防处理并确定相应的应对措施。

在分区分析报告中要描述分区的目标和实现方法,识别所有可能导致分区目标失败的潜在弱点,证明分区目标被实现,潜在弱点被消除,并通过测试(特别是鲁棒测试)来表明分区需求已经被实现。

6.3.3　堆栈分析

处理器使用堆栈来存储临时变量、向被调函数传递参数、保存线程"状态"等。如果由于某种原因堆栈超出了编程人员所分配的数量范围,那么程序将变得不确定。这种不稳定可能导致系统发生严重故障。因此,确保系统在最坏情况下能够分配到足够的堆栈就显得至关重要。这也是验证人员要进行堆栈分析的原因。

确保永不发生堆栈溢出的唯一途径是分析代码,确定程序在各种可能情况下的最大堆栈用量,检查是否分配了足够的堆栈。测试不大可能触发特定的瞬时输入组合进而导致系统出现最坏情况。

堆栈分析一般包括如下步骤:

(1)为程序建立调用树。

(2)确定树上每个函数的堆栈用量。

（3）检查每颗调用树，确定使用堆栈最多的调用路径。

（4）将每个独立线程调用树的堆栈最大用量相加。

（5）如果有中断，则要确定每个中断优先级内各中断服务程序的最大堆栈用量并计算总和。如果中断服务程序本身没有堆栈，使用的是被中断线程的堆栈，则应将它的最大堆栈用量加到各线程堆栈上。对于每个优先级，都要加上中断发生时用来保存处理器状态的堆栈用量。

（6）如果使用了实时操作系统，则要根据操作系统运行的实际情况，考虑操作系统所需占用的最大堆栈用量。

如果程序使用了编译器提供的库函数，且可能无法得到这些库函数的源代码，则在这种情况下进行堆栈分析会影响分析的准确性，除非编译器厂商能够提供每个库函数的堆栈使用情况。

从以上步骤可以看出，虽然堆栈分析的原理比较简单，但是要用人工方法来构建调用树，并找出最大堆栈使用路径是很困难的，特别是在代码规模比较大的情况下，工作量更加巨大，此时，验证人员可以借用一些工具来辅助完成这些工作。

6.3.4　最差情况执行时间分析

最差情况执行时间分析是指计算给定应用程序代码片段执行时间的上限。这里代码片段执行时间定义为执行代码片段所花费的处理器时间。

程序最差情况执行时间最主要的应用是系统调度及可调度性检测。在调度分析中，调度分派程序根据每个任务的执行时间，按照一定的调度策略确定每个程序是否在规定时间内完成，如果按时完成则满足实时性要求，否则则不满足。程序在不同的情况下执行的路径可能不同，即使在路径相同的情况下执行的条件也可能不同，这些都会导致程序执行时间的不同。因此，为了保证实时系统满足时间要求，必须分析系统在最差情况下的行为。

最差情况执行时间分析的方法有多种，包括动态度量、静态分析、动静态混合三种。动态度量就是直接运行程序以测量程序的执行时间。静态分析根据程序的控制流信息,针对运行程序的处理器特性估算程序的最差情况执行时间。动静态混合是静态分析和动态度量的结合,静态分析和动态度量的结合也有两种,一种是在动态度量的基础上分析得到最差情况执行时间;另一种是在程序静态分析的基础上度量,例如先找到可能导致最差情况执行时间的程序路径,再度量该路径的最差情况执行时间。

6.3.5　源代码和目标代码的对应分析

测试运行的是目标代码,如果 MC/DC 基于源代码,则要进行额外的工作。DO－178C 标准中有这样的描述: 结构化语言的覆盖率分析可以在源代码级进行,但是如果是 A 级软件并且编译器产生了不能直接追踪到源代码的目标代码,那么在目标代码中要进行另外的验证,以确保这些编译器产生的额外的目标代码的正确性。其中不能追踪到源代码的目标代码的例子之一就是编译器会在目标代码中插入边界检查。

根据以上描述,对于 A 级软件来说要进行源代码到目标代码的追踪性分析,以确保源代码和目标代码之间的对应关系,保证编译器不会引入错误代码。

编译器在编译过程中可能会加入的代码有初始化代码、内置的错误检测、异常处理、边界值检查。

分析目标代码时(这里的目标代码不是指可执行的二进制码,而是指汇编),需通过编译器将源代码转成汇编码文件。在这个文件中将对应的源代码也显示出来,一一比较源代码和对应的汇编语句,如果存在没有源代码对应的汇编指令,则是编译器加入的代码,将这些汇编指令标注出来,确定它们的功能和用途,并通过测试或分析手段验证这些代码是正确的。

如果不想分析所有的汇编,则有一种替代的方案。首先根据编码标准,找出编码标准所允许的所有代码特性,比如"if"语句,"for"语句,函数的入口和出口等。其次针对这些特性编写例子代码,这些例子应该设计得尽可能复杂一些,并且每种情况多设计几个。最后用编译器编译例子程序后生成汇编,比较这些例子源代码和汇编代码,分析它们的对应关系,找出可能插入的代码,并进行测试或分析,保证它们不会对程序造成危害。

6.4 软件测试

软件测试是根据需求开发和执行测试用例,通过检查不同输入条件下代码的执行结果来测试需求满足的情况。

软件测试的目的是展示软件满足了需求,并且确保那些由系统安全评估过程判定为可能导致不被接受的失效情况的错误已经被除去。

6.4.1 软件测试过程

软件测试过程有三种测试方法:软件/硬件集成测试、软件集成测试、低层需求的测试。软件/硬件集成测试在目标机上运行,软件集成测试和低层需求的测试对环境没有要求。

软件/硬件集成测试主要测试运行于目标机硬件上的软件是否能满足高层需求,并发现目标硬件环境下的软件操作可能存在的问题。通过这种测试方法揭示的典型错误有:

(1) 不正确的中断处理。

(2) 不能满足执行时间的需求。

(3) 对软件瞬变或硬件失效的不正确的软件响应,如启动顺序、瞬变输入负载和输入电压瞬变。

(4) 数据总线和其他资源争用问题,如存储映象。

(5) BIT 不能检测到的失效情况。

(6) 软件/硬件接口错误。

（7）反馈回路的不正确行为。

（8）对存储器管理硬件或其他硬件设备的不正确的软件控制。

（9）堆栈溢出。

（10）用于确认外场可加载软件的正确性和兼容性的机制的不正确运行。

（11）软件分区的越界。

软件集成测试主要测试软件组件间的内部关系，以及软件体系结构的需求实现的情况。用这种测试方法揭示的典型错误有：

（1）变量和常量的不正确的初始化。

（2）参数传递错误。

（3）数据失效，特别是全局数据。

（4）不适当的端点间分辨率。

（5）不正确的事件和操作顺序。

低层需求测试主要测试软件是否符合低层需求。用这种测试方法揭示的典型错误有：

（1）算法不能满足软件需求。

（2）不正确的循环操作。

（3）不正确的逻辑判定。

（4）不能正确地处理输入状态的合法组合。

（5）不能正确地响应丢失的或失效的输入数据。

（6）不能正确地处理异常，如算术故障或数组越界。

（7）不正确的计算顺序。

（8）不适当的算法精度、准确度或性能。

需要注意的是，当软件/硬件集成测试和软件集成测试已经覆盖了软件高层需求和软件代码时，就没有必要重复进行低层需求的测试。用名义上等价的低层需求测试代替高层需求测试可能效果更差，这是因为整个被测的功能减少了。因此，这三种方式不适宜使用在所有需求上，而只是根据需要选择某种方式进行某项功能的测试。

软件测试过程如图 6-1 所示。

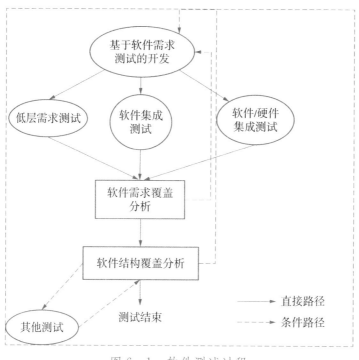

图 6-1　软件测试过程

软件测试可能是一个递进、迭代的过程,通过测试的开发覆盖所有的需求,运行测试覆盖代码,并且不断分析,如果有遗漏的需求或代码没有被覆盖,则要增加相应的测试,直至所有需求和代码都被覆盖为止。

6.4.2　测试用例设计

设计测试用例时应该坚持基于需求的测试,这样最有助于暴露错误。基于需求的测试应该包括正常范围测试和鲁棒测试。

设计正常范围的测试用例是为了展示软件能够处理正常输入和条件。正常输入包括以下几个方面。

（1）用有效等价类和边界值测试整型和实数输入。可以选择最大、最小值和一个正常值，其他值可以认为与之等价而不用重复。至少需要两套不同的输入输出作为正常范围的测试。

（2）对于时间相关的功能，如过滤器、积分器或延时，应该反复执行代码以检查连续运行时的功能特性。

（3）对于状态转换，设计测试用例执行正常操作下可能的转换。

（4）对于用逻辑表达式描述的需求，设计正常范围的测试用例来验证变量使用和布尔型运算符。

鲁棒测试的目的是展示软件能处理异常输入和条件。鲁棒测试用例包括：

（1）用无效的等价类来测试整型和实数输入，可以选用超出范围并临近正常范围的最大、最小值，其他值可以认为与之等价而不用重复。

（2）运行非正常情况下的系统初始化。

（3）输入可能的故障模式，特别是来自外部系统的、复杂的数字数据字符串。

（4）对于循环次数是一个计算值的循环，要设计测试用例使之试图超出循环范围。

（5）检查是否建立保护机制确保超出范围的帧像周期被正确响应。

（6）对于时间相关的功能，如过滤器、积分器或延时，设计测试用例来测试算法溢出保护机制。

（7）对于状态转换，设计测试用例引起需求所不允许的转换。

6.4.3　测试用例追踪

因为测试用例是基于需求的，每个测试用例应该对应相应的需求，所以要建立相应的追踪关系。可以在 DOORS 等工具中录入测试用例，并与需求建立链接，便于进行需求的覆盖分析，保证所有需求都被测试。

6.4.4　软件测试执行

设计测试用例后,要在测试环境中执行。测试环境可以是真实目标机环境,也可以是模拟目标机或仿真器。

测试执行后,不管是自动执行还是手动执行,测试结果都应被记录在结果文件中。测试结果一般包括以下信息:测试执行人、执行时间、执行监督人、软件/硬件版本、测试结论。通常测试执行时就可以给出通过或失败的判定。

6.4.5　软件验证报告

通常要有一个软件验证报告对所有软件验证活动进行总结,包括评审、分析和测试等各项活动。对于任何软件验证活动中发现的问题或是不成功的测试结果,都要根据相应的软件问题报告在软件验证报告中进行分析说明。

6.5　基于模型的软件验证

在基于模型的开发方法中,软件工程师先开发需求分析模型、体系结构模型和详细设计模型,再由详细设计模型(半)自动化生成软件源代码。模型间的转换也可以(半)自动化进行。这是一种以模型为核心的开发方法,该方法将传统方法对代码层的验证转向模型层,可通过基于模型开展验证活动来满足DO-178C相应的验证目标,如表6-1所示。

表 6-1　基于模型的软件验证覆盖的 DO-178C 目标

DO-178C 索引	DO-178C 目标	DO-178C 等级
6.3.2a Table A-4.1	低层需求符合高层需求	A, B, C
6.3.2b Table A-4.2	低层需求的准确性和一致性	A, B, C

DO-178C 索引	DO-178C 目标	DO-178C 等级
6.3.2d Table A-4.4	低层需求的可验证性	A，B
6.3.2g Table A-4.7	算法准确性	A，B，C
6.3.3a Table A-4.8	软件体系结构符合高层需求	A，B，C
6.3.3b Table A-4.9	软件体系结构的一致性	A，B，C
6.3.3d Table A-4.11	软件体系结构的可验证性	A，B
6.3.4a Table A-5.1	源代码符合低层需求	A，B，C
6.3.4b Table A-5.2	源代码符合软件体系结构	A，B，C
6.3.4c Table A-5.3	源代码可验证	A，B
6.3.4d Table A-5.4	源代码符合标准	A，B，C
6.3.4e Table A-5.5	源代码与低层需求的追踪关系	A，B，C
6.3.4f Table A-5.6	源代码的准确性与一致性	A，B，C
6.4.2.1 6.4.3 Table A-6.1	可执行码与软件高层需求的符合性	A，B，C，D
6.4.2.2 6.4.3 Table A-6.2	可执行码基于软件高层需求的鲁棒性	A，B，C，D
6.4.4.1 Table A-7.3	基于软件高层需求的测试覆盖已满足	A，B，C，D

DO-178C 索引	DO-178C 目标	DO-178C 等级
6.4.4.2 Table A-7.5	MC/DC 已满足	A
6.4.4.2a 6.4.4.2b Table A-7.6	判定覆盖已满足	A，B
6.4.4.2a 6.4.4.2b Table A-7.7	语句覆盖已满足	A，B，C
6.4.4.2c Table A-7.8	数据耦合和控制耦合已满足	A，B，C

基于模型的软件验证技术与传统方式相比，开发流程的各阶段都能在工具的支持下进行模型检查、分析和仿真等验证活动，能在引入之处发现错误，从而显著减少发现与修复错误的成本和时间。

采用模型验证技术满足相应验证目标，应当对所使用的工具及模块按照验证工具开展工具鉴定工作，这点很重要，在模型开发验证工具选型阶段应该加以考虑，尽可能选择已完成鉴定的产品。

6.5.1　模型的评审

在软件开发过程中创建的需求分析模型、体系结构模型和详细设计模型都可以采用传统的软件评审方法和流程进行验证。

依据相应的评审检查单对软件模型进行人工评审，检查模型对软件建模标准的符合性，确保模型按照软件建模标准定义的准则进行设计，对模型与软件建模标准不一致的地方都应有正当理由的说明；检查模型与目标机环境的兼容性；检查模型与软件需求的一致性，以提供证据证明模型未引入非预期功能的分析与设计；检查模型与软件需求的追踪性，确保模型与软件需求之间双向追踪的完整性；进行体系结构模型分区完整性检查。

值得一提的是,评审过程中可以借助模型仿真测试辅助评审,以提高评审效率和准确性。

6.5.2　模型的自动检查

在建模工具的支持下,需求分析模型、体系结构模型和详细设计模型都可以进行模型的自动检查。建模语言通过定义严格的语法和语义规则,确保操作符之间的接口连接、数据流与控制流满足规则,从而保证设计模型内部的准确性、一致性和可验证性。

通过建模工具对软件模型进行规则的自动化检查,并生成相应的检查结果报告,当结果报告中不含任何错误或不合理警告时,表明满足模型准确性、完整性、一致性和可验证等目标,并将检查结果报告作为满足相应目标的依据。

SCADE、Rhapsody、Simulink 和 RTCase 等工具都具有模型自动检查的能力。以 SCADE 为例,其自带的通过工具鉴定的 KCG Checker 功能模块支持自动化语法和语义检查,通过执行 KCG Checker 生成检查结果,再对检查结果进行分析,当检查结果不包含任何错误或不合理警告时,表明已满足相应目标。

6.5.3　模型的仿真

采用动态的方法对模型进行模拟仿真运行,对运行结果进行分析,能发现静态检查方法很难发现的问题。SCADE、Rhapsody 和 Simulink 等工具都具有模型仿真的能力,尤其是设计模型的仿真。

使用模型仿真开展软件验证,所有基于高层需求、软件设计、可执行码以及软件测试等的验证目标仍需满足。模型仿真可以支持其中部分目标的满足,当通过模型仿真满足部分 DO‐178C 验证目标时,必须确保模型仿真方法已在 SVP 中明确定义,且模型仿真已完成开发并在模型仿真环境下完整地、正确地执行,以支持部分目标的满足。

6.5.3.1　模型仿真环境

模型仿真测试需要在模型仿真器环境下开展,为了支持模型仿真测试,模型仿真器应包含如下几个部分:

1)仿真接口

主要特性包括调试、功能测试、断点与结束条件、记录和回放测试场景、支持在仿真器中仿真调试由模型生成代码编译生成的可执行仿真程序等。

仿真接口提供模型仿真输入、监控仿真输入与输出、控制仿真运行、配置仿真周期以及支持测试场景文件操作等功能。

2)测试场景文件

模型仿真器应支持脚本语言测试场景文件的加载、解释与执行,模型仿真结果文件自动生成。

仿真测试使用脚本语言定义测试场景文件完成仿真测试设计,测试场景文件通过定义测试输入、获取测试输出以及实际结果与期望结果的自动化比较来实现测试自动化,测试执行后,模型仿真器按照定制的输出文件格式自动生成并保存仿真测试结果。

3)批处理模式仿真执行

能在模型仿真器中批量执行测试场景文件,自动化生成测试结果,实际执行中可通过脚本命令启动仿真器,并通过传递所需批量执行的测试场景文件信息和测试结果文件信息,实现测试场景文件的批量自动化执行,无需任何人工干预。

SVP阶段应定义使用模型仿真器完成验证模型所使用的方法、工具、过程和操作环境。相应活动包括以下几个方面。

(1)根据工具鉴定的评判标准来评估并确定模型仿真器是否需要鉴定。

(2)根据模型仿真器的使用情况,应考虑模型仿真器的能力和局限性,以及它们对错误检测和功能验证能力的影响。对于模型仿真器不能完成的错误检测,SVP应该提供其他软件验证过程的活动和相应的方法。

(3)SVP应该评估仿真环境变化带来的影响,考虑符合软件验证过程相关指导的重新验证。

6.5.3.2　验证模型的模型仿真

模型仿真的主要目的是提供可重复的证据表明设计模型和软件高层需求之间的如下验证目标：

（1）设计模型表示的软件低层需求与软件高层需求的符合性。

（2）设计模型表示的软件体系结构与软件高层需求的符合性。

（3）设计模型的准确性。

（4）设计模型的一致性。

（5）设计模型的可验证性。

（6）设计模型算法的准确性。

使用模型仿真提供满足设计模型验证目标的审定信用，包含如下活动：

（1）项目开始前计划通过模型仿真满足的评审和分析目标，其他验证目标通过传统的评审和分析满足。

（2）详细解释说明模型仿真活动如何全面地满足具体的评审和分析目标。

（3）依据软件高层需求开发仿真用例与仿真规程。

（4）依据检查单评审分析仿真用例与仿真规程。

（5）在模型仿真环境中，执行模型仿真规程，生成仿真验证结果。

（6）评审分析仿真验证结果。

（7）开展需求覆盖分析：

a. 仿真用例满足软件高层需求覆盖要求。

b. 仿真用例满足 DO－178C 中定义的正常范围测试和鲁棒测试设计准则。

模型仿真规程可以依据模型仿真器所支持的脚本语言进行人工开发，也可以先通过形式化描述方法定义仿真用例，再通过自动化脚本以仿真用例为输入自动生成特定模板格式且能在仿真器环境下解释执行的测试规程。

6.5.3.3　验证可执行码的模型仿真

可执行码的验证主要通过测试满足。模型仿真与特定分析联合在一起可以部分满足可执行码的验证。其满足的软件测试和测试覆盖的目标如下：

（1）可执行码与软件高层需求的符合性。

（2）可执行码基于软件高层需求的鲁棒性。

（3）基于软件高层需求的测试覆盖已满足。

（4）不同软件等级对应的软件结构的测试覆盖已满足。

（5）基于数据耦合和控制耦合的软件结构的测试覆盖已满足。

某些特定的测试仍要在目标机环境中进行，主要是因为有些错误无法在模型仿真环境中发现。

使用模型仿真满足可执行码验证目标时主要考虑如下方面。

（1）使用模型仿真提供部分满足软件测试目标和基于软件高层需求的测试覆盖的审定信用，包含如下活动。

a. 确保用于模型仿真和用于产生源代码或可执行目标代码的设计模型是同一模型。

b. 确定由模型仿真满足的软件测试和测试覆盖的目标以及软件高层需求计划，其他软件测试和测试覆盖目标则采用传统软件验证方法满足。

虽然模型仿真无法揭示基于需求的软件/硬件集成测试所能揭示的典型问题，但是模型仿真能揭示基于需求的软件集成测试和软件低层需求测试所能揭示的以下典型问题：不恰当的端到端的数据精度；不正确的事件顺序和操作顺序；算法不满足软件需求；不正确的循环操作；不正确的逻辑判定；不能正确地处理输入条件的合法组合；不能正确地响应输入数据丢失或破坏；不正确的计算顺序；不当的算法精度、准确性或性能；不正确的状态转换。

模型仿真无法用于发现与目标机硬件相关的错误，如不正确的异常处理；数据破坏，尤其是全局数据；时间相关需求和性能；性能相关的硬件资源；硬件监控需求，如硬件自检测。

c. 详细解释说明模型仿真活动如何满足具体的软件测试和测试覆盖的目标。为此，需提供令人信服的证据证明模型仿真的方法具备与满足 DO－178C

的可执行码的测试等效的错误检查与排除能力。需进行如下分析：

a）验证模型仿真环境如何替代目标机环境，声明处理器的差异（如果适用）。还应根据审定信用考虑声明浮点精度、整型字节大小、数学库和指令集等的一致性。分析应通过在两个环境中执行同一套验证用例表明在两个环境中执行测试后测试结果的一致性。此外，分析还需依赖从目标系统硬件抽象层和目标机操作系统的兼容性等特性获得信用。

b）声明仿真器环境下运行的可执行目标代码和真实目标环境下可执行目标代码之间的一致性和差异性。导致差异的原因为不同的编译链接过程：典型的编译选项及优化选项的差异。分析应通过在两个环境中执行同一套验证用例表明在两个环境中执行测试后测试结果的一致性。源代码的差异：为了提高可测试性对源代码所做的修改（如源代码或模型库插桩）应合理说明所做修改对生成的可执行码及满足后续软件测试目标所产生的影响。

（2）使用模型仿真提供审定信用，仿真结果只有在仿真源代码与产生真实目标可执行目标代码的源代码相同的情况下部分支持软件结构测试覆盖的目标。

6.5.4　模型覆盖分析

模型覆盖分析主要针对设计模型，通过基于软件高层需求的验证确定未被基于软件高层需求的验证执行的设计模型。模型覆盖分析是评估模型验证活动完整性的手段和方法；模型覆盖分析可以发现在模型设计阶段引入的非预期功能。

模型覆盖分析和结构覆盖分析不同，模型覆盖分析无法取代结构覆盖分析满足结构覆盖分析目标。

模型覆盖分析使用一种或多种验证技术（仿真、测试、其他使用技术）产生的输出（用例、规程、结果）。模型覆盖分析不能分析代码设计模型与软件高层需求之间的追踪性。如果追踪数据足够用于评价软件计划过程中定义的模型覆盖分析判定准则，那么追踪性分析就能支持模型覆盖分析。

模型覆盖分析包含如下活动：

（1）执行基于软件高层需求开发的验证用例完成模型覆盖分析。

（2）模型覆盖分析通过执行基于需求（模型开发所依据的需求）开发的验证用例，依据已定义的覆盖判定准则确认设计模型覆盖率。对未达到模型全覆盖的情况，开展模型覆盖率结果的解析。

（3）模型覆盖分析应基于设计模型中的派生需求补充额外验证用例。

1）模型覆盖分析判定准则

模型覆盖分析用于检测设计模型中的非预期功能，可以使用不同的方法完成模型覆盖分析。模型覆盖分析判定准则要满足 DO-178C 中定义的基于需求的测试选择对应要求。模型覆盖分析判定准则在软件计划过程中进行定义，并在 SVP 过程中指明。

模型覆盖分析判定准则可以采用多个方式定义。表 6-2 所示为模型覆盖分析判定准则实例。

表 6-2 模型覆盖分析判定准则实例

典型的完备性判定准则	通过基于模型设计的需求（软件高层需求）验证用例和说明满足	通过基于模型设计的需求（软件低层需求）验证用例和说明满足
所有功能特征的覆盖	推荐	
状态机中所有转移的覆盖	推荐	
逻辑等式中所有判定的覆盖	推荐	
数值数据所有等价类和边界值的覆盖	推荐	可选
所有派生需求的覆盖		推荐

表 6-3 所示为 SCADE 模型测试覆盖（model test coverage，MTC）分析判定准则实例。

表 6-3 SCADE MTC 分析判定准则实例

判定准则	软件等级
改进条件/判定覆盖	A
判定覆盖	A，B，C

2）模型覆盖分析结果的解析

模型覆盖分析所发现验证不充分的可能原因以及需额外开展的验证活动包括以下几个方面。

（1）基于需求的验证用例或规程的不足：应补充验证用例或修改验证规程以补充缺失的覆盖。针对新增的测试用例，需评审基于需求的覆盖率分析方法，验证测试用例来自需求。

（2）设计模型依据的软件高层需求不当：应修改软件高层需求，增加相应的验证用例并执行相应的验证规程。

（3）设计模型定义的派生需求：应设计派生需求的验证用例，并执行相应的验证规程以完成缺失的覆盖。对于之前未识别的派生需求，应识别出来并说明原因，反馈至系统过程，包括系统安全评估过程。

（4）设计模型描述的非激活功能：设计模型描述的非激活功能应解释说明。对于在飞机或发动机的任何配置情况下都不激活的设计模型所描述的非激活功能，应采用分析、仿真和测试的组合方法验证非激活功能的实现是被阻止、隔离或消除的。对于在飞机或发动机的某种配置情况下才激活的设计模型所描述的非激活功能，应建立实现对应需求的可操作配置，并开发相应的验证用例和验证规程以满足需要的覆盖目标。

（5）设计模型描述的非预期功能：非预期功能的出现是一个错误，应该从设计模型中去除。

3）模型覆盖分析过程

模型覆盖分析可以采用自底向上或自顶向下的策略，但在实际民机软件验证过程中，软件测试首先进行的是基于软件高层需求的软件集成测试或软件/硬件集成测试，如果以上测试满足需求覆盖和结构覆盖，则不再进行基于软件低层需求的测试。为了减少测试工作，模型覆盖分析应采用自顶向下的策略，最大限度地复用基于软件高层需求的集成测试用例。

模型覆盖分析具体过程如下：

（1）定义模型覆盖分析判定准则。模型覆盖分析通常使用模型开发验证工具相应功能模块完成，结合工具对模型覆盖准则的定义以及软件安全等级，在 SVP 中定义模型覆盖分析准则。

（2）基于软件高层需求开发测试用例和测试程序。基于软件高层需求的测试用例开发，在软件集成测试或软件/硬件集成测试阶段准备；依据基于软件高层需求的测试用例，使用模型覆盖分析工具支持的脚本语言，参照模型覆盖分析工具运行的测试程序模板，开发脚本测试程序。也可以通过自动化的方法开发测试程序，将测试用例自动生成脚本测试程序。

（3）依据派生的软件低层需求开发测试用例和脚本测试程序，从而达到对软件低层需求的测试覆盖。

（4）选定覆盖率准则。依据不同软件等级定义的模型覆盖分析判定准则，在模型覆盖分析工具中选定相应的覆盖率准则。

（5）模型插桩。模型插桩工作通过模型插桩功能模块完成，实际插桩过程和所使用的模型开发验证工具相关，具体还得参见相关工具的模型插桩过程指南。完成模型插桩后，生成插桩后的模型。

（6）模型覆盖率获取。在模型仿真器中运行插桩后的模型，批量执行准备好的脚本测试程序，生成模型覆盖结果文件。脚本测试程序的执行，也可以以逐步递增的方式进行，生成的模型覆盖结果文件逐步迭代。

（7）模型覆盖率分析。在相应模型覆盖分析工具中，对覆盖结果进行分析，通常以可视化的直观方式展示模型中各操作符、组件等的覆盖情况，对覆盖率未达到 100％ 的部分，需进一步进行原因分析，开展进一步活动。在调整测试用例后，对经分析确实无法覆盖的分支，增加解释说明。

（8）生成覆盖率报告。在完成所有模型覆盖率分析后，确定所有测试用例已完备，对未覆盖的分支都已增加解释说明后，生成特定格式的模型覆盖率报告。

Rhapsody 和 SCADE 等工具都具有模型覆盖分析的能力。以 SCADE 为例,其模型覆盖分析 MTC 以及 KCG 代码生成工具已经通过适航审定。在实际项目中,可以通过 MTC 模型覆盖分析取代结构覆盖分析,以满足相应等级软件结构覆盖目标。

6.5.5　模型生成代码的验证

对源代码的评审和分析目的在于发现和报告软件编码过程引入的错误,主要关注依据软件需求、软件设计及软件编码标准编写的源代码的正确性。然而基于模型的开发方式无须经过手工编码过程,而是采用自动化代码生成技术实现源代码的自动化生成。

不同的模型代码都有其特定的代码生成机制,依据不同的行业编码标准,所生成的代码也存在各自的差异,有的生成器可以通过配置生成不同优化等级的代码和执行效率不同的代码,直接导致代码可理解性差,使其根本无法满足人工编码过程定义的编码标准要求,同时也不利于开展代码层级的评审、分析及测试等验证活动。

如采用传统手工代码评审与分析方法开展对模型代码生成器生成的代码的评审和分析,将面临巨大困难。由于代码生成策略的差异,因此很难保证所生成的代码符合项目编码标准要求,在增大了代码评审难度的同时又大大增加了代码评审的时间。

为了满足源代码评审和分析的验证目标,可以通过对模型代码生成器进行工具鉴定来表明从设计模型到源代码的准确性、一致性和可追踪性,从而无须额外开展源代码的评审分析工作。这就要求所选用的代码生成器依据的编码规则适用于航空电子软件开发且满足安全性要求,并将其作为软件开发工具按照 TQL - 1 等级开展鉴定。

Rhapsody、SCADE 和 RTCase 等工具都具有代码生成的能力。以 SCADE 为例,其 KCG 代码生成工具已通过适航工具鉴定,使用 KCG 生成的代码无须开展额外的评审和分析工作,完全由 KCG 工具鉴定包保证。

6.6　软件安全性验证

从软件验证方法角度,安全性软件与非安全性软件的安全性验证方法是相同的,即评审、分析和测试等。软件安全性验证的主要关注点包括以下几个方面。

（1）验证所有的软件安全需求都已经充分测试,这里的充分是指必须满足 DO－178C 对于不同安全等级的软件验证目标。

（2）验证测试已经正确地验证了安全关键软件在不同的情况下,包括负载、压力和传感器失效等,可以正常运行;系统正在运行多个任务,最多100％的 CPU 负载等。

（3）在所有实验配置中,验证了软件的安全任务。

（4）测试过其他系统的失效不会影响安全紧要任务。

（5）验证软件安全需求都已经被软件测试覆盖,接受性测试包括安全系统的验证,系统测试包括仿真的硬件失效和操作错误。

（6）如果项目针对每个模块和任务都单独测试过,则要评审每个模块的测试结果并目击每个任务的测试。

（7）使用追踪性表格以及测试覆盖率工具,验证所有的软件安全需求、设计和代码部件都已经测试过。

（8）验证满足软件安全性和可靠性的设计和编码规范。

（9）利用代码审查的方式,验证所有不能被测试验证的需求。例如,如果开机自测失效了,就不可能测试系统是否能够自动进入异常状态,因为这需要在很短的时间内注入一个故障。同意并认可测试的变更。

（10）目击针对软件安全需求的系统测试,确保在测试开始之前,软件和测试计划/过程都来自受控库。

（11）评审测试计划和过程，验证测试并且在评审测试报告和数据之后，确认软件安全验证过程结束。

（12）确认安全紧要源代码的模块和任务的测试报告，测试报告入库。

（13）评审系统文档，确保系统测试过所有标识出的失效。当然，测试所有可能的失效并不现实，系统文档可能提供隐含的失效以及软件必须正确、安全处理的失效。

（14）如果发现灾害，则与系统安全工程师一起，分析灾害并确定防止这些灾害转移和控制措施。

（15）文档符合要求，记录所有完成的工作，使用过的数据文件以及过程中所有的变更。

6.7 软件验证的验证

6.7.1 验证的目标

在 DO－178C 的表 A－7 软件验证过程结果的验证中，列出了如下 8 个目标。

（1）测试规程是正确的。

（2）测试结果是正确的并且不符合之处都有解释。

（3）实现了软件高层需求的测试覆盖。

（4）实现了软件低层需求的测试覆盖。

（5）实现了软件结构覆盖（MC/DC）。

（6）实现了软件结构覆盖（判定覆盖）。

（7）实现了软件结构覆盖（语句覆盖）。

（8）实现了软件结构覆盖（DCCC）。

（9）实现了无法追踪至源代码的其他代码的验证。

第(5)~(9)项在6.3节软件分析中已有描述,本节主要讨论对于第(1)~(4)项的验证。

6.7.2 测试规程评审

针对DO‐178C表A‐7的第一个目标(测试规程是正确的),一般采用同行评审的方式对测试规程进行验证,测试用例和测试规程可能存在于同一个文件中,测试规程的评审和测试用例的评审一般同步进行。

对测试用例的评审主要检查测试用例是否正确且充分地测试了需求,包括正常范围测试和鲁棒测试。每个测试用例都应包含对需求的追踪、测试目标、测试输入、测试条件、期望结果和通过判定准则等信息。

对测试规程的评审主要检查以下几个方面。

(1) 测试配置信息是否齐备,包括测试规程版本、测试配置文件版本、所需测试环境配置及对应版本等必需信息。

(2) 测试规程的测试步骤是否与测试用例相符,正确实现了测试用例要求。如果是可执行的测试规程,则提交评审时最好有实际运行结果,以便检查测试规程本身不包含语法错误,可以正确运行。

(3) 测试规程的设计和实现是否和SVP相符。

测试规程评审的步骤和其他需求评审、代码评审类似,也需要有检查单、评审计划和评审记录等。测试规程评审人员包括除了作者以外的测试人员,还应邀请软件开发人员和质量保证人员参加。

6.7.3 测试结果评审

针对DO‐178C表A‐7的第二个目标(测试结果是正确的),一般采用同行评审的方式对测试结果进行验证。

测试规程的执行结果都要放入测试结果文件中,评审主要审查以下几个方面。

（1）测试结果文件内容是否完整，包括被测软件、硬件和设备等信息；测试执行人、测试时间信息。

（2）测试规程是否正确执行，每个测试用例都被执行并且表明是否通过。

（3）如果测试结果表明和期望不符，则要说明不符的原因。如果是代码或需求问题，则要有说明，并指向相应的问题报告。

6.7.4　需求测试覆盖分析

针对 DO-178C 表 A-7 的第三、第四个目标（实现了软件高、低层需求的测试覆盖），一般采用分析方法实现。

在测试规程评审阶段，就包含了对测试用例是否完整覆盖测试需求的审查，在这一阶段确保测试用例所追踪的需求被完整、充分地进行了测试。在所有测试用例开发结束后，还应对所有需求进行一次整体的检查，确保没有遗漏。在这个过程中，要生成需求和测试用例之间的追踪表，作为分析的结论依据。

6.7.5　软件结构覆盖分析

DO-178C 关于不同等级的软件有不同的软件结构覆盖要求，如表 6-4 所示。

表 6-4　软件级别对应的结构覆盖分析

目　　标	软件等级
改进条件/判定覆盖	A
判定覆盖	A，B
语句覆盖	A，B，C

语句覆盖指程序中的每条语句都至少被调用过一次。

判定覆盖指程序中的每个入口、出口都至少被调用过一次，并且程序中的每个判定的每个可能结果都至少取到一次。

改进条件/判定覆盖（modified condition/decision coverage，MC/DC）指程

序中的每个入口、出口都至少被调用过一次,程序中每个条件的每个可能结果都至少取到一次,程序中每个判定的每个可能结果都至少取到一次。判定中的每个条件都能独立地影响判定结果,要让一个条件独立影响判定结果可以通过固定其他可能的条件,只更改这个条件来实现。

软件结构覆盖分析可以在软件源代码或目标码上进行,使用软件覆盖工具进行分析一般需要先对软件代码进行插桩修改,以记录软件运行的路径条件等信息,测试执行结束后将其传输至后台软件进行分析。后台软件分析覆盖数据,得出软件运行的覆盖结果。对这些覆盖结果还要进行人工分析,分析代码结构没有被覆盖的原因:

(1) 如果未覆盖代码有需求而无测试用例,则要增加测试用例。

(2) 如果未覆盖代码无需求,则要增加需求,并设计相应的测试用例。注意增加需求时应该提出问题报告以记录需求的缺失。

(3) 如果是死代码,即因为设计错误而永远无法执行或使用的代码,则要提出问题报告来删除。

(4) 如果是未激活代码,即不准备运行或使用的代码,或在特定硬件的配置条件下才会执行的代码,则要给出描述这些代码是正确的分析,并且确保这些代码不会错误地执行。

根据 A 级软件要求,软件测试要满足 100% MC/DC 的要求。100%覆盖即所有软件代码都要被测试运行到,未运行到的代码也需要用上面所说的方法进行分析,并给出合理的分析结果。

覆盖分析的工作可以在测试的后期执行,这时运行覆盖可以得到较高的覆盖率,相对节省时间;此外,也可以和一般的测试同步进行,即从开始就在两种代码上运行,这时检查代码的覆盖情况可以看出代码是否按预期的那样运行,这对保证代码的正确执行有好处,当然这种方法花费的人力和时间成本也是巨大的。这两种方法各有利弊,而 DO-178C 并没有规定覆盖应该在哪个阶段进行,因此,验证人员可以根据自己的需要选择,最终覆盖结果应基于最终版的代码之上。

6.7.6 数据耦合和控制耦合分析

DO－178C 对 A 级软件有数据耦合和控制耦合分析的要求。

数据耦合是指一个软件模块中的数据不只被这个模块所决定。如果一个模块访问另一个模块时，彼此之间是通过数据参数(不是控制参数、公共数据结构或外部变量)交换输入、输出信息的，那么这就是数据耦合。

控制耦合是指一个软件模块影响另一个软件模块运行的方式。如果一个模块通过传送开关、标志和名字等控制信息，明显地控制、选择另一模块的功能，那么这就是控制耦合。耦合的实质是在单一接口上选择多功能模块中的某项功能。因此，对所控制模块的任何修改都会影响该控制模块。此外，控制耦合也意味着控制模块必须知道所控制模块内部的一些逻辑关系，而这些都会降低模块的独立性。

模块间的耦合越紧密，系统越复杂，设计、编码、测试和维护的成本就越高。因此，应该建立模块间耦合尽可能松散的系统。在这样一个系统中，设计、编码、测试其中任何一个模块都不需要对系统中其他模块有很多的了解。此外，由于模块间联系简单，因此发生在某一处的错误传播到整个系统的可能性很小。综上所述，有必要对安全级别高的软件进行数据耦合和控制耦合分析，确立模块间的依赖关系，使耦合最小化，相互依赖性最小化，使凝聚力最大化，建立一个便于维护的系统。

数据耦合和控制耦合分析可以从软件代码评审阶段开始。控制耦合分析应该包括如下活动：

(1) 列出所有控制关系，可以用工具产生控制流信息。

(2) 对于这些控制流，选取测试用例进行测试，可以从集成测试和软件测试等测试用例中选取。

(3) 配合覆盖分析工具，运行所有挑选出来得到控制流的覆盖情况，找出没有执行过的控制耦合。

(4) 针对这些未覆盖的耦合,分析原因,提出问题报告或增加用例来纠正,最终保证所有控制流都被执行。

对于数据耦合,软件验证工程师应该:

(1) 确定数据间的依赖关系并识别数据依赖和不恰当的数据依赖关系。

(2) 评估接口深度。

(3) 评估全局变量的需求并且确保正确使用了全局变量。

(4) 评估输入/输出数据缓冲区。

为了更好地进行数据耦合分析(data coupling analysis,DCA),开发人员应该建立数据字典,记录软件系统中的数据、参数、变量和常量。数据字典建立后验证人员就可以以此为依据进行分析。对于数据字典中的数据要有相应的测试和覆盖,可以从已有的用例中选取,然后进行覆盖分析保证数据流被测试和执行,最终确认数据字典的正确实现。从以上操作中可以看出,数据耦合和控制耦合分析不仅有分析的动作,而且要结合测试和覆盖进行才能完整地实现分析的目标。

6.8 常见问题分析

6.8.1 问题 1——需求变更频繁

1) 问题分析

在软件验证中,经常面临需求变更的问题,需求变更有内因和外因两方面。外因——上层系统需求变更,如客户需求修改导致软件需求产生变更;内因——需求本身缺陷,导致软件开发人员启动变更流程,如需求不完善、不合理,软件设计修改等都可能导致需求变更。

作为软件验证的输入,如果频繁发生变更,则会导致软件验证的大量返工,造成测试人力和时间上的浪费,频繁的修改可能会导致测试规程的修改出现遗漏,如对需求修改分析不全面,导致没有对所有相关的测试进行修改或运行,从而影响测试效果。

2) 建议方案

需求变更导致的麻烦很多,软件验证人员可以从如下几方面应对:

(1) 通过需求评审提高需求质量,尽早发现需求问题,减少需求变更的机会。很多需求的问题可以在需求评审阶段被发现,例如,有些需求描述含糊不清,可能的原因是编写需求时没有写清楚,也可能因为编写需求时上层系统需求没有被正确理解或正确捕获,导致不能细化成严谨、清晰的软件需求。遇到这种问题,应该严格要求需求开发人员理清思路,将需求描述清晰完善、不能有歧义,如有必要则应反馈到上层系统需求甚至客户需求,这样可以极大地减少后期这类需求更改的概率。

(2) 对需求变更进行充分的影响性分析。对需求变更的影响性分析非常重要,在每一次需求变更产生时,都应考虑对测试是否有影响,影响范围是什么。很多需求不是独立的,而是相互之间有关联,这些需求的变更,不仅影响本需求所对应的测试,而且会影响到与它关联的其他需求,因此在进行影响性分析时要考虑全面。

(3) 对需求变更引起的测试更改进行追踪。当需求变更频繁,软件系统又比较庞大时,可能会发生多个模块同时变更的情况,往往一个变更还没有更新完,下一个又出现了,为了保证每一个测试的变更都得到了有效处理,没有遗漏,需要对这些变更进行追踪,并对变更结果进行确认。

6.8.2 问题2——如何验证自动生成的代码调用的手工代码

1) 问题分析

在实际项目中,基于模型的软件开发与设计无法完成软件的全部功能,仍然会存在一部分手工代码。通常情况下,通过模型实现软件需求功能,通过手工代码实现与外部数据总线数据交互以及系统调用等；有时也需要在模型中嵌入手工代码实现部分软件功能。对于模型调用的手工代码，无法通过独立模型仿真实现验证。

2）建议方案

手写源代码在实际项目中可能会被模型生成的源代码以各种不同的方式进行调用，这部分代码通过模型调用实现相应的软件功能。对于这部分手工代码，应该采用与传统手工代码相同的开发与验证方式。

满足 DO‐178C 的活动包含以下两个方面。

（1）开发并验证该部分代码对应的软件低层需求。

（2）满足 DO‐178C 附录 A 表 A‐5、A‐6、A‐7 的软件验证活动。

对这部分手工代码与模型生成的代码进行集成测试。

SVP 应该说明这部分手工编写的代码，以及对其进行开发、配管、验证。

6.8.3　问题3——针对自动生成的代码与手工代码集成的正确性问题，需开展什么类型的测试

1）问题分析

模型生成的代码主要实现软件需求功能，与系统调用及外部通信相关的功能通常通过手工代码实现，通过手工代码调用模型生成代码的入口函数，共同实现软件配置项功能。基于模型的仿真只能覆盖模型部分的测试，无法覆盖手工代码部分功能，两者间集成的正确性也需要通过其他测试保证。

2）建议方案

模型生成的源代码在实际项目中可能会被手工代码以各种不同的方式进行调用，如操作系统调用或任务调度调用。

需要开展基于手工代码与模型自动生成的代码集成生成的可执行目标代码的测试，开展基于 DO‐178C 6.4.3.a、6.4.3.b 节的描述的测试。这样做的目的在于：

（1）确保手工代码和自动生成代码相互间正确调用。

（2）确保可执行目标代码满足软件体系结构。

6.8.4　问题 4——模型覆盖分析活动能否满足结构覆盖分析目标

1）问题分析

DO－178C 对软件的验证过程活动包含结构覆盖分析。根据不同软件等级对源代码结构进行结构覆盖分析，以保证测试的充分性。然而结构覆盖分析是针对源代码层面开展的验证活动，通过结构覆盖分析工具对源代码进行插桩，对插桩后的代码生成的目标代码进行测试执行，获取覆盖结果并进行分析，以满足结构覆盖要求。基于模型的覆盖分析只能表明模型覆盖的充分性，不能充分保证其生成的源代码能满足结构覆盖要求。开展模型覆盖分析，在满足结构覆盖分析目标上应明确两者之间的相互关系。

2）建议方案

由于模型覆盖分析和结构覆盖分析不同，因此模型覆盖分析无法减少结构覆盖分析所需开展的验证活动。但是，在适当条件下，模型覆盖分析可以作为获得代码结构覆盖分析目标的方法。在这种情况下，应该在验证计划中定义该方法，并且捕获实际验证作为验证结果的一部分。这些条件下，需评估通过模型符号、模型覆盖标准以及代码生成特性，并获得局方同意。

上述条件包括以下几个。

（1）基于不同的软件开发等级，模型覆盖分析判定准则与适用的代码结构覆盖分析准则有相同的属性，如 A 级软件 MC/DC。

（2）对模型开发工具中代码生成工具进行工具鉴定，确保其满足相应的覆盖标准。

（3）所有模型生成代码所使用的库都应根据 DO－178C 第 6 章内容开展验证，包含依据不同的软件需求等级的结构覆盖分析。

7

软件配置管理

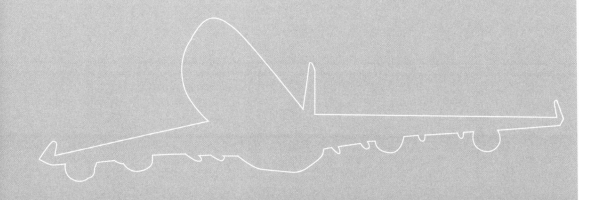

7.1　概述

通俗地说,软件配置管理(SCM)就是在软件开发过程中管理软件的配置。这里的配置指构成软件产品的各种原始部件,包括程序、文档、数据、工具环境等及其组成关系。目的是利用配置标识、配置控制、配置状态纪实和配置审核等技术建立和维护软件工作产品的完整性、正确性、一致性和可追踪性。在系统范畴下,配置管理通常称为构型管理,SCM 属于系统构型管理的一部分,构型管理一词更体现了配置管理对组成关系的关注,这也是软件人员在日常配置管理工作中容易忽视的部分。

7.1.1　软件配置管理过程

软件配置管理过程贯穿软件生命周期的始终,其主要目标如下:

(1) 配置项得到识别。

(2) 建立基线和可追踪性。

(3) 建立问题报告、变更控制、变更评审以及配置状态纪实。

(4) 建立归档、提取和发布。

(5) 建立软件加载控制。

(6) 建立软件生命周期环境控制。

软件配置管理对软件全生命周期的软件工作产品进行控制和规范,它通过控制、记录、追踪软件工作产品的修改以及每次修改软件工作产品所生成的组成部件来实现对软件产品的管理,使软件开发混乱减到最小并最有效地提高生产效率。

软件配置管理活动要求包括以下几个方面:

(1) 在软件整个生存周期中提供定义的和受控的软件配置。

（2）提供重新生成可执行目标代码的能力。

（3）控制过程输入与输出，确保过程活动的一致性和可重复性。

（4）通过配置项控制和基线建立，为评审、评估状态和变更控制提供基础。

（5）确保问题引起注意且变更得以记录、批准和实施。

（6）通过控制软件生命周期过程的输出，来提供软件批准的证据。

（7）帮助提供软件产品符合需求的评估。

（8）确保对配置项安全地进行物理归档、恢复和控制的维护工作。

根据软件配置管理过程的目标和要求，它主要包括配置标识，基线与追踪，问题报告与处理，变更控制与评审，归档、提取与发布，软件加载控制，软件生命周期环境控制，配置状态纪实以及配置审核。本章 7.2 节～7.10 节将分别阐述这些配置管理活动。

7.1.2　软件配置项和基线

软件配置项是为了配置管理而作为单独实体管理的一个软件成分。软件配置项可以是配置控制下的一个或一组相关程序、文档或数据的集合。

基线是已经通过正式批准的规格说明或中间产品，它可以作为进一步开发的基础。简单来说，基线是指软件配置项通过正式批准而进入正式受控的一种状态。同时也是一个或一组软件配置项在某个时间点上的快照，可用于保证软件配置项之间的协调性和一致性。

7.1.3　配置项控制类别

为确保软件配置项管理的便利性和有效性，减少不必要的配置控制的周期和成本，应有针对性地、适宜地开展软件配置管理，DO－178C 将软件生命周期数据的控制分为两类：控制类 1（control　category 1，CC1）和控制类 2（control category 2，CC2）。CC1 一般包括软件计划类和设计类等软件生命周期数据，控制级别高，应遵循 SCM 的所有活动。CC2 的软件生命周期数据的控制级别低,只遵循部分的软件配置管理活动即可。表 7 - 1 是 CC1 和 CC2 需遵循的软件配置管理活动。

表 7 - 1　CC1 和 CC2 需遵循的软件配置管理活动

软件配置管理活动	DO - 178C 章节	CC1	CC2
配置标识	7.2.1	√	√
基线	7.2.2.a、7.2.2.b、7.2.2.c、7.2.2.d、7.2.2.e	√	
追踪	7.2.2.f、7.2.2.g	√	√
问题报告	7.2.3	√	
变更控制——完整性和标识	7.2.4.a、7.2.4.b	√	√
变更控制——追踪	7.2.4.c、7.2.4.d、7.2.4.e	√	
变更评审	7.2.5	√	
配置状态纪实	7.2.6	√	
提取	7.2.7.a	√	√
防止未认可的更改	7.2.7.b.1	√	√
介质选择、更新和复制	7.2.7.b.2、7.2.7.b.3、7.2.7.b.4、7.2.7.c	√	
发布	7.2.7.d	√	
数据保存	7.2.7.e	√	√

表 7 - 2 是软件生命周期数据所属的控制类别,表中没有列出的数据一般按 CC2 进行管理。

表 7 - 2　软件生命周期数据所属的控制类别

软件生命周期数据	A 级	B 级	C 级	D 级
软件合格审定计划	CC1	CC1	CC1	CC1
软件开发计划	CC1	CC1	CC2	CC2
软件验证计划	CC1	CC1	CC2	CC2

软件生命周期数据	A 级	B 级	C 级	D 级
软件配置管理计划	CC1	CC1	CC2	CC2
软件质量保证计划	CC1	CC1	CC2	CC2
软件需求标准	CC1	CC1	CC2	—
软件需求规格说明	CC1	CC1	CC1	CC1
软件设计标准	CC1	CC1	CC2	—
软件设计说明	CC1	CC1	CC2	CC2
软件编码标准	CC1	CC1	CC2	—
源代码和可执行目标代码	CC1	CC1	CC1	CC1
软件验证用例和规程	CC1	CC1	CC2	CC2
软件验证结果	CC2	CC2	CC2	CC2
问题报告	CC2	CC2	CC2	CC2
软件配置管理记录	CC2	CC2	CC2	CC2
软件质量保证报告	CC2	CC2	CC2	CC2
软件配置项索引	CC1	CC1	CC1	CC1
软件版本说明	CC1	CC1	CC1	CC1
软件生命周期环境配置索引	CC1	CC1	CC1	CC2
软件完成总结	CC1	CC1	CC1	CC1
软件开发工具鉴定计划	CC1	CC1	CC1	CC1
软件开发工具操作要求	CC1	CC1	CC1	CC1
软件开发工具完成总结	CC1	CC1	CC1	CC1
软件验证工具鉴定计划	CC2	CC2	CC2	CC2
软件验证工具操作需求	CC2	CC2	CC2	CC2
软件验证工具完成总结	CC2	CC2	CC2	CC2

7.1.4　软件三库管理

为了既保证数据分级控制又便于高效进行软件开发和协同,推荐采用三库管理:即软件开发库、软件受控库和软件产品库。

软件开发库存放正在生成或修订的配置项(如文档、模型和代码等),在开发人员的工作区中,由开发人员自行管理和维护。为降低文件被误删、误改的风险,开发人员在生成或修订软件配置项的过程中应经常提交纳入软件开发库。软件开发库一般通过访问和更改权限控制,不需要填写问题报告和更改申请。

软件受控库存放纳入基线的软件配置项和其他阶段性的软件工作产品。纳入软件受控库的软件配置项的变更必须履行严格的审批手续,需要填写问题报告和更改申请。验收测试和系统联试用的程序应由软件受控库提供。交付及生成交付软件的代码和文件应适时转入软件产品库。

软件产品库存放软件产品,库中的软件产品可以交付安装,安装后可以运行。产品库内的软件的变更应履行更为严格的变更过程,并需要进行回归测试和系统联调等验证性试验,在试验通过后才可纳入软件产品库。

在软件开发过程中,建议所有软件配置项都纳入软件开发库进行管理。软件开发库更改控制级别低,一般通过自行更改或走简单的流程即可完成软件配置项的更改。纳入软件受控库的软件配置项不能随意修改,须经过规定的审批手续才可更改。软件测试阶段结束和验收后,应该汇总并修订全部文件,将它们连同源程序清单和目标代码清单一起送入软件产品库。软件产品库中的软件配置项修改需在更高层次上进行变更控制。

软件开发库、软件受控库和软件产品库之间的文件传递关系如图 7 - 1 所示。软件开发库的软件配置项纳入软件受控库时需走变更请求(change request,CR)流程,软件受控库的软件配置项纳入软件产品库时需走签署流程,软件产品库的软件产品进入生产制造或提交客户等时需走发布过程。

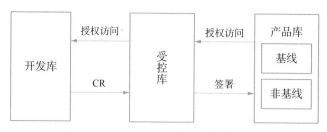

图 7-1　软件三库间的文件传递

7.1.5　软件配置管理常用工具

软件配置管理常用的工具有以下几种。

（1）版本控制工具：如 Git、SVN（Subversion）、ClearCase 和 Synergy 等，除版本控制外，还可对基线进行管理。

（2）变更控制工具：如 ClearQuest，可对变更和缺陷进行跟踪管理。

（3）软件工作产品追踪工具：如 DOORS、Caliber 等。

（4）产品生命周期管理工具：如 Windchill。

这些工具可以集成在一起协同工作，实现软件配置管理。图 7-2 是 SCM 变更控制工具与版本控制工具的协同。

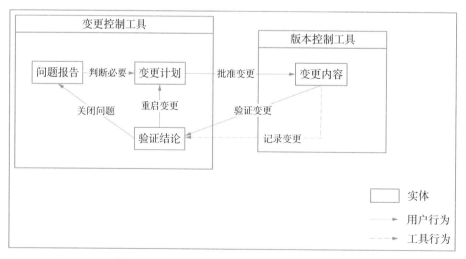

图 7-2　软件配置管理变更控制工具与版本控制工具的协同

7.2　配置标识

7.2.1　配置项的选择

配置项是指作为单个实体进行配置管理的软件工作产品或其集合体。配置项的数量多少与产品的复杂度有关,也与系统集成度有关。配置项不能太多,否则会影响配置管理的清晰度,使配置管理变得琐碎复杂并且增加管理成本。配置项也不能太少,否则缺少向下层的有效分解,不利于对子系统配置管理的进一步深化。配置项的选择也要考虑变更频率和研发时间先后安排,变更频率高的功能建议独立出来作为单独配置项,研发计划上时间相差较大的相关功能也应分列为不同的配置项。

配置项一般从下列各项中进行选择:交付给顾客的产品、指定的内部工作产品、采购的产品、工具和项目工作环境、在生成和描述这些工作产品时所使用的其他内容。

配置项的实例如计划、过程说明、需求、设计、代码、编译文件和产品数据文件等。

7.2.2　配置项的标识

配置项的标识是指对所选择的配置项进行命名。标识方法应利于配置项的存储、提取、跟踪及分发。配置项的标识应遵循下列原则。

(1)唯一性:命名应能唯一地标识软件配置项,能唯一地反映软件版本,以免出现重名、造成混乱。

(2)可追踪性:使命名能反映命名对象之间的关系,以便查询和跟踪。

(3)可扩充性:命名应能容纳所有配置项,不能因为增加新的软件配置项而需要合并或者删除其他软件配置项。

7.3 基线与追踪

7.3.1 基线的建立

在软件中，一条基线是在一个时间点上的软件及支持它的生命周期资料，是进一步开发的基础。一旦建立了基线，它的变更就只能通过变更控制过程实现。

配置管理计划应策划需建立的基线、基线建立的时机和基线标识。软件基线的类型有软件功能基线、软件分配基线、软件设计基线、软件实现基线、软件测试基线和软件产品基线。在通常情况下，一般建立软件功能基线、软件分配基线和软件产品基线。这三条基线首次建立的时机如下。

（1）软件功能基线：分配给软件的系统需求初步确定，可作为后续开发的依据。

（2）软件分配基线：软件需求分析工作完毕，可作为后续开发的依据。

（3）软件产品基线：软件产品通过验收，可交付用户使用。

这三条软件基线包含的配置项的内容示例如表7－3所示。

表7－3　三条软件基线包含的配置项内容

基线名称	包含的配置项内容
软件功能基线	用户输入（包括需求、接口控制文件等）
软件分配基线	系统需求、子系统的需求、软件高层需求
软件产品基线	可执行目标代码、软件产品规格说明、软件版本说明

关于应当什么时候建立基线，并没有硬性规定。基线的类型通常在满足以下条件时，应建立或变更基线：

（1）计划纳入基线的配置项首次达到为进一步开发提供基础的状态。

（2）纳入基线的配置项有变更，且变更会影响项目进一步的开发。

（3）项目达到重要的节点，需确定项目配置状态。

7.3.2　基线的追踪

配置管理的关键活动是变更管理,完整、准确的基线变更管理可确保在软件生命周期的关键时间点上软件的状态是清晰、明确的。

基线变更管理主要包括基线建立后其所含的配置项的变更管理和基线的变更。建立初始基线后,应记录每个配置项的变更。基线更改重新建立后,应说明上一版本基线和当前版本基线间的所有变更情况,从而可清晰地追踪新、旧基线间的变更。

7.4　问题报告与处理

问题报告记录软件生命周期过程的缺陷和软件产品的异常情况,并跟踪这些问题,确保得以解决。问题报告贯穿整个软件生命周期过程,有效的问题管理可准确地管理变更并确保及时修正问题。

7.4.1　问题评审委员会

为确保所报告和处理问题的必要性、合理性,通常设置问题评审委员会(problem review board,PRB),执行问题报告的审批工作。PRB 一般包括项目级的 PRB 和团队级的 PRB(表 7 - 4 和表 7 - 5 是项目级 PRB 成员和团队级 PRB 成员所含角色的示例)。为合理、有效地审核问题,不同等级的问题(一般问题等级分为严重、一般和轻微)由不同级别的 PRB 进行审核。例如,严重问题由项目级的 PRB 审批,一般问题由团队级的 PRB 审批。

表 7 - 4　项目级 PRB 成员所含角色示例

角色	要求
项目负责人	必要
系统技术负责人	必要

角色	要求
系统验证负责人	必要
安全工程师	必要
硬件技术负责人	必要
软件技术负责人	必要
其他相关人员	当需要时

表 7-5　团队级 PRB 成员所含角色示例

角色	要求
团队技术负责人	必要
团队验证负责人	必要
安全工程师	必要
其他相关人员	当需要时

7.4.2　问题报告

问题报告应提供受影响的配置项的配置标识以及问题报告的状态。问题报告应包含如下信息：

（1）问题报告编号。

（2）问题报告编写日期。

（3）影响的软件生命周期数据项及其版本。

（4）问题类型（如需求、代码、设计、文档和工具等）。

（5）问题严重性与优先级。

（6）问题发现的日期、问题描述、所属的功能区域、复现方法。

（7）问题分析与建议。

（8）问题报告状态（新增、已分析、已分配、待审批和关闭等）。

7.4.3　问题报告过程

问题报告过程是指从问题发现、问题报告、问题审批、问题解决到问题关闭的过程。图7-3是问题报告过程的示例。

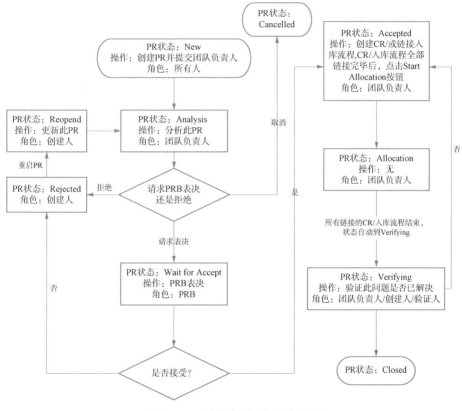

图7-3　问题报告过程的示例

7.5　变更控制与评审

变更控制与问题报告密切相关，问题报告的处理通常以配置项或基线变更的形式完成。在整个软件生命周期过程中都可能发生软件变更，如增加或修改

313

功能、修复一个缺陷、提高软件性能、升级硬件接口、改进软件过程、增强编译器等。当基线建立后,其变更就应按变更控制过程实施,变更控制流程可以保证没有实施未批准的变更,进行了充分的变更影响分析与评审,所有关联的工作产品都被修改并通过了验证,若需要时变更能回滚到变更前的版本。

7.5.1 变更控制委员会

为确保变更的必要性、合理性以及变更实施的正确性,通常设置变更控制委员会(CCB)执行变更的审核工作。CCB一般包括项目级的CCB和团队级的CCB(表7-6和表7-7是项目级CCB成员和团队级CCB成员所含角色的示例)。为合理、有效地审核变更,一般变更只需团队级CCB审批即可,严重变更则需要项目级CCB审批。问题评审委员会(PRB)和CCB可以是同一个委员会;对于一些大型项目,也可单独设立。

表7-6 项目级CCB成员所含角色示例

角色	要求
项目负责人	必要
系统技术负责人	必要
系统验证负责人	必要
安全工程师	必要
软件技术负责人	必要
软件验证负责人	必要
硬件技术负责人	必要
硬件验证负责人	必要
配置管理员	必要
系统质量保证员	必要
其他相关人员	当需要时

表 7 - 7　团队级 **CCB** 成员所含角色示例

角色	要求
团队技术负责人	必要
团队验证负责人	必要
团队质量保证员	必要
安全工程师	必要
配置管理员	必要
其他相关人员	当需要时

7.5.2　变更报告

变更报告记录配置项或基线更改内容、处理和审核情况。为了在整个软件生命周期过程中保证配置项和基线更改的完整性,变更报告应包含如下信息:

(1) 变更报告编号。

(2) 变更报告编写日期。

(3) 变更的生命周期数据项及其版本。

(4) 变更类型(如需求、代码、设计、文档和工具等)。

(5) 变更严重性。

(6) 变更解决的问题报告编号。

(7) 详细的变更计划描述。

(8) 变更的状态(如新增、待审批、实施中和关闭等)。

7.5.3　变更控制过程

变更控制过程是软件配置项变更提出、分类、影响评估、评审、决策、实施、验证与关闭的过程,它由如下主要步骤组成:

1) 提出 CR

识别变更需要,对受控的软件配置项的修改提出 CR。变更控制过程通过

CR 的流动来实现。对基线配置项的任何修改都必须与某一 CR 相关。引起变更的原因是多种的,包括对软件改进的要求、因修复软件缺陷而产生的变更和由顾客提出的 CR 等。

2)评估变更影响

由开发小组对 CR 进行质量、成本、交付的评估,确定变更影响的范围和修改的程度,为确定是否有必要进行变更提供参考依据。根据变更会带来的潜在影响和其需要批准的权限对变更进行分类,设定严重性与优先级。

3)核准 CR

CCB 负责 CR 的核准。根据变更影响评估结果,CCB 对 CR 进行审查,做出决策,批准、拒绝或延期变更。对每一项被批准的 CR,由 CCB 指定变更的完成日期。

4)实施变更

变更由开发小组实施。项目负责人安排工作进度,分配实施责任人,并监控实施的进度和质量。变更实施责任人将相关的基线副本从受控库中检出,实施更改并记录更改信息。

5)验证变更

对已实施的变更必须在配置项和软件不同层次上加以验证。验证的方法包括评审和测试等。验证实施后,提交验证结果及必要的证据,并将通过验证的配置项检入受控库,记录配置信息。

6)结束变更,建立新的基线

结束变更的准则如下:

(1)通过验证表明变更已正确地实施。

(2)变更未产生非预期的副作用。

(3)有关的代码、文档和数据项已全部更新并已检入受控库。

(4)已将原基线备档,建立了新的基线,完成了配置记录,关闭了变更请求,并通知了变更申请人。

图 7-4 是变更控制过程的示例。

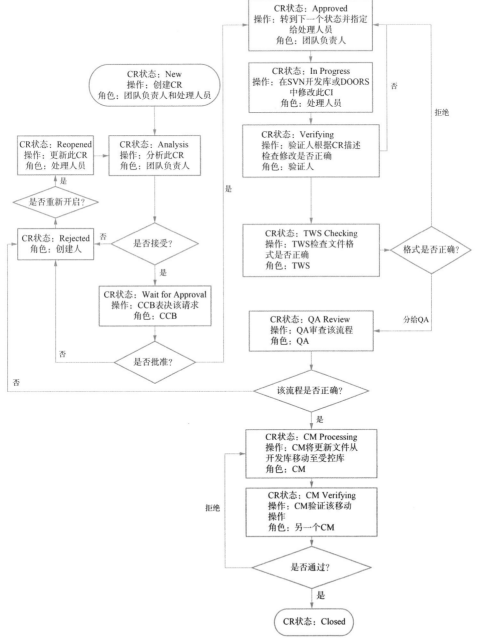

图 7-4　变更控制过程的示例

7.6　归档、提取与发布

软件生命周期数据应正确地纳入配置管理库管理,在需要进行复制、再生、重新测试或更改软件产品的情况下可进行访问与提取,并确保只有那些已归档的、可提取的和可交付用户的软件产品被使用和生产,以提供给客户或用于适航审定。

在执行归档、提取与发布的过程中,应关注如下内容:

（1）软件生命周期数据正确、完整地归档。

（2）软件生命周期数据能便捷地检索、提取、复制。

（3）数据的提取与变更被正确授权,以保证安全性。

（4）存储的介质具有良好的可靠性,防止数据受损。

（5）进行定期与不定期的异地备份。备份内容包括软件开发库、软件受控库和软件产品库的数据以及 PR 和 CR 的过程数据。

7.7　软件加载控制

软件加载控制是指采用合适的安保措施把可执行目标代码和数据加载到机载系统或设备中的过程,它应包括如下内容:

（1）加载的软件配置的部件编号和介质标识的规程。

（2）无论软件是作为最终项目交付还是安装在机载系统或设备中交付,都要保存证实软件与机载系统或设备硬件兼容的记录。

外场可加载航空电子软件是指在线加载软件,即无须把系统或设备从它安装位置上拆下来即可装入的软件。软件加载通过软件功能实现,与该功能相关的安全性需求是系统需求的一部分。

与外场可加载软件有关的系统安全性考虑包括以下几个方面。

（1）不可靠的或部分加载的软件的检测。

（2）加载不合适软件的影响的确定。

（3）软件/硬件兼容性。

（4）软件/软件兼容性。

（5）航空器/软件兼容性。

（6）外场加载功能的偶然使能。

（7）软件配置的丢失或不可靠。

对外场可加载软件的指南包括以下几个方面。

（1）除非被系统安全性评估过程证明是正确的，否则部分或不可靠软件加载的检测机制要有与软件加载功能有关的、最严重的失效状态或软件等级一样的失效状态或软件等级。

（2）当不合适的软件或数据加载时，系统有一个缺省模式，在这个模式表明的潜在失效状态中，系统的每一个部件都要有为运行规定的与安全性有关的需求。

（3）软件加载功能包括支持系统和过程，应包括检测不正确软件、硬件、航空器组件的手段，并对功能的失效状态提供合适的保护。

（4）如果外场可加载软件是确保航空器符合合格审定配置的一部分，那么该软件应按最高级软件开发并加载，或者 SSA 过程应能够说明软件配置完整性的不断检查。

7.8　软件生命周期环境控制

软件生命周期环境控制是标识、控制和提取软件工具的过程。其中软件工具由软件计划过程定义并在 SECI 中标明。用于软件开发、控制、构建、验证和加载的工具需要置于配置控制。因此，软件工具必须作为 CC1 或 CC2 数据被 SCM 管理。根据 DO－178C，作为最低要求，未鉴定的工具的可执行码作为 CC2 控制；已鉴定的工具及其支持的鉴定资料在 DO－330《软件工具鉴定考虑》中指定。

SECI 表明了软件生命周期环境的配置，有助于硬件和软件生命周期环境的重建，从而支持软件恢复、重新验证或软件变更。SECI 应标识如下内容。

（1）标识软件生命周期环境硬件及其操作系统软件。

（2）标识软件开发工具，如编译程序、连接编辑程序和加载程序及数据综合工具（如计算工具、嵌入校验和工具或循环冗余码校验）。

（3）标识用于验证软件产品的测试环境，如软件验证工具。

（4）标识鉴定的工具及与其有关的工具鉴定资料。

7.9　配置状态纪实

配置状态纪实记录配置项标识、基线标识、PR 状态、变更历史记录和发布状态等配置管理信息，并通报给项目成员（如项目负责人、开发人员和其他利益相关方）以及时了解项目的配置状态。配置状态纪实主要关注纳入受控库的配置项和基线的状态记录。

配置状态报告是配置状态纪实的主要形式，是软件产品及其相关配置信息的汇总。配置管理员提供配置状态报告给开发团队和 SQA。软件开发团队和 SQA 可基于配置状态报告查阅配置项的变更信息。如通过 PR 追踪该问题所涉及的所有变更状态，追踪变更控制过程中的要素或文件以验证所有配置项的变更是由 CCB 核准的。在软件生命周期的不同阶段，配置状态报告的内容可有所不同，具体可参见 EIA－649B 中的表 6。

配置状态报告应根据项目的需要提供配置信息,提供过多的、不必要的数据信息会造成混乱。通常配置状态报告主要包括如下内容:

(1) 数据项的状态,包括配置标识。

(2) PR 和 CR 的状态。

(3) 发布的数据和文件的状态。

(4) 基线内容以及与前一版基线差异的清单。

配置状态报告应及时报告配置状态并告知相关人员。生成该报告的时机如下:

(1) 当技术负责人或 CCB 需要时。

(2) 应定期报告,根据项目需要可在项目例会上进行汇报。

(3) 在建立受控库基线之前。

7.10 配置审核

配置审核的任务是验证基线和配置项符合指定的标准或需求。尽管对配置项进行了标识,实施了变更控制和版本控制,但如果不做检查或验证,还是会经常出现混乱。配置审核包括功能配置审核和物理配置审核。

功能配置审核的目的是验证配置项的实际功能是否满足规定的需求。功能配置审核的内容主要有:

(1) 配置项的开发任务是否完成。

(2) 配置项是否已达到规定的功能和性能(通常借助验证工作成果)。

(3) 更改是否遵循变更控制流程。

(4) 保持了可追踪性(更新及时和正确)。

物理审核的目的是确认配置项是否符合预期的物理特性。物理配置审核的内容主要有:

（1）配置标识的准则是否得到遵循（包括基线和配置项）。

（2）基线及其内容是否满足相应的基线说明文件。

（3）配置项的物理媒介形式是否完备（尤其是与软件配置管理状态报告的符合性）。

配置审核的时机通常是在基线和/或配置项发布前。

7.11　常见问题分析

7.11.1　问题 1——如何把握软件变更控制松紧度

1）问题分析

软件配置管理过程目标是保证完整性、可再生产性、可视性、协调性，以及在软件生命周期数据的演化中对其的可控制性。在实际工作中，变更是一件比较频繁的事，配置项的选择、基线包含的内容、基线建立的时机、审批权限等的不当会导致工作量剧增，更改周期变长，效率下降。软件变更控制过松会导致软件状态混乱，控制过严又极大地增加了工作量。

2）建议方案

因地制宜地进行软件变更的控制，建议方案如下：

（1）借鉴软件三库管理，将软件库分为软件开发库、软件受控库、软件产品库，不同的软件库采用不同的管理控制机制，以适应不同的数据控制级别要求。选择合适的控制级别配置项纳入合适的软件库进行管理，可提高软件配置管理的合理性和有效性。

（2）针对文件夹（或者组件库等其他文件集的形式）设置控制级别。文件夹作为文件的组织方式，其本身不应设置控制等级。但在实际操作中，尤其针对较大的项目，文件数目众多，对每一个文件设置控制等级是很繁重的工作，设置文件夹的控制等级则是较为可行的方式。针对项目文件组织形式中存在的同一文件夹中包含不同控制等级文件的情况，为方便管理，可再增加一层文件夹用于区分不同控制等级的文件。

7.11.2　问题 2——如何管理软件供应商的软件

1）问题分析

外包的软件配置项，常会出现以下问题，如供应商的配置标识方式与采购方内部规定的不一致；供应商的软件配置管理过程不严谨，常提供不正确版本；供应商出于商业秘密保护等原因不愿意纳入采购方的配置库管理。

2）建议方案

针对软件供应商的配置管理问题，建议方案如下：

（1）要求供应商编制配置管理计划，在计划中明确配置标识方法和软件配置管理流程，供应商的配置管理计划应经采购方评审和批准。

（2）要求供应商建立各自的配置管理系统（configuration management system，CMS），严格按照配置管理计划和流程执行，并且定期进行内部审核。采购方结合供方审核，定期或不定期开展供应商软件配置管理过程的审核。

（3）采购方应在合同中明确供应商提供数据的内容和形式，减少后期的执行争议。此外，采购方可以建立项目配置管理库，将供应商交付的数据纳入采购方配置库，必要时要求供应商从项目配置管理库中提取软件，并见证加载到产品上的过程。该做法可以确保产品上使用的软件来自项目配置管理库。

8

软件质量保证

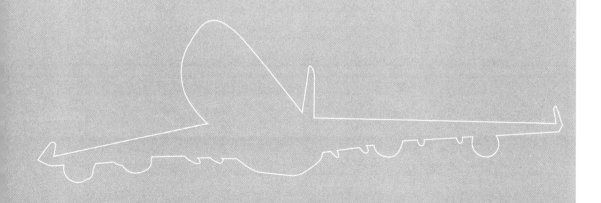

8.1 概述

软件质量保证(SQA)建立一套有计划、有系统的方法,用以向管理层和相关方保证所拟定的标准、步骤、实践和方法能够正确地被项目采用。

SQA 的目的在于向项目成员和高层管理人员提供对于项目生命周期中的过程和工作产品适当的能见度与回馈,以支持交付高质量的产品和服务。通过在软件开发周期中尽可能早地预期或检测到不符合的情况防止错误的发生,减少错误纠正的成本,并保证软件研制过程和软件研制生命周期数据与适航审定的要求一致。

8.1.1 软件质量保证过程的目标

SQA 过程由 SQA 人员负责,其目标如下:

(1) 确保为遵循 DO - 178C 以及一致性制定和评审软件计划与标准。

(2) 确保软件生命周期过程符合批准的软件计划与标准。

(3) 确保满足软件生命周期过程的转换准则。

(4) 确保进行软件产品的符合性评审。

依据的软件等级和目标的适用性在 DO - 178C 附件 A 的表 A - 9 中规定。

8.1.2 软件质量保证过程的要求

SQA 过程的要求包括以下几个方面。

(1) SQA 人员应具有相应的权力、责任心和独立性,从而能保证达到 SQA 过程的目标。

(2) 保证制定了软件计划和标准,通过了评审,并得到批准。

(3) 软件生命周期过程应符合软件计划和标准。

（4）在软件生命周期中对软件过程进行审核，并保证如下几点：

a. 使软件计划与标准的不符合项得以检测、记录、评估、追踪和解决。

b. 批准的偏差与例外（偏离）已记录。

c. 按软件计划提供相应的软件开发环境。

d. PR、追踪和纠正活动符合软件配置管理计划。

e. 系统过程提供给软件生命周期过程的输入得到了处理。

（5）应对 SQA 过程活动进行记录，包括审计结果和软件符合性评审完成的证据。

（6）保证供应商过程与输出符合软件计划与标准。

（7）保证软件生命周期过程转换准则达成符合软件计划。

（8）保证依据控制类对软件生命周期数据进行控制。

（9）在作为合格审定申请的一部分提交的软件产品交付之前，应进行软件符合性评审。

根据 SQA 过程的目标和要求，它主要包括如下活动：制定软件质量保证计划（详见 2.3.5 节）、软件过程和产品审查、不符合项处理与跟踪、参与项目评审、参与变更控制、评审与批准偏差和例外、SCR、度量分析和改进、SQA 状态报告。

8.1.3　DO‐178C 对软件质量保证的要求

按照 DO‐178C 标准进行的机载系统软件开发活动是从 SSA 开始的。SSA 对系统在飞行过程中的失效影响进行了分析和研究，并在此基础上将开发软件分为 A、B、C、D、E 五个等级。DO‐178C 定义了软件生命周期的过程（见图 2‐9），还定义了每个过程的目标、过程、输入、输出、转换准则。

研制取证过程如果选择 DO‐178C 标准作为适航符合性方法，则必须执行该标准所建议的过程和活动，组织相关软件生命周期数据资料的证据，以满足该标准定义的适航目标。DO‐178C 在 DO‐178B 的基础上增加了"活动"列，为所有的过程目标关联了相应的活动,明确了每个目标需要通过哪些活动才能达到。DO‑178C关注软件产品过程的安全性和完整性,为SQA过程提供了比较全面的指导。

8.2 软件过程和产品的审核

质量不能通过评估一个已完成的产品来获得,而是应该第一时间防止质量缺陷和不足,并使产品经得起质量保证测量评估,因此软件过程审核对于质量管理工作也至关重要。

软件过程审核通常是基于过程中产生的工作产品开展的,软件开发全生命周期过程中所产生的所有工作成果都是工作产品,涉及软件产品的软件过程审核也不可避免开展软件产品审核。而SQA中的软件产品审核通常特指与向客户交付相关的工作产品,如项目中的需求规格说明书、概要设计和详细设计文档、代码、测试说明和用户手册文档等。正是这种特殊性使得在审核时往往需要建立针对性的软件产品审核检查单,单独进行软件产品审核。

8.2.1 审核流程

软件过程和产品的审核流程如下:

(1) SQA人员按照SQAP中明确定义的审核时机和频率的要求,通过与项目组人员访谈、参加项目组例会、定期检查软件研制过程记录和生命周期数据等方式进行审核。

(2) SQA人员依照定义的SQA检查单对软件研制过程和生命周期数据进行审核和审查,并如实完成检查单填写,形成质量保证记录。

(3) 如果SQA人员在审核和审查的过程中发现不符合项,则需形成不符合项记录,并对其进行跟踪。对不符合项处理与跟踪的过程详见8.3节。

8.2.2 审核方法

软件过程与产品的常用审核方法包括检查、见证、审核、评审和审批等。

1）检查

SQA 人员通过与项目成员访谈或检查相关的软件研制生命周期数据,验证软件研制的过程和输出是否符合已经批准的计划和标准。

检查是由 SQA 人员主动发起的,以便 SQA 人员能尽早发现问题。

2）见证

SQA 人员以现场参与的方式对重要软件的研制过程活动进行现场监察(关注人员、操作步骤和工具等),确认研制过程活动与计划相符。

需要见证的活动包括以下几个方面。

（1）开发和验证环境建立:确保开发环境和验证环境与批准的配置一致。

（2）构建环境(用于形成可执行目标代码的环境)的建立:确保构建活动符合流程,构建环境符合批准的配置。

（3）构建和加载:根据文档化的构建和加载规程,见证构建和加载活动,以保证其可复现。

（4）测试环境的建立:确保符合批准的配置。

（5）测试执行:见证测试执行过程中一定比例的测试。

3）评审

SQA 团队成员被邀请参加项目研制过程中的项目会议,评估项目的完成情况,判断是否达到相关要求。SQA 团队确保会议中发现的所有问题都被记录下来。对于评审中发现的问题,SQA 团队要审核问题的解决情况,保证问题关闭或开口问题得以记录。

评审需要关注如下内容:

（1）评审活动及具体流程是否符合计划要求。

（2）本阶段的具体活动、输出和行动项跟踪情况。

（3）阶段的转换准则是否满足。

4）审核

SQA 人员应按照 SQAP 中明确定义的审核时机和频率的要求，主动、定期地审核项目各阶段的进展情况以及各阶段的软件研制生命周期数据。

审核工作由 SQA 人员依照定义的各过程检查单开展。审核中发现的不符合项由 SQA 人员填写在 SQA 审核记录中。

5）审批

对于重要的软件过程节点和输出，应设置质量控制点，由 SQA 人员确认，然后签字批准。质量控制点的设置应该在 SQAP 中明确定义。

需要 SQA 人员审批的数据包括以下几个方面。

（1）PR 和 CR：每次项目成员提出的 PR 和 CR，都应该告知 SQA 人员。SQA 人员在定期的审核中需要确认 PR 和 CR 的处理流程符合已定义的计划，而且所有的问题和变更都得到正确处理。

（2）发布的软件：每个软件版本发布时，SQA 人员都需要确认软件已经被验证，且验证结果完整、与实际输出一致，发布软件的所有相关文档都已经纳入配置管理库。

（3）交付物：最终交付物发布时，SQA 人员需要确认交付物的完整性、正确性以及交付物文档与软件的一致性等。

8.2.3　审核要求

1）计划过程审核要求

DO－178C 软件计划过程的目标是定义产生满足系统需求的软件方法，并提供与适航要求相一致的置信度水平。SQA 对计划过程的输出文档是否完整、是否与标准一致进行审查，以确保符合系统需求和标准要求。

SQA 活动要求包括以下几个方面。

（1）对软件开发计划、软件配置管理计划、合格审定联络计划以及软件质量保证计划等计划类文档进行评审。可独立开展评审，也可参与同行评审，软件质量保证计划可以由项目负责人或组织级 SQA 审核。

（2）对计划过程的输出文档进行审查,审查文档之间的一致性以及与技术标准等的符合性。除了软件计划,SQA 还应该关注系统层计划和安全计划,因为这些也可能影响软件过程。

（3）对配置管理活动进行检查,确保软件计划过程数据是正确的、完整的、可验证的和可追踪的,并形成记录。

2）开发过程审核要求

开发过程包括软件需求过程、软件设计过程、软件编码过程和集成过程。需求过程开发软件高层需求,包括功能、性能、接口需求,并明确派生软件高层需求。设计过程根据软件高层需求开发软件体系结构和软件低层需求,并明确派生软件低层需求,目标是确保开发的软件体系结构和软件低层需求符合软件设计标准。编码过程由软件体系结构和软件低层需求实现源代码。集成过程使用目标计算机和来自软件编码过程的源代码和目标代码,在过程中对数据进行连接和加载,以开发综合的机载系统或设备。

SQA 活动要求包括以下几个方面。

（1）对开发过程输出文档的完整性和一致性进行审查。

（2）对软件需求进行评审。可独立开展评审,也可参与同行评审,评审与标准的符合性、软件高层需求是否遵循需求标准,确保软件高层需求的准确性、一致性、可验证性和可追踪性,以及与目标机的兼容性。

（3）对软件设计进行评审。可独立开展评审,也可参与同行评审,评审与标准的符合性、软件低层需求是否满足其高层需求,确保软件低层需求的准确性、一致性、可验证性和可追踪性,以及与目标机的兼容性。

（4）对软件代码符合性进行审查,保证开发的源代码是可追踪的、可验证的、合理的,且正确地实现了软件低层需求。

（5）对与技术标准或企业规程的偏离进行批准。

（6）对评审中发现的问题归零情况进行检查,确保不充分或不正确的输入已反馈给软件需求过程、软件设计过程、软件编码过程或软件计划过程,使问题得以关闭。

(7) 对配置管理活动进行检查,确保软件开发过程数据资料是正确的、完整的、可验证的和可追踪的,并形成记录。

3) 验证过程审核要求

验证过程是指软件代码审查、软件单元测试、集成测试和软件系统测试,目的是检测和报告在软件开发过程中可能已形成的错误,或证明软件满足其需求,证明可能导致在 SSA 过程中确定的不可接受的失效状态的错误已消除。软件验证手段主要包括评审、分析和测试。评审和分析在计划、需求、设计和实现过程分别进行。

SQA 活动的要求通常包括以下几个方面。

(1) 对测试用例、测试规程和测试报告进行评审,确保完整地开发并完成了测试;确保分配给软件的系统需求已发展成满足这些系统需求的软件高层需求,软件系统结构和软件低层需求已发展成满足软件低层需求和软件体系结构的源代码,确保软件需求的实现与软件需求的验证之间、软件需求与测试用例之间、代码结构与测试用例之间的双向追踪等得到满足。

(2) 见证测试过程,并形成记录。

(3) 对验证过程的问题归零情况进行检查,确保验证过程中发现的缺陷和错误已反馈软件需求过程、软件开发过程或软件计划过程,使问题得以关闭。

(4) 对配置管理活动进行检查,确保验证过程数据资料是正确的、完整的、可验证的和可追踪的,并形成记录。

4) 转换准则审核要求

DO-178C 定义了软件生命周期过程以及每个过程的目标、过程、输入、输出和转换准则。从软件计划阶段开始,SQA 工作贯穿于整个软件生命周期过程,SQA 人员需要对软件生命周期每一个过程是否符合转换准则进行审核,保证软件生命周期过程的转换准则得到满足,完成转换准则检查记录,相关记录内容如下：

（1）审核转换准则的确定。SQA 人员应查看 SDP、SVP、SCMP 和 SQAP 等计划文档是否都包含了对应该软件过程的转换准则条款。

（2）转换准则的满足状态。当软件过程转换活动开始前，SQA 人员应审核该软件过程是否已经满足对应的软件计划文档中所规定的转换准则条件，并形成相应的审核记录；对于不满足的情况，SQA 人员应进行问题反馈，并提出对过程转换活动的反对意见。

5）SCM 过程审核

SCM 的目的是利用配置标识、配置控制、配置状态纪实和配置审核等技术建立和维护软件工作产品的完整性、正确性、一致性和可追踪性。DO－178C 定义了软件生命周期数据及其控制要求，SCM 过程贯穿于软件全生命周期，对于 SCM 过程的审核，一般除了结合相对应软件过程的审核（如在软件需求过程审核中同时审核软件需求过程输出的配置管理）外，还需要按计划定期或不定期开展单独的配置管理审核。相关内容如下：

（1）配置项标识是否符合相关规定。

（2）配置项是否按计划进行了配置管理活动。

（3）配置项签署（如有）是否符合相关规定。

（4）配置项变更过程是否完整、正确、一致。

（5）基线或配置库内容是否完整。

（6）物理库与配置项说明是否一致。

6）SQA 过程审核

项目负责人或组织级 SQA 应定期审核 SQA 的活动，根据需要还可以组织 SQA 人员以外的专家评审 SQA 过程。如果发现质量保证过程中的问题，则应将发现的问题记录下来，由 SQA 人员讨论解决问题的方法，将解决方法应用到实际项目中，并根据实际情况更新 SQAP。

（1）审核是否按计划开展了 SQA 活动，并形成审核记录。

（2）审核是否提交不符合项报告，并进行了跟踪处理。

（3）审核是否生成 SQA 状态报告，对质量趋势进行了分析并提出改进建议。

7）供应商审核要求

如果项目使用供应商或分包商，则 SQA 人员不仅应审核供应商的整个计划、开发和验证过程，而且应审核他们的配置管理和质量保证过程。审核供应商软件过程的方法与上述方法类似，在 SQAP 里要明确供应商审核的时机和频率，并明确审核的内容。通常供应商审核要与单位对供应商管理与监督审核的要求相结合，以减少重复劳动。

8.3　不符合项处理与跟踪

SQA 人员跟踪不符合项活动的目的是通过监控不符合项的状态，确保不符合项正确和及时地解决。

在项目开发的各过程中，SQA 人员负责跟踪内部发现的和外部发现的、与软件计划过程或相关标准的不符合项，具体内容如下：

（1）针对外部不符合项，按照客户要求的不符合项流程处理。

（2）针对内部不符合项，一般分为纠正措施和行动项，分别进行处理。

（3）通知不符合项相关责任人。

（4）督促责任人对不符合项进行纠正，审核其有效性，跟踪、验证其处理进展情况直至关闭。

（5）对于不符合项处理存在争议或无法落实的情况具有独立的上报渠道。

8.4　参与项目评审

SQA 人员应该主动和/或被邀请参加所有项目的阶段评审和技术评审活动，

并有权决定评审活动的有效性,以确保软件研制过程和数据的正确性及符合性。

(1) SQA 人员在项目软件研制过程中,可以参加软件同行评审会议或工程审计评审活动。

(2) 在评审过程中,SQA 人员应确保参与评审的利益相关方都是适合的,并确保评审会的焦点放在对软件研制过程和数据的缺陷识别上。

(3) SQA 人员应确保在评审过程中发现的所有缺陷都被评审负责人记录在评审报告中,并跟踪问题的解决情况。

(4) SQA 人员可以抽样(非正式评审可抽样,正式评审必须全覆盖)审核软件项目评审过程,完成评审过程检查单。

8.5　参与变更控制

SQA 人员通常是 CCB 中的关键成员,因为他们会评价提出的变更和评估变更的实施。很多时候 SQA 人员要负责评审发现问题的跟踪归零,关闭 PR 或 CR 通常需要得到 SQA 人员的批准。

8.6　评审和批准偏差与例外

SQA 人员评审相对于已批准过程或标准的任何偏差或例外,应对偏差与例外的影响程度进行正确的质量风险评估,通常评估从产品质量和质量体系两方面进行,以确保 DO-178C 的符合性和安全性没有受到影响。SQA 还保证所有的这些偏差或例外都依据批准的过程进行了记录(如一个 PR),相似地,对于已经批准过的测试规程的修正,SQA 也应进行评审和批准。通过 SQA 对偏差与例外的评审和批准机制,能够在项目开展过程中及时解决过程与标准局部不适应或不完善的问题,有利于项目的持续性进行和效率的提升。虽然与不符合项的处理比较相似,但偏差与例外更多是在质量评估的基础上对偏差与例外的放行。偏差与例外申请往往由项目开发人员发起,在实践中也可以融合在不符合项处理的过程中。

8.7　软件符合性评审

SCR 的目的是确保将要提交合格审查的软件产品符合如下要求:

(1) 策划的软件研制生命周期过程已完成,且是完整的。

(2) 软件研制生命周期数据是完整的,且生成和控制与计划和标准相符合。

(3) 软件生命周期数据可追踪到系统需求、安全性需求或软件需求。

(4) 任何需求偏差都已经被记录和批准。

(5) 可执行目标代码和参数数据项文件受控,且可以使用构建指令从 SCI 归档并在受控的源代码中重新生成。

(6) 批准的软件可以使用已发布的加载指令进行加载。

(7) 重新评价所有上一次符合性评审遗留的 PR。

(8) 如果先前开发的软件被用于合格审定,则确定当前的软件基线可追踪到先前的基线,并且所有的变更已经被批准。

软件研制生命周期数据在提交至适航审定前,SQA 人员按照定义的 SCR 检查单对软件研制生命周期数据进行 SCR。评审完成后,SQA 人员需要完成 SCR 检查单记录,以总结评审过程。

8.8　度量、分析和改进

度量的目的是为了判断 SQA 活动的成本、质量和进度状态,并进一步分析和提出改进建议。改进建议不仅是针对软件项目成员的，而且包括 SQA 人员自身。度量的内容主要有：

（1）与其计划相比，SQA 活动完成的里程碑数。

（2）在 SQA 活动中完成的工作的工作量及所支出的费用。

（3）与其计划相比，产品审核和过程审核的次数。

（4）发现不符合项的数量和分布（包括原因分析）。

8.9 软件质量保证状态报告

SQA 人员要定期审核和分析 SQA 过程，编写 SQA 报告或形成 SQA 记录。

SQA 人员应根据质量保证计划中定义的周期，编写质量保证状态报告，内容包括 SQA 过程活动及结果、评审、审核、会议记录、批准的过程偏离以及不符合项的跟踪和处理情况等。质量保证报告可提出改进建议，包括修改管理程序、完善不适用的过程说明、标准和规程等。质量保证报告或质量保证记录通报给责任单位领导、项目负责人和其他利益相关方。

8.10 常见问题分析

8.10.1 问题 1——软件项目计划和质量保证计划之间的一致性问题

1）问题分析

在实际执行中，软件计划的时间进度往往会产生较大偏差或经常性的变更。导致软件计划与 SQAP 的软件过程审核时间不可行或不一致，或者为了软件计划与 SQAP 的时间进度一致，反复变更 SQAP，造成时间和精力的浪费。

2）建议方案

针对项目计划和 SQAP 之间的一致性问题,建议方案如下:

(1) SQAP 的过程审核时间采用的是时机而不是具体时间,以避免频繁、被动的计划更改。

(2) 软件过程要定期审核,以尽早发现过程中潜在的问题并避免软件过程失控,同时也可以及时发现软件过程时机,减少 SQAP 时间的不确定性带来的风险。

8.10.2　问题 2——软件质量保证工作的有效性差

1）问题分析

在实践中,经常有单位抱怨 SQA 工作的有效性差。体现在软件开发人员对于 SQA 人员审核工作不配合,对 SQA 人员提出的问题不认同;SQA 人员提出的不符合项多属于软件管理问题,技术问题少;SQA 对软件产品质量提升和软件过程改进作用有限,投入产出比不高。这些导致了相关人员对 SQA 工作认同度不高。

2）建议方案

针对 SQA 有效性差的问题,建议方案如下:

(1) 高层重视和支持,明确 SQA 人员的职责和权力,并从组织结构上保证 SQA 人员的独立性和权威性。

(2) 用有经验的软件工程人员开展 SQA 工作。很多单位对 SQA 工作的技术含量理解不到位,舍不得安排有经验的人员或者技术骨干担当 SQA 人员,而是安排比较清闲、不愿意出差的人担任 SQA 人员,忽略了 SQA 的岗位技术要求。实际上,一个好的 SQA 人员能够让整个软件团队的工作质量大幅提升,项目规模越大,获得的收益也就越大。

(3) SQA 人员也要持续提升自身技能。为了使 SQA 更有成效,并且赢得开发和验证团队的尊重,SQA 人员最好由具备良好资质、经验丰富的技术工程师担任;同时,由于软件相关技术、标准也在不断变化,因此 SQA 人员也要持续学习,努力提高,只有这样才能更好地保持权威性。

8.10.3 问题3——流程和文件的不充分和二义性

1)问题分析

尽管开发人员希望将软件开发过程打造成生产线,但是软件是无形的、抽象的,软件开发过程是一个创造过程,软件开发人员知识、经验对于结果的影响难以完全避免,有时候编写的人认为信息足以支撑,换一个人可能会有不同的理解,出现不一致的结果。例如,当 SQA 人员在见证软件开发或验证活动时(如软件编译和链接过程),SQA 人员依据相关流程文档,通过现场见证的形式开展审核活动。在编译和链接过程中,项目团队成员大多数操作方式都是一致的,但也出现了个别不一致的现象。产生这一现象的原因是该同事是新员工,有经验的同事都会在编译链接前清除以前的中间文件,避免由于不同机器时间不完全一致而引起的误判(编译器会根据时间判别是否需要重新编译一个文件),而该名新员工却不知道,尽管大多数时候结果是正确的,但也带来了质量隐患。

2)建议方案

针对流程和文件的不充分和二义性,建议方案如下:

(1)充分验证流程和文件。首先要进行流程和文件的评审,减少二义性,提升可理解性;其次要提升流程与文件的严肃性,要求执行者严格按照流程操作,不能增加或减少步骤、调整顺序;最后要根据流程适用的条件,进行充分操作验证,一定不能仅仅依靠编写的人操作。

(2)开展培训及在必要时持证上岗。首先要识别开展相应工作所需要的知识和技能,开展相关知识的技能培训;其次对流程进行培训,包括实际操作的演练;最后对于关键的流程,如交付软件加载等,实施持证上岗制度,采用"三定"原则:定点(指定位置)、定人(指定人员)、定机器(指定工具环境)。

9

软件合格审定

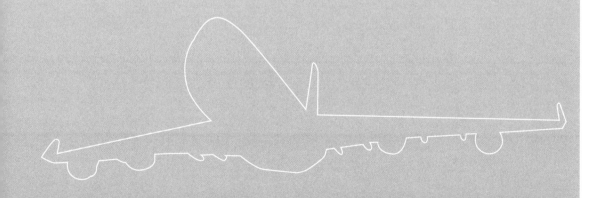

9.1　概述

由于航空电子软件的合格审定是型号合格审定中必不可少的环节和组成部分,因此航空电子软件合格审定的原则要求与型号合格审定是一致的。由于航空电子软件的特殊性,其合格审定在符合性方法和审查方法上又有很多特点。本章将从适航与合格审定的基本原理开始讲起,首先讨论初始适航和持续适航的概念、有罪推定和无罪推定的不同、审定基础与符合性方法的基础,引出审定信用的概念;其次讨论软件合格审定的基本原理,说明软件合格审定在型号合格审定中的定位、完备的审定信用、审定的二级体系以及软件合格审定中的穷举和抽样原则;再次讨论软件合格审定的介入程度、介入阶段和审定形式,通过理论结合实践的分析,阐明多个不同的介入阶段如何保证完备的审定信用以及完备的审定信用如何保证软件安全的原理;最后在本章的结尾列出了软件合格审定中的若干难点问题。

9.2　适航与合格审定的基本原理

9.2.1　初始适航与持续适航

适航性(airworthiness)简称适航,是民用航空特有的概念和属性,英国牛津字典对"适航"的解释是"fit to fly",意思是"适于飞行"。民用航空器的适航性是指该航空器包括其部件及子系统整体性能和操纵性特性在预期运行环境和使用条件下的安全性和物理完整性的一种品质,这种品质要求航空器应始终处于保持符合其型号设计和安全运行的状态。从适航的概念定义中不难看出,适航最核心的要求就是安全,为了保证航空器运行时的安全,需要对环境(在预期运行环境中)、人员操作(使用条件)以及航空器进行全面的适航管理。其中，对航空器的适航管理更是重中之重，也是保证航空安全的基础条件。

对航空器的适航管理可分为初始适航管理和持续适航管理两个阶段。

(1)初始适航管理是在航空器交付使用前，适航管理部门依据各类适航标准和规范，对民用航空器的设计和制造所进行的型号合格审定和生产许可审定，以确保航空器和航空器部件的设计与制造是按照适航相关规定和要求进行的。

(2)持续适航管理是在航空器满足初始适航标准和规范、满足型号设计要求、符合型号合格审定基础，获得适航证、投入运行后，为保持它在设计制造时的基本安全标准或适航水平，为保证航空器能始终处于安全运行状态而进行的管理。

初始适航管理的核心是通过型号合格审定确保整个航空器的型号设计都符合适用的适航法规、标准和规范，进而通过生产许可审定确定航空器制造商有能力严格按照型号设计进行生产制造，且制造的航空器是适航的、安全可用的。而持续适航管理的核心是在航空公司运营期间通过监管确保航空器依然能够保持初始适航审定批准的状态，维护其安全可用性。因此，从适航管理保障航空器安全的理念出发，初始适航阶段中的型号合格审定是后续适航管理的先决条件和基础。

本章的后续内容将主要介绍初始适航阶段中型号合格审定的基本原理及其与航空电子软件合格审定相关的内容。

9.2.2 有罪推定和无罪推定

在法律的世界中，有两条截然相反的基本原则，即所谓的"无罪推定"和"有罪推定"。

无罪推定是国际通行的刑事诉讼基本准则，简单地说是指任何人在未经证实和判决有罪之前，应视其无罪。无罪推定强调的是必须有充分、确凿、有效的证据证明被告的罪行成立,否则就应推定其无罪。

而有罪推定则恰恰相反,是指在没有证据、未经司法裁决的情况下,就先推定被告为实际犯罪人。举个形象的例子,警察抓了一个人,在没有任何证据的情况下,说"你犯罪了"。这人说"我没干",警察说,"你说你没干,你有什么证据证明你没干吗?"

无罪推定和有罪推定看起来似乎很简单,但如果我们仔细分析无罪推定和有罪推定的立法和执法原则,就会发现两者在诉讼主体、举证责任和适用条款三个方面都有非常明显的不同。而深刻体会这三个方面的不同,对于我们理解适航合格审定可以带来很大的帮助。

首先,我们来讨论诉讼主体的问题。在无罪推定的原则下,任何人天生就是清白的、无罪的。要想证明一个人有罪,至少会涉及三个方面的主体:原告(主张某人有罪)、被告(被原告主张是有罪的)和法官(裁决被告是否真的有罪)。相反,在有罪推定的原则下,任何人天生都是有罪的。如果某人要想证明自己是无罪的,通常只会涉及两个方面的主体:被告(主张自己无罪,是被审主体)和法官(裁决被告是否真的无罪)。因此,在有罪推定的原则下,通常是没有原告的。

其次,我们来讨论举证责任的问题。在无罪推定的原则下,任何人都是无罪的,原告想要证明被告有罪,必须拿出有效的证据,得到法官的认可,才能真正判定被告有罪。也就是说,在无罪推定的原则下,举证责任在原告身上。被告不负有证明自己无罪的义务,如果被告提供有利于自己的证据,是被告在行使自己的辩护权,不能因为被告没有或不能证明自己无罪就认定其有罪。但是,在有罪推定的原则下,任何人天生都是有罪的。如果被告(或被审主体)想要证明自己是无罪的,必须自己拿出有效的证据,得到法官的认可,才能真正判定其无罪。因此,在有罪推定的原则下,举证责任落在被告的身上。

最后,我们再来讨论一下适用法律条款的问题。在无罪推定的原则下,原告只要拿出有效的证据,证明被告违反了某一条法律条款,并得到法官的认可,即可证明被告有罪。如果原告能够拿出有效的证据,证明被告违反了好多条法律条款,则可以证明被告同时犯有多种罪,应数罪并罚。也就是说,在无罪推定的原则下,原告可以选择性地使用部分法律条款。但是,在有罪推定的原则下,认为任何人都犯有任何罪(如盗窃罪、强奸罪或故意杀人罪等)。被告想要证明自己是无罪的,必须拿出有效的证据,证明自己既没有犯盗窃罪,也没有犯强奸罪,也没有犯故意杀人罪……因此,在有罪推定的原则下,被告必须应用所有的法律条款,证明自己没有犯下任何罪行,才能真正证明自己是无罪的。

从上面的分析我们还可以看出,不论是有罪推定还是无罪推定,证据是认定犯罪是否成立的唯一依据。不论是无罪推定下原告给出的证据,还是有罪推定下被告给出的证据,都需要有法官(也即判决方)来认定证据及相关陈述的有效性,并给出是否有罪的判决。

把无罪推定和有罪推定的这些分析应用到航空器的适航审定里来,我们可以发现,在适航管理与合格审定中采用的是有罪推定的原则。它认为,为了保证飞行器的安全性,在默认情况下,任何航空器、机载系统、零部件,包括其软件/硬件,都是非常不安全的,或者说没有一处是安全的。因此有以下原则。

(1) 在适航合格审定中,通常只涉及两个主体:一是申请人或被审单位,其为被告;二是局方,也就是法官、判决人。在适航合格审定中没有原告。

(2) 举证责任由申请人或者被审单位承担。它要求申请人给出各种有效的证据,并对证据进行有效辩解和陈述,得到局方的认可。

(3) 申请人必须应用所有的适航法律条款,逐一证明整个飞行器中型号设计、生产制造的每个方面都是安全的。

9.2.3 审定基础与符合性方法的基础

在介绍了无罪推定和有罪推定的原理,并认识到适航审定是遵循有罪推定的原则之后,我们再来讲述一下适航审定的法律条款是什么,针对这些法律条款,申请人(即被告)证明自己无罪的证据和证明方法又是什么。

在航空业界,针对某个特定的航空器来说,其初始适航的型号合格审定所适用的所有法律条款的总和称为型号合格审定基础（type certification basis），简称审定基础。前面说到，民用航空器的适航性要求航空器应始终处于保持符合其型号设计和安全运行的状态。不同的飞行器有着不同的系统组成（如飞机与气球）、不同的性能和操纵特性（如运输类飞机和直升机）、不同的运行环境和使用条件（如民航客机和特技表演机），因此，对不同飞行器进行型号合格审定的审定基础也是不一样的。确定审定基础也就成了型号合格审定的首要任务。只有确定了审定基础，飞行器的型号合格审定才会有法可依。

通常来说，审定基础是经型号合格审定委员会（Type Certification Board，TCB）确定的、对某一民用航空产品进行型号合格审定所依据的标准。审定基础包括适用的适航规章、环境保护要求及专用条件、豁免和等效安全结论。一般情况下，型号合格审定基础由申请人根据其预期的型号设计在相应的基本适航规章和要求的基础上进行裁剪或补充，并与局方进行持续沟通直至达成一致，以得到 TCB 最终认可为准。其间若存在特殊情况，则可能会引入专用条件、豁免和等效安全等内容。审定基础的确立意味着航空器对应的安全水平要求确定了，合格审定工作可以正式启动。

在介绍了适航审定的法律条款之后，接着讨论一下适航审定时的举证方法。确立了审定基础以后，对于其中的某条适航条款，申请人应该提供什么证据、采用什么方法进行论述，来表明这条适航条款已经被满足了呢？

民用航空业经过了多年的探索和发展，经历了众多型号的合格审定，逐步形成了一系列固定的有关证据和论述方法的模式，称为适航符合性方法，简称符合性方法（means of compliance，MOC）。常用的符合性方法归纳为 10 类，如表 9-1 所示。

表 9-1　常用的符合性方法

MOC 0	符合性申明
MOC 1	说明性文件
MOC 2	分析/计算

MOC 3	安全性评估
MOC 4	试验室试验
MOC 5	机上地面试验
MOC 6	飞行试验
MOC 7	检查
MOC 8	模拟器试验
MOC 9	设备鉴定

针对不同的适航条款,申请人可选择合适的符合性方法,也可以使用几种符合性方法的组合。

对不同的适航条款采用的不同的符合性方法应该事先与局方沟通,确认可行后记录在适当层级的合格审定计划(如系统合格审定计划)中。在该计划得到局方批准后,视为申请人和局方双方就审定基础及对应的符合性方法达成一致。接下来申请人就可以随着项目进程、按照计划实施相应的符合性验证活动,并逐项与局方进行确认、核准,最终完成整个型号的合格审定工作。

9.2.4　审定信用

在适航规章制定、适航标准制定、飞行器设计和制造、飞行器适航审定等工作中,大家在沟通和交流时还常常用到一个新的概念,即审定信用(certification credit)。

前面讲到,审定基础是一条条的适航条款和型号安全要求。针对其中的某条(或某几条)要求,申请人选择合适的符合性方法,给出一定的证据,进行一定的举证活动,向局方表明这条(或这几条)条款或要求已经得到满足,并得到了局方的认可,则称申请人获得了这条(或这几条)条款相对应部分的审定信用。

根据审定信用的概念,在制定适航规章和适航标准时要考虑每条条款提出什么审定信用的要求,在飞行器设计和制造时要考虑产生哪些审定信用,而在飞行器适航审定中,申请人需要考虑如何声明这些审定信用,局方需要考虑是否认可这些审定信用。

　　前面讲到,适航审定遵循有罪推定原则,它需要应用审定基础中所有的条款。因此,只获得一部分审定信用是不够的。申请人必须对审定基础中的所有条款,完成所有的适航符合性验证活动,获得相应的审定信用,最终组成一套完备的审定信用,才能真正通过适航审定,判定飞行器安全。这就像是犯罪嫌疑人通过不断地举证,逐一澄清所有犯罪疑点,在有罪推定的原则下最终获得无罪的判决。因此合格审定过程也可以理解为是审定信用不断积累、完备的过程。

9.3　软件合格审定的基本原理

9.3.1　软件合格审定在型号合格审定中的定位

　　型号合格审定是针对整个航空器开展的,涉及的审定内容和项目需覆盖型号中所有的组成部分,才能确认整个航空器的适航性。在此我们将航空器的组成进行简化与分类,一般可分为结构件和机载系统两个主要方面,结构件指的主要是飞机的机体结构,机载系统指的是在飞行器上运行,以实现飞行器的特定功能的项目的交联组合。而机载系统又由设备、传感器和线缆等组成,其中的设备主要由软件和硬件组成。由飞机至系统、由系统至软件/硬件,体现了飞机、系统、软件/硬件之间的组成关系(见图 9 - 1);从合格审定的角度出发也同样如此,航空器、系统、软件三个方面合格审定的关系如图 9 - 2 所示,软件的合格审定是从属于系统乃至整个型号合格审定过程的。

　　首先,为整个航空器确定适用的适航标准,即审定基础。例如 C919、MA700 等飞机属于运输类飞机,其审定基础应以中国民航规章(China civil aviation regulations, CCAR)CCAR - 25 部《运输类飞机适航标准》为基础进行确立;GE、Rolls Royce 等公司研发的发动机则属于 CCAR - 33 部的范畴;

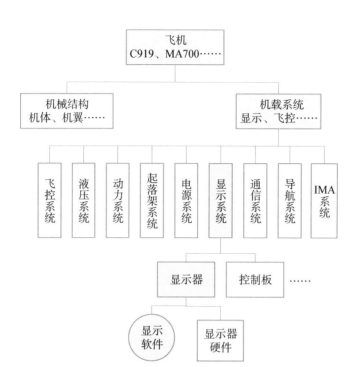

图 9-1 飞机、系统和软件/硬件之间的组成关系

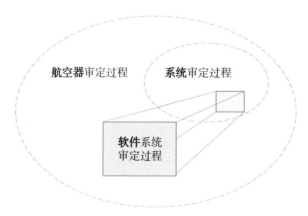

图 9-2 航空器、系统、软件三个方面合格审定关系

旋翼直升机则应选取 CCAR-27 部或 29 部作为审定基础。型号申请人应与局方在项目早期明确整个航空器的审定方向和基础,并与局方达成一致。

其次,根据型号设计将飞机划分为不同的系统,每个系统都将分配到相应需要满足的适航条款,申请人将与局方进行沟通确认每一项适航条款对应的符合性方法,将这些内容写入系统的合格审定计划中并以得到局方批准为准。至此,申请人和局方就将整个型号的合格审定工作分配、落实到了各个系统层面。

最后,软件作为系统的设计组成部分之一,其合格审定将包含在系统的合格审定中,因此在系统的合格审定计划中应明确本系统包含的软件项目,并对软件合格审定进行规划。

随着航空技术的发展,机载计算机的全面应用使得对飞机系统的操控更加自动化、更加快速而高效,在这其中起到关键作用的就是航空电子软件。因此航空电子软件的重要性愈加凸显,它的安全性、可靠性也自然而然地成为民航界关注的焦点,航空电子软件的合格审定成为型号合格审定过程中关键的一环。那么如何开展软件合格审定呢? 软件的审定基础和符合性方法又是什么呢?

以运输类飞机(如 C919、MA700)为例,整个飞机的审定基础是以 CCAR‐25 部《运输类飞机适航标准》为基础进行确立的,系统相关的审定基础分配落实到各系统的合格审定计划上,而所有系统均涉及两条通用的适航条款——CCAR‐25.1301 和 CCAR‐25.1309 条款,以证明该系统和设备能正确、安全地运行。

航空电子软件作为设备的重要组成部分,用于实现系统、设备的部分甚至全部功能。因此对于含软件的系统而言,作为其重要组件的航空电子软件的符合性是该系统表明符合 CCAR‐25.1301 和 CCAR‐25.1309 条款时的必要组成部分。因此在一般情况下,确定航空电子软件的审定基础时,采用的是通用条款——CCAR‐25.1301 和 CCAR‐25.1309 条款,重点关注软件功能实现的正确性和安全性方面的影响。

软件是一类极为特殊的航空产品,它看不见、摸不着,却实现了诸多关键的系统功能,又不能通过完全的穷举测试的方式表明其安全性和可靠性。因此,在民航领域普遍采用设计过程控制的方法证明其符合性、安全性和可靠性。RTCA/DO‐178C 是国际上通用的面向过程控制的航空电子软件适航符合性方法。通常来说,各国局方一般采用咨询通告(AC)的方式公开认可 DO - 178C 作为型号合格审定中可接受的航空电子软件的符合性方法,如 CAAC AC - 21 - 02、FAA AC - 20 - 115C 等,包括技术标准规定(technical standard order,TSO)项目中的软件也普遍采用 DO - 178C 作为符合性方法。与 DO - 178B 不同的是,DO - 178C 有一系列的补充标准:DO - 331、DO - 332 和 DO - 333,因此 FAA AC - 20 - 115C 除了认可 DO - 178C 为可接受的符合性方法以外,也认可这些补充标准共同作为机载软件的符合性方法。与此同时,FAA AC - 20 - 115C 还认可 DO - 330 作为工具鉴定的符合性方法。因此,本文以 DO - 178C 为依据进行阐述。

图 9 - 3　各层级统一使用 DO - 178C

　　值得注意的是,当今民机研制以"主制造商＋供应商"的模式为主,大部分系统中所含的航空电子软件均由供应商研发并提供给主机制造商。因此在进行软件合格审定时,无论是型号申请人还是申请人的软件供应商均统一采用 DO - 178C 作为符合性方法和工作指南,如图 9 - 3 所示。当型号申请人面向局方表明各系统航空电子软件的符合性时,需统一声明用 DO - 178C 作为符合性方法,从而可迅速有效地与局方达成一致;当申请人与其软件供应商确认软件合格审定职责和要求时,双方也可以以 DO - 178C 作为符合性方法迅速达成一致,甚至此后对软件研发过程的监控与适航审查都将以 DO - 178C 为基础和核心开展。软件合格审定过程中的三方均采用相同的标准开展各自工作,在目

标和方法一致的情况下可高效地进行沟通、审查、举证,有利于顺利地通过软件的合格审定,相关内容如下:

(1) 局方使用 DO - 178C 为指南对申请人进行软件符合性审查。

(2) 申请人配合局方对软件进行审查时,以 DO - 178C 为基础向局方表明符合性;同时对软件供应商的研发过程进行符合性监控时,也同样采用 DO - 178C 作为监控指南。

(3) 申请人的供应商采用 DO - 178C 作为航空电子软件的适航和开发指南,以实际的项目数据表明对 DO - 178C 的符合性,接受来自申请人和局方的符合性审查。

9.3.2　完备的审定信用

合格审定是审定信用不断积累、逐渐完备的过程,软件的合格审定也是如此。为了在后续的章节中更好地阐述航空电子软件合格审定的各项内容,首先需要了解航空电子软件合格审定应该获得的完备的审定信用到底有哪些。

一旦采用了 DO - 178C 作为符合性方法,航空电子软件的审定基础 CCAR - 25.1301 和 CCAR - 25.1309 等条款就被 DO - 178C 分解成了新的适航要求。如果在项目中把 DO - 178C 作为符合性方法而没有其他的补充或替代符合性方法,则 DO - 178C 所提出的所有适航要求的总和就成了完备的审定信用集。

概括起来说,DO - 178C 对航空电子软件提出了四个方面的适航要求:目标、过程、数据、其他考虑。

9.3.2.1　目标

众所周知,软件项目的研制方法、研制环境、软件生命周期的组织方式都各有不同,很难通过指定具体的设计方法或开发工具的方式满足适航要求。因此,为了给软件研制单位提供可实施的详细指导,同时也为开展软件适航审定提供客观的评价依据,DO - 178C 标准提出了一种目标导向的做法,这一点与

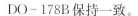

DO-178B保持一致。

目标是软件合格审定中最核心的依据。在实际审查过程中,局方审查人员通过阅读软件生命周期数据,了解并评价软件生命周期过程,从而判断目标的完成情况,并以此作为软件符合性评价的主要依据。

DO-178C标准规定的目标参见DO-178C的附件A。在附件A中,DO-178C针对每一个过程都定义了如下内容:

(1)不同软件级别需要实现的目标。

(2)不同软件级别实现各个目标的独立性要求。

(3)这些目标的参考章节。

(4)为实现这些目标应采取的相关活动。

(5)该过程的输出(软件生命周期数据)。

(6)不同软件级别对软件生命周期数据的控制类别。

(7)这些输出的参考章节。

不同软件级别需要实现的目标要求是不同的。以A级软件为例,DO-178C中一共定义了71个软件生命周期目标,其中部分目标还定义了独立性要求,如表9-2所示。通过实现这些目标,可以确定航空电子软件依据DO-178C实现了适当的软件生命周期过程,并且产生了相应的软件生命周期数据,最终判断软件项目是否获得了审定信用,符合适航要求。

表9-2 DO-178C目标及独立性要求

表名	对应的过程	DO-178C目标数量	有独立性要求的目标数量
A-1	软件计划过程	7	0
A-2	软件开发过程	7	0
A-3	软件需求过程输出的验证	7	3
A-4	软件设计过程输出的验证	13	6
A-5	软件编码和集成过程输出的验证	9	5

（续表）

表名	对应的过程	DO-178C 目标数量	有独立性要求的 目标数量
A-6	集成过程输出的测试	5	2
A-7	验证过程输出的验证	9	9
A-8	软件配置管理过程	6	0
A-9	软件质量保证过程	5	5
A-10	合格审定联络过程	3	0
总计		71	30

9.3.2.2 过程

为了实现上述目标，软件供应商需要实施相应的研发活动。这些研发活动按照其性质和实现目标的不同，可以归类为过程。在此我们把过程定义为"为实现特定的目标、制造特定的输出或产品，在软件生命周期中执行的一系列活动的集合"。即在特定条件下，为实现特定目标，对输入进行处理得到输出，并在处理过程中会产生一定的附加值，这就是过程。

通常来说，过程具有如下特点：

（1）过程一定与某种形式的输入或输出相关联。

（2）过程是活动的集合，可以被拆分和组合，因此过程有着不同的层次和粒度。

（3）过程由活动组成，它们都有执行的主体，即行动者或角色。

（4）过程与过程之间可能存在各种关联关系，如依赖关系、时序关系、独立性关系。

DO-178C标准从第4章～第9章都在描述软件生命周期的各个过程。它把软件生命周期分为软件计划过程、软件开发过程和软件综合过程三个主要过程，其中软件开发过程和软件综合过程又分别细分为四个子过程，如表9-3所示。

表 9 - 3　DO - 178C 定义的过程

生命周期过程	包含的子过程	DO - 178C 章节	对应作用
软件计划过程		第 4 章	策划、指导
软件开发过程	软件需求过程	第 5 章	创造、生产
	软件设计过程		
	软件编码过程		
	集成过程		
软件综合过程	软件验证过程	第 6 章	破坏、检验
	软件配置管理过程	第 7 章	协调、管理
	软件质量保证过程	第 8 章	监督、检测
	审定联络过程	第 9 章	组织、联络

软件计划过程是策划性、指导性的工作。它定义并协调软件开发过程和软件综合过程如何开展工作，例如，编写计划和标准指导其他所有过程和活动；计划和标准应该事先得到批准和认可；其他过程必须参照已经批准的计划和标准执行。软件计划过程起到了未雨绸缪、指点江山的作用。

软件开发过程是创造性、生产性的工作。通过四个子过程，逐步获取软件需求、软件设计、软件源代码，最终集成为可执行码，是一个软件产品从无到有的生产过程。

软件综合过程是用于保证软件生命周期及其输出正确、受控且可信的过程，贯穿于整个软件生命周期。它包括软件验证过程、软件配置管理过程、软件质量保证过程和审定联络过程。软件验证过程和软件开发过程是相互配套、相互呼应的。软件验证过程是破坏性、检验性的工作，通过核查、分析和测试等多种验证方法，对软件的好坏优劣进行检验，尽可能发现软件中的潜在问题，反馈到软件开发过程中进行修复和完善。软件配置管理过程是协调性、管理型的工作，用于标识、记录、存储、管理软件生命周期数据的整个变化历史。软件质量保证过程是监督性、检测性的工作，通过独立的审计、目击、评审等质量保证活动，确保软件研制的活动和数据符合计划标准以及适航要求。审定联络过程是组织性、联络性的工作,通过在申请人和局方之间建立联络,由申请人提供相应的证据证明其研制过程符合适航要求。

然而,软件研制项目的开展并不仅仅是将各过程的相关活动全部完成就能实现所有目标的。过程内部的活动之间,以及过程与过程之间必须定义正确的关联关系。DO - 178C 中并没有强制规定活动间的相互关系,但要求定义软件生命周期来描述软件研制活动中所有的过程和活动的先后顺序及执行关系;同时,DO - 178C 要求研制单位通过定义过程间的"转换准则"(transition criteria)来描述过程的进入和退出的条件等。总体来说,DO - 178C 综合给出了这些过程及其活动的基准和参考,以此评价软件供应商研制的软件是否达到适航要求。

9.3.2.3　数据

DO - 178C 中的目标需要通过过程活动来实现,而目标最终实现与否,则需要申请人提供明确的证据来证明。这个证据就是软件生命周期数据。软件生命周期过程中各个过程的输入和输出都是软件生命周期数据,涵盖了计划、标准、需求、设计、软件代码以及其他支持文档。这些数据是与各类过程活动直接关联的。软件生命周期数据在软件生命周期中产生,真实记录了软件生命周期的过程,是软件适航取证的基本依据。

DO - 178C 对于软件生命周期数据的要求主要体现在如下方面:

(1) 不同软件级别要求的软件生命周期数据不同。在 DO - 178C 附件 A 中,针对不同的软件级别,不仅给出了所要求实现的目标,同时也给出了应当产生的软件生命周期数据。

(2) 明确各项软件生命周期数据的具体内容要求。在 DO - 178C 标准第 11 章中,规定了软件生命周期过程和活动将要产生的 22 类软件生命周期数据应包含的具体内容。

(3) 不同软件级别要求的软件生命周期数据控制类别不同。软件生命周期数据的控制类别包括 CC1 和 CC2 两种。在 DO - 178C 附件 A 中,对于不同的软件等级,指定了每个软件生命周期数据的最低控制类别,以便在不降低安全性的前提下,降低软件生命周期数据的控制力度,从而实现研制成本的有效管理。

对于软件合格审定而言,不仅需要确保对应软件级别的软件生命周期数据满足 DO‐178C 第 11 章的数据内容要求,而且需要确保该软件生命周期数据的配置管理符合其对应软件级别要求的控制类别要求。

不过需要说明的是,DO‐178C 一再强调第 11 章中列出的 22 类数据并不是穷举的,也就是说,软件生命周期过程中还可能产生其他数据,申请人应该根据实际项目确定采取哪些软件生命周期数据作为支持合格审定的证据。此外,这 22 类数据的分类也并不暗示必须采用这种数据分类方法或组织方式,即软件生命周期数据和最终项目文档并不是一一对应的。一个软件生命周期数据可以对应一份文档,也可以对应多份文档。例如,对于软件验证用例数据项而言,可以将其内容写在一份《软件验证用例》中,也可以分为《软件低层需求测试用例》和《软件高层需求测试用例》,对应两份项目文档。在软件合格审定过程中,申请人需要建立项目实际文档与 DO‐178C 中所规定的软件生命周期数据之间的映射关系,以便局方开展审查活动,支持审定信用的获取。

9.3.2.4 其他考虑

除了目标、过程和数据要求之外,DO‐178C 还针对先前开发软件、工具鉴定、穷举测试、多版本非相似软件、产品服务历史等专题给出了额外的审定考虑。其他考虑是从另一个角度出发,在目标、过程和数据的基础上,需要申请人在研制过程中额外考虑的一部分内容,同时也是局方在软件合格审定过程中需要额外关注的内容。

(1) 先前开发软件(previously developed software,PDS):涵盖为其他应用而开发的所有软件,包括 COTS 软件和先前按软件安全标准开发的软件。简单来说,就是在当前项目中被复用的(不是在当前项目中开发和直接表明符合性的)软件应用、组件、库和其他数据结构,都可以认为是 PDS。对于 PDS 的修改、航空器安装的更改、应用或开发环境的更改、升级开发基线、SCM、SQA等方面，DO-178C 都提出了具体的指导意见。PDS 在审定过程中也有一些额外考虑：安全性评估过程及软件级别的考虑；软件生命周期数据的更改影响分析；数据追踪性和一致性维护；对结构覆盖率分析方法和结论的重新评估；对目标机环境一致性目标的重新检查；变更控制活动；重新验证活动。

（2）工具鉴定：如果申请人使用软件工具对开发或验证过程或活动进行了省略、减少或自动化，且没有对工具的输出进行验证，则需要对工具进行鉴定，以确保工具至少具有等效的审定信用。DO-178C 标准第 12.2 节对于软件研制过程中使用到的工具进行鉴定的评估和工具鉴定级别给出了具体的要求，而具体工具鉴定的适航要求则引用了 DO-330 标准。本书在第 10 章对工具鉴定进行了更加详细的阐述。在实际项目中，如果申请人在研制过程中涉及工具鉴定问题，则该航空电子软件的合格审定信用不仅包括其本身软件级别所要求的审定信用，而且包括工具鉴定相关的审定信用。

（3）穷举输入测试：在某些情况下，机载系统或设备的软件比较简单且独立，其输入和输出的集合是有限的。对于这种情况，可以使用穷举输入测试替代软件验证过程的活动。此时需要考虑的审定问题包括软件合法输入及输出的完整定义；确认软件输入彼此独立的分析；穷举输入测试用例和规程的合理性；测试用例、测试规程和测试结果。

（4）多版本非相似软件是指分别开发两套或多套不相似的程序，以满足同样的功能要求，其中一个版本的错误可以通过多版本输出的比较来检测。在使用多版本非相似软件时，验证方法可能需要在单一版本软件的验证方法基础上进行修改，因此，需要提供证据证明修改后软件验证过程的目标得以满足，并且对每个软件版本进行的错误检测都达到了同样的水准。在合格审定时，需要额外考虑如下问题：多版本非相似软件的独立性；多处理器相关的验证；多版本源代码的验证；多版本非相似软件的工具鉴定；多仿真器及其验证。

（5）产品服务历史是指软件在已知环境中持续运行一段时间，记录期间所发生的失效和问题。如果使用软件产品服务历史证明软件具有同样的安全性，则软件产品的服务历史可以作为合格审定的证据。使用产品服务历史获取审定信用是根据服务历史期间的充分性、相关性以及发生的问题类型判定的。该方法是否被接受取决于如下因素：SCM过程；PR过程的有效性；软件的稳定性和成熟度；软件运行环境的相关性；产品服务历史时长；产品服务历史区间内的软件失效率；软件变更的影响。

9.3.2.5　三位一体的适航要求

事实上，目标、过程、数据并不是独立的。过程是为了生产软件产品而执行的一系列活动，活动执行过程中使用了某一些软件生命周期数据，又生成了另一些软件生命周期数据；同时，这些数据还是表明软件生命周期符合DO－178C目标要求的主要证据。因此，在执行软件生命周期过程并生成了相应的软件生命周期数据的情况下，软件生命周期过程所定义的一系列目标也会被满足。可以说DO－178C中给出的对目标、过程、数据的适航要求是相辅相成、和谐统一、缺一不可的，如图9－4所示。

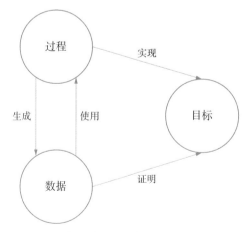

图9－4　目标、过程、数据三个软件适航要求

如果非要在这三个元素中寻求一个最根本的元素，那它将会是什么？从另外一个角度问同一个问题：在航空电子软件的合格审定中，最核心的审定元素

是什么?

　　仔细分析以上这三个元素之间的关系可以发现,目标是其中最根本的元素。在航空电子软件的合格审定过程中,主要是通过对软件研制过程和软件生命周期数据的检查来评价是否达到了相应软件级别所要求的软件研制目标。抓住了目标这个根本元素,其实也就间接抓住了其他两个元素:

　　(1) 判断目标是否满足的证据是软件生命周期数据。申请人通过展示软件生命周期数据,向局方进行适航举证。局方通过审查软件生命周期数据,判定审定信用的获取。

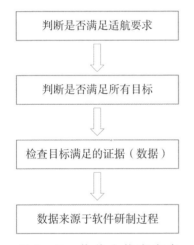

图 9 - 5　软件合格审定中目标、数据、过程之间的逻辑关系

　　(2) 软件生命周期数据真实地记录了软件生命周期中的所有过程和活动,即数据来源于过程。在软件合格审定中无法现场目击各项软件的研制活动,通过软件生命周期数据及其配置管理的审查,间接审查了软件研制过程和活动。因此抓住了数据,也就等于抓住了过程。

　　软件适航审定中目标、数据、过程之间的逻辑关系如图 9 - 5 所示。

　　综上所述,DO - 178C 是一份基于目标、面向过程、着眼于数据的航空电子软件适航指南;若想取得航空电子软件完备的审定信用,则需满足所有 DO - 178C 适用的目标;反而言之,当仅满足部分目标时,航空电子软件仅获得了部分审定信用,是不能通过合格审定的。

　　9.3.2.6　不同软件级别的审定信用

　　对于不同级别的软件,其安全性要求不同,DO - 178C 对它提出的适航要求也不同,即不同级别的软件在合格审定中需要获得的审定信用也是不同的。通常来说,低级别软件需要获得的审定信用是高级别软件需要获得的审定信用的子集,如图 9 - 6 所示。

图 9-6 不同级别软件需要获得的审定信用

从目标的角度分析一下 DO-178C 中不同级别软件需要获得的审定信用是有差异的,其目标差异如表 9-4 所示。

表 9-4 不同软件级别目标差异

级别	失效状态	目标数量	独立实现的目标数量
A 级	灾难性的	71	30
B 级	危害性的	69	18
C 级	严重的	62	5
D 级	不严重的	29	5
E 级	没有影响的	0	0

(1) A 级软件:软件的失效或故障可能导致灾难性的事故发生,此类软件安全性要求最高,需满足 71 个目标,同时约有 42% 的目标要求独立完成。

(2) B 级软件:软件的失效或故障可能导致危害性的事故发生,因此 B 级软件仅在软件测试结构覆盖(不要求做到 MC/DC)和部分独立性要求上比 A 级有所减少,需满足 69 个目标,同时约有 26% 的目标要求独立完成。

(3) C 级软件:软件的失效或故障不会导致人身安全问题,但会对机组造成严重的影响,因此 C 级软件在 B 级软件要求的基础上进一步减少,只需满足 62 个目标,独立性目标将为 5 个,仅占不到 10%。

（4）D级软件：对飞行安全的影响已降低到不严重的程度，D级软件仅需满足29个目标，独立性要求和C级相同。

（5）E级软件：无安全影响，也无目标要求，即不需要按照DO－178C表明符合性，但前提条件是此软件级别定义已经过系统审查确认。

由于DO－178C对于不同软件级别所要求实现的目标不同，因此不同软件级别所需完成的过程活动以及产生的软件生命周期数据也各不相同。

对于过程活动而言，所有级别的软件都需要完成软件计划过程、软件开发过程、软件配置管理过程中的活动；不同软件级别对过程活动的差异主要体现在软件验证过程和软件质量保证过程的活动中。

（1）A级软件：安全性要求最高，需要满足所有目标，因此，所有过程活动均需要实现。

（2）B级软件：相比于A级软件，B级软件不要求开展MC/DC的结构覆盖率分析活动，也不要求进行源代码与目标代码的追踪分析；其他过程活动与A级软件要求相同。

（3）C级软件：相比于A级和B级软件，C级软件最大的差异体现在验证检查项的减少上。

a. C级软件高层需求的验证检查不要求检查与目标环境的兼容性。

b. C级软件设计描述的验证检查不要求检查低层需求/软件体系结构与目标环境的兼容性、低层需求/软件体系结构的可验证性。

c. C级软件源代码的验证检查不要求检查源代码的可验证性。

d. 在覆盖率方面，C级软件不要求开展判定覆盖和MC/DC的结构覆盖率分析活动，也不要求进行源代码与目标代码的追踪分析。

（4）D级软件：由于D级软件安全级别较低，DO－178C中已经不要求D级软件提供设计描述和源代码，因此对于D级软件的验证过程而言：

a. 不要求开展针对软件设计过程输出（设计描述）和软件编码过程输出（源代码）的验证活动。

b. 不要求开展测试活动，来验证可执行码与低层需求的符合性和鲁棒性。

c. 由于 D 级软件不要求提供软件开发标准，因此 D 级软件高层需求验证检查项也不再要求检查高层需求与软件需求标准的符合性。

d. D 级软件对于高层需求的验证要求也不高，D 级软件高层需求验证检查不要求检查与目标环境的兼容性、高层需求的可验证性、算法准确性。

e. 除了软件验证过程活动之外，D 级软件还有一项质量保证活动无须开展：不要求检查软件生命周期过程活动之间的转换准则是否满足。虽然在 DO－178B 中，C 级软件也不要求开展这项活动，但在 DO－178C 中又重新提出了这个要求，因此在综合考虑后，认为对于 C 级软件，还是应开展对于转换准则是否满足的质量保证检查。

对于数据而言，不同软件级别对软件生命周期数据的要求差异主要体现在两个方面。第一，不同软件级别所要求的软件生命周期数据不同。例如，对于 D 级软件，不要求提供软件需求标准、软件设计标准和软件编码标准这 3 份软件生命周期数据。第二，不同软件级别所要求的软件生命周期数据的控制类不同。换言之，对于 C 级和 D 级软件中某些软件生命周期数据的配置管理要求被降低了。例如，对于软件验证用例及规程这个数据项，A 级和 B 级软件对其的控制类要求是 CC1，而 C 级和 D 级软件对其的控制类要求仅为 CC2。不同软件级别对软件生命周期数据的要求差异如表 9－5 所示。

表 9－5　不同软件级别对软件生命周期数据的要求差异

序号	软件生命周期数据	依据软件等级确定的控制类别			
		A	B	C	D
1	软件合格审定计划	CC1	CC1	CC1	CC1
2	软件开发计划	CC1	CC1	CC2	CC2
3	软件验证计划	CC1	CC1	CC2	CC2
4	软件配置管理计划	CC1	CC1	CC2	CC2
5	软件质量保证计划	CC1	CC1	CC2	CC2
6	软件需求标准	CC1	CC1	CC2	—

（续表）

序号	软件生命周期数据	依据软件等级确定的控制类别			
		A	B	C	D
7	软件设计标准	CC1	CC1	CC2	—
8	软件编码标准	CC1	CC1	CC2	—
9	软件需求数据	CC1	CC1	CC1	CC1
10	设计描述	CC1	CC1	CC1	CC2
11	源代码	CC1	CC1	CC1	CC1
12	可执行目标代码	CC1	CC1	CC1	CC1
13	追踪数据	CC1	CC1	CC1	CC1
14	参数数据项	CC1	CC1	CC1	CC1
15	软件验证用例与规程	CC1	CC1	CC2	CC2
16	软件验证结果	CC2	CC2	CC2	CC2
17	软件配置管理记录	CC2	CC2	CC2	CC2
18	软件配置索引	CC1	CC1	CC1	CC1
19	问题报告	CC2	CC2	CC2	CC2
20	软件生命周期环境配置索引	CC1	CC1	CC1	CC2
21	软件质量保证记录	CC2	CC2	CC2	CC2
22	软件完成总结	CC1	CC1	CC1	CC1

9.3.3　软件合格审定的二级体系

使用 DO‐178C 作为航空电子软件符合性方法并开展软件合格审定的过程，实际上就是通过对软件研发生命周期过程及其数据的审查，确认其符合适用的 DO‐178C 目标的过程。为了更深入地研究软件合格审定过程和实施方法，不妨进一步剖析 DO‐178C 所定义的软件生命周期过程。

从本书图 2‐9 中可以发现，软件计划过程是整个软件生命周期过程的起点，同时计划过程的输出（软件计划与标准文件）又是指导后续软件开发过程和整体过程的依据。如果严格按照 DO‐178C 的目标要求确定软件研发各个过程的计划和标准、覆盖所有活动、策划好所有数据,则后续只需要严格按照既定计划和标准实施各个过程,就自然地满足了DO-178C的所有适用目标。这就是我们提出的软件合格审定的二级体系——将航空电子软件合格审定分为如下两个层级:

(1) 申请人按照DO-178C附录A所有适用目标策划其软件研发过程,包括软件开发过程、软件验证过程、软件配置管理过程、软件质量保证过程和合格审定联络过程,还包括各个过程涉及的数据。确定覆盖所有DO-178C适用目标、过程和数据的软件计划和标准文件,通过SOI♯1的审查后,局方认可并批准了软件的计划和标准。在符合DO-178C附录A表A-1中目标的基础上,申请人实际拥有了一套完整的、符合DO-178C的、可实施的软件计划,同时建立起了一份基于DO-178C目标的符合性计划矩阵。这就是我们所说的软件合格审定的第一层级——软件计划符合DO-178C。

(2) 申请人只需严格按照局方批准认可的软件计划和标准开展相应的软件研发活动,各个过程都是有据可依的,过程间的流转按照既定的转换准则进行,过程中产生的数据都纳入配置管理、质量保证(quality assurance, QA)适时地监控整个生命周期过程并对数据进行检查、在合适的节点向局方发出请求执行SOI♯2、3、4审查;局方通过这些SOI审查,对每一个目标所对应的过程和数据进行审查,逐步将DO-178C目标的符合性计划矩阵转化为DO-178C目标符合性矩阵,确保申请人实施的软件研发过程遵循、符合已批准过的软件计划和标准,从而确定整个软件项目对DO-178C适用目标的符合性,即软件合格审定的第二层级——软件研发过程符合软件计划。

将软件合格审定的二级体系模型从软件研发过程放大到整个审定过程中来完整地进行理解,如图9-7所示。首先,适航规章定义出软件的审定基础(§25.1301、§25.1309等);其次咨询通告(AC)(AC-20-115C)正式地认可DO-178C作为航空电子软件适航可接受的符合性方法;最后通过航空电子软件的审定保证申请人或者软件研制单位研制的软件能够满足DO-178C所提出的

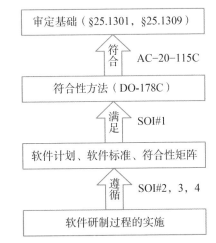

图 9-7　航空电子软件合格审定的二级体系

适航要求,将航空电子软件的合格审定分为如下两个层级足以支撑上层目标:

(1) 通过 SOI♯1 的审查保证申请人或者软件研制单位确定的软件计划和软件标准满足 DO-178C 的要求。

(2) 最终通过 SOI♯2、SOI♯3、SOI♯4 的审查保证申请人或者软件研制单位所实施的软件研制过程遵循、符合既定的软件计划和软件标准,最终得出软件符合性结论。

9.3.4　软件合格审定中的穷举和抽样原则

正如前文已阐明的,一旦选取 DO-178C 作为软件的符合性方法而没有其他的补充或替代符合性方法,DO-178C 所提出的所有适航要求的总和就成了完备的审定信用集。换言之,为了能够获得完备的审定信用,航空电子软件的研发过程需要满足所有适用的 DO-178C 目标,因此无论是申请人及其软件供应商在表明软件研发过程的符合性时,还是局方审查员对航空电子软件进行适航审查时,都必须对 DO-178C 给出的所有目标和要求进行穷举检查。例如,FAA Job Aid 为了有效地帮助不同审查员进行统一的软件审查而把适航要求细化为检查单及使用指南,该检查单同样对 DO-178C 目标进行穷举审查,尽管有些细节的检查项对于某些软件项目可能不适用，也需要在实际审查时明确注明"NA"，以确保对目标审查的穷举性。

针对过程是否符合目标的审查是穷举的，那么如何处理软件适航审查的第三要素——数据呢？针对审查目标和过程时所切实要检查的证据——软件数据的审查是否也是穷举的呢？当今航空电子软件项目的数据量是非常庞大的，复杂系统软件的源代码规模都已经是十万行级别，若局方对数据也进行穷举审查，则无异于将审查员完全捆绑在单个软件项目中，这是不现实的，也是完全没有必要的。因此，一般情况下，在审查过程中审查员会根据介入程度对数据进行一定比例的抽样审查。可能有人会存有疑问：对数据的抽样审查能否保证获得完备的审定信用呢？这里可以使用软件合格审定的二级体系理解此事，正如前一节所言，通过软件合格审定的第一层级工作，局方执行 SOI♯1 重点对软件计划和标准进行审查，确认软件计划和标准中所描述的内容、过程、数据等能够覆盖和满足 DO‑178C 适用目标，即相信申请人若严格按照相应计划和标准实施相关过程，应能满足 DO‑178C 对应的目标要求。接着再进行第二层级工作，执行 SOI♯2、3、4 审查过程时通过对数据的抽样审查，评估申请人是否按照批准认可的计划和标准开展活动，若一定比例的抽样没有发现问题（不符合项），则进一步增强局方对申请人的置信度，相信其他没有抽查到的过程和数据也遵循既定计划实施和生成。因此基于软件合格审定的二级体系，当第一层级"软件计划符合 DO‑178C"成立后，即已开始积累对后续软件数据符合性的置信度，相信供应商软件的各个过程、生成的数据是 100％ 按照既定计划执行的，是能够符合 DO‑178C 要求的；再通过软件合格审定二级体系中第二层级"软件研发过程符合软件计划"工作，通过 SOI♯2、3、4 审查对数据的抽样审查，建立对所有数据完整的审定信用。

综上所述，可以把航空电子软件合格审定过程概括成这样一句话：软件的适航审查是以数据的抽样审查实现对目标的穷举审查。

9.4　软件合格审定的介入程度

既然软件合格审定对目标是穷举的，对数据是抽样的，那么抽样的比例如何确定呢？业界常常提及的 SOI♯1、2、3、4 审查又是如何定义和执行的呢？这些问题都可以归结为一个概念——软件合格审定的介入程度。软件合格审定的介入程度是指局方的审查小组对单个软件项目的研发过程进行介入审查的频度和深度。具体的要素包括整个项目周期内计划安排进行哪几个阶段的审查、每个阶段的审查进行几次、每次审查哪些数据、审查数据的抽样比例、申请人需提交哪些数据、每次审查的天数等。

有诸多方面的因素会影响局方审查小组判断软件合格审定的介入程度：

（1）由系统安全性评估所决定的软件级别，A 级别软件自然受关注程度最高，E 级别软件则可不安排软件阶段性审查。

（2）被审软件所在系统的关键性和复杂性，如显示、IMA、主飞控、起落架等飞机系统对于飞机起到非常关键的作用，对这些系统的软件审查自然会受到重视。

（3）被审软件的特性（如规模、复杂性、功能特性和性能要求等）。

（4）新技术、新方法、新设计的使用。

（5）新型软件开发方法的使用或新型软件生命周期模型的使用。

（6）被审单位进行航空电子软件开发的技术能力和项目经验。

（7）是否有软件适航方面（DO‐178C）专家的指导或咨询。

（8）是否存在 DO‐178C 中第 12 章所描述的附加考虑方面的问题。

（9）问题纪要的适用性等。

在理想情况下，局方审查小组和研制单位在航空电子软件项目开始时就应该对这些因素进行分析，确定审查小组在该项目中的介入程度，这些分析数据和分析结果应该与软件项目数据一起保存。通过对这些因素的分析，软件合格审定的介入程度一般可以分为三个级别：深度介入、中度介入和轻度介入。该介入程度基本确定了局方审查小组对航空电子软件项目进行符合性审查的次数、时间和审查重点等。

在上述要素中，影响软件合格审定介入程度的一个关键因素就是航空电子软件的级别。值得指出的是，软件级别并不是在软件生命周期中确定的，而是在系统安全性评估过程中根据软件所承担系统功能的失效条件的类别以及系统体系结构设计分配给软件的。表9-6给出了软件级别与软件合格审定介入程度之间的初步对应关系，这个表格可以作为判定介入程度的基础。

表9-6　软件级别与软件合格审定介入程度之间的初步对应关系

软件级别	软件合格审定介入程度
A	深度介入或中度介入
B	中度介入或深度介入
C	中度介入或轻度介入
D	轻度介入或中度介入

这仅是对软件合格审定介入程度的初步判定，最终判定为何种介入程度，还需要综合考虑多方面的因素。建议考虑的判定软件合格审定介入程度的其他因素与权重如表9-7所示。

表9-7　建议考虑的判定软件合格审定介入程度的其他因素与权重

	判断因素	评分标准	最小值	中间值	最大值	得分
研制单位的适航能力	适航审查或符合性审查的经验	得分标尺	0	5	10	
		项目个数	0	3～5	6+	
	应用DO-178C的经验	得分标尺	0	5	10	
		项目个数	0	2～4	5+	
	应用DO-178B、DO-178A或DO-178的经验	得分标尺	0	3	5	
		项目个数	0	4～6	7+	
	应用其他标准(DO-178系列之外)的经验	得分标尺	0	2	4	
		项目个数	0	4～6	7+	

（续表）

	判断因素	评分标准	最小值	中间值	最大值	得分
研制单位的研发能力	DO－178C 软件的持续研制能力	得分标尺 能力	0 低	5 中	10 高	
	合作程度、开放程度、资源保证	得分标尺 能力	0 低	5 中	10 高	
	软件开发和对分包商的管理能力	得分标尺 能力	0 低	5 中	10 高	
	研制单位综合能力评估	得分标尺 能力	0 低	2 中	4 高	
	研制人员平均工作经验	得分标尺 工作年数	0 <2 年	5 2～4 年	10 >4 年	
	权威专家参与项目程度 国内外专家咨询	得分标尺 专家参与	0 没有	5 部分参与	10 全程参与	
研制单位的软件服务历史	软件发生问题的概率（产品的百分比）	得分标尺 概率	0 >25％	5 >10％	10 没有	
	软件质量保证体系和配置管理体系的健全	得分标尺 健全程度	0 低	5 中	10 高	
	公司的稳定性安全承诺	得分标尺 稳定性	0 低	3 中	6 高	
	以往审查的通过率	得分标尺 通过率	0 <20％	3 >50％	6 100％	
待审系统和软件应用	系统体系结构、功能和接口的复杂程度	得分标尺 复杂度	0 高	5 中	10 低	
	软件的复杂程度、规模及安全要求	得分标尺 复杂度	0 高	5 中	10 低	
	新设计、新技术的使用	得分标尺 使用多少	0 多	5 一些	10 没有	
	软件开发工具 软件验证工具	得分标尺 工具使用	0 没有	3 简单工具	6 成熟工具	
	替代方法的数量 额外考虑的数量	得分标尺 数量	0 多	3 一些	6 没有	

根据软件研制单位的实际情况,对上表中的每一项进行评分,评分的对象、标准及得分标尺已给出。例如,根据表格中这两行信息:

判断因素	评分标准	最小值	中间值	最大值	得分
应用 DO - 178C 的经验	得分标尺 项目个数	0 0	5 2~4	10 5+	
应用其他标准(DO - 178 之外)的经验	得分标尺 项目个数	0 0	2 4~6	4 7+	

如果研制单位以前没有做过 DO - 178C 的项目,则得分为 0;如果项目个数为 5 个以上,则得分为 10;如果项目个数为 2~4 个,则得分为 5;如果项目个数为 1,则可以酌情给 2 分。

对于表中的每一项,其得分标尺都有一个最小值、一个中间值和一个最大值。由于每一评定项的重要程度不一样,因此其得分标尺,即该因素的考量权重也是不一样的。例如,"应用 DO - 178C 的经验"比"应用其他标准的经验"对通过软件合格审定更加重要,因此,"应用 DO - 178C 的经验"的得分标尺为 0~10,而"应用其他标准的经验"的得分标尺为 0~4。当某一研制单位拥有 5 个以上的 DO - 178C 项目经验时,就可以得 10 分,而有 7 个以上其他标准的经验才得 4 分。

对表 9-7 中的每一项评分后,就可以算出一个总分,记为 TSR。根据 TSR,可以最后确定对该软件项目审查的介入程度是深度介入、中度介入,还是轻度介入。具体的判定方法如表 9-8 所示。

表 9 - 8　TSR 与介入程度的对应关系

评估得分	软 件 级 别			
	A 级	B 级	C 级	D 级
TSR≤80	深度介入	深度介入	中度介入	中度介入
80＜TSR≤130		中度介入		轻度介入
TSR＞130	中度介入		轻度介入	

无论是型号申请人还是其软件供应商都可以借用此评判系统进行评估。在项目开始前,先与局方进行充分的沟通,确定软件合格审定介入程度的判断因素和评分标准,之后开始进行正式评估和介入程度判断。此外需注意,局方仍可根据实际项目审定进程和审查情况(如审查中发现的不符合项多少、严重程度)对软件合格审定介入程度进行调整,申请人及其供应商应时刻注意保持与局方审查组的沟通和联络。

9.5 软件合格审定的介入阶段

实际的软件合格审定过程是如何实施的? 通常来说,一个航空电子软件研制项目的周期短则几个月,长则跨越几年。显然,局方的人力资源也是有限的,局方审查人员不可能在航空电子软件的研发现场长期监控、审查其整个软件生命周期过程,这也是不必要的。为了能够利用有限的、可行的时间对航空电子软件进行有效的审查,FAA Order 8110.49 给出了局方对航空电子软件介入阶段(stage of involvement,SOI)的定义,它把通常情况下局方对航空电子软件研发过程的阶段性介入审查分为四个阶段,即 SOI♯1~SOI♯4。四个阶段性介入审查的名称及建议介入审查的时机如表 9-9 所示。

表 9-9 四个阶段性介入审查的名称及建议介入审查的时机

SOI	阶段介入审查名称	建议介入审查的时机
SOI♯1	软件计划阶段审查	软件计划及标准文件完成,且经过了内部评审验证
SOI♯2	软件开发阶段审查	大部分软件开发工作已经完成(50%以上) 已完成的开发工作对所有开发工作而言具有足够的代表性
SOI♯3	软件验证阶段审查	大部分软件验证工作已经完成(50%以上) 已完成的验证工作对所有验证工作而言具有足够的代表性

（续表）

SOI	阶段介入审查名称	建议介入审查的时机
SOI♯4	最终符合性审查	最终航空电子软件产品完成、研发工作结束

接下来,本文将逐一地介绍 SOI♯1~SOI♯4 各个阶段性介入审查的定义、目标、介入条件以及数据。

9.5.1　SOI♯1 软件计划阶段审查

1）SOI♯1 审查的定义

在一般情况下,软件计划过程是软件生命周期的最初阶段,是建立软件计划、软件标准、相关程序、活动、方法以及工具的过程,软件计划过程的输出将用于指导后续软件生命周期过程的执行,以及软件生命周期数据的开发、修改、控制、配置管理和质量保证等各个方面。

软件计划阶段审查的目的是判断软件研制单位的软件计划、软件标准及相关程序是否提供了一套完整的、可接受的方法和规划以满足 DO-178C 的适用目标,即软件合格审定二级体系中的第一个层次。

通过这一阶段的审查,局方可以尽早地发现软件研制单位可能存在的航空电子软件研制方面和软件符合性方面的问题,在软件项目的早期就降低被审单位的研制风险,同时确立软件合格审定的初始置信度。

通常来说,软件研制单位在完成软件计划、标准并通过了内部评审后,可通过型号申请人向局方申请执行 SOI♯1 审查。

2）SOI♯1 审查的目标

SOI♯1 审查的目标是根据预定的软件级别和系统需求,评估软件研制单位的软件计划和软件标准,确保软件计划及软件标准的编写过程满足 DO-178C 附录 A 中表 A-1、A-8、A-9、A-10 中的相关目标,确保软件计划及软件标准中定义的内容满足 DO-178C 附录 A 中的所有适用目标。

简而言之,软件计划阶段审查指向的是 DO-178C 附录 A 中的如下目标:

表 A - 1 的所有目标;表 A - 8 的目标 1~4;表 A - 9 的目标 1;表 A - 10 的目标 1~2。

值得注意的是,融合理解上述所有目标,特别是表 A - 1 中的目标,软件计划阶段审查需要对所有软件计划和标准文件进行充分评估,确保按照软件计划执行软件研制过程,能够满足 DO - 178C 附录 A 中其他表格要求的所有目标,达到预定的软件级别要求。

3) SOI♯1 审查介入条件

在邀请局方进行软件计划阶段审查之前,被审单位应确保具备如下条件:

(1) 软件计划和软件标准文件均编制完成。

(2) 被审单位已对软件计划和软件标准进行了评审,影响符合性的评审问题已经全部归零。

(3) 被审单位的 SQA 人员已经评审了软件计划和软件标准,影响符合性的评审问题已经全部归零。

(4) 所有软件计划、标准和相关记录均已纳入配置管理系统且处于受控状态。

4) SOI♯1 审查的数据

SOI♯1 审查不仅要对软件计划文件、标准文件进行审查,而且要对相关系统级的输入进行确认,特别是软件级别的定义是否与系统安全性分析文件中一致,此外还需审查被审单位对软件计划过程的评审记录,包括工程评审和质量评审等,最后关注软件计划过程的配置管理情况。具体的 SOI♯1 审查中涉及的数据如表 9 - 10 所示。

表 9 - 10　SOI♯1 审查中涉及的数据

软件合格审定计划(PSAC)
软件开发计划(SDP)
软件验证计划(SVP)
软件配置管理计划(SCMP)

软件质量保证计划(SQAP)
软件需求标准(SRS)
软件设计标准(SDS)
软件编码标准(SCS)
工具鉴定计划(TQP,按需)
符合性矩阵(按需)
系统需求(关注分配给软件的系统需求)
系统安全性分析文件(如 PSSA)
被审单位的评审记录
软件配置管理记录
软件质量保证记录
问题归零记录
其他数据

9.5.2　SOI♯2 软件开发阶段审查

1) SOI♯2 审查的定义

通常来说,软件开发过程包括软件需求过程、软件设计过程、软件编码过程和集成过程。同时软件开发过程又得到综合过程的支持,包括软件验证过程、软件配置管理过程、SQA 过程以及合格审定联络过程。因此,在软件开发阶段审查中,通过检查软件开发过程产生的数据以及与之关联的综合过程所产生的数据,评估软件计划是否得到了正确的实施。

2) SOI♯2 审查的目标

SOI♯2 重点审查软件开发过程以及支持软件开发过程的综合过程的执行情况,通过检查相关的软件生命周期数据评估被审单位的软件计划和标准是否得到有效实施,软件开发过程是否能够满足 DO-178C 附录 A 中的如下目标:表 A-2 的目标 1～6;表 A-3 的所有目标;表 A-4 的所有目标;表 A-5 的目标 1～6;表 A-8 的目标 1～4 和目标 6;表 A-9 的目标 1～4;表 A-10 的目标

1～2。

3) SOI♯2 审查介入条件

在进行 SOI♯2 审查前,需先确保 SOI♯1 审查中发现的不符合项已经全部消除,即 SOI♯1 审查真正完成,确立并批准了相关的软件计划和标准文件。如果软件计划阶段审查后对软件计划进行了重大的变更,则需重新审查和评估这些变更。

按照 FAA Order 8110.49 的定义,局方允许申请人在软件开发数据全部完成以前申请进行软件开发阶段审查,但要求软件开发数据已经足够成熟。所谓足够成熟,是指软件开发数据已经足够多(至少 50% 以上)并具有足够的代表性,即软件需求、软件设计、软件编码等软件开发过程都已经进行到了一定程度。审查结束后,软件开发数据可能还会发生变更,但这些变更不会影响软件的级别、主要功能和体系结构,仅是部分需求的迭代实现,此时就可以向局方申请执行 SOI♯2 审查。在本书中,我们建议申请人在软件开发数据比较成熟的状态下再向局方提出 SOI♯2 审查申请,在完成除目标码之外的所有软件开发数据后建立基线,以有效支持软件开发阶段审查。软件开发阶段审查前应该具备如下条件:

(1) 高层需求已经完成(或已经足够成熟),已经通过了评审和分析,并已经追踪到系统需求。

(2) 低层需求已经完成(或已经足够成熟),已经通过了评审和分析,并已经追踪到高层需求。

(3) 软件体系结构已经定义,已经通过评审和分析。

(4) 源代码已经完成(或已经足够成熟),已经通过了评审和分析,并已经追踪到低层需求。

(5) 所有数据均已纳入 CMS 并处于受控状态。

4) SOI♯2 审查的数据

正如前文阐述的,软件开发阶段审查不仅是对开发过程、综合过程及其数据的审查,而且通过对这些过程和数据的审查,确定被审单位是否遵循了 SOI♯1审查通过、批准的软件计划和标准,因此在进行 SOI♯2审查时,重点审查的数据是软件开发数据、验证数据、配置管理和质量保证相关数据,此外还需要引入软件计划和标准文件作为参考。SOI♯2审查中涉及的数据如表9-11所示。

表9-11　SOI♯2审查中涉及的数据

软件合格审定计划(PSAC)
软件开发计划(SDP)
软件验证计划(SVP)
软件配置管理计划(SCMP)
软件质量保证计划(SQAP)
软件需求标准(SRS)
软件设计标准(SDS)
软件编码标准(SCS)
SOI♯1审查报告
SOI♯1不符合项的归零记录
软件需求数据
软件设计描述
源代码
追踪矩阵
评审及分析报告(或记录)
软件生命周期环境配置索引(SECI)
问题报告(PR)
软件配置管理记录
软件质量保证记录
其他数据

9.5.3 SOI♯3 软件验证阶段审查

1) SOI♯3 审查的定义

软件验证过程是综合过程之一,它是评审、分析、测试、覆盖率分析等一系列活动的组合,软件验证过程也同样需要 SCM 过程和 SQA 过程的支持。软件验证活动旨在找出其他过程的问题,并具有足够可信度地"确认"研制出来的软件产品符合软件需求定义中的期望。因此,软件验证阶段审查就是要保证这一"确认"得以成立,并具备客观的证据说明软件已经通过了足够的测试,是符合需求预期的软件产品。

2) SOI♯3 审查的目标

软件验证过程的关键目的是确保软件需求、软件设计、软件代码和集成过程都得到了验证,并确保软件验证,特别是软件测试是"充分的",通过 SOI♯3 审查确保被审单位有效地执行了 SVP 和软件验证过程,验证过程相关的 SCM 活动和 SQA 活动得以完成。软件验证阶段审查指向的是 DO‐178C 附录 A 中的如下目标:表 A‐2 的目标 7;表 A‐5 的目标 7~9;表 A‐6 的所有目标;表 A‐7 的所有目标;表 A‐8 的所有目标;表 A‐9 的目标 1~4;表 A‐10 的所有目标。

3) SOI♯3 审查介入条件

同样,在进行 SOI♯3 审查前,被审单位应确保在已完成的 SOI♯1、SOI♯2 审查中发现的不符合项已经全部消除。如果 SOI♯1、SOI♯2 审查完成后对相应的软件生命周期数据进行了重大变更,则需要重新审查和评估这些变更。确定变更对 SOI♯3 审查没有影响后,检查是否满足 SOI♯3 审查的介入条件。

一般来说,局方同样允许在软件验证活动全部完成以前进行软件验证阶段审查,但要求软件验证活动已经进行得足够充分,软件验证数据已经足够成熟(理论上 50% 以上的验证活动和数据已完成)。

测试活动是许多被审单位经常出现问题的地方,从这个角度出发,最好尽早进行软件验证阶段审查,以便及时发现测试过程及后续验证分析过程中可能存在的符合性问题,避免大规模的回归测试和验证。当然,软件验证审查也不能过早,至少要等到软件验证活动已经进行得足够多并具有代表性时,才能真正发现问题,获取足够的合格审定信用。一个比较好的建议是若软件项目处于深度介入或中度介入的情况下,则可以安排 2 次软件验证阶段审查,一次指向软件测试过程及结果,一次指向覆盖率分析过程及结果。与软件开发阶段审查类似,建议在软件验证阶段审查前完成相应的软件验证活动,将相应的数据均纳入正式的配置管理并建立基线,以便更好地支持软件验证阶段审查。具体来讲,软件验证阶段审查前应该具备如下条件:

(1) 开发数据(包括软件需求、设计描述、源代码、目标代码、连接和装载数据以及可执行目标代码)必须是完整的、已经完成评审和分析冻结的。

(2) 测试用例与测试规程已确定,且已经完成评审。

(3) 经过评审的测试用例与测试规程已经执行过(包括正式与非正式的测试)。

(4) 完整的测试结果已生成,通过测试结果可表明软件可执行目标代码已满足软件需求。

(5) 覆盖率分析表明需求覆盖率与结构覆盖率已经达到相应软件级别的要求。

(6) 软件验证环境与软件验证数据已纳入正式的 CMS 并已经受控。

4) SOI♯3 审查的数据

同样在软件验证阶段审查中,不仅是验证过程及其数据的审查,而且通过对这些过程和数据的审查,确定被审单位执行的验证过程是否遵循了 SOI♯1 审查通过、批准的 SVP 和相关标准,因此在进行 SOI♯3 审查时,重点审查的数据是软件测试数据、评审及分析数据、配置管理和质量保证的相关数据,与此同时仍需要引入软件计划(特别关注 SVP)和标准文件作为参考。SOI♯3 审查中涉及的数据如表 9 - 12 所示。

表 9 - 12　SOI♯3 审查中涉及的数据

软件合格审定计划(PSAC)
软件开发计划(SDP)
软件验证计划(SVP)
软件配置管理计划(SCMP)
软件质量保证计划(SQAP)
SOI♯1 和 SOI♯2 审查报告
SOI♯1 和 SOI♯2 不符合项的归零记录
软件需求数据
软件设计描述
源代码
可执行码
测试用例和测试规程
追踪矩阵
软件验证报告(包括软件测试结果、评审及分析报告等)
软件生命周期环境配置索引(SECI)
问题报告(PR)
软件配置管理记录
软件质量保证记录
工具鉴定数据(按需,尤其关注验证工具的数据)
其他数据

9.5.4　SOI♯4 最终符合性审查

1) SOI♯4 审查的定义

在被审单位完成了软件研制,研制出了认为符合需求的最终软件产品,并认为整个软件研制过程已经完全符合 DO - 178C 的所有目标(包括附录 A 中的适用目标和其他章节中提到的"隐藏"目标)后,建立起用于完成软件合格审定的基线,这时可以向局方申请进行最终符合性审查。SOI♯4 审查的通过意味着对软件产品及整个软件生命周期符合性的认可或批准。最终版本的软件产品将用于完成整个机载系统或设备的合格审定。

因此,SOI♯4审查的目的就是判定最终版本的软件产品是否满足DO-178C所有适用目标,软件的开发、验证、配置管理、质量保证、合格审定联络等过程是否全部完成,SQA人员是否已完成其内部的软件符合性评审,评审最终的软件配置索引及软件完成总结(software accomplishment summary,SAS)。

通常来说,SOI♯4审查依赖于SOI♯1、SOI♯2和SOI♯3的审查情况。如果SOI♯1、SOI♯2和SOI♯3审查没有发现过多的严重问题或不符合项,则SOI♯4很可能只作为一次收尾工作,审查以前还未审查过的数据和审查后修改的数据,并对整个软件研制过程做出总结和完整的评定。相反地,如果在SOI♯1、SOI♯2或SOI♯3审查中发现了许多严重问题及不符合项,则一方面需要被审单位出具已经消除这些不符合项的证据,另一方面还需要对这些不符合项进行重复审查,这样SOI♯4审查会需要较长的时间。

2) SOI♯4审查的目标

通过SOI♯4审查意味着软件产品符合DO-178C的要求,在SOI♯1、SOI♯2、SOI♯3完成的基础上,将会对整个软件生命周期过程、所有软件生命周期数据进行确认,确保软件计划过程、软件开发过程、软件验证过程、软件质量保证过程、软件配置管理过程以及合格审定联络过程均已完成,确定最终的软件产品符合DO-178C的所有适用目标。因此SOI♯4审查指向的DO-178C目标是整个附录A以及DO-178C正文中其他章节提及的目标,如工具鉴定等。

3) SOI♯4审查介入条件

在SOI♯4审查前,应确保SOI♯1、SOI♯2、SOI♯3审查中发现的不符合项已经全部消除。如果在SOI♯1、SOI♯2、SOI♯3审查后对相应的软件生命周期数据进行了重大的变更,则需要重新审查和评估这些变更。评估确定上述因素后,被审单位在向局方申请进行最终符合性审查之前,应该具备如下条件:

（1）软件配置索引、软件生命周期环境配置索引和软件完成总结等最终软件产品相关数据已经完成，并已经通过评审。

（2）软件符合性评审已经完成，所有问题已经归零。

（3）所有软件生命周期数据已经完成，并得到内部批准，均纳入正式配置管理控制下。

4）SOI♯4 审查的数据

最终符合性审查所需的数据是所有的软件生命周期数据，包括但不限于表 9－13 中所列出的数据。

表 9－13　最终符合性审查所需的数据

SOI♯1、SOI♯2、SOI♯3 审查报告
SOI♯1、SOI♯2、SOI♯3 不符合项的归零记录
软件合格审定计划（PSAC）
软件开发计划（SDP）
软件验证计划（SVP）
软件配置管理计划（SCMP）
软件质量保证计划（SQAP）
软件需求标准（SRS）
软件设计标准（SDS）
软件编码标准（SCS）
工具鉴定计划（TQP，按需）
符合性矩阵
系统需求
系统安全性分析文件
软件需求数据
软件设计描述
源代码
可执行目标代码
追踪矩阵

评审分析报告
测试用例和测试规程
测试用例的追踪矩阵
软件测试报告
问题报告（PR）
软件质量保证记录
软件配置管理记录
软件生命周期环境配置索引（SECI）
软件配置索引（SCI）
软件完成总结（SAS）
被审单位的评审记录
问题归零记录
其他数据

9.6 软件合格审定的形式

9.6.1 实地审查与案头审查

根据审查地点的不同，可以把符合性审查分为实地审查和案头审查两种方式。

1）实地审查

在申请人的软件研制现场进行的审查称为实地审查。通常来说，申请人（包括软件供应商）的项目经理、SQA 负责人、配置管理负责人、系统工程师（包括安全性工程师）都应该出席实地审查，软件开发及验证人员则处于待命状态。

相对于案头审查来说，实地审查的优点和必要性不言而喻，具体如下：

（1）可以直接与被审单位及软件研制人员当面沟通，具有很好的实时性、高效性、交互性。

（2）可以访问完整的、全面的软件生命周期数据。

（3）可更加深入地讨论问题，进行更加深入和客观的审查活动。

（4）能够发现更多的问题，对安全方面的审查可以具有更高的可信度。

2）案头审查

被审单位把备审数据提供给审查小组，审查组成员在各自的办公室里进行的审查活动，称为案头审查。

通常，在案头审查的过程中被审单位的参与非常有限。当遇到审查信息不充分、不完整导致无法准确、客观地进行审查决议时，还必须通过电话会议和邮件交换等方式进行补充，做更多轮次的信息交流，但这样又会带来信息传递安全与泄密的风险，同样效率不佳。

与实地审查相比，案头审查唯一的优点是可以节约被审单位和审查组的人力成本，审查组成员可以比较灵活地安排审查时间，被审单位则减少了集中会议的成本。

除 SOI♯1 审查前对软件计划和标准文件的评阅主要采用案头审查的方式外，在一般的符合性审查活动中，更多地采用现场审查的形式。此外，在特殊情况下，如在某次审查活动（实地审查）中发现若干不太严重的不符合项，则要求被审单位于规定时间内消除这些不符合项，并在重新审查不符合项消除的证据后才可以进行后续的软件研制工作。在具有足够信用的基础上，这类不符合项消除证据的复审可以采用案头审查的形式。

9.6.2　常规审查与随机审查

从组织形式上来区分，符合性审查又可以分为常规审查与随机审查两种。

1）常规审查

所谓常规审查，是根据适航规章、审查基础、DO－178B/C 等材料的要求和特点所策划并组织的符合性审查。常规审查只依赖于适航规章、审查基础、

DO-178B/C等适航要求,而不依赖于具体的项目、机载系统、被审单位。

一般来说,常规审查通常采用四个阶段性介入审查的方式,即上一节介绍的 SOI♯1~4 审查。

值得指出的是,虽然常规审查分成了这样四个阶段,但这并不意味着在某个软件合格审定项目中的常规审查就是四次。常规审查的实际次数与合格审查的介入程度有关,例如,当某项目软件合格审定介入程度定为轻度介入时,被审单位可向局方申请将 SOI♯2 和 SOI♯3 审查合并为一次执行。

常规审查的次数还可能跟先前已完成的审查结果有关,例如,某软件项目在首次 SOI♯2 审查中,局方发现了多个严重的不符合项而没有通过,则在被审单位进行纠正后,局方将再次进行 SOI♯2 审查,直至确定不符合项都已关闭且建立起对后续软件开发过程的审定置信度。

常规审查的实际次数还与项目上的变更有关,即使先前某阶段的审查已经通过,但随着项目进展,原来审查的软件生命周期数据已经发生重大变更,导致原来审查的结果受到极大影响甚至无效,那么这个阶段的审查也要重新进行。例如,SOI♯1 审查通过后,如果 PSAC 发生了重大改变(如由于系统发生体系结构更改,导致软件级别发生变化),则需要重新进行 SOI♯1 审查。

2)随机审查

考虑到实际工程项目的特点、不同机载系统和设备的规模与安全性要求以及不同研制单位的研制能力和研制经验,审查小组可以根据实际情况,在软件合格审查介入程度定级的基础上,策划并安排随机审查。

可以看出,和常规审查不同的是,随机审查的策划与安排依赖于具体被审软件的软件级别、软件规模以及被审单位的研制能力、研制经验、软件项目的复杂程度、安全性和关键性等多方面因素。例如,被审单位在某软件项目过程中,需要自研一款开发工具,且该开发工具需要进行工具鉴定,那么审查小组可能单独安排一次或数次针对此开发工具鉴定项目的随机审查活动。

9.6.3 软件审查的组织方式

软件合格审定可分为不同级别的介入程度,不同的介入程度对审查阶段和次数都会造成不同的影响,此外还要考虑实地审查和案头审查、常规审查和随机审查的组织。对于被审单位和局方而言,如何合理有效地策划、组织、协调软件审查活动都是必须考虑的问题。

建议被审单位充分利用如下两个手段:

(1) 软件合格审定计划(PSAC)。正如前文中提及的,我们建议被审单位在项目开始前就与局方进行沟通,合理利用软件合格审定介入程度评判系统,使双方都建立起审定联络的基础。利用初步确定的介入程度,结合软件项目计划软件审查活动,制订可行的审查活动时间安排,并将相关内容写入 PSAC 的时间进度安排这一章,今后的常规审查活动便可依此进行组织。在制订软件审查活动计划的同时,可以考虑这些审查活动倾向于采用实地审查还是案头审查或是两者结合、常规审查的次数和阶段安排、随机审查的可能性等,这些内容虽不一定反映在 PSAC 中,但均可借助 PSAC 审查机会与局方进行充分的沟通。

(2) 合格审定联络(certification liaison)。合格审定联络过程是 DO-178C 要求的软件生命周期过程之一,这个过程对应的目标不多,但实际需要开展的活动和起到的作用都非常关键,被审单位需时刻保持与局方的联络与沟通,从整个软件项目初期甚至开始前,就需要建立与局方的联络渠道(如会议、邮件、电话、信函甚至信息化平台等)。利用多种形式的联络渠道,保持与局方的沟通,在 PSAC 中定义好的审查活动节点前开始组织、协调相应的数据、人员和场地等资源,充分理解局方的要求,这样可以帮助被审单位更加顺利地通过软件审查。随着项目的进展,需要对早期策划的审查活动计划进行调整,也可以借助合格审定联络渠道与局方沟通,达成一致,而不需要仅因为进度安排的调整而重新提交、批准 PSAC。

合理地策划、组织、安排软件审查活动及形式,有利于被审单位更好地组织资源支持不同类型、不同形式的软件审查活动,有利于更加高效地配合局方完成相应的审查工作,对推动软件合格审定进程起到积极的作用。

9.7　审定信用的破坏与保持

通常,在进行航空电子软件合格审定时,局方会根据介入程度、介入阶段以及审查形式,对被审单位进行多次审查。在每次审查中,被审单位都会根据本次审查的目的和对象,出具相应的数据(即证据),通过一定的举证,得到局方的认可,并获得部分的审定信用。这些审定信用在各次审查中逐步积累,最终形成了完备的审定信用,航空电子软件的合格审定也就通过了。

按照各个介入阶段的定义,每次审查都会着重关注部分适航要求进行,而有些适航要求在进行了某次审查以后,在后续的审查中已经不再被关注。例如,在 SOI♯2 审查中应关注高层需求要符合系统需求(DO‐178C 附件 1 表A‐3 的第 1 个目标)、低层需求要符合高层需求(DO‐178C 附件 1 表 A‐4 的第 1 个目标)、源代码要符合低层需求(DO‐178C 附件 1 表 A‐5 的第 1 个目标)等适航要求,但是,这些适航要求在后续的 SOI♯3 审查中却已经不再关注。那么会不会存在这样的情况,原来在 SOI♯2 审查中已经获得的这些审定信用在后续的软件研发工作中又被破坏掉了呢? 也就是说,会不会有这样的可能性,原来已经符合高层需求的低层需求在后续的软件研发过程中被修改得不符合高层需求了呢? 如果存在这样的可能性,则是否有办法能够避免这种情况的发生,保持已经获得的审定信用呢? 局方在后续审查中有没有相应的手段、措施或机制来保证这种情况真的不会发生,这些审定信用真的能够得到保持吗?

要回答这些问题,要结合如下几个方面来论述。

首先,假设经过了 SOI♯2 审查以后,申请人已经获得了高层需求符合系统需求、低层需求符合高层需求、源代码符合低层需求等的审定信用。那么,在后续的航空电子软件研发中,研发单位还必须要遵循"基线及追踪""问题报告、变更控制、变更评审、配置状态审计"等这些适航要求(DO-178C 附件 1 表 A-8 的第 2、3 个目标)。这两条适航要求在机制上确保了任何变更的发生都需要做到如下几个方面:

(1) 变更影响分析,如果某数据要修改,那么必须考察与该数据有追踪关系、关联关系的所有数据,分析这些数据是不是需要修改。

(2) 以上变更影响分析工作是循环迭代的,最后形成一个闭包:纳入该变更的数据都需要同步变更,而未纳入变更的数据都已经经过分析后确认与该变更无关。

(3) 变更控制,即纳入变更的所有数据必须全部改过,而未纳入变更的数据都不得(在这个变更中)修改。

(4) 所有的变更都必须重新进行验证和评审,以重新确保系统需求—高层需求—低层需求—源代码的符合性。

质量保证人员会通过审计活动检查以上的变更活动是否严格按照变更流程进行,是否得到严格的变更控制(DO-178C 附件 1 表 A-9 的第 2 个目标)。

结合以上分析,原来已经获得的审定信用在机制上是通过严格的配置管理和质量保证活动得到有效保持的。进一步仔细分析四个介入阶段,虽然不同的介入阶段审查的目标各有侧重,但每个介入阶段的审查都包含了配置管理(DO-178C 附件 1 表 A-8 的第 2、3 个目标)和质量保证的目标(DO-178C 附件 1 表 A-9 的第 2 个目标)。这进一步从机制上保证了已经获得的审定信用会在后续的研发工作中得到保持,并在审查活动中得到确认。

再结合 9.3.3 节中提到的软件合格审定的二级体系来看四个阶段审定信用的获取与保持。在二级体系中,航空电子软件合格审定可以分为两个层级。第一层级是"软件计划符合 DO-178C":申请人按照 DO-178C 附件 A 所有适用目标策划整个软件研发过程,包括软件开发过程、软件验证过程、SCM 过程、SQA 过程和适航联络过程。在这个层级,申请人需要在 PSAC 中提供一个计划符合性矩阵,表明软件计划和标准对于 DO-178C 目标的符合性。局方在 SOI♯1 审查过程中不仅会检查软件计划和标准,而且会评估计划符合性矩阵。当适航局方认可了软件计划和标准后,申请人就能获取软件计划和标准的审定信用。

第二个层级是"软件研发过程符合软件计划"。这个层级要求申请人按照局方批准认可的软件计划和标准开展相应的软件研发活动。由于这个层级将贯穿整个软件生命周期,因此通常会通过 SOI♯2 审查、SOI♯3 审查、SOI♯4 审查,逐步获取审定信用。通过上文的阐述,已经明确了每个阶段的 SOI 审查其实包含两部分内容:一是审查本阶段需要获取审定信用的相关目标;二是审查配置管理、质量保证的相关目标,在检查之前已经获取的审定信用是否得到保持。这里需要指出的是,在一般情况下,SOI♯4 审查不会获取初始审定信用,而更多关注之前提出的 PR、行动事项、审定问题是否得到处理解决、之前审查过程中已经获取的审定信用是否能够保持。在 SOI♯4 审查开展之前,申请人需要在 SAS 中整理一个符合性矩阵。这个符合性矩阵与之前 PSAC 中的计划符合性矩阵不同,SAS 中的符合性矩阵是对整个软件生命周期活动及数据对于软件计划和标准的符合性情况的汇总。局方在 SOI♯4 审查中审查该符合性矩阵,评估 DO-178C 所有目标是否都得到了满足、是否能够获取最终的审定信用。

9.8　软件合格审定与软件安全

9.8.1　问题的提出

有的读者可能会有如下疑问: DO-178C 提出这些适航要求的原理是什么? DO-178C 标准又是怎样保证软件安全的? 为什么 DO-178C 能够保证软件安全? 通过了软件的合格审定,软件就真的足够安全了吗? 可能有人会想起软件缺陷的冰山理论,不禁对软件的适航安全性有些动摇或疑惑。为此不妨追根溯源,探究一下软件乃至整个飞机是否安全的根源。

图1-3是ARP 4761中提出的系统开发与安全性评估过程,正如我们一直强调的对于软件的安全性要求,即软件级别及安全性需求均来源于系统过程,可继续向上追踪至飞机级的需求定义和安全性分析过程。因此从原理上来说,软件是否安全的源头在于软件级别及安全性需求的定义是否正确,那么软件通过合格审定后是否安全的问题就可以转换为另一个问题:假设系统分配给软件实现的系统需求、软件级别定义都是正确的,那么通过满足DO-178C的软件生命周期能否表明产生的软件已实现了系统分配的需求和安全级别要求,满足适航要求且足够安全呢?

在此处使用数学语言进一步描述以上问题:

【定义】如果某一数据是正确的、完整的、一致的、可靠的、安全的,那么称这一数据是"好的"。

【已知】通过了系统合格审定,分配到软件的系统需求是"好的";通过了软件合格审定,获得了软件生命周期的完备的审定信用。

【求证】软件是"好的"。

9.8.2　命题的论证

对于上述问题,我们尝试使用数学归纳法进行证明。再一次展开DO-178C所定义的软件生命周期过程和其中几个关键元素进行分析,在明确了来自系统分配给软件实现的系统需求以及软件级别后,进入软件的研制过程:

(1) 由于系统需求是"好的",因此根据DO-178C附件A表A-2的第1、2个目标的审定信用,把"好的"系统需求分解并开发为软件高层需求,又根据表A-3的所有目标的审定信用,可以得出:

【推论1】软件高层需求是"好的"。

(2) 由于软件高层需求是"好的",因此根据DO-178C附件A表A-2的第 3、4、5 个目标的审定信用，把"好的"软件高层需求分解并开发为软件低层需求和软件体系结构，又根据表 A-4 的所有目标的审定信用，可以得出：

【推论 2】软件低层需求和软件体系结构是"好的"。

（3）由于软件低层需求和软件体系结构是"好的"，因此根据 DO-178C 附件 A 表 A-2 的第 6 个目标的审定信用，把"好的"软件低层需求和软件体系结构开发成源代码，又根据表 A-5 的第 1～6 个目标的审定信用，可以得出：

【推论 3】软件源代码是"好的"。

（4）由于源代码是"好的"，因此根据 DO-178C 附件 A 表 A-2 的第 7 个目标的审定信用，把"好的"源代码进行编译、链接、加载，生成最终的软件产品——可执行码，又根据 DO-178C 表 A-5 的第 7 个目标、表 A-6 的所有目标、表 A-7 的所有目标的审定信用，可以得出：

【推论 4】软件可执行码是"好的"。

根据数学归纳法和以上 4 个推论，最终证明如果系统需求是"好的"，并获取完备的软件适航审定信用，则可以得到"好的"软件。但是到此为止，证明还没有结束，还需要进一步分析，认清这些审定信用到底来自什么地方。

仔细分析 DO-178C 的目标、过程和数据，我们发现软件适航的审定信用来自软件开发数据的"三道关卡"：

（1）验证人员的验证工作。软件开发数据在完成开发后，由软件验证人员通过走查、分析、测试等多种验证方法确保 DO-178C 附件 A3～A7 中的目标得到满足，尽可能发现软件开发数据的潜在错误，把好第一道关卡。

（2）SQA 的审计工作、软件阶段评审。在软件研制过程中，由 SQA 人员定期开展独立的 SQA 审计工作，客观监督软件研制的各个过程活动及数据。同时，在软件阶段评审中，评审组成员也会对软件生命周期过程和数据进行客观评价，确保过程活动和数据符合 DO-178C 的目标要求，把好第二道关卡。

（3）局方的适航审查工作。在软件研制过程中，局方审查人员会在不同的介入阶段开展一次或多次软件审查,专业、客观地评价软件研制过程和数据是否能获得适航的审定信用,把好第三道关卡。

　　众所周知,航空电子软件研制项目周期往往较长,规模较大,那么在具体实施过程中,以上三道关卡又是如何严防死守,杜绝不符合适航目标的漏网之鱼,确保完备的审定信用呢? 答案是:每道关卡有效的配置管理活动。对于以上三道关卡,每当执行活动的角色发生转变时,都需要建立基线,如图9-8所示。当软件验证人员从软件开发人员手里获得软件开发数据时,必须建立验证基线,作为验证活动的工作基础;当 SQA 人员或者评审组召开阶段评审会议时,必须建立评审基线,作为审计或评审活动的工作基础;当局方审查人员从研制单位手里获取软件生命周期数据时,也必须建立审查基线,作为软件审查的工作基础。当各个关卡发现问题时,必须有严格的 PR、变更控制、影响分析、变更评审等配置管理活动,确保所有问题被正确识别、充分分析、有效跟踪和解决。这样在某个层级的软件数据发生变更的情况下,依然有着严格的变更控制流程,确保必需的开发、验证工具都能重新进行。

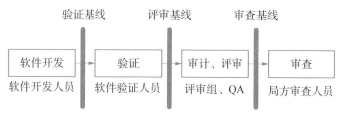

图 9-8　软件适航审定信用的三道关卡及基线

　　为了能更好地实现验证,审计、评审,审查这三道关卡,有效的变更影响分析和变更控制至关重要。而变更影响分析和变更控制的好坏,又与数据追踪息息相关。条目化的、准确的、完备的数据追踪关系能帮助研制人员在变更影响分析的过程中,尽快准确地找到受到变更数据影响的上下游数据,进而分析是否需要对其进行更改。在 DO-178C 标准中提到了要建立数据追踪,如图 9-9 所示。

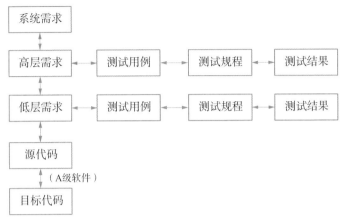

图9-9　建立数据追踪

对于软件开发数据而言,DO-178C要求实现系统需求、高层需求、低层需求、源代码和目标代码的追踪,以确保上层数据全部开发成下层数据,并验证下层数据与上层数据的追踪正确性、符合性、无非预期功能。

对于软件验证数据而言,DO-178C要求实现软件需求、测试用例、测试规程、测试结果的追踪,以确保上层数据全部处理成下层数据,并验证下层数据符合上层数据,测试结果的符合性。

此外,DO-178C中还对数据提出了其他一些追踪要求,即数据与基线的追踪、数据与活动的追踪、数据与PR/变更的追踪、基线与PR/变更的追踪。这些追踪可用于软件符合性评审,为适航取证提供可信的证据,同时也有利于实现有效的软件管理,提高软件的研制效率。

通过追踪,整个软件生命周期产生的数据形成了一个巨大的数据网络。对于网络中任何一个软件生命周期数据,都可以通过追踪关系检索到它的上层数据或下层数据。软件生命周期数据之间的追踪从另一个角度展现了整个软件的研制过程,同样也是软件适航审定信用的重要组成部分。

基于以上所有的推论,结合三道关卡和数据追踪网络,不难发现,如果严格按照DO-178C的目标实施软件研制过程,并能够通过软件合格审定过程获得完备的软件合格审定信用,那么申请人有足够的信心声明其所实现的软件产品符合系统分配的需求,并符合相应安全性级别要求。

9.9　软件合格审定的难点

前文阐述了软件合格审定的原理和核心思路、过程与方法,也论述了软件合格审定信用的破坏与保持,那么在实际的软件审定过程中,我们会遇到哪些值得重点关注的问题和难点呢,本节将结合项目经验和 FAA 等审定机构发表的论文进行阐述。

9.9.1　软件验证过程的持续性与完整性

按照 DO‐178C 的定义,软件验证过程是贯穿整个软件生命周期的过程,从 DO‐178C 附录 A 的目标表中可窥其端倪:A‐1~A‐10 共 10 张表,其中 A‐3~A‐7 均指向软件验证过程的目标,占据比重过半。因此,在软件合格审定过程中如何审查软件验证过程的持续性与完整性对于确认软件的适航符合性至关重要。本节参考 FAA CAST PAPER‐11 的相关内容,关注于航空电子软件产品的软件验证过程持续性与完整性,及其相关的 SCM 和 SQA 过程,确保其符合 DO‐178C 对软件综合过程的符合性要求。

机载产品通常是多个开发人员、集成人员和验证人员共同研发的结果,由验证、SQA 以及 SCM 组成的综合过程应该保证完整性,各个子过程在整个研发过程中不应出现中断。申请人有责任保证机载系统满足每一个目标,在实际项目中通常会对软件验证过程进行划分,有些申请人并没有将临时性的测试或者系统集成测试纳入软件验证过程的范畴,然而这些对于软件验证的完整性却是必要的。在此,有两个关键且基本的问题会影响软件验证完整性目标。一个问题是申请人及其开发团队对集成的目标机环境(有时与系统级测试共用)测试缺乏认识,这是最有审定信用的测试环境与方式,且有些需求(如与硬件环境相关的、性能方面的需求等)仅能在这一环境下测试；另一个问题是对 SQA 以及 SCM 过程的连续性缺乏认识，因为参与各方(软件开发人员、验证人员、配置管理人员和质量保证人员)对目标和方法的理解可能不同，所以会以不同方式满足目标。本节将提供保证软件验证过程的连续性与完整性的方法，以及使相关的 SCM 与 SQA 过程做得更加充分的手段。

1) 问题与原因分析

在 DO-178C 描述软件验证活动时，其出发视角是认为所有活动都在软件研发方的控制之下，所有活动都将由软件研发方全部完成。在这样的视角下会存在一种情况：有些软件项目的研发在软件研发方的验证工作完成之后就结束了。

在这种情况下，软件研发方以及申请人(通常是飞机制造商或者改装厂商)常常没有意识到一个完整的软件验证中有些测试需要在系统级甚至飞机级完成。以软件驱动为例，其系统功能验证有时只能通过真实的机上测试实现，这时的飞机已在申请人而非软件研发方的控制之下。在当前的行业背景下，绝大多数机载软件是由软件供应商的一组或者几组开发人员开发的，而不是由型号审定(TC，ATC，STC 以及 ASTC)的申请人进行开发的。团队或组织间的衔接效果对软件验证过程的连续性和完整性会造成重大影响，另外两个原因也会引起非连续、不完整的验证过程。

(1) 没有意识到软件验证必须包含软件功能正常的最终证据，该证据是通过对软件所实现的系统功能进行测试得到的。这一类型的测试通常指的是机载环境的系统测试，即使用目标机测试。机载环境测试包含地面测试和飞行测试。在多数情况下，在试验台上面进行系统功能测试不可能对系统以及飞机装置进行充分仿真，需要使用目标计算机的飞机系统级测试完善系统应用验证。而在有些情况下，能够充分地模拟机载系统，这时就不需要进行机载系统测试验证软件了。虽然这有利于降低成本，但是这样的情况是很少的。

(2) 开发人员与申请人的 SQA 与 SCM 过程缺乏连续性。软件研发方与申请人（即飞机制造商）通常均设立自己独立的 SCM 与 SQA 过程以及相应的人员，两者并不相同，这些过程与它们各自的计划和组织机构关联。当这些组织间及过程间缺乏适当的协调时，就有可能导致这些过程的非连续性，从而导致验证过程的不完整和不连续。申请人的质量保证部门负责对软件相关的系统验证过程进行监控，并对供应商提供的系统与软件验证的完整性进行监督。申请人的 SCM 部门应当跟踪重大的软件变更，并确保所进行机载测试的配置就是用于适航审定验证的配置状态。如果软件研发方与任何其他子供应商、申请人之间没有紧密协作，则软件验证活动很可能是不完整的。

建议在系统级软件验证测试、过程监控和软件验证过程三个方面多加考虑，从而保持软件验证过程的持续性和完整性。

2）系统级软件验证测试

在制订 SVP 时，申请人应考虑是否会采用系统级的试验或测试表明软件验证过程的符合性，这些系统级软件测试项目应在软件开发之前就确定下来，以便确认是否有足够的系统仿真环境能够满足软件测试目标。例如，软件驱动的一些应用与闭环性能相关，即与外部因素相关，这种类型的系统很难在实验室里进行仿真。如果试验台仿真不够充分，则软件研发方应与型号审定申请人或其他可能的系统集成方协调，使用机上环境的目标计算机实现软件验证相关的系统测试。为完成软件验证，测试通常包含地面以及飞行测试。通过追踪所测试的软件直至系统需求并按照系统功能确定必要的测试，就能找到合适的测试用例。

3）过程监控

为确保验证过程的连续性与完整性，SQA 与 SCMP 需定义监控过程，并提供一个组织体系结构，以协调开发成员（申请人与所有参与的开发人员）之间的监控活动。一个情况是为一组 SQA 与 SCM 计划构建一个专门的监控系统，或者为多个计划（由各个参与者的计划组成）提供协调，这能使 SQA 与 SCM 活动有序进行。申请人有责任协调输入、转换准则、输出以及不同的子过程以满足 DO - 178C 中 4.3(b)、4.6(c) 以及 4.6(d) 的目标。如果依赖于参与各方

的计划,则这就是一组额外的计划。另一种情况是存在一组主要的 SQA 与 SCMP。

4) 软件验证过程

软件验证过程包含几种不同类型的活动,这些活动部分依赖于软件的不同级别。由于软件研制过程中特定活动本身具有特殊性,因此这些活动不会对验证的持续性和完整性造成影响。诸如 MC/DC 之类的活动只有当软件错误由于验证不完整而未被发现时会受影响,在软件改正后需要重复这些活动。软件验证过程中与连续性和完整性密切相关的主要活动是系统测试,它与验证的软件、系统集成、SQA 与 SCM 的综合过程所支持的受控验证活动的充分性相关。例如,一个主飞行显示单元的开发人员需要进行包括测试、结构覆盖率分析以及一个多显示单元环境的验证活动来验证某一功能,如反转特性。这一环境也许只有当作为一个系统测试程序的一部分时才能获得,甚至需要在飞机上进行测试。功能测试需要对安装环境进行充分模拟或者在实际的安装环境下进行。如果对多个活动缺乏控制,则将很难通过从软件模块级别到系统需求的追踪来保证测试的完整性以及以结构化的方式实现追踪。

应当在软件计划阶段就必须确定是否可以在试验台测试阶段就有足够相似度的系统试验环境进行软件测试。这可以是系统审定计划或是软件审定相关计划的一部分。如果含有软件的系统集成测试是完整的并能够在试验台上完成,则验证(测试)的连续性问题就减小了,但是 SCM 所关注的问题仍然存在,因为仍有必要知道测试的配置。然而,如果在试验台阶段不能进行完整的系统仿真,则 SQA 与 SCM 过程必不可少。

可追踪性是确定验证完整性的必要手段,如果软件需求能够追踪到系统层需求,则由明确集成到目标机的软件测试提供所需的功能项。如果仿真测试不充分,则需要在飞机上使用目标机进行测试,此时通过追踪性关系,可明确系统上与软件相关的功能以及所需测试的派生需求。这一过程将确保验证活动的最后几步是完整的。

综上所述,如果软件研发过程除了飞机或者引擎的审定申请人之外还有其他参与者,则需要一个被认可的过程来保证验证活动间的协调与完整性。SQA 与 SCM 过程在开发人员与申请人之间要保持连续性,且这些过程应有能力监控这些软件验证活动,并特别关注软件验证目标的完成(在任何层次应该达到的目标)。SQA 与 SCM 过程应该协调并监控验证(测试)活动,这些测试活动可通过从软件模块级追踪到系统需求,以及随后的系统测试需求中得到(这是软件功能完整性的最后测试)。各个 SQA 与 SCMP 间以及它们在实施过程中都要相互协调。系统功能测试能够完成软件的验证活动,有时由于在试验台上不能对安装的系统进行足够的仿真,因此需要进行机载测试;如果在地面进行的测试不够充分,则还需要结合飞行测试。

9.9.2　软件验证的独立性

本节参考 FAA CAST PAPER‑26,对适航审查中如何审查软件验证过程的独立性进行阐述。

9.9.2.1　软件验证的独立性要求

DO‑178C 将验证独立性作为一种手段,以保证安装在航空系统和设备上的软件的质量和安全。DO‑178C 为表 9‑14 中列举的目标提出了验证独立性要求(在附录 A 表 A‑3、A‑4、A‑5、A‑6 和 A‑7 中)。

表 9‑14　DO‑178C 提出的验证独立性要求

表	参考	总　　　结	级别
A‑3	6.3.1a	高层需求符合系统需求	A 和 B
A‑3	6.3.1b	高层需求的准确性和一致性	A 和 B
A‑3	6.3.1g	算法的准确性	A 和 B
A‑4	6.3.2a	低层需求符合高层需求	A 和 B
A‑4	6.3.2b	低层需求的准确性和一致性	A 和 B
A‑4	6.3.2g	算法的准确性	A 和 B

表	参考	总　　结	级别
A-4	6.3.3a	软件体系结构与高层需求的兼容性	A
A-4	6.3.3b	软件体系结构的一致性	A
A-4	6.3.3f	确认了软件分区的完整性	A
A-5	6.3.4a	源代码符合低层需求	A 和 B
A-5	6.3.4b	源代码与软件体系结构的兼容性	A
A-5	6.3.4f	源代码的准确性和一致性	A
A-5	6.6a	参数数据项文件是正确和完整的	A 和 B
A-5	6.6b	完成了参数数据项文件的验证	
A-6	6.4c	可执行目标代码与低层需求的兼容性	A 和 B
A-6	6.4d	可执行目标代码基于低层需求的鲁棒性	A
A-7	6.4.5b	测试规程的正确性	A
A-7	6.4.5c	测试结果是正确的,且解释了差异	A
A-7	6.4.4a	测试覆盖了高层需求	A
A-7	6.4.4b	测试覆盖了低层需求	A
A-7	6.4.4c	实现了软件结构的测试覆盖(MC/DC)	A
A-7	6.4.4c	实现了软件结构的测试覆盖(判定覆盖)	A 和 B
A-7	6.4.4c	实现了软件结构的语句覆盖	A 和 B
A-7	6.4.4d	实现了软件结构的测试覆盖(数据耦合和控制耦合)	A 和 B
A-7	6.4.4c	实现了无法追踪到源代码的其他代码的验证	A

　　在理解以上所有验证独立性要求之前,首先需要了解什么是"独立性"。在DO-178C 的术语表中,独立性的定义是这样的:"独立性——职责分离,以确保完成目标评估。关于软件验证过程活动,当验证活动被开发者以外的人员执行时,可以实现独立性。工具可以用来达到与人的行为同等的效果……"

表 9 - 15 列出了开发活动及其相应的验证活动，以及验证独立性的典型方法。

表 9 - 15　DO - 178C 开发活动及其相应的验证活动、验证独立性的典型方法

开发活动	验证活动	验证独立性的典型方法
开发高层需求(A2 - 1, 5.1, 5.1.1a, 5.1.2) 开发派生的高层需求(A2 - 2, 5.1, 5.1.1b, 5.1.2)	通常使用系统/软件需求核查检查单，通过高层需求核查验证(A3)。核查通常包括其他的专业人员，如系统工程师、QA、硬件工程师等	通常让非高层需求开发人员作为独立核查者，通过团队核查来实现独立性(A3 - 1, 2, 7)
开发软件体系结构(A2 - 3, 5.2, 5.2.1a, 5.2.2, 5.2.3) 开发软件低层需求(A2 - 4, 5.2, 5.2.1a, 5.2.2, 5.2.3) 开发派生软件低层需求(A2 - 5, 5.2, 5.2.1b, 5.2.2, 5.2.3)	通常使用软件设计/需求核查检查单，通过软件体系结构和软件低层需求核查实现验证(A4)	通常让非软件体系结构和软件低层需求开发人员作为独立核查者，通过团队核查来实现独立性(A4 - 1, 2, 7, 8, 9, 13)
开发源代码(A2 - 6, 5.3, 5.3.1b, 5.3.2)	通常通过软件源代码核查、预排或监察验证，有时用一些工具来检查源代码与编码标准符合性(A5 - 1~6)	通常让非源代码开发人员作为独立核查者，通过团队核查来实现独立性(A5 - 1, 2, 6)
在系统需求与软件高层需求之间(5.5a)，在软件高层需求和软件低层需求之间(5.5b)，在软件低层需求和源代码、源代码与目标代码之间开发建立追踪关系(5.5c)，(6.4.4.2b, Level A)	通常验证作为需求、设计、代码核查的一部分，经常使用矩阵格式或者工具追踪，辨识遗失的追踪关系(A3 - 6, A4 - 6, A5 - 5) 源代码到目标代码的追踪可以通过使用一个工具的单独核查或者分析实现(A7 - 5, 6, 7)	追踪目标不要求独立性，但是独立性能通过工具达到，让非追踪关系开发人员作为独立核查者，通过团队核查来实现独立性
开发链接和加载数据，产生目标代码，并将目标代码集成到目标硬件中(A2 - 7, 5.4, 5.4.1a, 5.4.2, 5.4.3)产生可执行码	通常通过集成核查、链接加载、加载映射走查、调试行为和非正式的测试完成验证。极其依赖工具(如编译器、链接器、加载器、ROM 烧片器、校验和 CRC 等)，尤其是开发人员先前使用的工具(A5 - 7, 6.3.5)	集成目标不要求独立性，但不正确的集成会对表 A - 6 的目标产生负面影响，尤其是其中有独立性要求的目标

开发活动	验证活动	验证独立性的典型方法
高层需求到测试用例的追踪关系（6.4a.，6.4c.，A7-3，6.4.3a.，6.4.4.1a.） 低层需求与测试用例的追踪关系（6.4a.，6.4c.，A7-4，6.4.3b.，6.4.4.1）	需求到测试用例的追踪可以是需求核查的一部分，但是通常在后续的测试用例核查和分析时进行，通过使用工具和矩阵实现（A7-3，4）	虽然没有明确的独立性要求，但需求和测试之间的追踪支持 A6 和 A7 中的诸多验证目标。通常通过工具、独立核查者、团队核查实现独立性
为基于需求的测试开发和测试用例（TC&P）（A7-1，6.3.6b.） 正常值和鲁棒性（A6-1～5，6.4.2.1，6.4.2.2，6.4.3）	通常通过 TC&P 核查验证，完整的测试组件决定了可执行码与需求的符合性及鲁棒性，同时决定了其所达到的测试覆盖率（A6-1，2，3，4，A7-1，3，4）	通常让非相关需求或者代码开发人员作为 TC&P 的开发人员，让非测试开发人员作为 TC&P 的核查者，通过团队核查来实现独立性（A6-3，4，A7-1，3，4）
执行测试用例和规程（A6-1,2,3,4,5;6.3.6c.，6.4a.，6.4b.;6.4.1,6.4.3） 执行基于需求的测试覆盖率分析（A7-2，3，4;6.4c.，6.4.4.1，6.4.4.3） 执行结构覆盖率分析（A7-5，6，7，8;6.4d.，6.4.4.2，6.4.4.3）	通常验证通过如下方法实现：测试结果分析，比较实际结果与期望结果的差异（A7-2）基于需求的测试和结构覆盖通常要辅助一些工具，通过分析测试追踪性和测试结果实现（A7-3，4，5，6，7，8）部分测试可以在主机上进行，与目标环境上的测试相结合（6.4.1，6.4.3a.，A6-5）可以通过非正式测试辅助，如调试代码、分析初始覆盖率（6.4.1，6.4.3a.）	通常让非 TC&P 的开发人员执行测试、覆盖率分析来达到独立性。测试结果一般让非测试执行者来核查，可以使用工具进行验证，或由团队核查实现（A6-3，4，A7-2，3，4，5，6，7，8）
执行： CPU 最坏时间分析和其他资源的使用（A7-2，6.3.6c.，6.4.2.1，6.4.2.2，6.4.3a.） 所有类型的内存使用的最坏分析（RAM，ROM，stackusage，·/O buffers，etc.）（A7-2，6.3.6c.，6.4.2.1，6.4.2.2，6.4.3a.，6.4.3b.）	通常通过人工评估基于需求的测试结果，验证最差情况执行时间和 CPU、目标资源和内存的使用情况，也可以使用专门的工具或设备进行验证 DCA 和 CCA，通常通过设计核查、TC&P 核查、测试结果核查、调用树分析以及其他方法验证	通常让非测试开发人员通过使用工具、通过团队核查进行分析工作，达到独立性。系统和硬件工程师可以参与时间和目标环境资源的分析

（续表）

开发活动	验证活动	验证独立性的典型方法
所有软件组件和数据库的 DCA、CCA（A7 – 2，8，6.3.6c.，6.4.2.1，6.4.2.2，6.4.3a.，6.4.3b.）		
解决结构覆盖率缺陷(6.4.4.3)	增加需求和 TC&P,删除死代码。通常通过测试结果核查和覆盖率分析验证	通常通过非需求和 TC&P 等的开发人员达到独立性(A7 – 5，6，7，8)

如同前面提到的,根据 DO – 178C 中关于独立性的定义,可以由通过鉴定的工具辅助或代替开发和验证中的某些活动。工具实现人员鉴定时所能达到的同等效果,例如,工具能用来建立、维护追踪性、识别"漏洞"(执行分析),找出不完整的追踪关系。工具能用来验证和设计与编码标准的符合性,检查被禁止用的结构、尺寸、复杂度限制、收集 CPU 的时间、吞吐量以及内存使用等。工具还能用来收集基于需求的测试覆盖、结构覆盖,识别覆盖中的"漏洞"。一些工具则可以用来自动执行测试。然而,仍然有许多验证活动行为需要人的智力和工程经验评估软件生命周期开发数据,并决定其是否满足开发人员的计划、标准、政策和 DO – 178C 的规定。

9.9.2.2　关于实现独立性的三个观点

上节阐述了 DO – 178C 中对软件验证的独立性要求以及如何达到独立性的方法,接下去将介绍申请人应当如何遵循 DO – 178C 的标准实现独立性。目前,有如下三种观点最常见。

1) 组织的验证独立性

这个观点建议为了真正实现独立性,执行验证活动的人员实际上不应该加入开发数据的组织中。换言之,为了真正实现"客观地评估",开发和验证的人员应该在组织体系结构上彼此独立。该观点认为数据开发人员不可能足够"客观地"或"公平地"提供客观评估。这个方法虽然很好,但组织独立性的要求超

出了 DO‑178C 的范畴。

2）程序员观点

这个观点要求核查人员拥有被核查的数据的开发经验和背景,能够真正理解数据,进而完成有意义的核查。该观点认为让没有相关数据开发经验的人员来核查,从某种角度上看是毫无意义的,原因如下。

（1）他们没有评估这些数据的技术经验。

（2）"填写核查检查单"仅是从形式上提供了一些证据,证明执行了核查。

（3）执行核查的人员仅识别了编辑、排版等的错误,并没有真正扮演有价值的角色。

该观点也建议,除非资格非常高的人参与了核查,否则要求非开发人员核查数据是无法提供相关评估的（一般不认为这个方法能满足 DO‑178C 目标）。

3）非唯一的观点

这个观点建议让非数据开发人员核查数据是有价值的,这能在不要求组织独立性的情况下,满足"客观评估"的标准。事实上这个观点认为,让不同专业的人员（如系统工程师、安全专家、测试工程师、人为因素专家、技术文档撰写人等）参与每次核查能带来额外的好处。通过让其他专业的人员参与核查,最可能实现对数据的"客观评估"。

9.9.2.3　FAA CAST PAPER‑26 立场及建议

对于以上三种观点,"非唯一的观点"与 DO‑178C 中定义的独立性更加贴切,FAA 在 CAST PAPER‑26 中支持了"非唯一的观点"。

（1）一般立场：为了达到验证独立性,执行或者负责验证活动的人不应该是开发数据的人。这点是与所有 DO‑178C 需要验证独立性的目标相关的。

（2）工具鉴定：如果一个工具被用来消除、减少或者自动化某个 DO‑178C 的目标,且该目标有独立性要求,这个工具的输出不会被完全独立验证,那么这个工具应该被鉴定（参见 DO‑178C 12.2 节）。

（3）测试用例和规程开发：测试用例和规程不应该由低层需求或者待验

证的源代码的开发人员开发,见 DO‐178C 附录 A 表 A‐6 的目标 3、4,表 A‐7 目标 1。

(4) 测试用例和规程核查:测试用例和规程的核查人员不应该是待验证的测试用例和规程的开发人员,见 DO‐178C 附录 A 的表 A‐7 目标 1。

(5) 执行测试:测试执行人员不应该是待验证的需求或者代码的开发人员,也不是待执行的测试用例及规程的开发人员,见 DO‐178C 附录 A 表 A‐6 目标 3、4,表 A‐7 目标 1。如果测试执行是自动的(如不需人干预、观察的批处理),那么可以无视这条指南。然而,测试工具可能需要被鉴定,测试工具的开发人员不应该是开发测试用例和规程的开发人员。

(6) 测试结果核查和覆盖率分析:进行测试结果核查和覆盖率分析的人不应该是测试用例和规程的开发人员,也不应该是测试用例的执行人员,见 DO‐178C 附录 A 表 A‐7 目标 2～8(以上第 5、6 点是从最严格意义上考虑的)。

关于软件验证的独立性,CAST 给出以下建议:

(1) 开发人员可能是执行独立性行为的验证团队的成员,但是开发人员不应该是唯一负责验证数据的人,即除了开发人员之外的某位成员应该是独立验证者验证活动和结果的"主人"。

(2) 建议开发人员不担任核查团队的领导者、仲裁者或验证活动的记录员。

(3) 建议有资格的人员作为主要的独立性核查者,初学者可以是核查者,但仅在有监督的条件下进行,而不是独立地负责核查。

(4) 提供核查独立性的证据,申请者、委任工程代表(designated engineering representative,DER)、系统/软件开发人员应该确保验证结果中包括被核查数据的 ID、数据开发人员名字、独立走查者名字,核查所应用的标准、规范和检查单等。

(5) 申请者应该描述他们在 SVP 中的独立性的方法(见 DO‐178C 的

11.3.b),并在项目的早期得到审定机构的认可。

（6）如果一个工具用来自动化一个需要独立验证的活动，则可能需要对工具进行鉴定，工具验证者与开发工具者不应该是同一个人。

9.9.3　操作系统的审定

随着航空电子系统功能的丰富、集成度的提高，航空电子软件的复杂度也随之提高，操作系统的需求越来越强烈，特别是 IMA 系统的应用。目前主流的商用成品机载操作系统有风河的 VxWorks、GreenHill 的 LinuxOS-178、PikeOS 等，其他还有系统研制商自行研发的操作系统，如 Honeywell 的 DEOS 等。操作系统的审定也逐渐成为航空电子软件甚至是复杂机载系统审定中非常重要的一环。本节将从审定信用的划分和审定责任的划分两个方面阐述操作系统合格审定方面的特殊考虑。

1）审定信用的划分

对于操作系统而言，其核心仍然是航空电子软件，因此操作系统的符合性方法仍以 DO-178B/C 为主。但在软件级别的确定以及部分 DO-178B/C 目标的符合性证明方面，操作系统与常规的航空电子软件是存在差异的。

（1）操作系统软件级别的确定。操作系统的软件级别往往不是由单个项目的需求和安全性分析确立的，它需要支持多个级别驻留软件的应用。无论是否使用分区技术，操作系统都应能够支持最高级别软件的驻留应用。因此在研发或采购操作系统时，应充分考虑未来项目的使用场景，设定合理的操作系统软件级别，以避免在新的项目中出现需要提升开发基线（DO-178B/C 第 12.1.4 节定义的）的问题。例如，在先前项目中驻留软件最高级别为 B 级，相应将操作系统也定义为 B 级并通过审定；但在当前项目中驻留软件最高级别为 A 级，操作系统实际未发生更改，但需要提升至 A 级进行审定，仍需要做补充的符合性验证工作。

（2）与系统需求的符合性和追踪性。操作系统的需求并非来源于飞机的直接需求,而是在系统或软件研发过程中派生出来的。因此确立操作系统对应的系统级需求,与软件需求建立追踪性,并进行符合性验证的过程带有一定程度的"逆向工程"色彩,并可考虑建立通用化、可复用化程度高的系统需求。尤其是采购商用成品操作系统时,这两个目标的实现更是如此。

(3) 与目标机的兼容性。正如前文所述,操作系统具有普遍适用性,因此其兼容的目标机应该是随项目逐步扩展的,在每个项目上进行验证。但这一目标的验证可能会分配到操作系统相关的板级支撑包(board support package, BSP)及驱动软件审定范围,核心操作系统模块不直接与目标机相关,审定此目标时可以申请在 BSP 等软件项目审定时进行验证。

(4) 分区的完整性。常规机载系统软件不使用分区技术,此目标的审定在大部分情况下是不适用的。但在审定操作系统时,这一目标将成为重点审查关注点,包括分区的实现技术、分区鲁棒性的分析等。

2) 审定责任的划分

通过上述操作系统审定中部分目标的特殊考虑,相应的审定责任也应由不同的相关方承担。在操作系统审定过程中,将申请人角色进一步分为操作系统研发方、应用研发方和系统集成方。

(1) 操作系统研发方。操作系统审定的主要负责方,无论是自研还是采购的商用成品操作系统,作为操作系统的研发方都应生成并管理操作系统相关的大部分软件生命周期数据。应充分考虑操作系统对各种项目的支持和扩展,在整个软件体系结构和数据的组织方式上可以借鉴 COTS 软件、PDS 的要求与指导原则,结合上节中几项特殊考虑,生成相对普适的操作系统生命周期数据包,并将与项目特性相关的 BSP、驱动等部分与核心部分区分开,以加强生命周期数据和审定信用的可复用性。此外,操作系统对上层应用开发一般会提出一些约束和限制,这些应该形成正式的文档提供给应用研发方和系统集成方。

(2) 应用研发方。应用研发对操作系统审定没有直接影响,但受到操作系统的限制,如分区完整性这一目标的验证,依赖于操作系统的验证结果。同时应用软件的部分验证目标也可为操作系统的验证提供支持,如 DO‐178B/C 表 A‐6 相关的目标: 应用软件与操作系统集成后加载到目标机中,开展的软件/硬件集成测试结果不仅可用于表明应用软件的符合性,而且在一定程度上证明了操作系统与目标机的兼容性。

(3) 系统集成方。作为整个系统的集成方,需要充分考虑应用软件、操作系统以及硬件集成的问题,以及操作系统的约束与限制在各个应用开发时是否得到了贯彻。特别值得关注的是操作系统软件的开口问题报告(open problem report, OPR),从系统集成的角度应得到整体的分析与评估,以确定在系统层面不会造成潜在的安全问题。

9.10　常见问题分析

9.10.1　问题 1——软件生命周期数据上下层级的一致性

1) 问题分析

局方在进行 SOI♯2～SOI♯4 审查时,往往采取抽样的方法,抽取一定比例的数据,评估申请人是否按照批准的计划和标准开展活动。被抽取的软件生命周期数据的一致性就成了适航当局审查数据的一个关注点。局方通过对软件生命周期数据进行检查,评估数据是否满足 DO‐178C 要求,同时通过数据上下层级一致性评估来确定申请人的工作质量。然而,在实际工程的实施过程中,软件生命周期数据往往因为各种原因变得难以维护、支离破碎。

(1) 糟糕的配置管理。在软件研发过程中不可避免地会出现变更和迭代。基线、PR、变更控制、影响分析、变更评审、配置状态审计等一系列严格的配置管理控制,都是为了保证软件生命周期数据等得到有效的更改,之前获取的审定信用可以保持。这条链路上只要有一个环节做得不到位,就容易出现数据的不一致。

（2）粗放的追踪矩阵。数据的追踪矩阵不仅可以用来展示软件生命周期数据的一致性,而且在变更影响分析时能够发挥巨大的作用。在 9.7 节中提到的审定信用的保持很大程度上依赖于一个有效的数据追踪矩阵。然而在实际工程中,追踪矩阵的维护却是一个难点问题。一方面,追踪粒度过于粗放,可能导致建立的追踪关系存在牵强、不准确的情况。另一方面,日益增加的软件规模加之频繁的数据变更,容易导致维护成本过高、维护不及时。这些都容易造成追踪矩阵无法准确、有效地反应软件生命周期数据的上下层关系,导致适航当局审查时发现问题。

（3）混乱的团队沟通。在软件研发过程中,软件生命周期数据的维护将涉及多个团队。开发团队需要自顶向下维护需求、设计、代码的一致性,验证团队同样需要维护验证用例与需求的关联关系。当多个团队需要同时面对来自客户的需求变更、来自测试发现的缺陷修复、来自上级供应商不同版本的配置要求时,如果缺乏有效的团队沟通,则很容易出现数据不一致的情况,如某个缺陷没有在应该的版本上得到修复等。

2）建议方案

软件生命周期数据上下层级的一致性需要整个团队共同维护。因此,团队负责人需要加强项目管理及团队之间的沟通、协调和控制。一方面,对软件研发过程中出现的各种变更进行统一规划,确保所有团队成员明确应在哪个版本上完成哪些变更。另一方面,严格要求团队成员依据 SCMP 要求,完成基线、PR、变更等配置管理活动,并增加 SQA 审计活动,确保配置管理得到有效实施。

此外,项目团队需要加强对追踪矩阵的重视程度。追踪矩阵不仅仅是DO-178C 中的一个要求,从工程角度来看,其能够帮助项目团队识别各个层级中派生的需求,能够支持项目团队在发生变更时识别受影响的范围,从而更有效地定位变更对象。因此,追踪矩阵不应是开发完需求、设计、代码后,简单地把相关的数据连接起来。项目团队应该做到如下事项。

（1）在开发每一个层级的数据时，思考该数据应该与哪条上层数据关联。

（2）尽可能地细化每一个层级的数据，做到每条数据只表述一个事情。

（3）加强对派生需求的识别能力，不要将某些派生需求强硬地关联到上层系统需求。

（4）必要时，借助工具自动维护追踪矩阵。

9.10.2　问题2——开口问题的识别与处理

一般而言，申请人在 SAS 中应对整个软件研发过程中所有的问题进行总结。局方在批准最终的软件时，理论上不应存在开口问题（open problem，OP）。然而在实际工程中，也可能出现该软件还存在一些 OP 尚未解决的情况。对于这些 OP，建议申请人对其进行必要的识别和处理，从而降低其对系统/设备功能及安全性的影响。

1）定义 OP 的类型

根据 OP 对系统及软件的潜在影响程度，一般可以将 OP 分为如下几类：

（1）Type 0（安全影响）：会导致功能失效，并且在某些条件下带来不利的安全性影响。

（2）Type 1（功能失效）：会导致功能失效，但不会给系统/设备功能带来不利的安全性影响。

（3）Type 2（非功能失效）：导致的故障不会引起失效。

（4）Type 3（与计划或标准偏离）：不属于前面 3 类的问题，而与软件计划或标准存在偏离。

（5）Type 4（所有其他类型的问题）：不属于前面 4 类的问题，往往不会影响功能。

2）进行 OP 评估

每个 OP 都应进行充分的评估，确定其问题类型、对功能限制和操作约束的影响、发生的概率、与软件计划和标准的偏离情况、与其他 OP 的关联关系和问题根源等。

一般而言,对于 Type 0 和 Type 1 问题,在型号审定(type certification, TC)取证前必须关闭。在进行适航验证试验前,这两类问题原则上必须关闭,但可以结合具体的试验科目进行分析评估或补充活动,在得到系统和软件审查代表认可后,保持开口。

对于 Type 2 问题,可以在进行适航试验时保持开口,并通过合适的分析或补充活动,在得到系统或软件审查代表认可后,延迟到 TC 取证后关闭。

对于 Type 3 和 Type 4 问题,一般情况下可以在进行适航验证试验及 TC 取证时保持开口。若其中存在涉及适航条款的符合性问题,则必须在 TC 取证前关闭。

3) 将 OP 评估结果写入 SAS

通常建议在 SAS 中汇总软件研发过程中所有的 OP 信息,包括 OP 的配置标识、OP 的简要描述、OP 的评估结果,如 OP 类型、在系统层级的影响、发生的概率、与计划标准的偏离情况、与其他 OP 的关联关系、必要时的安全缓解措施以及系统在 OP 的情况下能被批准的说明。

4) 将 OP 评估结果提供给系统集成商或系统/设备制造商

在软件团队完成 OP 评估后,还需要将评估结果提供给系统集成商或系统/设备制造商,由其在系统层级做进一步评估并确定 OP 对系统安全的影响。

10

工具鉴定

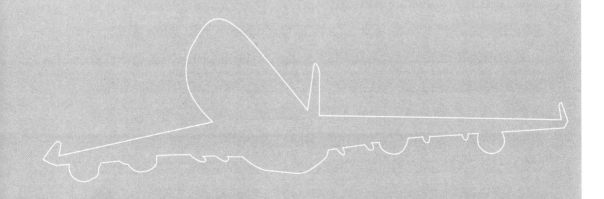

10.1　概述

软件工具广泛应用于软件研制过程中,通过软件工具的使用可以辅助或自动实现软件研制过程中的一些活动,包括开发、验证、管理和支持等活动。可靠的软件工具可以大大提高生产率,减少研制过程中常见的人为错误。然而,由于软件工具本身缺陷或者软件工具的不当使用会导致研制出的软件出错,或者不能发现软件中的错误,因此带来严重的安全隐患。为了确保软件工具能够提供被其省略、减少或自动实现的活动的等效审定信用,需要进行工具鉴定。在DO‐178B/C 章节"额外的考虑"中讨论了工具鉴定的相关内容。为了更好地指导工具鉴定在航空电子软件研制过程中的实施,RTCA 发布了 DO‐178C标准的补充文档之一——DO‐330,作为软件工具鉴定相关考虑的指南。本章将结合 DO‐178B/C 以及 DO‐330,对工具鉴定的定义以及在航空电子软件研制过程中的鉴定要求等方面进行梳理研究。

10.2　DO‐330 软件工具鉴定标准

DO‐178C 将软件工具定义为"一个用于帮助开发、测试、分析、生成或者修改另一程序或其文档的计算机程序。"当软件工具减少或自动化 DO‐178C要求的过程时,其输出没有得到验证,而工具鉴定则是使这样的工具获得合格审定置信度的过程。DO‐178C 的 12.2 节解释了如何确定一个工具是否需要鉴定,以及需要按照什么级别鉴定。

DO‐178C 给出了工具鉴定的思想和要求:对于验证工具,需要做到正常运行条件下详尽的黑盒功能测试;对于开发工具,需要向局方展示其研制过程达到使用该开发工具的项目的软件级别的适航要求。

DO-330 对不同鉴定级别的软件工具给出了相应的工具鉴定要求,这正如 DO-178C 对不同级别的航空电子软件给出了相应的适航要求一样。DO-330 与 DO-178C 有着很大程度的相似性和继承性,这主要体现在如下两个方面:

(1) DO-330 参照 DO-178C 的思想和原理,它也从目标、过程、数据三个方面给出了工具鉴定的要求。甚至从文档结构角度来说,DO-330 也与 DO-178C 非常相似。DO-330 对工具鉴定的目标要求也列在其附件 A 中。

(2) DO-330 对不同鉴定级别的工具鉴定要求与 DO-178C 对不同软件级别的适航要求是完全兼容的。

但是,DO-330 还是与 DO-178C 有着许多不同的方面,列举如下:

(1) DO-178C 的适用范围是民用机载软件而 DO-330 的适用范围是软件工具。这里所说的"软件工具"是一个很广的范围,它可能用于民用航空电子软件的研制,也可能用于民用航空的其他方面(如系统功能分析、系统安全评估、模拟工具、仿真工具等),还可能用于其他行业(如航天、核电、轨道交通、医疗等)。

(2) DO-178C 所涉及的范畴是机载软件的"软件生命周期",而 DO-330 所涉及的范畴是软件工具的"系统生命周期"。也就是说,DO-330 不仅涉及软件工具本身的研制(包括计划、开发、验证、配置管理、质量保证、审定联络等),而且涉及软件工具的用户操作需求以及软件工具的正确安装和正确使用。因此,DO-330 对过程的要求是多于 DO-178C 的。

(3) 航空电子软件分为 A、B、C、D、E 五个等级,其中 DO-178C 只涉及 A、B、C、D 四个等级的适航要求,而对 E 级软件没有提出任何适航要求,只要在系统生命周期中通过安全评估及适航审定确认其等级为 E 级即可;工具鉴定也同样分为 TQL-1、TQL-2、TQL-3、TQL-4、TQL-5 五个等级,但由于 DO-330 涉及软件工具的"系统生命周期",因此 DO-330 还给出了

TQL - 5 的鉴定要求。

10.3　工具分类与级别

在 DO - 178B 中,需要鉴定的软件工具分为如下两类:

(1) 软件开发工具,实现了某项软件开发过程或活动,如源代码生成器。

(2) 软件验证工具,实现了某项软件验证过程或活动,如测试工具。

除了以上两类,还包括一类软件管理和支持工具,实现了某项管理过程或活动,如软件配置管理工具。软件工具分类并不是绝对的,同一个工具在不同用法下,其分类结果可能不同,故而分类结果取决于工具提供的功能和工具使用方法。这三类工具对软件研制过程的影响如下:

(1) 软件开发工具得到的输出是航空电子软件的一部分,如果出错,则直接导致软件出错。

(2) 软件验证工具本身不会对航空电子软件造成错误,但可能导致无法发现软件中的错误。

(3) 软件管理和支持工具仅是为了提高工作效率,实现软件项目的管理或软件研制流程的支持,不会对航空电子软件本身造成错误,也不用来发现软件中的错误。

在 DO - 178C 中,采用了工具鉴定级别(TQL)的分类方式。如果需要进行工具鉴定,则应通过评估所使用的工具对软件研制过程的影响并结合软件研制保证等级来确定 TQL。工具鉴定分为五个级别(TQL - 1~TQL - 5),其中 TQL - 1 是最严格的鉴定级别,TQL - 5 是最不严格的鉴定级别。TQL 的判定准则如表 10 - 1 所示。

表 10 - 1　TQL 的判定准则

软件研制保证等级	准　　　则		
	1	2	3
A	TQL - 1	TQL - 4	TQL - 5
B	TQL - 2	TQL - 4	TQL - 5
C	TQL - 3	TQL - 5	TQL - 5
D	TQL - 4	TQL - 5	TQL - 5

其中，工具对软件研制过程影响的评估准则如下所示。

（1）准则 1：工具的输出是航空电子软件的一部分，可能直接导致软件出错。

（2）准则 2：工具自动化某个验证过程可能导致无法发现软件错误。工具的输出用于证明省略或减少如下过程的合理性：本工具自动化的验证过程之外的验证过程或开发过程。

（3）准则 3：工具在预定使用方式下可能无法发现软件错误。

通过比较 DO - 178B 以及 DO - 178C 有关工具鉴定的描述可以发现，以上的准则 1 对应于软件开发工具，准则 2 和准则 3 对应于软件验证工具。结合表 10 - 1 可以进一步得到，对于软件验证工具，TQL 是 TQL - 4 或 TQL - 5；而对于软件开发工具，TQL 则根据软件研制保证等级的不同分别为 TQL - 1～TQL - 4。

10.4　工具鉴定策略

10.4.1　开发工具与验证工具的鉴定

当软件工具省略或自动化某个过程或活动，并且没有对软件工具的输出进行验证时，需要对该工具进行工具鉴定。在 DO - 178B 中，只有确定性的工具才可以被鉴定，工具的确定性表示运行在同样的环境下，对同样的输入始终产生同样的输出。在 DO－178C 中,对于开发工具,只有确定性的开发工具才可以被鉴定,而对于验证工具,在指定的环境下,给予同样的输入,工具的输出均在一个可控的预期范围内的验证工具才可以被鉴定。工具鉴定的要求取决于两个方面:如何使用工具以及工具的失效对航空电子软件产生的影响的严重性。

具体到开发工具的鉴定,鉴定方法和要求的描述如下:

(1) 鉴定要求较高,开发工具的软件研制过程与航空电子软件的研制过程满足相同的目标。

(2) 在通常情况下,鉴定要求(对应于鉴定级别)与航空电子软件的研制级别同级,在某些特殊情况下,获得局方的批准后,可以降低鉴定要求。

(3) 能够证明开发工具符合其工具操作需求(tool operational requirements, TOR)。

(4) 工具鉴定必须得到工具厂商的支持。

具体到验证工具的鉴定,鉴定方法和要求的描述如下:

(1) 鉴定要求不太高,并且与航空电子软件的研制等级不相关。

(2) 能够证明验证工具在正常工作条件下符合其 TOR。

(3) 几乎等同于用户对工具进行详尽的黑盒测试,即满足需求覆盖率。

(4) 工具鉴定(鉴定级别为 TQL－5 的验证工具)可以不需要厂商的支持。

10.4.2　综合工具的鉴定

综合工具表示一个工具同时具备多个功能,而不同功能的 TQL 可能不同。综合工具的鉴定方法取决于它的用法,一般有如下做法:

(1) 分解这个工具所具有的功能。

(2) 分析在软件生命周期中用到的功能。

(3) 分析用了这些功能后,是不是信任这些功能的输出。

(4) 确定每个功能相应的鉴定级别。

(5) 确定具体的鉴定方法。

如果综合工具包含了不同鉴定级别的多个功能,则有两种鉴定方法:以最高的鉴定级别鉴定整个工具,或者把工具的各个功能按照各自的鉴定级别分开进行鉴定。综合工具的鉴定需要注意如下问题:

(1) 对综合工具的各个功能进行有效识别,并明确它们之间的依赖和交互关系。

(2) 完全独立的功能可以分开鉴定。

(3) 鉴定级别较高的功能依赖于鉴定级别较低的功能,不能分开鉴定;鉴定级别较低的功能依赖于鉴定级别较高的功能,可以分开鉴定。

(4) 较高鉴定级别的功能得到有效保护,不会受到较低鉴定级别功能的影响。

(5) 如果综合工具同时具备生成一项数据和验证该数据的功能,则必须避免这两个功能之间的共因失效。

(6) 如果根据 DO-178B,生成数据和验证该数据需要独立性,则必须说明这两个功能的独立性。

(7) 如果某个功能没有鉴定要求,则按照最低鉴定级别考虑。

(8) 在鉴定数据中明确论述上述各条内容,并得到局方的认可。

10.4.3 商用现成品(COTS)工具的鉴定

COTS工具的开发通常独立于所有特定的软件项目,并可能被多个不同用户用于多个不同的软件项目中。通常,COTS 工具的鉴定会涉及两方:工具研制单位和工具用户。对于鉴定级别为 TQL-5 的工具,不需要工具研制单位的参与就可以对一个工具进行鉴定;而对于鉴定级别为 TQL-1~TQL-4 的工具,必须要有工具研制单位的参与才可以对工具进行鉴定。

与一般工具相同,COTS 工具的鉴定需要满足相应 TQL 的鉴定目标。为满足各工具鉴定过程的目标,对于 COTS 工具,需要对工具研制单位和工具用户在 COTS 工具鉴定中的责任进行划分和定义。

工具研制单位在鉴定中的职责包括如下方面：

（1）编写 TOR 全集，说明工具的所有功能、约束和运行环境等。

（2）根据 TOR 全集，依据 DO－178C 和 DO－330 进行工具的研制活动，产生工具鉴定数据，举证 DO－330 中对工具鉴定的目标。

（3）提供工具鉴定必须提交的数据，如工具完成总结（tool accomplishment summary，TAS）、工具配置索引（tool configuration index，TCI）等。

工具用户在鉴定中的职责包括如下方面：

（1）在软件计划过程中，考虑软件生命周期、软件研制环境等信息，选择 COTS 工具。

（2）确定 COTS 工具的鉴定级别，根据项目情况，取 TOR 子集写工具鉴定计划（tool qualification plan，TQP）。

（3）在 PSAC、TQP 中说明工具鉴定的要求和方法。

（4）如果工具研制单位提供的工具鉴定数据不足以证明与 DO－330 的符合性，则工具用户应考虑自行补充鉴定数据（在可能的情况下）或者采用其他替代方法进行鉴定。

（5）COTS 工具在运行环境中安装、确认和其他相关的活动。

（6）工具用户是工具鉴定的最终责任人。

10.4.4　DO－178C 对工具鉴定的新要求

DO－178C 对开发工具的鉴定要求基本不变。由于不同验证工具的失效影响不同，因此 DO－178C 使用 TQL 将验证工具分成两类（分别对应准则 2 和准则 3），对失效影响验证的验证工具提高了鉴定要求。

TQL 应尽早与局方取得确认。如果需要降低 TQL，则需要在 PSAC 和 TQP 中写明降低级别的意图和理由，并得到局方批准。通常允许降低 TQL 的情况如下：

（1）由软件体系结构引起（如冗余和监控等机制）。

（2）由第三方独立评估机构认可。

（3）使用工具后省略或自动化的过程的性质所致。

（4）工具的使用方法所致。

10.5　与软件合格审定的关系

航空电子软件合格审定的工作内容有工具鉴定相关的活动，包括根据申请方定义的软件生命周期对 PSAC 描述的工具鉴定活动进行审定、对需要鉴定的工具进行鉴定、对鉴定工具的实际使用方法进行审定。因此，工具鉴定是软件合格审定的一个环节。

软件合格审定与工具鉴定有连锁反应：对于需审定的航空电子软件其用到的工具需要鉴定（若需要），该工具用到的另一个工具也需要鉴定（若需要），依此进行下去。但是这样的连锁必须是有限的、封闭的。

从表 10 - 2 和表 10 - 3 中可以发现，工具鉴定数据与软件合格审定数据能够一一对应，工具生命周期与软件生命周期也能够一一对应。从表 10 - 4 中可以发现，工具生命周期与软件生命周期的不同之处在于，除了与软件开发过程对应的工具开发过程外，工具开发生命周期还包含工具操作的相关内容。此外，除了与软件验证过程对应的工具验证过程外，工具的验证与确认过程还包含工具操作验证与确认过程。

表 10 - 2　工具鉴定数据与软件合格审定数据对应表

工具鉴定数据	软件合格审定数据
工具操作需求（TOR）	系统需求
工具需求	高层需求
工具鉴定计划（TQP）	软件合格审定计划（PSAC）
工具完成总结（TAS）	软件完成总结（SAS）

(续表)

工具鉴定数据	软件合格审定数据
工具配置索引(TCI)	软件配置索引(SCI)
工具生命周期环境配置索引(TECI)	软件生命周期环境配置索引(SECI)
工具鉴定级别(TQL)	软件研制保证等级

表 10 - 3　工具生命周期与软件生命周期对应表

工具生命周期	软件生命周期
工具鉴定计划过程	软件计划过程
工具开发生命周期	软件开发过程
工具的验证与确认	软件验证过程
工具配置管理过程	软件配置管理过程
工具质量保证过程	软件质量保证过程
工具鉴定联络过程	审定联络过程

表 10 - 4　工具开发生命周期与软件开发过程对应表

工具开发生命周期		软件开发过程
工具操作需求定义过程		
工具开发过程	工具需求过程	软件需求过程
	工具设计过程	软件设计过程
	工具编码过程	软件编码过程
	工具集成过程	集成过程
工具操作完成过程		

10.6　工具鉴定数据的重用

工具鉴定依托一个特定的项目进行,因此在一个项目中经过鉴定的工具在

423

新的项目里使用时仍需要重新鉴定。已鉴定工具的重用包括如下三种情况：未经修改的已鉴定工具、操作环境发生改变的已鉴定工具和有其他变更的已鉴定工具（如 TQL 级别提高、工具自身版本变化）。

未经修改的已鉴定工具需要同时满足如下条件：

（1）工具在其他项目中已经鉴定。

（2）本项目中的 TQL 和以前的鉴定级别相同或更低。

（3）工具生命周期数据在上次鉴定后没有发生改变。

（4）工具运行环境与上次鉴定的项目相同。

（5）TOR 与上次鉴定的项目相同。

（6）申请人有权限访问上次鉴定的数据。

（7）使用上次鉴定数据支持的同一版本软件。

上述条件只要有一个不满足，就需要依据后两个方案执行。对于满足上述所有条件的情况，需要在 PSAC 或 TQP 中列明重用鉴定数据的意图与合理性。

对操作环境发生改变的已鉴定工具，需要做如下的分析：

（1）工具验证环境相对新的操作环境来说是否具有代表性。

（2）TOR 中描述的工具操作环境的兼容性需求是否完整，是否适用于新的工具操作环境。

（3）工具安装到新的环境后是否依然符合预定的软件生命周期。

根据上述分析结果，明确定义需要（重复）执行的活动，并在 PSAC 和 TQP 中描述上次鉴定以后发生的变化以及分析结果。

有其他变更的工具需要做如下的影响分析：TOR、工具需求、工具设计描述、工具源代码、工具开发环境和开发过程。

根据上述影响分析，明确定义需要重新验证的内容。

10.7　常见问题分析

10.7.1　问题1——工具鉴定级别是否可以降低

1) 问题分析

依据 DO-330,鉴定等级为 TQL-1 的工具进行工具鉴定时需要满足 76 个目标,而鉴定等级为 TQL-5 的工具进行工具鉴定时仅需要满足 14 个目标。由此可以看出,软件生命周期中使用的软件 TQL 越高,需要完成的目标和活动就越多,相应需要付出的成本也越高。而进行工具鉴定的初衷之一就是希望通过一次性的工具鉴定行为替代项目中反复进行的验证行为,以在总体上减少项目成本。为了减少工具鉴定所需的成本,是否能够在保证软件适航符合性的基础上降低 TQL 以减轻工具鉴定相关的工作量,这是需要考虑的问题。

2) 建议方案

应在项目早期,在 PSAC 或 TQP 中写明降低工具鉴定级别的意图和理由,并得到审定局方的批准。通常来说,允许降低工具鉴定级别的情况有如下几种:

(1) 改变工具的使用方法。同一个工具,同一个功能,可以有完全不同的使用方法。而使用方法的不同,会导致工具鉴定级别的改变,甚至会改变工具鉴定的必要性。因此,合理规划工具的使用方法是降低工具鉴定级别的重要途径。例如,在某 B 级软件项目中,其软件设计标准要求软件低层需求必须使用某形式化语言描述。该项目中使用了一个工具,其主要功能是检查低层需求是否符合该形式化语言的语法,如满足,则可以生成符合低层需求的源代码;如不满足,则给出错误警告。用法一:使用该工具进行低层需求的语法检查并生成源代码,如果对生成的源代码不按 DO-178C 的相关要求进行验证,则该工具属于准则 1,其鉴定级别为 TQL-2。用法二:仅使用该工具进行低层需求的语法检查,而不生成源代码,或者生成的源代码用其他方式进行验证,则该工具属于准则 3,其鉴定级别可降为 TQL-5。

（2）分析工具所涉活动的性质。工具的使用通常省略、简减或者自动化了某些软件生命周期活动,我们可以通过分析这些活动的性质及其在生命周期中的重要性来降低工具鉴定级别。通常来说,活动的重要性包括如下因素:

a. 被省略、简减或者自动化的软件研制活动的类型。比如:验证源代码对变量命名规则的符合性,不如验证可执行目标码对软件需求的符合性重要。

b. 其他验证活动检测出同样错误的可能性。如果其他验证活动可以检测出同样的错误,则该工具可以考虑降低其鉴定级别。

（3）分析工具的软件架构。如果工具采用了一些缓和、备份、监控等软件架构的机制,也可能成为降低工具鉴定级别的理由。

无论采取哪种方法、以什么理由来降低工具鉴定级别,都应尽早策划,全面考察该工具在生命周期中的所有应用场景以及对所研发的机载软件产生的影响,把工具使用方法和影响分析在 PSAC 或 TQP 中进行说明,与审定局方进行充分沟通,并取得局方的认同。

10.7.2 问题 2——工具链鉴定问题

1）问题分析

在当今航空电子软件项目中,软件工具的应用越来越广泛、遍布整个项目生命周期,而且已经从单点工具向完整的工具链方向发展。从需求定义到设计再到编码,直至后续的测试验证,每个环节所使用的工具之间的关联度越来越高。因而一个现象越来越频繁地发生——在工具链中,使用已鉴定的工具验证未经鉴定的工具的输出,特别是使用已鉴定的验证工具验证未鉴定的开发工具的输出,从而规避开发工具鉴定的问题。这样的做法合理吗？可以满足适航要求吗？

DO-330 的附录 D 中给出了图 10-1,展示了上述问题的场景。

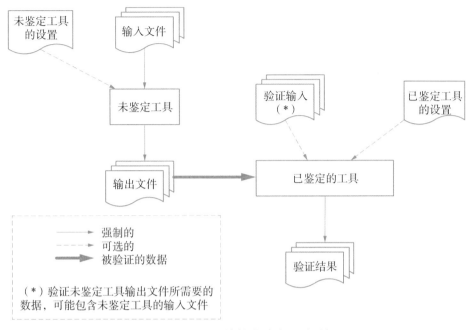

图 10-1　工具链鉴定问题场景

基于上述场景,还提出了如下问题:

(1) 未鉴定的工具可能在航空电子软件中引入了错误,但鉴定过的工具未能发现。

(2) 未鉴定的工具的输出是错误的或不完整的,而鉴定过的工具未能发现。

2) 建议方案

为了避免上述问题的发生,可以从四个方面进行考虑:

(1) 鉴定工具对未鉴定工具输出的验证目标的覆盖程度。当未鉴定工具自动化执行了某些软件生命周期过程和活动后,代表着相应的验证目标需要鉴定工具承担,因而鉴定工具的操作需求应该覆盖所有使用的验证目标,否则还需要考虑补充人工验证或其他鉴定工具。对目标的覆盖程度应在 TQP/PSAC 中声明,并得到局方的认可。在特殊情况下,如果鉴定工具仅用于验证未鉴定工具的中间输出,那么对未鉴定工具的最终输出还需要考虑补充验证活动——

即人工验证或其他鉴定工具。

（2）鉴定工具的操作条件。对于鉴定工具而言，其作用在于验证未鉴定工具的输出，因此鉴定工具是在正常操作条件下运行使用的。正常的操作条件会反向地对未鉴定工具的使用提出约束、限制和环境等方面的条件，其中环境包括但不限于工具的配置与初始化/安装设置。未鉴定工具在这些条件范围内使用时，鉴定工具应可保证验证其输出的完整性和正确性。若超出条件范围，则可能导致鉴定工具失效，或不具备相应的适航置信度。

（3）避免共因问题。工具链可以帮助整个软件项目过程更加自动化、更加高效，但这样的紧密程度往往容易引入共因问题，即某个单点问题可能会造成未鉴定工具和鉴定工具同时出错，而无法被发现，最终引入航空电子软件产品，成为潜在的安全隐患。

因而，在研发工具时应考虑采取必要的手段以避免共因问题，以下给出两种可行的方法：

a. 独立的开发人员——即未鉴定工具与鉴定工具由不同的人员进行研发。为展示两个工具在开发方面的独立性，可能需要展示比常规的工具鉴定更多的数据，如展示未鉴定工具的部分开发数据以表示其与鉴定工具的相应数据均由不同人员开发。

b. 非相似的技术实现方式——即工具间相同或类似的功能/算法，使用不同的技术方法实现，包括使用不同的编程语言、算法的异构等。值得注意的是，工具间是否存在共同使用的组件（如语言的公共库等），需要特别标识出来，并进行分析确认是否存在共因问题。

上述方法类似于多版本非相似软件的处理方法，具体的选择同样应在项目早期写入 TQP/PSAC 中，并与局方沟通达成一致。

（4）工具间的隔离保护。与前文中讨论综合工具的鉴定类似，在考虑工具链鉴定问题时，同样应注意工具间的隔离保护，即未鉴定工具与鉴定工具在功能和接口的耦合程度上应该最低化，以此保证鉴定工具验证的独立有效性。

11

实时操作系统与分区

11.1　概述

操作系统是管理计算机硬件资源与软件资源、为运行于该计算机上的一个或多个应用(任务)提供服务的软件。操作系统主要管理与配置处理器资源、存储资源、时间资源、中断资源和外部设备资源等,决定系统资源供给的优先次序、控制输入输出,并提供网络通信与文件系统等基本服务。

实时操作系统(RTOS)是指当外界事件或数据产生时,能支持系统接收并以足够快的速度予以响应和处理,其处理结果又能在规定的时间之内控制处理过程或做出快速响应,调度一切可利用的资源完成实时任务,并控制所有实时任务协调一致运行的操作系统。提供及时(实时)响应和高可靠性是其主要特点。实时有硬实时和软实时之分,硬实时要求任务在规定的时间内必须完成操作,这是在操作系统设计时保证的;软实时则要求任务依照其优先级,尽可能快地完成操作。一旦遇到任务无法在规定时间内完成操作的情况,硬实时操作系统将给出执行失败的异常提示,而软实时操作系统的任务将继续执行,只是影响其执行效率。

随着航空电子系统技术的发展,RTOS 已经成为航空电子软件的一个重要基础软件。RTOS 使用 API 提供应用软件与底层硬件之间清晰定义的接口,通过抽象和封装硬件接口,就像提供了一个虚拟机,在很大程度上消除了应用软件开发人员了解硬件细节知识和编写硬件特定代码的需要,也约束了应用的交互行为,从而更容易验证应用是否正确和安全。操作系统对航空电子系统的安全性影响很大,因此应用于航空电子系统的操作系统不同于一般通用操作系统,而是安全、关键的 RTOS。RTOS 既增加了限制和约束,是通用操作系统的子集,也增添了一些新的特性。

分区是 IMA 系统和先进航空电子的基石,为了使处理器能力最大化、设备重量最小化,以及提高可维护性,IMA 系统逐步代替传统的联合式航空电子系统,已成为现代航空电子系统的主流,一个 IMA 系统允许一个或多个应用运行于单个处理器上,这些都对航空电子系统所使用的操作系统提出了更高、更多的要求。为了使 IMA 系统运行正常,需要通过鲁棒分区来实现。一个具有鲁棒分区的 RTOS 能保证做到如下几点。

(1) 一个应用的执行不会干扰任何其他应用的执行。

(2) 分配给应用的专用计算机资源不会冲突或导致内存、调度或中断冲突。

(3) 共享的计算机资源以一种维持资源完整性和应用隔离的方式分配给应用。

(4) 资源被分配给每一个应用,并独立于其他应用。

(5) 向应用提供标准化接口。

(6) 软件应用和承载它所需要的硬件资源是独立的。

本章将结合 ARINC 653,对分区和 RTOS 进行阐述。

11.2   ARINC 653《航空电子应用软件标准接口》

ARINC 653《航空电子应用软件标准接口》规定了航空电子系统中应用软件和操作系统之间的接口要求,主要包括功能要求和接口服务。从应用软件角度看,ARINC 653 标准化了 RTOS 接口,从操作系统角度看,ARINC 653 定义了 RTOS 的功能。从实质上来说,ARINC 653 不仅简单地规定了应用软件和操作系统之间接口的函数和参数形式,而且进一步描述了每个接口对应服务的功能行为。相当于一个操作系统服务的低层需求,从而保证了从应用软件和操作系统两个视角理解的一致性。

ARINC 653 标准化 RTOS 接口有两个关键好处。一个是它为航空电子软件应用开发提供了一个清晰的接口边界，这使得可以并行开发 RTOS 和应用软件，相同的应用可以移植到符合 ARINC 653 的其他平台。另一个是 ARINC 653 接口定义使得底层的核心软件（OS 和 MSL 软件）和硬件平台的演化能够独立于将要运行其上的应用软件。

与其他接口相比，ARINC 653 的独特之处在于：第一，它考虑安全性，是特别为航空领域设计的。第二，它是为一个分区的计算环境设计的，包含对应用的 2 级调度（分区之间和分区内），以保证一个分区不会影响另一个分区。它还定义了分区之间的通信，使得分区之间能够安全通信。第三，它提供了一个安全监视接口，允许计算模块层的错误和条件并传递给应用，同时应用层的错误也可以传递给模块（主板）层进行处理。

ARINC 653 为软件应用提供了一个标准化的、可配置的操作环境，它对操作系统资源需求、任务调度规则和错误处理规则的描述等进行了定义，主要内容包括蓝图形式化语言的定义、系统错误级别的划分定义及错误（故障）处理行为的定义。

航空电子应用软件接口标准的研究分几个阶段完成。如图 11－1 所示，经过几个阶段的扩充和完善，最终的航空电子应用软件接口要求可以为各种范围的应用提供基本功能服务，如数据库管理和大数据存储与恢复等，从而形成一个全功能的、有丰富接口的操作系统功能接口规范。ARINC 653 会阶段性、

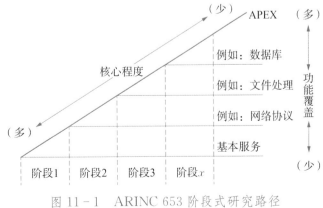

图 11－1　ARINC 653 阶段式研究路径

经常性地更新，以持续适应航空领域的需要，因此，本书选择 ARINC 653 为例，阐述 RTOS 与分区。

11.3　分区

由于 IMA 系统需要允许多个不同关键级别的应用程序并行执行，因此，有必要保护各个应用程序免受其他程序的潜在干扰。为了保护应用程序和系统资源，航空电子计算资源规范定义了两个在 IMA 系统中广为使用的重要概念：空间分区和时间分区。ARINC 653 定义了 APEX 接口支持应用程序的空间分区和时间分区。空间分区指 ARINC 653 在物理内存中分别为每个软件分区程序（它由很多进程组成）分配一段专有的空间，以保证其免受其他与之共享物理资源的应用程序的不利干扰。而时间分区指 ARINC 653 为每个分区程序分别分配一段时间槽，以保证每个程序使用 CPU 不超过预定义的时间。

分区是 IMA 系统和先进航空电子的基石，实现一个鲁棒的分区系统需要极其小心和注意。本节给出与分区相关的基本概念，以及在一个安全关键系统中实现分区所必需的关键行为，并结合 ARINC 653 展示了一个基于分区的系统体系结构。

11.3.1　保护

分区是一个称作"保护"概念的子集。在"软件分区/保护方案评估指南"的 CAST 纪要 CAST‐2 中，给出了保护概念的定义。

（1）双向保护：部件 X 受到部件 Y 的保护，同时部件 Y 也受到部件 X 的保护。双向保护的一个例子是，航空电子单元中两个没有交互、没有共享资源的部件。

（2）单向保护：部件 X 受到部件 Y 的保护，但是部件 Y 没有受到部件 X

的保护。单向保护的一个例子是,一个航空电子单元可以从飞行管理计算机接收数据,但不能发送数据给飞行管理计算机。飞行管理计算机软件可以影响航空电子单元,反之则不能。

(3) 严格保护。如果部件 Y 的行为对部件 X 的运行没有任何影响,则部件 X 受到部件 Y 的严格保护。这种保护的一个例子是,航空电子单元内两个没有交互、没有共享资源的部件。严格保护可以是单向的,也可以是双向的。

(4) 安全性保护。如果部件 Y 的任何行为对部件 X 的安全性属性没有影响,则部件 X 受到部件 Y 的安全保护。这种保护的一个例子是,对传递在无保证数据链路上的数据使用一个 CRC,其中唯一重要的安全性属性是数据的破坏。安全性保护要求从安全性分析或危险分析标识安全性属性。安全性保护可以是单向的,也可以是双向的。

可以在软件、硬件,或软件/硬件组合上实现保护。实现保护的例子包括包装器、工具、单独硬件资源以及软件分区。

11.3.2 分区定义

DO-178C 的 2.4 节描述分区为"一种提供软件部件之间的隔离的技术,从而围堵和/或隔离故障,并潜在地减少软件验证过程的工作量。"DO-178C 还解释说,软件部件之间的分区可以通过分配软件部件到不同的硬件资源,或者在同一个硬件上运行多个软件部件实现。

无论分区的方法是什么,DO-178C 的 2.4.1 节提供了如下 5 个指南:

(1) 不应当允许一个分区的软件部件破坏另一个分区的软件部件的代码、输入/输出或数据存储区域。

(2) 一个分区的软件部件应当只有在其被调度的执行时段中才被允许使用共享的处理器资源。

(3) 一个分区的软件部件独有的硬件失效不应当对其他分区的软件部件产生不利影响。

（4）提供分区的软件应当具有与分配给分区的软件部件的最高级别相同或更高的软件级别。

（5）提供分区的硬件应当被 SSA 过程评估，以确保它不会对安全性产生不利影响。

在 DO‐178C 中，有一个目标明确地提到了分区表 A‐4 的目标 13，其叙述为："软件分区完整性得到确认"。该目标引用 DO‐178C 的 6.3.3.f 节，它解释说在软件体系结构的评审和/或分析中，必须确保防止分区的破坏（违背）。当使用分区时，该目标适用于所有软件级别。

有 5 个 DO‐178C 目标与分区有间接关联：表 A‐5 的目标 1～5 全部引用（无论作为一个目标还是作为一个活动）DO‐178C 的 6.4.3.a 节，它解释说"软件分区的违背"是一个在基于需求的软件/硬件集成测试中应当被发现的典型错误类型。这意味着分区被需求覆盖，并且它必须得到测试。而做到这一点是困难的，因为分区需求经常是否定性的，例如，一个分区不应能修改另一个分区的数据内存，除非该内存被配置为共享的。编写一个测试来显示一两个例子是容易的，但是各种配置选项导致想表明测试集足以验证需求是有挑战的。

当分区用于分隔和/或隔离软件功能时，其也直接支持安全性。它确保关键性较低的软件功能不妨碍关键性较高的软件功能，并且所有的功能都有执行其预期功能所需要的时间、内存和 I/O 资源。

11.3.3 鲁棒分区

直到 20 世纪 90 年代后期，分区还很少用于分隔运行在同一硬件上的两个或多个软件级别。然而，从那以后，它却成为航空电子的一个常用的技术。随着计算机能力的剧增和支持分区的 RTOS 的问世，分区已经成为许多现代航空电子系统的一个关键特性。

鲁棒分区是 IMA 系统的一个基石。RTCA DO‐297 定义 IMA 系统为共享的一组灵活、可复用和可互操作的硬件和软件资源，当集成时，形成一个提供计算资源和服务的平台,用于承载执行航空器功能的应用。由于 IMA 平台承载了不同软件级别的应用,因此需要鲁棒分区以确保每个应用有必要的资源,并且不会妨碍其他的应用。

鲁棒分区的实现取自计算机保密领域,后者使用数据和信息流(即访问控制、无干扰和可分离性)、完整性策略、计时通道、存储通道以及拒绝服务的概念。然而,当安全性分区和软件保密性的概念相关联时,两个模型不完全一致,因为它们是由不同的目标驱动的。DO-297 的 3.5 节列出了鲁棒分区的如下特性:

(1) 分区服务应当为航空器功能与应用提供足够的分隔和隔离,这些应用共享了平台资源。分区服务是平台提供的服务,它定义和维护分区之间的独立性和隔离。这些服务确保一个分区内的功能或应用的行为不会不可接受地影响任何其他分区中的功能或应用的行为。这些服务应当阻止共享受影响的资源的所有分区发生的、未检测到的故障对航空器的不利影响。

(2) 实时确定分区服务的执行与定义的安全级别相一致的能力。

(3) 分区服务不应依赖于任何航空器功能或应用的任何要求的行为。这意味着建立和维护分区所要求的所有保护机制都是由 IMA 平台提供的。

如果鲁棒分区没有正确实现,那么它将会导致出现大量的问题,其中的一些还会有安全性影响。

11.3.4　空间分区

空间分区必须保证一个分区中的软件不能改变另一个分区中的软件或私有数据(无论在内存中或在传送中),不能操作其他分区的私有设备或执行单元。空间分区阻止一个分区中的一个功能破坏或覆盖另一个分区中的另一个功能的数据空间。有两种常用的内存保护方法:使用内存管理单元(memory management unit,MMU)和使用软件故障隔离(software fault isolation,SFI)。

基于硬件的空间分区是空间分区的最普遍形式。硬件 MMU 通常与 CPU 一起提供。MMU 运行的细节随处理器的不同而不同。MMU 确保 MMU 表中描述的策略提供对内存访问想要的控制。MMU 是一个 COTS 设备,没有支持的生命周期数据,操作系统用于建立处理器接下来要使用的 MMU 表。MMU 的正确功能(准确性)需要在合格审定活动中得到确定。如果没有使用 MMU,则 SFI 是另一个备选,这种方法在每个内存访问点上对代码加入逻辑校验。检查分区中的机器代码,以确定内存引用的目标并检查其准确性。

间接内存访问不能静态检查,因此可对程序增加指令,从而在运行时,在即将使用该内存之前检查地址寄存器的内容。SFI 技术给程序增加了代码,因而附加了一些开销。此外,还需要针对每个项目的额外分析和合格审定支付费用。可以自动化检查规程,将检查工具应用于多个项目中。

CAST-2 观点纪要标识了在实现内存分区时要考虑的多个方面,如输入输出数据的丢失、破坏或延迟、内部数据的破坏、程序覆盖、缓冲区顺序、外部设备交互、影响内存的控制流缺陷(如不正确的分支进入一个分区或受保护区域)等。

11.3.5 时间分区

时间分区必须保证一个分区中的软件从共享资源获得的服务不能被另一个分区中的软件影响。这包括资源的性能、速率、延迟、抖动以及被调度的,对该资源的访问持续时间。

时间域中的分区与多任务调度密切相关。ARINC 653 对分区强制进行严格的轮转调度(在一个配置文件中指定持续时间和周期)。当前主要有两种调度模型:一种是一级调度模型,在这个模型中只有一个内核调度器,既能调度分区又能调度分区内的进程;另一种是二级调度模型,此模型包含两个级别的调度器:调度分区的核心调度器和调度分区内进程的分区调度器。

时间分区的目标是确保一个分区中的功能不干扰另一个分区中事件的时

间。考虑的问题包括一个分区独占 CPU、使系统崩溃，或发出一个停机指令——导致对其他分区的拒绝服务。可能导致一个分区不按时交出 CPU 的其他情况包括简单的调度超出和执行失控。调度超出指特定的参数值导致一个计算花费的时间比分配的时间长，执行失控指一个程序卡在一个循环中。确定时间分区的方法应当考虑这些情况。

处理中断用于实时系统，以识别一个需要处理器访问的事件。中断必须小心处理，以避免暗中破坏时间分区。通常通过彻底去除中断来防止这种破坏，例如，用计时器滴答实现中断。除此之外，一些组织想要通过扩展 ARINC 653 以提供处理中断的确定性手段。

CAST-2 观点纪要标识了在实现时间分区时要考虑的方面，如中断和中断限制、循环、时间帧超出、计数器或计时器破坏、管道和高速缓存、控制流缺陷、内存或 I/O 连接、软件陷阱（如被零除）等。

11.3.6　分区分析

DO-297 推举一个活动称为分区分析。该分析的目的是表明在一个分区中没有应用可以以一种不利的方式影响任何其他分区中的应用的行为。分区分析与 SSA 相似，其中所有潜在的失效来源均被考虑和缓解。所有的脆弱性都应当被标识、分类和缓解。执行分析的工程师必须具有对系统、硬件和软件体系结构的详细理解。一般首席架构师经常是分区分析的理想人员。以下是作为分区分析的一部分执行的一些通常任务：

（1）收集支持分析的数据，包括初步系统安全性评估、系统需求和设计、软件需求和设计、硬件体系结构、BSP 和设备驱动设计数据、处理器数据单和/或用户手册、设备用户手册、接口规格说明、配置工具需求和设计（如果适用）等。

（2）标识将要分析的鲁棒分区声明，如下所示。

① 系统将实现鲁棒的内存保护：一个应用将总是接收其被分配的内存资源而没有其他应用的干扰。

② 系统将实现鲁棒的时间保护：一个应用将总是接收其指定的执行时间而没有其他应用的干扰。

③ 系统将实现鲁棒的资源保护：一个应用将总是接收其被分配的物理和逻辑资源而没有其他应用的干扰。

(3) 标识可能违背每个声明的潜在脆弱性。所有潜在的错误来源都应当被系统化地标识和考虑，包括资源限制、调度任务、I/O、中断错误源等。针对模块、部件和应用，与其所使用的所有共享资源之间做一个追踪性分析，有助于确定所有潜在的脆弱性都考虑到了。共享内存设备，如 ROM、RAM、高速缓存、队列和板上芯片寄存器的潜在分区违背应当得到分析。同样，在共享和非共享的硬件部件上的硬件失效的影响也应当分析。DO‐297 标识了一些可能影响分区的设计错误的通常潜在来源：

a. 中断和中断禁止（软件和硬件）。

b. 循环（如无限循环或间接无终止调用循环）。

c. 实时通信（如时间帧超出、实时时钟干涉、计数器/计时器破坏、管道和高速缓存、确定性调度）。

d. 控制流（如不正确的分支进入一个分区的或受保护的区域、一个跳转表的破坏、处理器顺序控制的破坏、返回地址的破坏、不可恢复的硬件状态破坏（如屏蔽和停机））。

e. 内存、输入和/或输出竞争。

f. 数据标记共享。

g. 软件陷阱（如被零除、未实现的指令，特定的软件中断指令以及递归终止）。

h. 停顿命令（即性能障碍）。

i. 输入或输出数据丢失。

j. 输入或输出数据破坏。

k. 内部数据破坏（如直接或间接内存写入、表超出、不正确的链接、涉及时间的计算、破坏的高速缓存）。

l. 延迟的数据。

m. 程序覆盖。

n. 缓冲区顺序。

o. 外部设备交互(如数据丢失、延迟的数据、不正确的数据、协议停机)。

(4) 标识被设计缓解的潜在脆弱性。大多数脆弱性被设计加以缓解——尤其当鲁棒分区在开发阶段得到主动和在先的考虑时。被设计缓解的每个脆弱性都应当追踪到表明缓解的需求(即应当有一个在脆弱性和提供缓解的需求之间的映射)。此外,每个缓解都应当在测试中得到验证。

(5) 标识被过程缓解的潜在脆弱性。一些潜在的脆弱性可以被过程缓解(例如,使用一个鉴定的工具验证配置数据的准确性,或者一个设计标准确定某些内存分配)。

(6) 标识不能被设计或过程缓解的潜在脆弱性。这将需要告知给集成商以及可能的应用开发商。该告知通常记录在数据单和适当的用户信息中,使得集成商和应用开发商能够采取适当的行动。

(7) 在分区分析中与安全和系统人员协调。分区分析从本质上是安全性评估的扩展,应当与系统安全人员密切协调。

(8) 确保所有的潜在脆弱性已经被缓解,特别是没有被设计或过程解决的,其目的是使集成商或应用需要采取的缓解活动最小化。然而,在一些情况下,可能还需要一些特别的行动。例如,集成商可能不得不执行一些特别的验证步骤,或者通过配置文件施加特别的限制。

11.4　实时操作系统基本组成

以 ARINC 653 为例,典型的航空电子系统三层架构通常包括应用软件层、操作系统层、硬件资源层,操作系统与系统其他部分的关系如图 11 - 2 所示。

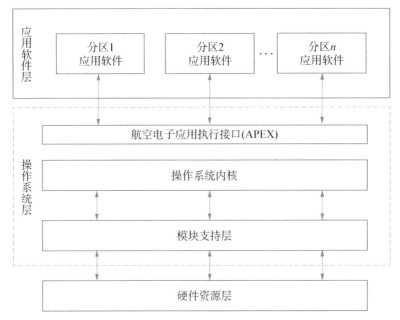

图 11 - 2　操作系统与系统其他部分的关系

应用软件层主要包括功能应用,与用户需求紧密相关。在支持分区的操作系统中,应用软件分布在一个或多个分区中。支持分区与不分区的操作系统在安全关键系统中都有应用,由于分区是提供软件隔离的一种很好的方案,因此在 IMA 系统中分区操作系统应用得更为普遍。

硬件资源层主要包括主板和外部设备(通过主板直接或间接访问的设备)。

操作系统层主要包括操作系统内核、航空电子应用软件接口(简称应用软件接口)、MSL。MSL 实际是 ASAAC 提出的概念,并且在操作系统内核和MSL 之间抽象出一个标准接口,以使得在不同硬件平台上移植时操作系统不需改动,也有利于第三方提供 MSL 软件包(详见 4.2.1.1)。在 ARINC 653 里是核心软件环境和硬件接口支持系统的概念,但是硬件接口系统的概念在实践中用得不多,因此本书综合了两个标准的描述,结合工作实践,采用了 MSL 的概念。

除此之外，虽然不是操作系统必需的，但是大多数操作系统和开发工具还提供运行时库函数，分别描述如下。

11.4.1　操作系统内核

操作系统内核是 RTOS 的核心，通常采用微内核架构，提供 RTOS 的基本服务，如任务管理、调度、通信、同步与异步操作、存储器管理、异常/中断处理等服务。操作系统内核独立于硬件，硬件特定的代码通常在 MSL 中实现。

11.4.2　应用软件接口

应用软件通过 API 访问 RTOS 提供的服务。API 是操作系统和应用之间的接口。API 提供了编程者可以调用 RTOS 的接口。API 标准的主要研究内容是定义应用层与操作系统层间的功能接口界面，而不是具体实现，它能保证在源代码基础上的兼容性而不是目标码的兼容性。ARINC 653 APEX 是航空电子系统中用于 IMA 系统最常用的 API 接口标准。POSIX 最先于 Unix 定义实现，也被一些 RTOS 使用。POSIX 标准包含 RTOS 的如下接口：任务管理、异步 I/O、信号量管理、消息队列、内存管理、排队信号、调度、时钟和计时器。由于 POSIX.1 无法直接反映航空电子系统软件的特点，覆盖的范围太广，许多内容在现阶段航空电子软件中并不涉及，因此 POSIX 在航空电子中的使用必须小心，这也是开发 ARINC 653 APEX 的动机之一。在 ARINC 653 与 POSIX 之间有一些相似性，因为许多 POSIX 概念影响了 ARINC 653。虽然 POSIX 与 ARINC 653 APEX 之间在 API 层的区别很小，但是在程序组织层区别明显。APEX 被设计为在共享同一个处理器的不同应用时提供时间和空间的隔离，即提供 APEX 分区之间的鲁棒分隔，而 POSIX 不提供分区的机制。

ARINC 653 是针对 IMA 系统提出来的 API。

11.4.3　模块支持层

MSL 将 RTOS 与硬件资源分离,既实现了 RTOS 的独立性,也提供了 RTOS 访问和控制硬件资源的能力。MSL 包括板级支持包和设备驱动。

板级支持包主要针对主板资源开发,提供 RTOS 内核与主板之间的接口,目的是让 RTOS 内核可以访问和控制主板资源,顺利为应用软件提供服务。通常不同操作系统对应于不同定义形式的 BSP,如 VxWorks 的 BSP 和 Linux 的 BSP 相对于某一处理器来说,尽管实现的功能大致相同,但是接口定义是不同的,因此写 BSP 要按照操作系统供应商提供的模板进行开发。也有组织(如 ASAAC)制定了 MSL 与操作系统的接口标准,以实现操作系统的可移植和可替代,减少了硬件开发方开发板级支持包时对操作系统提供方的依赖,这对开发方通过适航审定是有帮助的。板级支持包主要提供如下功能:

(1) 上电自检测,如内存、存储器等。

(2) 主板硬件初始化,如初始化处理器(CPU)、内存、中断控制器、定时器等。

(3) 通常运行于特权模式,与 RTOS 密切协同。

(4) 执行底层高速缓存以及其他一些硬件访问(如闪存操作或计时器访问)。

设备驱动是针对特定设备开发,使设备和主板之间可以直接或间接连接,设备驱动提供应用访问和控制设备的接口,只有通过这个接口才能控制设备的正常工作。如 ARINC 664 航空全双工交换以太网、1553B、ARINC 429、I/O 端口、模数转换以及控制器区域网络数据总线等。

与 BSP 相似,设备驱动提供应用访问和控制设备的接口。通常情况下应用软件可以通过设备驱动提供的接口访问和控制设备,但在安全关键系统中,不推荐这样做,一般通过 RTOS 提供的接口如标准通信接口、钩子函数等访问设备,以利于设备的管理和共享,也有利于提升应用软件的独立性。在板级支持包中,也可能包含部分设备驱动,此时设备驱动是为了操作系统核心服务正常运行而提供的,一般不允许应用软件直接访问。

11.4.4　运行时库

运行时库由 RTOS 或开发工具(如编译器)提供。例如,许多标准库允许用户通过函数调用执行内存复制或比较,以及常用数学函数。这些库经常与 RTOS 或开放工具一起打包。运行时库通常由 RTOS 供应商提供,一般以预先编译的目标代码的形式提供,可以与应用一起链接。大多链接器可以识别出哪些库函数被应用调用,只有需要的库函数才能被链接进可执行目标代码中。由于缺少源代码和相关文档,对于出现故障时的定位以及适航审定将是一个难题,因此运行库的使用要相当小心。购买代码或审定支持服务将是一笔巨大的费用,前文已讨论过。

11.5　实时操作系统的基本服务

航空电子系统使用的操作系统是安全关键操作系统,不是所有操作系统提供的服务都能应用在航空电子系统中,能够应用的服务是通用操作系统服务的一个子集。

11.5.1　时间管理

在航空电子操作系统中,时间管理是操作系统的重要特征。时间是唯一的,并且与核心模块内的区间执行无关。所有进程、分区、通信的时间值或者时间性能都与时间有关。操作系统时间管理包括为分区调度提供时间片、截止时间、周期;为进程调度提供时间量、时间延迟;为分区间和分区内通信提供超时、刷新率。

11.5.2　分区管理

对于运行在核心模块上的多个应用软件,按功能可划分为多个分区,一个分区由一个或多个并发执行的进程组成,分区内所有进程共享分区所占有的系统资源。操作系统对分区所占用的处理时间、内存和其他资源拥有控制权,从而使得核心模块中各分区相互独立。分区管理保证了同时运行的多个不同类型的应用软件集合在时间上和空间上互不影响。

分区调度在时间上具有严格的确定性。分区调度主要完成按固定的、基于周期的时间序列进行 CPU 资源的分配,每个分区按照主时间框架分配给它的分区窗口(一个或多个)并被调度程序激活。对分区的特定设置而言,调度是固定的。

分区调度具有如下特点:

(1) 调度单元是分区。

(2) 分区没有优先级。

(3) 分区调度算法预先确定,并按照固定周期重复执行,在每个周期内至少为每个分区分配一个分区窗口。

(4) 核心模块对分区资源的控制是排他的。

操作系统正常运行时即可启动分区。每个分区使用的资源(如通道、进程、队列、信号量、事件等)在分区创建的初始化阶段进行指定并创建,然后分区进入正常操作模式。健康监控功能在响应致命错误时将重启分区。

11.5.3　进程管理

每个分区由一个或多个进程(任务)组成,多个进程共享一个公共处理器。内核(对于一个单核处理器)使用一个调度算法交替执行多个进程。当处理器停止执行一个进程而开始执行另一个进程时,为一个上下文切换。当上下文切换的频度足够高时,这些进程就好像是在并行运行。每个独立的进程都有自己的上下文,这是该进程被内核调度运行时所能看到的处理器环境和系统资源。

进程管理主要负责分区内进程的创建、调度和删除等工作。进程分为按固定频率执行的周期进程和由事件触发的非周期进程两类。

分区内可以同时存在两类进程，即周期进程和非周期进程。任何进程在任何时刻都可以被更高优先级的进程抢占。在分区激活时，处于就绪态的最高优先级的进程得到执行。

抢占控制允许进程对部分代码进行保护性锁定，即运行时 CPU 资源不被分区内的其他进程抢占，直至解锁。如果因为分区窗口的结束打断了分区内一个保护性锁定的进程的执行，则当该分区恢复时应保证这个进程首先被执行。激活的进程可以启动其他进程，停止本进程或者其他进程，还可以按照应用需求重启。

进程调度算法采用基于优先级的可抢占式调度策略，即根据进程的优先级和当前状态进行调度和抢占。在发生任何进程重调度事件（由进程的直接请求或者分区内事件引起）时，进程调度选择分区内处于就绪状态的优先级最高的进程来分配处理器资源；如果多个进程有相同的优先级，则进程调度可按先进先出的方式选择一个进程分配处理器资源（该进程将一直控制处理器资源直到其他进程重调度事件发生），或采用时间片轮转的方法分配处理器资源。分区内的所有进程共享分配给分区的资源。

进程状态转化如图 11-3 所示。

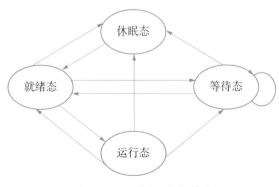

图 11-3　进程状态转化

11.5.4 分区内通信

分区内通信指同一分区内进程之间的通信。ARINC 653 定义的分区内进程通信机制包括缓存队列、黑板、信号量和事件。其中缓存队列和黑板用于进程间通信，信号量和事件用于进程间同步与互斥。

1）缓存队列

允许其中的消息以队列形式存储，消息不允许覆盖；消息缓存在发送过程中，等待发送的消息按照先进先出的次序存放在缓存队列中。缓存队列中可存放消息的数量由创建时缓存区的大小决定。

接收消息的进程按照先进先出或优先级次序原则排队接收缓存消息。在按照优先级次序排队的情况下，相同优先级的接收进程按照先进先出的原则排队。接收消息的进程的排队原则在缓存队列创建时进行定义。

如果多个进程等待一个缓存队列，且这个缓存队列不空，则排队原则（先进先出原则或者优先级原则）将决定哪个进程获得消息。操作系统将把该进程从等待队列中移出，置为就绪态，并将消息从缓存队列中移出。

如果一个进程试图从空的缓存队列中接收消息，或者发送消息到满的缓存队列，则操作系统将产生进程重调度，该进程将被放入等待队列中。等待一段指定的时间，如果在该段时间内没有消息被接收或者发送，则操作系统将自动从队列中移出该进程，将其置为就绪态。

2）黑板

黑板在任何时刻最多都只保留一个消息，该消息允许覆盖。黑板中的消息不允许排队，任何写到黑板上的消息都将一直保持直到被清除或者被新消息覆盖。这就允许发送进程在任何时刻都能发送消息，允许接收进程在任何时刻都可以访问最新的消息。

分区内所有进程都可以从黑板上读取消息、在黑板上写一个消息或者清空黑板。

如果进程试图从空的黑板上读取消息，则操作系统将产生进程重调度，该进程将被放入等待队列中。等待一段指定的时间,如果在该段时间内没有消息到达,则操作系统将自动从队列中移出该进程,将其置为就绪态。

当有消息到达黑板上时,操作系统将从进程等待队列中移出所有等待进程,将他们置为就绪态,而消息仍然保留在黑板上。当黑板被清除时,黑板变为"空"状态。

ARINC 653 定义了计数信号量(counting semaphore),用于对分区内资源的多重访问。

3) 信号量

信号量提供对资源的受控访问,进程获得信号量成功后信号量的计数值减一,当访问结束释放信号量时加一。其计数值反映了允许访问资源的次数。信号量的调度策略在创建时进行定义,当进程试图获取的信号量计数值为零时,该进程可以被放入等待队列或等待到其指定的时间后退出。

等待信号量的进程可以按照先进先出的原则,也可以按照优先级次序的原则在队列中排队。在优先级次序条件下,同等优先级的进程按照先进先出的原则排队。

4) 事件

事件通过通知等待进程某种条件的发生来支持进程间的同步控制。事件是一种进程通信机制:它可以把某种发生的情况告知等待该情况的进程。事件由一个二值状态变量(状态为"有效态"和"无效态")和一组等待进程组成。

同一分区内的进程可以设置和清除事件。在创建事件时,被设置为"无效态"。为了通知事件条件的发生,可以设置指定的事件为"有效态",此时,所有等待该事件的进程都从等待态变为就绪态,然后进入重调度。等待事件的进程执行顺序应该只取决于分区内进程调度规则。

11.5.5　分区间通信

分区间通信指在同一核心模块或不同核心模块上运行分区之间的通信。

分区间通信可分为如下四类：

（1）同一核心模块上分区间的通信。

（2）同一机箱内不同核心模块上分区间的通信。

（3）不同机箱的分区间的通信。

（4）航空电子系统与其他设备之间的通信。

所有的分区间通信都基于消息进行，消息从单个的源发出，到一个或多个目的地。消息的目的地是分区而不是分区内的进程。通过消息连接分区的基本机制是通道。通道指定从源到目的地的消息传递模式，以及要发送的消息的特性。

分区通过已定义的访问点访问通道，访问点称为端口。通道由端口以及相关的资源组成，端口提供资源以允许分区在特定的通道中发送或接收消息。

通道可以分布在组成系统的各个核心模块上，每个通信节点（如核心模块、网关、I/O 模块等）可以通过配置表单独配置。系统设计人员必须确保每个通道的不同端口都有一致性的配置，而源、目的、传递模式和每个通道的唯一性不会在运行时发生改变。

分区间消息定义为有限长度的连续数据块，通道的消息传递模式包括两种：采样模式和队列模式。

1）采样模式

在采样模式下，消息在采样端口保持，直到被发送或者被新的消息覆盖。采样模式允许源分区在任何时间发送消息，每个新的消息覆盖当前的消息并持续到被覆盖的状态。目的分区在任何时间都可以访问最新的广播消息。

在采样模式下没有消息队列，不允许对消息进行分割，必须为每个通道定义最大未分割消息的长度。只有固定长度的消息允许以采样模式发送。

2）队列模式

队列模式不允许在传递中覆盖先前的消息，即消息在队列模式中不会丢失。

通道中以队列模式运行的端口允许缓冲多个消息，源分区发送的消息存储在源端口的消息队列中,直到被发送;当消息到达目的端口后,消息将缓存在目的端口的消息队列中。消息队列通过通信协议来管理,以先进先出的顺序将消息从源端口发送到目的端口。

队列模式支持变长消息,它允许对消息进行分割和重组。如果不直接支持变长消息的发送,则源端口必须将消息分解成一系列固定长度的分段,目的端口必须重组这些分段。分段的长度应小于或等于通道内所有端口可接受的最大未分割长度。

11.5.6　内存管理

RTOS支持内存分配、内存映射和内存使用管理。多数处理器包含一个片上内存管理单元(MMU),允许软件线程在硬件保护的地址空间中运行。MMU负责处理对内存的访问。MMU功能通常包括虚拟地址到物理地址的转换、内存保护、高速缓存控制以及总线仲裁。由于MMU通常与CPU一起提供,因此MMU的完整性是未知的,MMU在合格审定活动中需要特别注意。通常,MMU以及整个CPU功能的准确性是通过RTOS及其支持软件(如BSP)的详细测试验证的。要避免的一些常见的内存问题,如内存泄漏、内存碎片以及内存一致性将在11.8节讨论。

11.5.7　中断处理

实时系统通常使用中断,通过中断服务例程(interrupt service routines, ISR)对外部事件进行响应。RTOS一般在中断处理之后要返回之前保存任务的上下文。中断处理可能对系统性能产生很大的影响。通常,中断处理的过程如下:

(1) 挂起任务。

(2) 保存任务相关数据,用以恢复任务。

(3) 将控制转给适当的 ISR。

（4）执行 ISR 中的一些处理，以确定必要的行为。

（5）获取和保存与中断相关的关键（进入的）数据。

（6）设置所需的设备特定的（输出）值。

（7）清除中断硬件，使得下一个中断可以被识别。

（8）恢复任务时需要的任务相关数据。

（9）将控制转给下一个任务，由调度器决定。

为了防止竞争条件（无协同下两个任务试图修改同一数据），RTOS 有时在访问或操作内部（关键）操作系统数据结构的时候禁止中断。RTOS 禁止中断的最大时间称为中断延迟。最差情况的中断延迟应当包含"在实际 ISR 被执行之前必须经历的所有软件开销"。在中断延迟、吞吐和处理器利用率之间通常有一个折中。当确定最差情况性能时应当考虑这个因素。满足性能的一个关键是要有低的中断延迟。

11.5.8 钩子函数

许多 RTOS 包含称为钩子函数（或回调函数）的机制。一个钩子函数允许开发者将应用代码与 RTOS 内的一个特定函数关联。这些钩子函数可以用于为特定的用户需求扩展 RTOS，特别是在得不到 RTOS 源代码的时候。钩子函数允许定制 RTOS，而不用修改 RTOS 源代码。钩子函数允许 RTOS 用户在 RTOS 响应一些事件之前或之后执行一些动作，而无须创建一个单独任务。通常，钩子函数用于开发中的程序调试，在最终的产品中则被禁止或不被激活。显然，在安全关键系统中必须对钩子函数小心处理，因为它们具有修改一个 RTOS 本身的行为的能力。

11.5.9 蓝图配置语言

蓝图配置语言是操作系统支持航空电子应用的基础，也是航空电子应用规定操作系统为其服务的动作表述接口。它对操作系统资源需求的描述、任务调度规则的描述和错误处理规则的描述等进行了定义，主要内容包括蓝图形式化语言的定义、系统错误级别的划分定义及错误(故障)处理行为的定义。

11.5.10　数据网络服务

数据网络服务是支持航空电子各应用间数据交换的必要途径，也是保障航空电子与飞机交换数据的有效方法。在新一代飞机中，将采用高速的交换网络，因此，对数据网络服务的定义将是本项目的关键。其主要内容包括网络数据交换协议的定义、网络工作方式的定义、网络层次的定义、网络服务接口的定义。

11.5.11　文件系统

文件系统是管理数据存储的一种方式。与桌面环境中的文件系统相似，RTOS文件系统管理和隐藏硬件上的各种形式数据的细节。文件系统提供打开、关闭、读、写以及删除文件和目录的能力。实现对于存储介质类型是特定的，如RAM、闪存、可擦除可编程只读存储器或者基于网络的介质等。文件系统允许多个分区访问存储介质。航空电子应用经常使用一个文件系统存储和提取数据。例如，飞行管理系统和地形感知系统可以使用一个文件系统访问它们的数据库。

11.6　实时操作系统安全关键特性

ARINC 653《航空电子应用软件标准接口》指出，可应用于航空电子系统的操作系统的特征如下：确定性(可预测的)、响应性(在一个有保证的时间帧中)、安全性、可靠性以及可控性(被软件开发者和集成者)。

11.6.1 确定性

安全关键系统要求在正确的时间以正确的顺序产生正确的结果。确定性是一个系统的特性,允许在给定当前的状态和未来改变系统环境时,可以正确预测系统未来的行为。与之相反,不确定性意味着一个系统的未来行为不能被正确预测。在一个安全关键领域中使用的 RTOS 的行为必须是可预测的;也就是说,给定一个特定的输入,RTOS 会产生相同的输出,尤其当输出在需求中定义的边界以内时。一个确定的 RTOS 在提供与需求定义相同的功能正确性和时间正确性的同时,它还只消耗已知和预期容量的内存、时间等资源。

实时性和确定性是 RTOS 最基本的需求。对于安全关键系统,任务的调度和执行顺序必须是确定的。对于用在先进航空电子系统(如 IMA 系统)中的RTOS,通常要求两类可调度性:分区间的调度和分区内的调度。

1)分区间的调度

ARINC 653 规范要求分区按照轮转的方式顺序执行。它会建立一个称为主时间框架的时间帧。在主时间帧内定义固定长度的时间窗口,每个时间窗口的长度不必相同。通过配置表定义一个分区将在一个帧内的哪个时间窗口中执行。

一个分区可以分配给一个帧内的不止一个时间窗口。每个分区都遵守执行的顺序,从一个帧的开头开始。当帧中的最后分区被执行时,该顺序被重复。时间窗口被内核操作系统严格强制配置,通常用一个时钟设备保证分区之间按时切换。

2)分区内的调度

在一个分区内可以存在许多类型的调度机制。多数 RTOS 使用优先级抢占的方式进行调度。每个任务被分配一个优先级。较高优先级的任务在所有较低优先级的任务之前执行。抢占式意味着一旦一个更高优先级的任务准备好运行,它就可以停止当前正在运行的一个较低优先级的任务。

下面总结了 RTOS 中最常使用的调度方法:

（1）顺序执行。该方法对一组进程进行循环，它们的执行顺序是预先确定的。这是一个常见的方法，即使不使用 RTOS。

（2）轮转。该方法的名字来自循环制原则，其中每个人都对某事物有相同的共享份额。轮转调度是在一个处理器上共享时间的最简单的调度算法之一。系统定义一个微小时间片，所有的进程都保持在一个循环队列中。调度器巡视队列，分配处理器资源，每个进程一个时间片。当新的进程到来时，它们会被添加到队尾。调度器从队列中选择第一个进程，设置一个在一个时间片结束时进行中断的计时器，然后运行该进程。如果进程在时间片结束时还没有完成，则将被抢占，然后添加到队尾；如果进程在时间片结束前完成，则释放处理器。每当一个进程被授予处理器访问时，会发生上下文切换。上下文切换增加了进程运行的时间开销。

（3）固定优先级抢占式调度。每个任务都有一个不变的固定优先级。在固定优先级抢占式调度下，调度器确保任何时候，在当前所有准备好执行的任务中，最高优先级的任务都被选择执行。如果一个更高优先级的任务就绪，则该方法会使用一个中断来抢占一个较低优先级的任务。该方法的好处是保证较低优先级的任务不会独占处理器时间。不利的方面是，它可能无限地阻止一个较低优先级任务的执行。许多 RTOS 支持这种调度方案。

（4）单调速率调度。单调速率调度被认为是最佳的静态优先级算法。它是一个优先级抢占算法，为任务分配固定的优先级，目标是使调度最大化并保证满足所有的时间限制。每个任务根据其周期分配一个优先级。一般周期越短（频率较高），则优先级越高。用于安全关键系统的多个 RTOS 都实现了该调度算法。

（5）最小空闲时间调度。这是一个动态优先级抢占式方法。优先级基于空闲时间（到截止时间的剩余时间减去剩余的执行时间，这可能不容易精确预测）进行分配。具有最小空闲时间的进程抢占具有较大空闲时间的进程。

11.6.2 响应性

RTOS必须满足使得应用能执行其预期功能所需要的能力需求。许多因素决定RTOS的响应性能，包括计算时间、调度技术、中断处理、上下文切换时间、高速缓存、任务分派等。性能基准通常由RTOS在一个数据单中提供。它取决于特定的硬件、接口、时钟速度、编译器、设计和操作环境。

11.6.3 安全性和可靠性

安全性和可靠性主要体现在鲁棒分区、系统分区管理、容错性、健康监控和鲁棒性检测等。

1）鲁棒分区

鲁棒分区的目标是为应用提供功能隔离和独立性，相当于独立驻留在单独的外场可更换单元（line replaceable unit，LRU）中。鲁棒分区支持使用共享资源的应用之间的协作共存，同时保证检测和消解任何未授权的或非预期的交互企图。平台鲁棒分区保护机制是独立于任何承载的应用的，即应用不能改变平台提供的分区保护。RTOS在实现鲁棒分区的过程中发挥着重要作用——保护共享的时间、内存和I/O资源。

2）系统分区管理

系统分区管理主要完成对航空电子系统的各项管理、设备输入输出管理等工作。它既可使用标准接口，也可使用一组操作系统提供的特权接口。其主要内容包括系统分区的运行条件、系统分区的功能定义、系统分区特权接口及系统分区的保护限制。

3）容错性

容错（fault tolerance），确切地说是容故障（fault），而并非容错误（error）。例如，在双机容错系统中，一台机器出现问题时，另一台机器可以取而代之，从而保证系统的正常运行。在早期计算机硬件不是特别可靠的情况下，这种情形比较常见。现在的硬件虽然较之从前稳定、可靠得多，但是对于那些不允许出错的系统,硬件容错仍然是十分重要的途径。

RTOS的容错性指操作系统检测到应用程序所运行的软件或硬件中发生的错误并从错误中恢复的能力。RTOS能够进行故障管理,包括检测故障、失效和错误;当检测到故障、失效和错误时,可以正确地标识它们,并执行预先计划好的响应措施。

4)健康监控

健康监控与故障管理密切相关,健康监控是一种经常由RTOS提供的服务,它为使用RTOS的大多数系统提供了故障管理。DO-297解释说,健康监控负责检测、隔离、阻止和报告可能对资源或者使用资源的应用造成有害影响的失效。DO-297聚焦于IMA平台。然而,RTOS在系统的整个健康管理机制中起到关键作用。

ARINC 653标识了必须检测和处理的一组错误码。一个错误可以在一个进程内,在一个分区中,或者在健康监控模块或进程中得到处理。

ARINC 653健康监控功能的目标是在故障跨过一个接口边界之前隔离故障。除了自监视技术,应用的违规、通信的失效以及应用检测到的故障也要报告给RTOS。故障恢复表可用于指定相应特定故障所采用的行为。该行为被健康监控器启动,可能包括终止一个应用和启动一个备选应用,连同一个合适级别的报告。

5)鲁棒性检查

RTOS应能够防止用户错误给自己带来破坏。内建的鲁棒性检查的例子包括检验由应用进行系统调用时通过API传递的参数,保证任务的优先级是在RTOS允许的范围内,或者保证一个信号量操作只作用在一个信号量对象上。鲁棒性检查是复杂的,鲁棒性特征的验证可能要求特别的测试技术。

11.6.4　可控性

可控性主要体现在兼容性和可维护性等方面。

1）兼容性

兼容性包括硬件兼容和环境兼容，RTOS内核必须与选择的处理器兼容。同样，BSP必须与选择的处理器主板和核心设备兼容，设备驱动必须与系统设备兼容。

RTOS应该能够支持所选择的编程语言和编译器，大多数的RTOS由一个集成开发环境支持，它包括编译器、链接器、调试器，以及用于集成应用、RTOS、支持软件和硬件的其他工具。

2）可维护性

可维护性是用于安全关键系统的所有软件都需要的特性，包括RTOS。由于系统的生存期可能非常长，因此RTOS应该是可维护的，能够被修改以容纳新增的应用和设备硬件等。DO-178C要求的生命周期数据和配置管理过程应支持可维护性。

11.7 实时操作系统选择考虑

操作系统对于安全关键系统的重要性不言而喻，在考虑如何选择适合安全关键系统的RTOS时，推荐通过设置问题清单或检查单的形式。问题分为3类（一般问题、RTOS功能问题、RTOS集成问题），且这3个类别是相关的。汇编这个问题清单的信息来源包括FAA软件作业指南《在合格审定之前进行软件评审》、FAA研究报告《商用成品实时操作系统与体系结构考虑》以及Leanna Rierson的著作《Developing Safety-Critical Software》。

11.7.1 一般问题

（1）是否需要RTOS？

（2）RTOS是否满足DO-178C（或DO-178B）目标，并且支持的生命周期资料是否可得,从而表明符合性?

（3）是否提供了必要的资料? 如果没有,则支持合格审定和持续适航性的资料是否可以得到? FAA AC－20－148 列出了一个可审定的部件提供的典型资料。

（4）RTOS 有多复杂?

（5）是否有足够的资料支持要求的关键等级?

（6）如果 RTOS 被逆向开发,则过程是否满足 DO－178C 目标?

（7）标识的关注 RTOS 的技术和合格审定问题,以及其他项目相关的问题是否已经解决?

（8）RTOS 的典型特性和特征是否实现? 如果没有,则缺失的特性或特征是否影响安全性或符合性?

（9）RTOS 对于将使用 RTOS 的系统的开发生命周期有什么影响?

（10）RTOS 是否与开发的其他部件兼容?

（11）RTOS 是否灵活? 或者它是否对开发的系统有约束? 如果有,则它们是否能解决?

（12）RTOS 是用什么语言和编译器开发的? 编译器是否利用了处理器属性,如乱序执行、高速缓存以及管道? 编译器是否是确定的?

（13）RTOS 提供什么工具支持?

（14）硬件过时的可能性如何影响 RTOS 的使用?

（15）RTOS 供应商是否将支持 RTOS 的持续适航性需求（如在使用其航空器的整个全生命周期提供支持服务）? 如果 RTOS 供应商倒闭了会怎么样? 通常,需要某一类型的合同或法律合约来处理这些情况。

（16）对于 RTOS 产品有什么样的 PR 系统支持持续适航性?

（17）如何保证 RTOS 产品将来不会在用户不知道的情况下更改? 如果更改了,则将使用什么过程以及用户如何得到更改通知?

（18）是否已经建立了一个准确的用户手册? 它是否关注多个用户的需

要？或者它是否为每个用户量身定制？

（19）使用什么 API？API 是否支持可移植性？RTOS 是否提供对 API 的全面支持？

（20）RTOS 开发中使用什么配置管理和 SQA 过程？这些过程对于使用 RTOS 的系统是否足够？这些过程是否与使用 RTOS 的系统的配置管理和 SQA 过程兼容？

11.7.2 实时操作系统功能问题

（1）当增加任务时 RTOS 是否可以扩展？

（2）运行时的任务数目是否有限制？如果有，则上限是否足够支持用户的需要？

（3）支持什么类型的任务间通信？

（4）时间片是否可调？

（5）RTOS 是否防止优先级反转？

（6）RTOS 是否支持选择的异步机制？

（7）RTOS 是否允许用户选择调度算法？可用的调度方法是否支持安全性？

（8）任务切换时间是否可接受？

（9）RTOS 如何处理任务处理、内存管理及中断？是否以一种确定性的方式实现？

（10）RTOS 如何使用内存，如内部和外部高速缓存？

（11）数据破坏或丢失、错误结果以及不正常参数这些数据一致性问题是否已解决？

（12）常见的任务问题是否已解决（如不经意地终止或删除、内核存储溢出以及栈大小超出）？

（13）常见的调度问题是否已解决（如破坏的任务控制块、优先级反转引起的过度任务阻塞、耗尽 CPU 资源的大量繁衍任务、任务优先级分配的破坏、执行时间不受限的服务调用以及竞争条件)。

(14) 内存和输入/输出问题是否已解决(如堆碎片、不正确的指针引用、数据覆盖、妥协的高速缓存一致性、内存被锁、对设备的未授权访问以及未监视的资源)。

(15) 常见的队列问题是否能在 RTOS 中得到解决(如任务队列溢出、消息队列溢出和内核工作队列溢出)。

(16) 中断和异常问题是否能在 RTOS 中得到解决(如原子操作的中断、没有中断处理程序、没有异常处理程序和对进程监控器任务的不正确保护)。

(17) 如果 RTOS 用于支持分区/保护,则其是否解决了内存、输入/输出和时间分区/保护问题?

(18) 无关、无效或非激活代码是否能在 RTOS 中得到解决? 尤其是在需求中如何处理 RTOS 的未使用部分?

(19) RTOS 或系统是否有健康监控? 问题恢复机制是否满足系统安全性需要?

(20) 数据和控制耦合分析是如何解决的? 它是否满足 DO‐178C 的要求?

(21) 内核是否从硬件抽象出来从而支持移植到其他目标?

(22) 如果 RTOS 是一个 COTS 产品,则 COTS 软件的典型问题是否解决?

11.7.3　实时操作系统集成问题

(1) RTOS 的潜在脆弱性是否已识别? 任何对 RTOS 遗留脆弱性的缓解措施,对于集成商/用户是否是直接的和可行的?

(2) 是否有一个数据单总结 RTOS 的特性、限制、可用的合格审定资料等? 数据单中的特性和限制的计算方法是否编写了相应的文档?

(3) RTOS 的时间性能是否标识(如延迟、线程切换抖动、调度机制以及优先级级别)？

（4）谁将开发 BSP 和设备驱动？开发团队是否有正确的信息来执行该任务？

（5）用于辅助 RTOS 集成的开发工具是否可得？许多 RTOS 供应商提供工具来帮助剪裁 RTOS、开发驱动、开发 BSP 等。

（6）RTOS 是否易于配置以用于特别的使用，或者是否需要大量的定制？

（7）RTOS 是否被开发用于一个特定的处理器或处理器家族？

（8）RTOS 和 CPU 的接口是否得到很好的理解？

（9）RTOS 对 WCET 的影响是否被有效地计算？

（10）如果需要用于支持低层功能，则高关键等级应用的开发者是否可以得到源代码用于细看？

（11）RTOS 影响什么硬件资源？

（12）用于隔离 RTOS 与目标计算机的软件（如 BSP 或设备驱动）对系统合格审定有何影响？

（13）有什么工具可用于分析 RTOS 性能？这些工具是否可以验证确定性行为？

（14）远程诊断的工具是否可得？许多 RTOS 供应商还提供可以帮助分析系统行为的工具，并支持分析和测试活动。

（15）RTOS 是否有与系统安全性目标冲突的保密性能力？如果有，则如何解决？

（16）CPU 是否有内部内存管理单元，是否支持分区？

（17）RTOS 与应用之间的数据和控制耦合是如何处理的？

11.8　实时操作系统应用考虑

当 RTOS 用于一个安全关键系统时，需要考虑不少技术问题和合格审定问题,如资源竞争、优先级反转、内存泄漏等。这些问题通常与安全性相关。

11.8.1　资源竞争

资源竞争是在一个共享资源(如处理器或内存)上的冲突。RTOS 中需要处理的 3 个特别的资源竞争是死锁、饿死和封闭,分别描述如下:

1) 死锁

在死锁发生时,没有任何一个进程可以完成,因为它们不能访问继承执行所需的资源。当以下条件为真时,就会发生死锁:

(1) 互斥(资源在同一时间只能分配给一个进程)。

(2) 持有和等待(一个进程分配一个资源,正在等待其他资源)。

(3) 禁止抢占(资源不能被强制地夺走)。

(4) 循环等待(进程持有其他进程需要的资源)。

虽然死锁几乎不可能通过测试发现,但是它可以通过分析发现(如采用形式化方法)。死锁通常通过设计来避免,即通过在 RTOS 体系结构中阻止以上 4 个条件的发生。

2) 饿死

当一个任务得不到足够的资源以在其分配的时间里完成处理的时候,就会发生饿死现象,因为其他任务正在使用这些所需的资源。

3) 封闭

封闭是一种特别的饿死现象,一个任务被封闭是由于另一个任务在返还一个共享资源之前被阻塞了。

11.8.2　优先级反转

优先级反转是死锁的一种,发生在一个较高优先级任务被迫等待一个较低优先级任务释放拥有的共享资源时。一个任务对共享资源进行上锁的时间段称为该任务的临界段或临界区。优先级反转的一个著名例子是火星探路者任务。在进入任务的几天后，探路者开始持续复位，导致很长时间的失联。测试和分析表明，问题是由于优先级反转引起的。探路者上的一个低优先级的软件任务与一个高优先级的任务共享了一个资源。低优先级的任务在被一些中等优先级的任务抢占之后，阻塞了共享的资源。当另一个高优先级的任务发现先前的高优先级任务没有完成时，它就会启动系统复位。RTOS 中的全局缺省设置使得优先级反转可能发生。

通常有两种方法用于解决优先级反转问题：优先级继承协议或者优先级封顶协议。一些 RTOS 会同时提供两种协议，让用户决定首选的算法。Kyle 和 Bill Renwick 在其标题为《如何使用优先级继承》的论文中列举了两种协议的优点和缺点。他们建议通过系统设计使反转不会发生是解决优先级反转的最佳策略。

11.8.3　内存泄漏

内存泄漏是程序的动态存储分配逻辑中的一个错误，使程序不能回收释放的内存，导致最终因内存耗尽而产生崩溃。在安全关键应用中，通常通过避免动态内存操作解决该问题，这是通过在初始化之后锁住内存分配机制和禁止内存释放实现的。

11.8.4　内存碎片

内存碎片出现于当内存被低效使用的时候，这时会导致不佳的性能以及可能的内存耗尽。为了避免这种情况，内存分配技术需要良好的定义、组织和控制。帮助避免内存碎片的实践包括固定块大小分配、分区和按大小排列分配内存、使用标识符跟踪已分配的内存以及保护和隔离内存段。

11.8.5　直接内存访问

直接内存访问（direct memory access，DMA）用于不依赖于处理器在一个短时间段内传输一大块内存的情况。DMA 传输使用一个 DMA 引擎，它可以授予对内存总线的专有访问，从而执行一个块传输。内存总线是一个共享资源，如果不正确共享，则可能拒绝应用使用资源。DMA 可能会违背时间分区，如当一个传输被一个分区启动，而该分区剩余的执行时间少于完成 DMA 所需要的时间时。DMA 也可能违背内存分区。解决 DMA 分区问题的方式之一是建立一个 API 来控制对 DMA 的访问，而不是允许应用直接访问。虽然 API 可能会影响性能，但是只要传输的内存块足够大，它仍然比其他类型的内存传输得快。

11.8.6　高速缓存

高速缓存是一个存在于主存储器和 CPU 之间的中间高速内存。它包含对经常访问的内存的拷贝，并用于快速访问。尽管它能够极大地提高性能，但是 COTS 处理器不提供专用于特定分区的分区高速缓存（尽管在一些计划未来发布的新设备中有所改变）。在一个分区的系统中，处理器的状态随着每个分区的切换而更迭，切换之前的状态被装在 CPU 寄存器中。大多数处理器提供了快速执行这种更迭的功能。在一个未分区的系统中，高速缓存的状态不需要保存，因为只有一个应用，它不会自己干扰自己；然而，在一个分区的系统中，高速缓存是一个共享的资源。

在使用高速缓存时有多个保护分区的选择。一个选择是关闭高速缓存，从而解决高速缓存引起的潜在的分区违背。然而，这种方法对性能的影响通常太大，因此必须实现一个使用高速缓存的确定性方法。到目前为止，清除高速缓存是最常见的解决方案。该方法在分区切换时清除高速缓存，使得新的分区在开始时有一个干净的高速缓存。如前文指出的，清除意味着将只出现在高速缓存中的所有缓存值拷贝回主内存（即它们已经被更新，并使用回拷模式）。这将开销置于分区的开始，而不是分布在整个分区的使用期间。虽然清除对上下文切换增加了时间，并在分区开始加载高速缓存时降低了缓存性能，但是仍然比没有高速缓存高效。由于执行清除操作花费的时间是不确定的，且主要取决于写到内存的数据量，因此必须考虑上下文切换的最差情况时间，以保证需要的时间得到满足。每个分区时间槽开始于一个空的高速缓存，如果分区的持续时间过短（使得高速缓存总没有机会被填满），那么应用的性能可能会受到影响。

高速缓存直写模式是解决高速缓存分区问题的另一个选择。这比没有缓存的选择高效，但是代码的执行也变得更慢。该选择的好处是一条快速指令即可使高速缓存无效。

11.8.7　抖动

虽然处理器的高速缓存和管道特征提高了性能，但是也增加了任务执行时间的不确定性。该不确定性称为抖动，它实际上是不可能被分析量化的。抖动取决于硬件平台、RTOS 调度方法以及共享处理器的任务。有选择地清除高速缓存是解决高速缓存抖动的一个通用方法。高速缓存在分区切换时被清除，使得到来的分区在其使用期开始时有一个干净的高速缓存区。执行清除的时间量随着需要被写回内存的数值的量的不同而不同。

11.8.8　脆弱性

由于 RTOS 通常是独立于使用它的应用开发的，因此它可能具有脆弱性，需要进行软件脆弱性分析来识别 RTOS 脆弱性，并进行缓解。任何没有被 RTOS 的设计缓解的脆弱性都要标识给系统集成者和应用开发者让他们关注。此外，应当标识 RTOS 的任何假设或限制，以确保 RTOS 的正确使用。一些危险可能需要应用的特别设计或编码实践。其他危险可以通过在后续的验证过程中采取特别的分析和验证技术得到缓解。

软件脆弱性分析（software vulnerability analysis，SVA）可以识别潜在的异常区域，这不仅可以作为鲁棒性或强度测试计划的输入，而且可以是 SFHA 或 SSA 的输入。如何进行 SVA 取决于 RTOS 开发商或应用者。

11.8.9 一致性

1）接口的一致性

ARINC 653 接口标准（APEX）是一个操作系统的实现者应实现和遵守的要求规范。APEX 标准是对应用提供者的一个保证。它以指定的语义描述了应用程序运行时可以信赖的一致性操作系统的系统服务和数据结构。有两种符合本标准的一致性类型：实现的一致性和应用的一致性。

2）实现的一致性

一个符合 ARINC 653 的操作系统应支持本文档定义的所有系统服务和数据结构，包括它们的功能行为。一个符合的实现可以支持附加的服务和数据对象，甚至可以改变本标准中定义的服务的语义，进行非标准的扩展。例如，一些系统服务（如队列 I/O）由于系统的特殊考虑或是硬件平台导致的资源限制而没有完全实现是可以接受的。如果一个操作系统不能支持完整的 APEX 标准，那么受限情况应该在文档中进行说明。

3）应用的一致性

应用级符合只需要符合这个 APEX 标准所要求的操作系统功能。对于未指明的或是实现中定义的行为，应用应该接受应用级符合的操作系统实现的任何行为。对于符号常量，符合本规范的应用应该接受本标准允许的任何值；不应因为实现允许而要求超过本标准允许的范围。

11.8.10 实时操作系统支持工具

有力的支持工具是成功集成和验证安装的 RTOS 以及分析使用 RTOS 的实时应用所必需的。RTOS 通常得到集成开发环境的支持。开发环境对于开发的质量和速度以及项目的整体成功具有极大的影响。

工具用于支持代码开发和分析。代码开发工具包括编辑器、汇编器、编译器、调试器和浏览器等。支持运行时分析的工具包括调试器、覆盖分析器和性能监视器等。实时软件开发工具的调试能力意味着建立一个成功的控制系统和进行无穷的隐晦错误搜寻之间的区别。调试工具(如应用剖面工具、内存分析工具和运行跟踪工具)能帮助优化实时应用。

工具还用于评价 RTOS 行为和应用性能。相关工具包括分析任务和 ISR 的时间行为、分析任务/任务和任务/ISR 交互(如异步和抢占)引起的影响、分析与资源保护特征相关的问题(如优先级反转和死锁)以及分析由于任务间通信引起的开销和延迟等的工具。

此外,工具经常用于帮助 RTOS 配置。配置工具帮助配置内存、分区约束、通信机制(如缓冲区和端口)、I/O 设备、健康监控参数等。对于符合 ARINC 653 的平台,许多开发和实现细节在配置表中进行定义。一些 RTOS 或平台开发商提供工具用于支持配置,不过这还是一个处在演进中的区域。ARINC 653 配置具有复杂性,因此当前只有针对非常低层设计的工具,而在较高层捕捉配置过程、确认配置设计约束、记录设计决策、追踪配置数据到需求等的工具是缺少的。

11.9　常见问题

11.9.1　问题 1——机载嵌入式实时操作系统性能如何评估

1) 问题分析

嵌入式 RTOS 为机载实时应用软件提供了基础的运行支撑环境,其性能在很大程度上决定了具体应用软件的性能。市场上流行的 RTOS 种类繁多、性能特点相似,虽然许多生产商对各种系统进行了性能测试,但是测试方法和测试平台的不同导致难以对它们进行交叉对比。如何选取合适的 RTOS 性能分析指标是评估 RTOS 性能的关键所在。

2) 建议方案

实时性作为 RTOS 的主要特性,受到很多指标的影响,可以通过如下几个指标进行评估：

（1）系统调用延时，指系统内核执行常用系统调用所需的平均时间。

（2）上下文切换时间，指从当前运行任务的最后一条指令放弃 CPU 使用权，到下一个就绪任务的首条指令开始执行的时间。

（3）中断延迟时间，指从接收中断信号到 RTOS 做出响应，并完成进入到总中断服务体所需的时间。

（4）中断响应时间，指从中断触发到中断处理函数中开始执行首条指令的时间。

（5）任务切换时间，指从一个事件引起更高优先级的任务就绪，到高优先级任务开始运行前的时间。

11.9.2　问题2——如何配置分区实时操作系统调度策略

1）问题分析

在系统的软件集成过程中，模块分区调度策略起到了很重要的作用，是决定驻留分区的应用软件能否正常运行的关键环节。在实际项目中配置分区调度的策略如下所示。

2）建议方案

基于 ARINC 653 RTOS 的分区调度策略应遵循如下几个原则：

（1）系统以预先配置好的分区调度策略对应用分区进行周期性调度。

（2）分区调度策略以分区作为调度单元，规定了分区的执行顺序和时间分配。

（2）各分区严格按照调度策略顺序调度，不存在优先级关系。

（3）分区调度策略确定了一个固定大小的系统时间区间（主时间框架），在此时间区间内为各分区分派确定大小的时间片资源（分区时间窗口）。

（5）分区调度策略以主时间框架为周期单位进行调度。

（6）一个模块内可以配置多个调度策略，但同时只能有一个调度策略处于激活状态，多个调度策略间可根据需要通过 RTOS 服务接口进行切换。

根据实际项目经验，目前有两种可行且相对简单的分区调度策略配置方法：

（1）以分区周期的最小公倍数为主时间框架。将所有分区周期的最小公倍数作为主时间框架，以保证在主时间框架中，每个分区可以至少执行一次，根据各分区应用周期内负载（每周期内实际操作所需要的最大时间）的最大公约数，确定最小时间分配单元（时间片）。

（2）以分区周期的最大公约数为主时间框架。将所有分区周期的最大公约数作为主时间框架，以保证分区周期是分区调度策略周期的倍数，每个分区始终在相同位置的分区窗口激活，根据各分区应用周期切换到主时间框架内的负载（每个主时间框架内实际操作所需要的最大时间）的最大公约数，确定最小时间分配单元（时间片）。

12

健康管理

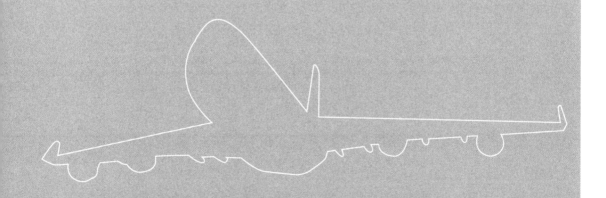

12.1　概述

随着 IMA 系统技术的进一步发展，航空电子系统的安全性和可靠性的要求进一步提高。改进 IMA 系统的可靠性、提高飞机的整体效能、协调高度综合的 IMA 系统的任务、控制和管理 IMA 平台的健康状态、处理各种故障信息等需求尤为急迫。

预测与健康管理（prognostics and health management，PHM）是检测与诊断系统非正常运行状态，并进行响应和恢复的技术。它能够抑制因功能失效导致系统产生不可接受的行为，保证 IMA 系统能够正确执行预期功能。PHM 体系结构是 IMA 系统的重要组成部分，关系到综合航空电子系统和航空器的安全性、生存性和维护性等多方面。

国外对于 PHM 的研究已形成一些标准规范，如 ARINC 653、ASAAC 和 ISO 13374。ARINC 653 和 ASAAC 在 PHM 方面均提出了健康监控、故障管理和配置管理的内容，其中 ARINC 653 明确了操作系统和应用软件之间的接口关系，包括健康监控的标准接口；而 ASAAC 更全面地从体系结构、功能、各层接口标准等方面规定了 PHM 的详细要求。ISO 13374 为 PHM 硬件系统的搭建和软件模块的设计提供了指导。

12.1.1　ARINC 653 健康监控

针对新型飞机机载电子系统可移植、可重用、高可靠性的需要，美国航空电子委员会于 1997 年针对新一代飞机数据综合化提出了应用程序接口标准——ARINC 653。ARINC 653 定义了应用程序和操作系统隔离，提出了时间分区与空间分区的概念。VxWorks 653 与 DEOS 等都是目前符合该标准的商用操作系统。

ARINC 653 在安全隔离分区的基础上,首次引入健康监控的概念。健康监控对航空电子系统中所发生的错误进行了定义、分类和设置恢复策略等操作,以实现对航空电子系统运行状态的监控和管理。它是嵌入式 RTOS 获得高安全性、高可靠性的有力保障,它使得航空电子系统可以及时进行错误处理和恢复,从而有效阻止系统故障蔓延。健康监控可以利用处理器自身的故障诊断机制(存储区保护冲突、特权执行冲突、溢出、零作除数、计时器中断和 I/O 错误等)、操作系统机制(配置一致性检查和截止期检查等)以及应用程序内部的错误判断逻辑来发现故障。ARINC 653 将健康监控分为模块级、分区级和进程级三个层次,每一层次都可进行故障恢复策略的配置。

ARINC 653 同时还定义了系统分区的概念,该分区处于应用层,可用作模块级健康管理,操作系统的故障信息可以通过健康监控回调句柄传递给系统分区,应用分区的故障信息可以通过端口通信传递给系统分区,如图 12-1 所示。ARINC 653 为系统分区定义了一种比一般应用分区更灵活的接口方式,使得

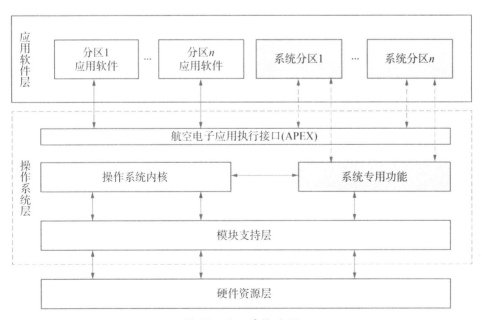

图 12-1　系统分区

系统分区除了能够调用 APEX 标准接口外，还可直接调用操作系统核心层的系统专用功能接口。

12.1.2 ASAAC 系统管理

ASAAC 是联合标准化航空电子系统架构委员会定义并验证了的一套开放型、综合化、模块化的先进航空电子体系结构标准。作为 IMA 系统结构设计的主要标准之一，ASAAC 从软件结构、通用功能模块、结构封装、网络功能和通信功能等方面对航空电子系统进行了规定。

ASAAC 提出了系统管理的概念，用于协调高度综合的 IMA 系统的任务，控制和管理 IMA 平台从系统初始化到运行的状态，为 IMA 平台提供了容错重构、健康监控和网络管理等功能。

在 ASAAC 中关于系统管理的描述如下：系统管理必须在系统上电后立即负责系统的管理。系统管理必须贯穿所有的飞行操作阶段和任务状态改变，继续管理系统直至最后的系统关闭和断电。系统管理必须承担初始的系统配置及所有随后的系统重构，不论重构过程是因飞行员请求改变任务方式所发起的还是因处理的过失和错误所产生的。

在 ASAAC 中，系统管理进行了分层设计，如图 12-2 所示。它包括如下三层：

（1）飞机级：单一的系统管理实体负责整个 IMA 系统核心的控制和监视。

（2）综合区域级：综合区域（integrated area，IA）负责 IMA 系统核心的一部分的控制和系统管理层次结构的一个子树的控制。而且 IA 负责对分配到那个 IA 功能的模块的管理和控制。

（3）资源单元级：每一个分系统外场可更换模块（line replaceable module，LRM）/LRU 级资源单元（resource element，RE）驻留一个 GSM 软件，该软件实现本地的健康监控、故障管理及配置管理。

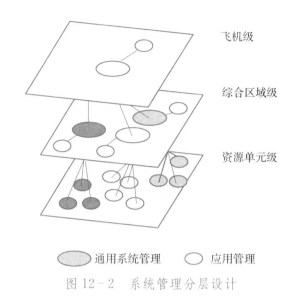

飞机级

综合区域级

资源单元级

⬭ 通用系统管理　　◯ 应用管理

图 12-2　系统管理分层设计

与平台特性相关的系统管理部分称为应用管理(AM)。功能应用及 AM 可接收机组人员的指令和飞机上的各种传感器数据。所有与状态选择相关的数据都将传送到 AM 上,如果要求系统改变状态,则由 AM 负责请求由通用系统管理(GSM)的配置管理执行状态改变。

系统管理的通用部分(适用于所有的程序和平台)称为 GSM,GSM 要负责管理系统内的所有资源,包含健康监控、故障管理、配置管理和安全管理四个方面的功能,其中健康监控、故障管理和配置管理属于健康管理的范畴,下面对 GSM 相关功能分别进行描述。

(1) 健康监控(health monitor,HM)负责评估 RE、IA 或飞机级的健康状况,其主要目的是过滤故障/错误并且向故障管理功能传送已证实的故障/错误信息,以便进一步诊断和纠正。

(2) 故障管理(fault management,FM)负责识别、屏蔽、限制和本地化故障,以防止系统的全部或局部故障,并确保在存在故障时系统能在所要求的时间内继续运转。

(3) 配置管理(configuration management,CM)负责建立初始的系统配置

和后续的重构配置。这些重构请求可能来自 GSM 的故障管理触发的请求,也可能来自飞行员的状态改变请求所导致 AM 触发的任务重构请求。

(4) 安全管理(safety management,SM)负责实现系统的安全性策略(包含加密、解密和授权的算法),负责密钥的管理以及用于实现信息安全和保密相关的技术(如 Bell-Lapadula 模型和 Diffie-Hellman 技术)。

在 ASAAC 的分层架构中,各层次的系统管理部件之间的通信关系如图 12 - 3 所示。

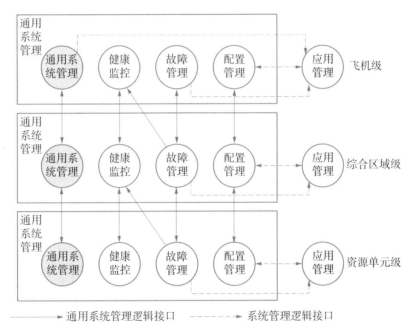

图 12 - 3　ASAAC 分层架构中系统管理部件之间的通信关系

12.1.3　ISO 13374 健康管理

国际标准化组织(ISO)致力于 PHM 相关标准的开发。目前,ISO 的状态监测和诊断系列标准包括术语定义、通用指南、系统结构、具体诊断技术的应用,已经形成比较完整的标准族,为 PHM 研发提供基本的指导性框架;而其数据表达和交换标准是测试、诊断信息表达和交换的基础，为 PHM 数据交换提供了基础。

ISO 13374《机器状态监测与诊断——数据处理、通信与表达》是数据处理、通信和表达的标准。目前为机器状态监测与诊断（condition monitoring and diagnostics of machines，CM&D)编写的各种软件系统在没有广泛集成的情况下，还无法以即插即用的方式简单易行地进行数据交换或运行。各个系统的集成非常困难，难以为用户提供一个机器状态的统一视图。ISO 13374 可以提供若干开放软件规范的基本要求，以便在没有专门平台或硬件协议的情况下，机器状态检测数据和信息也能够通过各种软件包得以处理、传送和显示。

ISO 13374 - 1 通用指南给出了 CM&D 系统的信息流结构，将 PHM 系统分成 6 个处理模块：数据采集、数据操作、状态检测、健康评估、预后评估和提出建议。标准描述了信息流中各模块的主要功能，并概括性地提出了通信方法和表达形式，如图 12 - 4 所示。

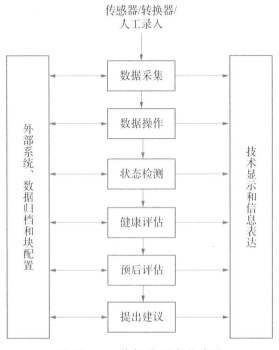

图 12 - 4　数据处理和信息流

在此基础上 ISO 13374-2 数据处理详细描述了各数据处理模块的输入、输出以及所执行的操作,为 PHM 硬件系统的搭建和软件模块的设计提供了指导。ISO 13374-3 通信给出了在一个开放的状态监测与诊断参考信息框架下数据通信的具体需求,进一步简化了 CM&D 系统的内在互联性。

12.2　关键技术

12.2.1　健康监控技术

系统健康监控可分为模块级健康监控和系统/子系统级健康监控,系统/子系统级健康监控评估系统/子系统级的健康状态,并对故障进行过滤,将已确认的故障信息传递给故障管理模块,故障管理模块对故障做进一步的诊断和校正。通过驻留在各模块的硬件层、操作系统层以及应用软件层的故障检测机制,完成对系统软件、硬件状态的实时监测。健康监控层次如图 12-5 所示。

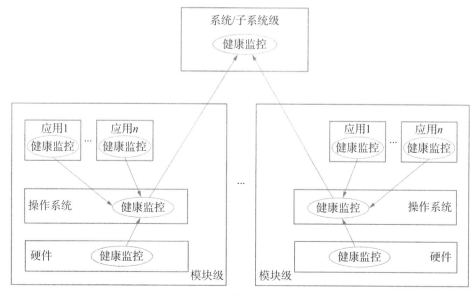

图 12-5　健康监控层次

模块级健康监控用于监视硬件、应用软件和操作系统的状态,当发现故障时,记录故障并进行故障隔离,防止故障蔓延,同时按故障级别进行必要的操作。健康监控要搜集、检测系统工作状态信息,并维护记录故障的日志。

1) 硬件状态监测及维护

硬件状态监测及维护对模块上硬件的所有资源单元进行监测,实现硬件层的故障检测机制。通过如下三种途径收集监测状态信息。

(1) 上电自检:主要确认系统内部各功能模块的可操作性及完好性。健康监控对自检结果进行过滤处理,更新系统硬件状态列表,并且将上电自检结果上报上一级系统健康监控。

(2) 维护自检:健康监控向 OS 健康监控服务进行请求,获取维护自检结果,将维护自检结果进行过滤处理,并上报给 IA 级健康监控。

(3) 周期自检:健康监控周期性地获取周期自检结果,将周期自检结果进行过滤处理,根据获取的周期自检结果实时更新系统硬件状态信息。

在每个工作周期,系统/子系统级健康监控都应接收每个模块级健康监控发送的健康查询消息,根据心跳字中的消息计数,判断心跳字是否正确。

心跳字故障定义为:

(1) 系统/子系统级健康监控在连续指定时间内接收不到 RE 级健康监控报送的心跳字。

(2) 模块级健康监控报送给系统/子系统级健康监控的心跳字在连续的指定时间内,经过错误过滤后判定为错误。

(3) IA 级健康监控在连续的指定时间内接收不到 RE 级健康监控报送的心跳字。

(4) RE 级健康监控报送给 IA 级健康监控的心跳字在连续的指定时间内,经过错误过滤后判定为错误。

2) 应用软件状态监控

应用软件状态监控负责监控功能应用发来的所有与系统状态选择相关的

数据,以及监控模块上各个应用软件的运行状况;系统状态选择一般由显示器或功能开关触发,如果系统被要求改变状态,则由 AM 模块向 GSM 的配置管理模块请求执行系统状态改变。

应用运行状况的监控可以是被动的,也可以是主动的。

(1) 被动:例如应用程序因除零而导致处理器产生的中断。

(2) 主动:例如应用程序检查数据报文的完整性,并且主动上报一个应用程序错误。

在每个工作周期,模块级健康监控都应接收本模块上正在运行的应用软件发送的健康查询消息,模块级健康监控根据心跳字中的消息计数,判断心跳字是否正确。

心跳字故障定义为:

(1) 模块级健康监控在连续的指定时间内接收不到应用软件报送的心跳字。

(2) 应用软件报送给模块级健康监控的心跳字在连续的指定时间内,经过错误过滤后判定为错误。

3) OS 健康监控

OS 健康监控是模块级健康监控的总负责,它不但要完成操作系统层本身的检测任务,而且要对硬件及其驻留的应用程序的状态进行监控,在发生、发现故障时,记录并定位故障。由于 ARINC 653 引入了分区概念,分区间可实现时间和空间的隔离,因此其把能够检测的故障按系统运行状态和故障产生的位置分为三个层次:模块级故障、分区级故障、进程级(与应用软件对应)故障。

(1) 进程级健康监控由用户创建统一的故障处理进程实现,故障处理进程通过获取故障代码和故障发生时所处进程 ID 号等信息来执行相应的处理动作,如进程挂起和进程重启等。

(2) 分区级健康监控由分区健康监控配置表驱动,分发到分区级健康监控的故障事件首先加入分区级健康监控的消息队列,同时分区级健康监控任务被激活。如果在分区健康监控配置表中配置了回调函数,则分区级健康监控任务调用回调函数处理,然后根据分区健康监控配置表中故障代码和故障处理函数的对应关系,调用相应的故障处理句柄进行处理。

（3）模块级健康监控由模块健康监控配置表驱动,分发到模块级健康监控的故障事件首先加入模块级健康监控的消息队列,同时模块级健康监控任务被激活。如果在模块健康监控配置表中配置了回调函数,则模块级健康监控任务调用回调函数处理,然后根据模块健康监控配置表中故障事件 ID 和故障处理句柄的对应关系,调用相应的故障处理句柄进行处理。

OS 健康监测完成对模块上各级故障检测信息的收集、汇总,并实现与硬件的健康监控模块之间的数据传递通道。健康监控模块完成故障检测信息的接收后,进行故障过滤与故障确认,并向故障管理模块报告,同时实现相关的健康状态信息的存储与维护。

12.2.2　故障管理技术

故障管理负责接收健康监控模块发送的已确认的故障,基于健康监控所提供的故障代码,可根据预置的故障代码表和处理方式的配置表,对故障的类型和故障位置进行相应处理和上报。故障处理方式有进程重启、分区重启、功能重构、故障记录和故障上报等。

发现故障后的处理与系统的运行状态有关。系统的运行状态（核心处理模块初始化、系统特定操作、分区切换、分区初始化、进程管理、进程执行）由操作系统管理,各种状态下故障的具体响应方式与系统实现有关。根据故障的类型和系统运行状态,可以在系统健康监控表中决定故障的故障级别（系统/子系统级、模块级、分区级或进程级）。任何低故障级别上发生的故障,根据其性质都可能会升级为更高的故障级别进行处理。

12.2.3　容错重构技术

当航空电子系统中的某个设备的硬件或软件出现故障时，容错重构机制能够使得系统按照预设的配置进行功能迁移，从而保证整个系统能够继续正常地运行。这种机制使得航空电子系统的安全性和可靠性得到进一步提高。

在系统运行的过程中，容错重构管理是配置管理模块控制所有的初始配置和系统重构操作，执行实际配置处理的过程。该处理过程由运行配置表的配置信息驱动，配置管理模块监听来自故障管理模块的故障重构触发请求和应用管理模块的任务重构触发请求。监听到任一有效触发请求，配置管理模块在自动重构方式下立即开始进行系统重构操作。

触发重构的两种请求的详细定义如下所示。

（1）故障重构请求：一个已证实的故障经确定后，要求系统重构，即配置管理模块收到故障管理模块的故障屏蔽请求，触发重构。这种请求一般发生于因故障导致的自动重构中。

（2）任务重构请求：系统方式发生转变，应用管理向通用系统管理要求一个新的逻辑配置，向配置管理模块发送请求以触发重构。这种请求一般发生于因外部系统的输入导致的重构中，如飞行员手动切换任务。

在准备重构之前，子系统软件就应为可能的软件/硬件故障或者任务重构请求做好准备，使系统恢复成为可能。为缩短系统恢复时间，子系统应将关键数据存储到非易失的地址。所谓关键数据，是指存储在应用程序以外的、在重新启动后可缩短应用程序恢复其全部性能所要求的时间、且又不能重新获得的状态数据。是否有必要成为关键数据由数据的如下特性决定：

（1）快速获得全部或部分性能的价值。

（2）数据的时效性。

（3）重新获得数据的时间。

（4）关键数据的数量。

（5）预估的故障率等。

关键数据在使用前必须保证其是有效的,因为数据很可能在故障检测前就已经被应用程序破坏或者数据已经超过其生存有效期。

关键数据有两种:长期关键数据和短期关键数据。通常,长期关键数据是在长时间内(大于 45 秒)有效的数据,而短期关键数据是在短时间内(10～45 秒)有效的数据。

对于因故障重构请求导致的重构一般可分为如下两种类型:备份重构和降级重构。

(1) 备份重构是当故障模块自身无法恢复功能时,用与备份的功能等效的故障容错模块代替故障模块,通过预先配置的规则和算法,在备份的故障容错模块上重新加载和重新启动原故障模块的软件,同时根据系统需要进行适当的数据路由方式的改变。备份重构一般不会引起功能或性能的丧失。

(2) 降级重构是当备份的故障容错模块不可用时,通过预先配置的规则和算法,改变当前系统部署方案,将低优先级的功能停止,启动相应的高优先级功能。在这种情况下,高优先级功能是以低优先级功能的丧失为代价的。

在任何情况下,重构的影响都应当限制在实际被重构的子系统中,即重构通常只影响单个子系统。

12.2.4　配置管理技术

在 IMA 系统高效地推动了航空电子系统的综合化进程的同时,其大量的配置变化却给系统的安全性带来了极大的挑战。为此,在 IMA 系统中,通常采用配置数据文件描述系统配置、分区以及定义系统的运行状态,以保证系统资源分配和使用的确定性与系统执行具体功能的确定性,最终满足 IMA 的安全性要求。

系统配置是连接硬件和软件的至关重要的桥梁,在 IMA 系统中通过系统配置来管理和控制软件与硬件的映射关系。在 ASAAC 中提出了"蓝图"的概念,类似的概念在 ARINC 653 中以配置表的形式存在,系统集成者根据蓝图配置完成软件在硬件上的部署。

蓝图配置包含了软件、硬件以及系统部署等各种配置，这些配置形成总的系统蓝图。

（1）软件蓝图：包含每个软件应用程序的内存需求、运行时间需求、调度需求、通信需求。

（2）硬件蓝图：包含各硬件模块的可用存储器、处理器类型、操作系统类型、总线类型、总线通信表配置。

（3）系统部署配置：包含各应用程序与各硬件模块的映射配置。

12.3　软件开发案例

本节阐述了一个健康管理软件的开发案例。本案例以 ASAAC 的系统管理为架构，以 ARINC 653 操作系统的健康监控机制为基础，设计并实现了一个 IMA 模块级和系统级的健康管理软件。其中模块级健康管理实现了 IMA 系统内单模块的进程级、分区级、模块级的健康监控，而系统级健康管理则对 IMA 系统内各节点运行状态进行监控，统一收集系统内的所有故障信息，并根据故障级别和相关配置对故障进行分级处理。

12.3.1　ASAAC 系统管理架构

该健康管理软件参照 ASAAC 的软件模型，采用三层堆栈的方法，如图 12-6 所示。这三层分别为应用程序层、操作系统层、MSL，三个堆栈层被两个接口隔开，分别是 APOS 和 MOS，使得每一层对于其上层和下层都是独立的。

ASAAC 系统管理软件可细分为 AM 和 GSM 两个模块，如图 12-7 所示。这两个模块的设计如下所示。

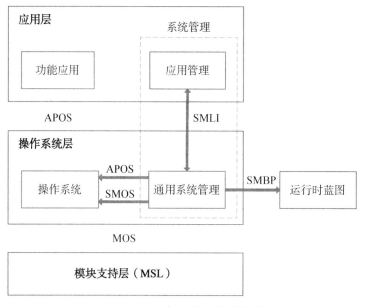

图 12-6　系统管理软件架构

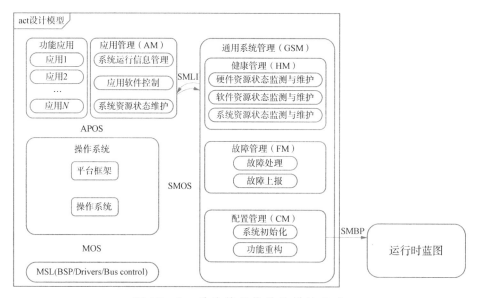

图 12-7　系统管理软件的模块组成

1）应用管理（AM）

与平台特性相关的系统管理部分称为 AM，位于应用层。它分为如下子模块：

（1）系统运行信息管理。负责记录并管理系统运行过程中产生的各类运行、维护信息，包括上下电信息、故障信息和操作日志信息等。

（2）应用软件控制。负责对系统中功能软件的控制与管理，其中系统运行状态管理接收并响应控制命令，完成相应的控制处理过程，请求 GSM 单元进行系统配置。系统管理的功能重构通常由故障管理的故障触发重构请求，AM 部署也可以由显示器或是功能开关进行触发。

（3）系统资源状态维护。AM 单元具备系统资源配置状态维护功能，实时更新系统资源状态，为系统进行故障重构或任务重构提供软件/硬件资源状态信息，在系统完成功能重构时更新系统资源配置状态表。

2）通用系统管理（GSM）

系统管理的通用部分（适用于所有的程序和平台）称为 GSM，位于操作系统层。与健康管理相关的子模块包括以下几个。

（1）健康监控：负责评估 RE 或 IA 的健康状态，其主要目的是过滤故障并将已确认的故障信息传递给故障处理模块。

（2）故障管理：接收 GSM－HM 模块发送的已确认的故障，根据预置的故障代码表，分析故障类型和故障位置，进行故障处理和上报。

（3）配置管理：负责完成系统上电初始化功能和系统重构功能，执行实际的蓝图配置处理过程，该配置处理过程由 RTBP 的信息驱动。

12.3.2　健康管理软件架构设计

基于 ASAAC 的分层设计思想，本案例将 IMA 系统中的系统管理架构划分为两个层次级——RE 级和 IA 级。对系统管理与功能应用进行松耦合设计，其基本设计原则为在系统模式不发生变化的前提下，不依赖系统管理，该系统仍能保证基本功能的实现。

在 IMA 分系统内部署健康管理软件时,应当包含两种不同的系统管理角色:IA 级系统管理和 RE 级系统管理,分别负责 IA 及 RE 的系统管理功能。

(1) IA 级系统管理:负责 IA 级系统管理功能,负责对分系统所有 RE 的管理,包括应用管理、健康监控、故障管理及配置管理。

(2) RE 级系统管理:负责分系统 LRM/LRU 级 RE 级系统管理功能。每一个 RE 驻留一个 GSM 软件,该软件实现应用管理、健康监控、故障管理及配置管理。

在实际项目中,根据任务分工及项目特性,IA 级系统管理和 RE 级系统管理在具体软件开发方面,可以作为一个软件,也可以分为两个软件,综合多种应用场景,系统管理组件的系统级部署一般有如下三种不同的构型。

1) 通用构型一(IA 具备 RE 功能)

通用构型一(见图 12 - 8)指 IA 级系统管理组件既负责 IA 内部的系统管理功能,同时也负责 IA 所驻留的模块上的 RE 级系统管理功能,即 IA 节点上只部署一个 IA 级系统管理组件。该构型适用于 IA 级系统管理组件的软件厂商与其驻留的硬件模块的厂商为同一厂商的情况。

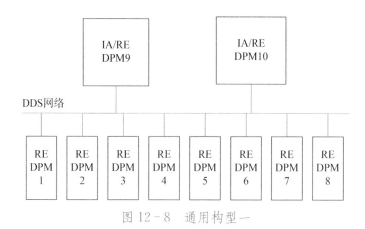

图 12 - 8　通用构型一

2) 通用构型二(IA 不具备 RE 功能)

通用构型二(见图 12 - 9)指 IA 级系统管理组件仅负责 IA 内部的系统管

理功能,IA 所驻留的模块上的 RE 级系统管理功能由单独的 RE 级系统管理组件负责,即 IA 节点上会同时部署 IA 级系统管理组件和 RE 级系统管理组件。该构型适用于 IA 级系统管理组件的软件厂商与其驻留的硬件模块的厂商为不同厂商的情况,利于 IA 级系统管理组件的通用化设计。

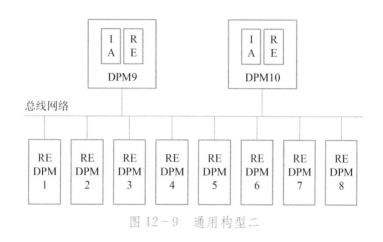

图 12-9　通用构型二

3) 通用构型三(去中心化 IA)

在主干网络为数据分发服务(data distribution service,DDS)分布式网络的系统中,IA 内的各个节点的数据可以广播的形式向外发送,每个节点都能同时感知其他所有节点的工作状态。基于 DDS 的数据分发机制,设计一种去中心化 IA 的系统管理构型。不需要单独的 IA 节点汇总所有 RE 节点的系统运行状态信息,每个 RE 节点都可以成为 IA 角色,通过投票表决的形式实现对故障节点的状态判断。通用构型三如图 12-10 所示。

12.3.3　模块级健康管理软件设计

按照系统管理的定义,在 IMA 系统内的每个模块上都驻留有一个 RE 级系统管理应用,负责对本模块软件/硬件运行状态的监控,以及所有健康监控信息的收集、记录、上报。在 ARINC 653 操作系统中,RE 应用的驻留形式为 RE 分区。

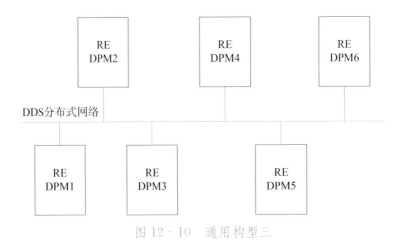

图 12-10　通用构型三

对本模块的硬件运行状态的监控通过 BIT 实现,RE 分区负责收集 BIT 结果并上报。

对本节点上其他应用分区的运行状态监控通过如图 12-11 所示的应用心跳查询实现,RE 分区定时向各应用分区发送"AreYouAlive"请求,各应用收到请求后向 RE 分区回复"IAmAlive"应答。

图 12-11　应用心跳查询机制

应用软件主要关心进程级故障,ARINC 653 规定的进程级故障代码及说明如表 12-1 所示。

表 12-1　ARINC 653 规定的进程级故障代码及说明

进程级故障代码	故 障 说 明
APPLICATION_ERROR	用户代码调用 APEX 专用接口主动上报的应用类故障统一使用该故障代码
DEADLINE_MISSED	表明某进程发生了截止期超时

（续表）

进程级故障代码	故 障 说 明
HARDWARE_FAULT	表明发生了内存校验错误或者 I/O 设备访问错误
ILLEGAL_REQUEST	表明进行了非法的操作请求,如中断处理句柄中调用可能发生等待和挂起的操作
MEMORY_VIOLATION	表明进行了非法内存访问,如在分区内访问内核地址空间
NUMERIC_ERROR	表明发生了数学计算错误,如除零等非法的数学计算操作
POWER_FAIL	告知接收到电源失效中断,应用可以据此采取数据保存措施
STACK_OVERFLOW	表明某进程发生了堆栈溢出

对于分区级和模块级健康监控信息的收集,可以自定义分区级和模块级的健康监控回调处理函数,并在操作系统内核中创建自定义的事件队列,用于存放健康监控信息。当分区级或模块级健康监控事件发生时,该事件被捕获后调用健康监控回调处理函数,将其加入自定义的事件队列中,RE 分区通过轮询这一事件队列,从而收集本模块全部的分区级和模块级健康监控信息。同理,该设计也可以通过重写新的分区级和模块级错误处理函数实现。健康监控处理流程如图 12-12 所示。

对于其他分区的进程级健康监控信息的收集,可有两种方案：一种方案是在各个分区的错误处理进程中将健康监控信息通过分区间通信发送到 RE 分区,由 RE 分区统一收集；另一种方案是通过配置系统健康监控配置表,将进程级故障事件分发到分区级健康监控,在分区级健康监控中按前文提到的重写的分区级健康监控回调处理函数或错误处理函数进行处理。

综上所述,通过上述多样化的监控手段,可实现对 IMA 平台级的健康监控。

12.3.4　系统级健康管理软件设计

一般,在 IMA 系统中包含了不止一个模块,在实现对单个模块进行健康监

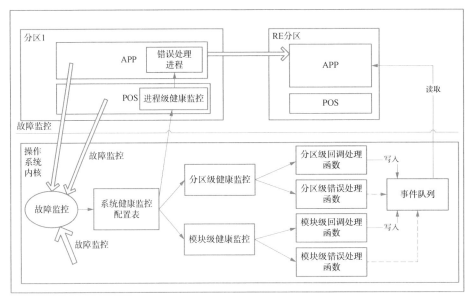

图 12-12　健康监控处理流程

控的同时,对整个 IMA 系统的健康监控也是尤为重要的,本案例中 IMA 系统健康管理由 IA 级系统管理负责。IMA 系统级健康管理软件应当包含对 IMA 系统的故障检测和故障分级管理。

1) 故障检测

IMA 系统级的故障检测主要是对 IMA 系统的运行状态进行监控。按照系统管理的定义,在 IMA 系统内的每个节点上都驻留有一个 RE 级系统管理应用,负责各自模块的健康监控;同时在 IMA 系统内,存在一个管理节点,该节点上驻留有 IA 级系统管理应用。IA 级系统管理应用除负责本模块的健康监控外,还负责对 IMA 系统内部所有模块的健康监控信息的收集和处理。

在 IMA 系统级故障检测中(见图 12-13),各模块的 RE 分区负责监控各自模块的运行状态,当 IMA 平台级健康监控检测到本模块故障时,可通过总线通信把故障信息发送给 IA 应用节点,由 IA 汇总整个 IMA 系统内的故障信息。

对 IMA 系统内各模块的运行状态监控可通过如图 12-14 所示的心跳查询实现,IA 管理节点定时向各 RE 节点发送"AreYouAlive"请求,各 RE 节点

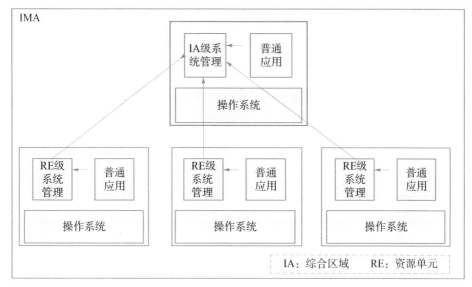

图 12-13　IMA 系统级故障检测

图 12-14　模块心跳查询机制

收到请求后向 IA 管理节点回复"IAmAlive"应答。若 RE 无应答或应答超时，则 IA 管理节点可判定该 RE 节点故障或功能丧失。

通过上述多种检测手段，可实现对 IMA 内各进程、各分区、各模块的监控，并由 IA 对 IMA 系统内故障信息进行汇总，从而实现对整个 IMA 系统的故障检测。

2）故障分级管理

对于 IMA 系统检测到的故障，根据故障发生的位置、故障的危害、故障的影响范围，可将故障划分为不同的等级。与此对应，对于不同级别的故障，IMA 系统应有不同的响应策略。

所有的故障应当先进行记录，可记录在本地非易失性存储器中，或者记录到远程的系统日志中，方便后期维护和排除故障。

（1）对于轻微的、不影响系统运行的故障，IMA 系统可以只进行简单的记录。

（2）对于低级别的，如进程级、分区级故障，可以在 IMA 平台级健康管理中尝试进行故障恢复，恢复手段包括进程重启和分区重启等，尝试恢复的次数应该设置有阈值。当通过上述手段仍然无法恢复时，应上报给 IMA 系统级健康管理进行处理。

（3）对于危害级别高的或者经过多次尝试仍不能得到恢复的故障，系统级健康管理可通过挂起故障节点和关闭故障节点的通信端口等手段进行故障隔离，防止故障蔓延。此外，还应采取双机切换或者系统重构等方式进行系统级恢复。

IMA 系统故障分级处理应与系统架构配置工具相结合，将故障信息和故障响应策略在系统架构配置工具中进行配置管理，不同类型的故障其相应的处理动作取决于当前的系统配置，从而实现对故障处理方式的灵活配置。

12.3.5　系统配置设计

IMA 系统的灵活性在于系统可以根据不同的配置进行工作，如系统运行方案的配置、故障模式与故障处理方法的配置、系统重构方案的配置，这种配置过程是由嵌入 RTBP 的信息驱动的。

1）故障处理方案的配置

故障处理方案的配置提供故障模式以及故障处理方法，如表 12 - 2 所示。将故障信息和故障响应策略进行配置管理，根据故障信息和配置信息，进行相应处理。

表 12 - 2　故障处理方案的配置

序号	项　目	备　　注
1	故障代码	数字，系统预定义
2	故障处理方式	上报、进程重启、分区重启、模块重启和记录等

本模块可以处理的故障可在本模块内处理,如果配置信息中定义了还需上报的内容,则将其上报汇总。

2)系统部署方案的配置

在每个系统部署方案的配置中,都包含对在当前方案下,网络运行方案及每个节点的应用运行方案的配置,如表 12-3 所示。各 RE 节点根据 IA 下发的系统部署方案查找应加载的网络配置和应运行的应用软件。

表 12-3　系统部署方案配置参数

序号	项目	备　注
1	系统方案 ID	数字,且不重复
2	应用方案	在当前系统方案下,本节点运行的应用方案
3	网络方案	在当前系统方案下,本节点运行的网络方案

3)系统重构方案的配置

系统重构方案的配置提供用户对 IA 进行系统状态/重构预案的配置,如表 12-4 所示。系统状态描述了当前 IMA 系统在某一个状态的配置信息,具体体现为系统中物理节点与逻辑节点的映射关系;重构预案配置为用户提供对各系统方案之间关联的配置功能,若某个节点发生故障,则用户可以根据系统重构方案配置目标系统。

表 12-4　系统重构方案配置参数

序号	项目	备　注
1	故障节点名称	从重构角色属性为"RE"的物理节点中选择
2	飞行阶段	起飞前、起飞、爬升、巡航、下降、进近着陆、飞行结束、复飞
3	目的系统方案名称	从已配置的其他系统部署方案中选择

参考文献

［1］ HAYHURST K J, VEERHUSEN D S, CHLENSKI J J, et al. A practical tutorial on modified condition/decision coverage ［R］. NASA/TM – 2001 – 210876.

［2］ NASA. NASA Software Safety Guidebook ［S］. 2004.

［3］ GB/T 11457 – 2006 信息技术软件工程术语［S］. 2006.

［4］ SAE ARP 4754A Guidelines for development of civil aircraft and systems ［S］. 2010.

［5］ RTCA/DO – 178B/C Software considerations in airborne systems and equipment certification ［S］. 1992.

［6］ RTCA/DO – 178C Software considerations in airborne systems and equipment certification ［S］. 2011.

［7］ RTCA/DO – 297 Integrated modular avionics （IMA） development guidance and certification consideration ［S］. 2006.

［8］ RTCA/DO – 330 Software tool qualification considerations ［S］. 2011.

［9］ RTCA/DO – 331 Model-based development and verification supplement to DO – 178C and DO – 278A ［S］. 2011.

［10］ RTCA/DO – 332 Object-oriented technology and related techniques supplement to DO – 178C and DO – 278A ［S］. 2011.

［11］ RTCA/DO – 333 Formal methods supplement to DO – 178C and DO – 278A ［S］. 2011.

［12］ FAA, CAST – 12 Guidelines for approving source code to object code traceability ［S］. 2002.

［13］ FAA, CAST – 19 Clarification of structural coverage analyses of data coupling and control coupling [S]. 2004.

[14] FAA AC - 20 - 145 Guidance for integrated modular avionics (IMA) that implement TSO - 153 authorized hardware elements [S]. 2003.

[15] FAA AC - 20 - 148 Reusable software components [S]. 2004.

[16] FAA AC - 20 - 170 Integrated modular avionics development. Verification, integration and approval using RTCA/DO - 297 and technical standard order C153 [S]. 2010.

[17] FACE Technical standard for future airborne capability environment (FACE), [S]. 2. 0. 1 ed. The Open Group, 2014.

[18] ARINC 653 - 1 Avionics application software standard interface part 1-required services [S]. 2006.

[19] IEEE Std - 610 - 1990 Standard glossary of software engineering terminology [S]. 1990.

[20] ISO/IEC/IEEE 24765 Systems and software engineering — vocabulary [S]. 2017.

[21] EIA - 649 - B Configuration management standard [S]. Washington DC: TechAmerica, 2011.

[22] TSO - C153 Intergrated modular avionics (IMA) hardware elements [S]. 2002.

[23] RIERSON L. Developing safety-critical software: a practical guide for aviation software and DO - 178C compliance [M]. New York: CRC Press, 2013.

[24] CMMI Institute. CMMI for development V2. 0 [Z]. 2018.

[25] SAE AS 4893 Generic open architecture (GOA) framework [S]. 1996.

[26] 黄永葵,吴建民,谷涛,等. SAE AS4893《通用开放式结构(GOA)框架》评析[J]. 航空电子技术,2007,38(1): 40 - 46.

[27] ASAAC Standards parts 1 proposed standards for architecture [S]. 2002.

[28] 王运盛,陈颖. ASAAC 航空电子体系结构标准分析[J]. 电讯技术,2007(5): 161 - 164.

[29] MUSA J D. Software reliability engineering [M]. New York：McGraw-Hill Press，1998：1-142.

[30] 王强.构件软件可靠性分析理论与方法研究[D].合肥：合肥工业大学,2012.

[31] 刘逻.软件可靠性设计技术应用研究[D].长春：中国科学院研究生院(长春光学精密机械与物理研究所),2013.

[32] 陈晗鸣,罗威,李明辉.分布式系统中基于主/副版本的实时容错调度综述[J].计算机应用研究,2012(11)：4017-4022,4027.

[33] 陈建军.软件可靠性设计研究及应用[D].河北：华北电力大学,2008.

[34] 朱斌,陈龙,强弢,等.美军 F-35 战斗机 PHM 体系结构分析[J].计算机测量与控制,2015,23(1)：1-3.

[35] 张亮,张凤鸣,李俊涛,等.机载预测与健康管理(PHM)系统的体系结构[J].空军工程大学学报(自然科学版),2008,9(2)：6-9.

[36] 丛伟,景博,樊晓光.综合航电系统健康管理体系结构设计[J].测控技术,2013,32(8)：126-130.

[37] 沈备军、陈昊鹏、陈雨亭.软件工程原理[M].北京：高等教育出版社,2013.

[38] 邓瑛,黄永葵,缪万胜,等.航空电子应用软件接口标准研究[J].航空标准化与质量,2005(4)：37-39.

[39] 唐晓君,王海文,李晓红.软件工程——过程、方法及工具[M].北京：清华大学出版社,2013.

[40] 张莉,王雷.软件产品线实践与模式[M].北京：清华大学出版社,2004.

[41] GB/T 8567—2006 计算机软件文档编制规范[S].2006.

[42] 吕岸.面向民用机载系统的需求管理过程研究[C]//上海市科学技术协会第十三届学术年会暨上海市航空学会 2015 年学术年会论文集.上海：上海市航空学会,2015.

[43] 光电控制技术重点实验室.使用 AADL 的模型基工程——SAE 体系结构分析和设计语言入门[M].北京：航空工业出版社,2014.

[44] 赵俐.软件调试实战[M].北京：北京人民邮电出版社,2010.

[45] 董越.未雨绸缪：理解软件配置管理[M].北京：电子工业出版社,2008.

[46] 郭烨,曹英存.如何在嵌入式软件设计中发现堆栈溢出[J].洛阳师范学院学报,2004(05)：67－68.

[47] 康介祥.分布式安全航电软件系统架构[J].航空电子技术,2007(04)：48-53.

[48] 孙志安,裴晓黎,宋昕,等.软件可靠性工程[M].北京：北京航空航天大学出版社,2009.

[49] 刘江华,王立,马玲,等.软件开发过程与配置管理：基于Rational的敏捷方案设计与应用[M].北京：电子工业出版社,2011.

[50] 赵长啸,阎芳,张帆,等.综合模块化航电系统驻留功能适航审定要求分析[J].电讯技术,2016,56(8)：923－927.

[51] 王鹏,赵长啸,马赞.综合模块化航电系统失效模型分析[J].电讯技术,2013,53(11)：1406－1411.

[52] 熊华钢,王中华.先进航空电子综合技术[M].北京：国防工业出版社,2009.

[53] 王庆林.基于系统工程的飞机构型管理[M].上海：上海科学技术出版社,2017.

[54] 中国民用航空局航空器适航审定司.AP－21－AA－2011－03－R4航空器型号合格审定程序[S].2012.

[55] 曹继军,张越梅,赵平安.民用飞机适航符合性验证方法探讨[J].民用飞机设计与研究,2008(4)：37－41.

缩略语

编写	全文	中文
AADL	(architecture analysis & design language)	体系结构分析与设计语言
AC	(advisory circular)	咨询通告
AM	(application management)	应用管理
APEX	(application executive)	应用执行
API	(application programming interface)	应用编程接口
APL	(application layer)	应用层
APOS	(applicating to operating system interface)	应用层/操作系统层接口
APP	(application)	应用程序
ARINC	(Aeronautical Radio，Inc.)	航空无线电设备公司
AS	(ARINC 661 server)	ARINC 661 服务
ASAAC	(Allied Standard Avionics Architecture Council)	联合标准化航空电子系统架构委员会
ASTC	(amended supplemental type certification)	补充型号审定修订
ATC	(amended type certification)	型号审定修订
AV	(acceptance voting)	接收表决
BIT	(built-in test)	机内自测试
BNF	(Backus-Naur form)	巴科斯范式
BSP	(board support package)	板级支持包
CAST	(Certification Authorities Software Team)	合格审定机构软件组
CC1	(control category #1)	控制类 1
CC2	(control category #2)	控制类 2

CCA	(common cause analysis)	共因分析
CCAR	(China civil aviation regulations)	中国民航规章
CCB	(Change Control Board)	变更控制委员会
CCD	(cursor controlled device)	光标控制设备
CDS	(cookpit display system)	驾驶舱显示系统
CFD	(control flow diagram)	控制流图
CFM	(common functional module)	通用功能模块
CI	(continuous integration)	持续集成
CM&D	(condition monitoring and diagnostics of machines)	机器状态监测与诊断
CM	(configuration management)	配置管理
CMA	(common mode analysis)	共模分析
CMMI	(capability maturity model integration)	能力成熟度模型集成
CMS	(configuration management system)	配置管理系统
CNS/ATM	(communication, navigation, surveillance/ air traffic management)	通信导航监视/空中交通管理
COTS	(commercial-off-the-shelf)	商用现成品
CPU	(central processing unit)	中央处理器
CR	(change request)	变更请求
CRB	(consensus recovery block)	一致性恢复块
CRC	(cyclic redundancy check)	循环冗余校验
CSCI	(computer software configuration item)	软件配置项
C - SPEC	(control specification)	控制说明
DCA	(data coupling analysis)	数据耦合分析
DCCC	(data coupling and control coupling)	数据耦合和控制耦合
DD	(data dictionary)	数据字典

DDS	（data distribution service）	数据分发服务
DER	（designated engineering representative）	委任工程代表
DF	（definition file）	定义文档
DFD	（data flow diagram）	数据流图
DM	（deadline monotonic）	截止时间单调
DMA	（direct memory access）	直接内存访问
DOORS	（dynamic object oriented requirement system）	面向动态对象的需求系统
DPM	（data processing module）	数据处理模块
EDF	（earliest deadline first）	最早截止时间优先
EIA	（Electronic Industries Association）	电子工业协会
EUROCAE	（European Organization for Civil Aviation Equipment）	欧洲民用航空设备组织
FAA	（Federal Aviation Administration）	美国联邦航空管理局
FACE	（future airborne capability environment）	未来机载能力环境
FDAL	（functional development assurance level）	功能开发保证级别
FHA	（functional hazard assessment）	功能危害性评估
FIR	（finite impulse response）	有限脉冲响应
FM	（fault management）	故障管理
FMEA	（failure mode and effect analysis）	失效模式与影响分析
FMES	（failure mode and effect summary）	失效模式与影响摘要
FTA	（fault tree analysis）	故障树分析
GCC	（GNU compiler collection）	GNU 编译器套件
GLI	（generic system management logical interface）	通用系统管理逻辑接口
GOA	（generic open architecture）	通用开放式结构
GSM	（generic system management）	通用系统管理

HM	(health monitor)	健康监控
HMI	(human machine interface)	人机界面
IA	(integrated area)	综合区域
ICD	(interface control document)	接口控制文档
IDAL	(item development assurance level)	软件/硬件项开发保证级别
IEEE	(Institute of Electrical and Electronics Engineers)	美国电气和电子工程协会
IIR	(infinite impulse response)	无限脉冲响应
IMA	(integrated modular avionics)	综合模块化航空电子
IOSS	(input/output service segment)	I/O 服务段
ISO	(International Organization for Standardization)	国际标准化组织
ISR	(interrupt service routines)	中断服务例程
LRM	(line replaceable module)	外场可更换模块
LRU	(line replaceable unit)	外场可更换单元
LSP	(liskov substitution principle)	liskov 替换原则
MBD	(model based development)	基于模型的开发
MC/DC	(modified condition/decision coverage)	改进条件/判定覆盖
MDA	(model driven architecture)	模型驱动架构
MKP	(multi-function keyboard panel)	多功能键盘面板
MLI	(module logical interface)	模块逻辑接口
MMU	(memory management unit)	内存管理单元
MOC	(means of compliance)	符合性方法
MOS	(module support layer to operating system interface)	模块支持层/操作系统层接口
MSL	(module support layer)	模块支持层

MTBF	(mean time between failure)	平均失效间隔时间
MTC	(model test coverage)	模型测试覆盖
MVC	(model-view-controller)	模型-视图-控制器
NASA	(National Aeronautics and Space Admini-stration)	美国国家航空航天局
NSC	(N-self-checking)	N-自检程序设计
NVP	(N-version programming)	N版本程序设计
OLI	(operating system logical interface)	操作系统逻辑接口
OMG	(object management group)	对象管理组
OP	(open problem)	开口问题
OPR	(open problem report)	开口问题报告
OS	(operating system)	操作系统
OSL	(operating system layer)	操作系统层
OSS	(operating system segment)	操作系统段
PB	(primary/backup)	主副版本备份
PCS	(portable component segment)	可移植组件段
PDL	(program description language)	程序描述语言
PDS	(previously developed software)	先前开发软件
PFD	(primary flight display)	主飞行显示器
PHA	(preliminary hazard analysis)	预先危险性分析
PHM	(prognostics and health management)	预测与健康管理
PIM	(platform independent model)	平台无关模型
POS	(partition operating system)	分区操作系统
POSIX	(portable operating system interface)	可移植操作系统接口
PR	(problem report)	问题报告
PRA	(particular risk analysis)	特定风险分析

PRB	(problem review board)	问题评审委员会
PSAA	(plan for software aspects of approval)	软件批准计划
PSAC	(plan for software aspects of certification)	软件合格审定计划
P‑SPEC	(process specification)	处理说明
PSSA	(preliminary system safety assessment)	初步系统安全性评估
PSSS	(platform-specific service segment)	平台特定服务段
QA	(quality assurance)	质量保证
QFD	(quality function deployment)	质量功能展开
QOS	(quality of service)	质量服务
RAM	(random access memory)	随机存取存储器
RB	(recovery blocks)	恢复块
RE	(resource element)	资源单元
RM	(rate monotonic)	单调速率
RMP	(runtime modifiable parameter)	运行时可修改参数
ROM	(read-only memory)	只读存储器
RSC	(reusable software component)	可重用软件部件
RTBP	(runtime blueprints)	运行时蓝图
RTCA	(Radio Technical Commission for Aeronautics)	航空无线电技术委员会
RTOS	(real time operation system)	实时操作系统
SAE	(Society of Automotive Engineers)	国际自动机工程师学会
SAS	(software accomplishment summary)	软件完成总结
SCAMPI	(standard CMMI assessment method for process improvement)	标准 CMMI 过程改进评估方法
SCI	(software configuration index)	软件配置索引
SCM	(software configuration management)	软件配置管理

SCMP	(software configuration management plan)	软件配置管理计划
SCR	(software conformity review)	软件符合性评审
SCS	(software code standards)	软件编码标准
SDP	(software development plan)	软件开发计划
SDS	(software design standard)	软件设计标准
SECI	(software lifecycle environment configuration index)	软件生命周期环境配置索引
SFHA	(system functional hazard assessment)	系统功能危害性评估
SFI	(software fault isolation)	软件故障隔离
SFMEA	(software failure mode and effect analysis)	软件失效模式及影响分析
SFTA	(software fault tree analysis)	软件故障树分析
SM	(safety management)	安全管理
SMBP	(system management/blueprints interface)	系统管理/蓝图间接口
SMLI	(system management logical interface)	系统管理逻辑接口
SMOS	(system management to operating system interface)	系统管理/操作系统间接口
SOI	(stage of involvement)	介入阶段
SOW	(statement of work)	工作说明书
SQA	(software quality assurance)	软件质量保证
SQAP	(software quality assurance plan)	软件质量保证计划
SRS	(software requirements standard)	软件需求标准
SSA	(system safety assessment)	系统安全性评估
STC	(supplemental type certification)	补充型号审定
SVA	(software vulnerability analysis)	软件脆弱性分析
SVP	(software verification plan)	软件验证计划
TAS	(tool accomplishment summary)	工具完成总结

TC	(type certification)	型号审定
TCB	(Type Certification Board)	型号合格审定委员会
TCI	(tool configuration index)	工具配置索引
TMR	(triple modular redundancy)	三模块冗余
TOR	(tool operational requirements)	工具操作需求
TQL	(tool qualification level)	工具鉴定级别
TQM	(total quality management)	全面质量管理
TQP	(tool qualification plan)	工具鉴定计划
TRE	(task reexecution)	任务重执行
TSO	(technical standard order)	技术标准规定
TSR	(total score result)	总评分结果
TSS	(transport service segment)	传输服务段
TWS	(technical writing service)	技术写作服务(标准化)
UA	(user applications)	用户应用程序
UML	(unified modeling language)	统一建模语言
V&V	(verification and validation)	验证和确认
VC	(virtual channel)	虚拟通道
VOPC	(view of participating class)	参与类
WCET	(worst case execution time)	最差情况执行时间
WL	(widget liber)	组件库
XOS	(extend operating system)	扩展操作系统
XP	(extreme programming)	极限编程
ZSA	(zonal safety analysis)	区域安全性分析

大飞机出版工程　书目

一期书目（已出版）

《超声速飞机空气动力学和飞行力学》（译著）

《大型客机计算流体力学应用与发展》

《民用飞机总体设计》

《飞机飞行手册》（译著）

《运输类飞机的空气动力设计》（译著）

《雅克‐42M 和雅克‐242 飞机草图设计》（译著）

《飞机气动弹性力学和载荷导论》（译著）

《飞机推进》（译著）

《飞机燃油系统》（译著）

《全球航空业》（译著）

《航空发展的历程与真相》（译著）

二期书目（已出版）

《大型客机设计制造与使用经济性研究》

《飞机电气和电子系统——原理、维护和使用》（译著）

《民用飞机航空电子系统》

《非线性有限元及其在飞机结构设计中的应用》

《民用飞机复合材料结构设计与验证》

《飞机复合材料结构设计与分析》（译著）

《飞机复合材料结构强度分析》

《复合材料飞机结构强度设计与验证概论》

《复合材料连接》

《飞机结构设计与强度计算》

三期书目(已出版)

《适航理念与原则》

《适航性:航空器合格审定导论》(译著)

《民用飞机系统安全性设计与评估技术概论》

《民用航空器噪声合格审定概论》

《机载软件研制流程最佳实践》

《民用飞机金属结构耐久性与损伤容限设计》

《机载软件适航标准 DO‑178B/C 研究》

《运输类飞机合格审定飞行试验指南》(编译)

《民用飞机复合材料结构适航验证概论》

《民用运输类飞机驾驶舱人为因素设计原则》

四期书目(已出版)

《航空燃气涡轮发动机工作原理及性能》

《航空发动机结构强度设计问题》

《航空燃气轮机涡轮气体动力学:流动机理及气动设计》

《先进燃气轮机燃烧室设计研发》

《航空燃气涡轮发动机控制》

《航空涡轮风扇发动机试验技术与方法》

《航空压气机气动热力学理论与应用》

《燃气涡轮发动机性能》（译著）

《航空发动机进排气系统气动热力学》

《燃气涡轮推进系统》（译著）

《燃气涡轮发动机的传热和空气系统》

五期书目（已出版）

《民机飞行控制系统设计的理论与方法》

《民机导航系统》

《民机液压系统》（英文版）

《民机供电系统》

《民机传感器系统》

《飞行仿真技术》

《民机飞控系统适航性设计与验证》

《大型运输机飞行控制系统试验技术》

《飞行控制系统设计和实现中的问题》（译著）

《现代飞机飞行控制系统工程》

六期书目（已出版）

《民用飞机构件先进成形技术》

《民用飞机热表特种工艺技术》

《航空发动机高温合金大型铸件精密成型技术》

《飞机材料与结构检测技术》

《民用飞机构件数控加工技术》

《民用飞机复合材料结构制造技术》

《民用飞机自动化装配系统与装备》

《复合材料连接技术》

《先进复合材料的制造工艺》(译著)

七期书目(已出版)

《支线飞机设计流程与关键技术管理》

《支线飞机验证试飞技术》

《支线飞机电传飞行控制系统研发及验证》

《支线飞机适航符合性设计与验证》

《支线飞机市场研究技术与方法》

《支线飞机设计技术实践与创新》

《支线飞机项目管理》

《支线飞机自动飞行与飞行管理设计与验证》

《支线飞机电磁环境效应设计与验证》

《支线飞机动力装置系统设计与验证》

《支线飞机强度设计与验证》

《支线飞机结构设计与验证》

《支线飞机环控系统研发与验证》

《支线飞机运行支持技术》

《ARJ21-700新支线飞机项目发展历程、探索与创新》

《飞机运行安全与事故调查技术》

《基于可靠性的飞机维修优化》

《民用飞机实时监控与健康管理》

《民用飞机工业设计的理论与实践》

八期书目(已出版)

《航空电子系统综合化与综合技术》

《民用飞机飞行管理系统》

《民用飞机驾驶舱显示系统》

《民用飞机机载总线与网络》

《航空电子软件开发与适航》

《民用机载电子硬件开发实践》

《民用飞机无线电通信导航监视系统》

《飞机环境综合监视系统》

《民用客机健康管理系统》

《航空电子适航性分析技术与管理》

《民用飞机客舱与机载信息系统》

《民用飞机驾驶舱集成设计与适航验证》

《航空电子系统安全性设计与分析技术》

《民机飞机飞行记录系统——"黑匣子"》

《数字航空电子技术(上、下)》